# JOURNAL DU VOYAGE

## DE

# DEUX JEUNES HOLLANDAIS

## A PARIS

### En 1656-1658

PUBLIÉ PAR A.-P. FAUGÈRE

*Nouvelle édition publiée avec la collaboration de*

## L. MARILLIER

Maître de conférences à l'École des Hautes-Études.

## PARIS

H. CHAMPION, ÉDITEUR

9, Quai Voltaire

1899

# VOYAGE A PARIS

## (1656-1658)

CHARTRES, IMPRIMERIE GARNIER

# JOURNAL DU VOYAGE

## DE

## DEUX JEUNES HOLLANDAIS

### A PARIS

### En 1656-1658

Publié par A.-P. FAUGÈRE

*Nouvelle édition publiée avec la collaboration de*

## L. MARILLIER

Maître de conférences à l'École des Hautes-Études.

## PARIS

H. CHAMPION, Éditeur

9, Quai Voltaire

1899

# AVANT-PROPOS

---

M. Faugère ne se méprenait point lorsqu'il estimait
que le manuscrit qu'il avait découvert à la Bibliothèque de la Haye était assez intéressant pour mériter
d'être publié. Tous les historiens ont souscrit à cette
opinion et il en est plus d'un qui se serait exprimé
sur ce livre, qui nous fait si intimement pénétrer dans
la vie intime et familière de la bonne société au
temps du cardinal Mazarin, dans les termes flatteurs
dont usait M. Paulin Paris en une lettre qu'il
adressait au savant éditeur au lendemain de l'apparition de son ouvrage (1).

(1) 30 Décembre 1861.                    10, place Royale.

Monsieur,

Vous m'avez bien dérangé, cela soit dit sans vous déplaire, car
aussitôt que j'eus reçu le beau présent que vous m'avez fait, j'ai tout
oublié, la préparation de mon prochain cours, les livres qui encombrent
plus que jamais mon bureau, les devoirs du jour de l'an, les Causeries
d'un Curieux que M. Feuillet venait de m'envoyer, tout en un mot,
pour me plonger dans votre volume, qui a le grand défaut, maintenant
que je l'ai lu, de n'avoir pas le double d'étendue. Ah ! que j'ai eu de
plaisir à le lire, si bien publié par vous, accompagné de notes si
bonnes et si discrètes et d'une préface qui partage le seul tort de
l'ouvrage, celui d'être trop court. Veuillez donc en agréer, Monsieur,

La meilleure preuve que ce jugement était bien
fondé, c'est que ce Journal des voyageurs hollandais,

mes vifs remerciements et l'expression de toute ma reconnaissance.
C'est une révélation, qui vient, comme de cire, s'ajouter à celles de
notre des Réaux et qui va prouver, une fois de plus, la sincé-
rité, le jugement exquis de celui-ci. Que vos deux voyageurs sont
intéressants! Quelles bonnes dispositions, quelle excellente éducation!
Comme ils aiment tout ce que doivent aimer des jeunes gens qui, sans
avoir un esprit bien transcendant, ont pourtant le sentiment de tout ce
qui est bon et convenable. Avouez, cher Monsieur, qu'ils ne repré-
sentent guère notre jeunesse du XIXᵉ siècle et que si nous avons sur
eux l'avantage de vivre au milieu d'un monde plus éclairé sous le
rapport des découvertes scientifiques et de leur application à l'agrément
et aux commodités de la vie, nous avons énormément perdu sous le
rapport de la sociabilité. Voilà deux jeunes Néerlandais qui, à peine
arrivés dans Paris, songent avant de penser à leurs plaisirs à se faire
une idée de la ville déjà la plus célèbre du monde, y apprécient la
société, se font présenter dans les meilleures maisons, et qui racontent
tout cela à leurs parents, sans songer à se faire valoir, sans se préoc-
cuper de l'intérêt de leur amour-propre, sans aigreur, sans mauvais
sentiments, économes, discrets, observateurs, prêts à louer ce qui
leur parait louable dans un pays dont ils ne peuvent cependant partager
ni les préventions religieuses ni l'aimable facilité de mœurs. Le portrait
qu'ils font de Louis XIV, alors âgé de 18 ans, est réellement admirable.
Tracé par de jeunes Hollandais à peine sortis de leurs marécages, il
me parait un chef-d'œuvre de couleur et de dessin. Réunissez tout ce
que Saint-Simon, La Fare et tous les contemporains français ont dit
de Louis XIV et vous n'aurez rien de si flatteur et de comparable à
cette belle page 189-90 (305-306). Et Louis XIV avait alors 18 ans!
    Comme dans les éditions les mieux faites, cher Monsieur, quelques
légères ombres, qui font mieux valoir les lumières, se trouvent dans
la vôtre. Vous serez obligé de donner vos soins à d'autres éditions, je
n'en doute pas; voulez-vous me permettre de vous soumettre ici
quelques doutes qui se sont élevés en moi en vous lisant jour et nuit
avec la plus grande attention?
    [Suivent, sur divers points de détail, 18 remarques dont il a été
tenu compte dans la présente réimpression].
    Voilà, Monsieur, tout ce qu'il m'a été possible de découvrir avec la
loupe, dans votre excellente publication dont j'ai profité énormément.
Veuillez en agréer de nouveau mes remerciements et avec mes vœux
sincères pour le renouvellement de l'année, l'expression de tous mes
sentiments les plus affectueusement dévoués.
                                              P. PARIS.

qui avait été imprimé à 500 exemplaires, devint assez vite presque introuvable (1).

M. Faugère s'était mis en œuvre d'en préparer la réédition : par l'intermédiaire du ministre de France dans les Pays-Bas, M. Baudin, il avait fait faire dans les dépôts publics de Hollande et les archives privées de certaines familles, des recherches qui lui avaient permis de rectifier l'orthographe de certains noms propres, d'identifier des personnages qui dans le texte n'étaient que mentionnés en passant, et de donner sur la plupart de ceux qui apparaissent au cours du récit des détails biographiques et généalogiques plus complets.

Ces renseignements nouveaux, M. Faugère les avait notés, les uns sur des feuilles volantes, qui étaient réunies en un même dossier, les autres sur les marges même d'un exemplaire du Journal des deux voyageurs hollandais. Il avait aussi inséré dans le dossier dont je viens de parler d'assez nombreux extraits des correspondances diplomatiques du temps, qu'il n'avait point utilisés pour la première édition, ou qui avaient été faits alors qu'elle avait déjà paru

D'autres travaux, la publication des papiers inédits de Saint-Simon, la préparation d'une édition complète de Pascal dont le premier volume seul put paraître de son vivant, absorbèrent la meilleure partie du temps dont pouvait disposer M. Faugère et l'empê- chèrent de s'occuper aussi activement qu'il l'eût souhaité de mener à bien un projet auquel il n'avait cependant jamais renoncé.

Madame Faugère, soucieuse d'exécuter les dernières

---

(1) Cette première édition porte la date de 1862. Elle a été publiée chez Benjamin Duprat.

volontés scientifiques de son mari, celles même qu'il n'avait point expressément formulées, s'était donné pour tâche de terminer elle-même ou de faire terminer tous les travaux que la mort l'avait contraint de ne point achever.

Elle songeait depuis longtemps à faire rééditer, avec les notes nouvelles et les corrections que l'on pourrait tirer des papiers de M. Faugère, le Journal des deux voyageurs hollandais : elle me pria, l'an passé, de surveiller l'impression de l'ouvrage.

Diverses circonstances, indépendantes de ma volonté, ont, à mon vif regret, retardé l'apparition de ce livre que Madame Faugère n'aura point eu la satisfaction de voir terminé.

Il paraît aujourd'hui, tel en ces grandes lignes qu'il eût paru, si M. Faugère lui-même eût pu en diriger la réédition. Je me suis conformé scrupuleusement à ses indications, tout le mérite du livre lui appartient à lui seul, et des fautes, qui s'y sont glissées sans doute, j'ai seulement la responsabilité.

Les notes, mises au bas des pages, ont été remaniées et augmentées de nombre et d'étendue, à l'aide des documents qu'il avait lui-même réunis, et à l'appendice deux ensembles importants de pièces inédites, l'un relatif à l'affaire Girardin-Barbezières-La Bazinière, l'autre à l'affaire Insequin (ou Inchiquin), ont été insérés. La généalogie des familles de Sommelsdÿk et de Villers a subi d'importantes modifications (1).

_____

(1) L'appendice I a pris la place de l'appendice II et réciproquement. — L'appendice VI est relatif à l'affaire Barbezières. — L'ancien appendice VI porte le numéro VII. — L'appendice VIII est relatif à l'affaire Inchiquin. — L'ancien appendice VII porte le numéro IX, l'appendice VIII le numéro X, l'appendice IX le numéro X.

J'ai cru utile d'indiquer la provenance exacte des pièces diplomatiques citées et leur cote.

Je dois ici des remerciements à MM. Jean Lemoine, conservateur de la Bibliothèque du Ministère de la guerre, et Tausserat-Radel, sous-chef du bureau historique aux Archives des affaires étrangères, qui ont bien voulu me donner leur précieuse collaboration.

L'index sommaire de la première édition a été remplacé par un index plus complet où je me suis attaché à faire figurer tous les noms de personnes, et les noms de lieux dont la mention avait quelque intérêt.

La nécessité de demeurer fidèle à une orthographe très irrégulière et un peu capricieuse a rendu malaisée la correction des épreuves et nous faisons appel à l'indulgence des lecteurs pour les quelques coquilles qui, çà et là, pourraient s'être glissées dans ces pages.

Nous avons conservé dans sa teneur exacte la préface de l'édition de 1862. Elle a, elle aussi, comme le document même qu'elle avait charge de présenter au public, un intérêt historique, et cette rapide esquisse du Paris du second Empire est curieuse à rapprocher de la description que donnent du Paris de Mazarin nos deux voyageurs hollandais. A certains égards, ils nous apparaissent appartenir tous deux à un même passé, à des temps également lointains.

L. MARILLIER.

Paris, 5 août 1899.

# PRÉFACE

## DE LA PREMIÈRE ÉDITION.

Voici encore un livre inédit appartenant à ce xviiᵉ siècle qui occupe à bon droit une si grande place dans les investigations historiques et littéraires de notre temps. Ce n'est pas cependant l'œuvre d'un auteur connu ou même d'un écrivain de profession. C'est tout simplement le journal d'un voyage fait à Paris de la fin de 1656 au commencement de 1658.

Je faisais des recherches dans la bibliothèque de la Haye, il y a plusieurs années, dans l'espérance d'y trouver quelques écrits de Pascal ou des documents ayant trait à son histoire,

quand je rencontrai ce manuscrit (1). Bien qu'il
eût été écrit à l'époque même des *Provinciales*,
il ne contenait rien sur l'objet de mes recherches, mais il me parut assez intéressant à plus
d'un titre pour mériter d'être publié. Je l'offre
donc aux lecteurs curieux du passé, en y ajou-
tant des notes et un appendice dont les éléments
sont pour la plupart empruntés à des correspondances diplomatiques du temps.

De nos jours, où les moyens de communication, déjà si faciles avant l'invention de la
vapeur, ont acquis une rapidité qui réduit la
distance au quart de ce qu'elle était autrefois,
rien de plus fréquent que les excursions d'un
pays dans l'autre en Europe, et par suite rien
de plus nombreux que les ouvrages dans
lesquels les touristes se complaisent à mettre le
public dans la confidence de leurs aventures et
de leurs impressions de voyage. Il n'en était pas
de même au XVII° siècle, et si je ne me trompe,
le journal de nos voyageurs est le premier
exemple d'un ouvrage de ce genre, en ce qui
concerne la France et surtout Paris. Il offre
donc, sous ce rapport, un véritable intérêt;
mais ce n'est pas le seul. On y trouve sur la
physionomie, les monuments, la société, les

(1) J'appris à mon retour à Paris que M. Jubinal en avait fait
mention dans un rapport adressé à M. de Salvandy, ministre de l'instruction publique, en 1847.

habitudes et les mœurs du temps; sur Louis
XIV, la reine sa mère, le duc d'Anjou son frère,
Mazarin et beaucoup de personnages de la cour
et de la ville, des détails qui, sans être des
révélations inattendues, confirment cependant
ou complètent sur plus d'un point ce que l'on
savait déjà. Il y a, par exemple, sur le séjour
de la reine de Suède à Fontainebleau et à Paris
des renseignements nouveaux et qui ne sont
pas sans utilité pour l'histoire. Cette princesse
était venue en France précédée d'une réputation extraordinaire ; on lui reconnaissait un
mérite incomparable suivant l'expression du
cardinal Mazarin (1). Le récit de nos voyageurs
montre combien vue de près elle perdit de son
prestige, surtout après qu'elle eut accompli
dans le palais de Fontainebleau le meurtre de
Monaldeschi, lamentable et mystérieuse tragédie, dont ce volume contient une relation
nouvelle.

Bien différents de ces touristes d'outre-
Manche ou d'outre-Rhin qui profitent des bateaux à vapeur ou des chemins de fer pour
venir passer quelques heures en France, et

(1) Dans les instructions données à M. Chanut, ambassadeur à la
Haye, le cardinal lui recommande « de vivre avec le ministre de Suède
» avec toutes les civilités convenables, tant à cause de l'alliance qui
» est entre les deux couronnes qu'à cause du mérite incomparable de
» la reine sa maistresse. » (Arch. Aff. Etrang. Hollande, vol. 52,
fol. 10).

dénigrent ensuite dans des pages superficielles un pays qu'ils n'ont pas eu le temps de connaître et qu'ils n'ont pas le droit de juger, nos voyageurs sont graves, sérieux, et de plus, ce qui est peut-être la meilleure condition pour bien voir, ils sont remplis de sympathie et d'admiration pour ce pays de France qu'ils considèrent, « sans faire tort, disent-ils, aux autres pays, comme un paradis terrestre, » et pour sa capitale « où l'on trouve, à leur avis, tout ce qu'il y a de plus rare au monde » et qui leur apparaît ce qu'elle était pour le reste de l'Europe, c'est-à-dire le centre du bon goût, le séjour de la vie élégante et des bonnes manières, le foyer de l'esprit et de la civilisation. Ce sont deux jeunes gens appartenant à une des premières familles de Hollande (1), venus en France pour achever de polir leurs mœurs et compléter leur éducation. Ils sont reçus à Paris dans le meilleur monde, celui par exemple de madame de La Fayette et de madame de Sévigné, jeunes femmes non encore célèbres, mais dont l'esprit et la grâce étaient déjà en réputation; ils accompagnent leur ambassadeur à l'audience de Louis XIV, dans une circonstance impor-

(1) Ils s'appelaient Messieurs de Villers; leur grand-père, M. de Sommelsdÿk, ancien ambassadeur des Pays-Bas à Paris, était en correspondance avec Mazarin et figurait dans son pays au premier rang des amis de la France (Voir leur généalogie, *Appendice* I).

tante, enfin ils sont en position de recueillir des
nouvelles qui se trouvent confirmées par les
correspondances diplomatiques du temps, et
plus d'une anecdote dans le récit de laquelle ils
se rencontrent avec Tallemant des Réaux, qui
alors précisément colligeait ses *Historiettes*.

Ils avaient pour compagnon de voyage et
pour guide un homme expérimenté et instruit
qui, quelques années auparavant, avait accompagné en Espagne MM. de Plaat et de Spÿk,
leurs cousins (1), et a consigné le récit de ce
voyage dans un livre connu et apprécié des
curieux (2). Ils écrivent d'ailleurs dans un style
véritablement français, et qui serait surprenant
de la part de ces étrangers si l'on ne se rappe-
lait que la langue française formait dès lors
un élément essentiel de l'instruction dans la

(1) Les deux fils aînés de *Corneille van Aerssen*, S^r de Sommesldÿk
etc., firent le voyage d'Espagne avec leur gouverneur M. de Brunel,
ancien officier au service des Etats généraux. Selon la coutume du
temps on donnait au fils aîné le nom d'une seigneurie de son père,
de *Plaat* ou *Voltgensplaat* en Zélande et de là le nom du « S^r de la
Plaatte » ou même « baron de la Plate » pour l'aîné. Le cadet paraît
sous celui d'une autre seigneurie, et est nommé « le S^r de Spÿk ».

(2) *Voyage d'Espagne*, contenant outre plusieurs particularitez de
ce royaume, trois discours politiques, etc. (Cologne, 1667). — [Il y
a une édition in-4° de 1665). Le Dictionnaire des anonymes attribue
cet ouvrage à M. de Sommelsdÿk ; mais il me paraît certain, en rappro-
chant divers passages de ce livre de ce qui est dit dans le *Voyage à
Paris*, au sujet de M. de Brunel, que ce dernier est bien réellement
l'auteur.

plupart des pays d'Europe, et qu'il devait surtout en être ainsi en Hollande.

Les rapports de la France avec ce pays
étaient en effet, il y a deux siècles, singulièrement multipliés. Sans parler des relations com-
merciales qui attiraient jusque dans le midi de
la France de nombreux négociants hollandais,
il y avait dans les Pays-Bas une colonie française très considérable. On voit par exemple
dans une dépêche de M. de Thou (la Haye, 10
mai 1657) (1), qu'il y avait en Hollande un grand
nombre d'officiers français « personnes de
mérite et de valeur », et que la seule ville
d'Amsterdam comptait plus de 2,000 de nos
nationaux établis et mariés. Des acteurs venus
de France donnaient des représentations à la
Haye, comme on le voit dans une autre dépêche
du même ambassadeur. « Les comediens français, écrit-il à Mazarin le 28 février 1658, qui
ont joué icy et qui n'ont pu retourner à Bruxelles
à cause des glaces, me prient de leur faire
avoir un passeport de Sa Majesté pour retourner
en France dans ce caresme; je vous en envoye
le mémoire (2). »

Il s'y trouvait de plus beaucoup d'exilés ou
de réfugiés appartenant pour la plupart aux

(1) *Arch. Aff. Etrang. Holl.*, vol. 57, fol. 32 v°.

(2) *Ibid.*, vol. 58, fol. 239.

classes élevées de la société, et qui avaient
quitté la France à la suite des troubles de la
Fronde. Quelques-uns d'entre eux étaient venus
résider en Hollande après avoir suivi le prince
de Condé, qui avait alors le malheur de porter
les armes contre sa patrie dans les Pays-Bas
espagnols, et se trouvait placé, comme coupable
de haute trahison, sous le coup d'une condam-
nation à mort prononcée par tous les parlements
de France. Il y avait parmi cette population
française si nombreuse des gens de toutes les
conditions et de tous les états : des industriels,
des artistes, des prédicateurs et même des fai-
seurs d'inventions. M. Chanut raconte dans sa
correspondance avec le secrétaire d'État des
affaires étrangères (1), qu'en passant à Rotterdam pour se rendre à son ambassade à la fin de
1653, il vit une machine composée par un
Français nommé Deson. Cet inventeur se
flattait de faire quinze lieues à l'heure avec cette
machine qu'il avait construite pour aller sur
l'Océan. Malheureusement l'ambassadeur ne
nous apprend pas quel était le principe, ni quel
fut le résultat de cette singulière invention dans
laquelle on peut voir au moins le pressentiment
de l'une des merveilles que la science a de nos
jours accomplies au moyen de la vapeur.

(1) *Arch. Aff. Etrang. Holl.*, vol. 54, fol. 11. (Lettre datée de
Rotterdam, 19 novembre 1653).

A l'époque où nos voyageurs visitaient Paris, cette ville, qui depuis plusieurs siècles déjà était en possession des hommages de l'Europe, s'était fort embellie dans les années précédentes, et Corneille fait allusion à ces embellissements dans les vers suivants de sa comédie du *Menteur :*

### DORANTE.

Paris semble à mes yeux un pays de roman.
J'y croyais ce matin voir une île enchantée ;
Je la laissai déserte et la trouve habitée.
Quelque Amphyon nouveau, sans l'aide des maçons,
En superbes palais a changé ses buissons.

### GÉRONTE.

Paris voit tous les jours de ces métamorphoses.
Dans tout le Pré-aux-Clers tu verras mêmes choses,
Et l'univers entier ne peut rien voir d'égal
Aux superbes dehors du Palais-Cardinal (1).
Toute une ville entière avec pompe bâtie
Semble d'un vieux fossé par miracle sortie,
Et nous fait présumer à ses superbes toits,
Que tous ses habitants sont des dieux ou des rois (2).

Combien ces vers, que Corneille écrivait en 1642, seraient plus vrais aujourd'hui, et quelle serait l'admiration du grand poëte et celle de nos voyageurs, s'il leur était donné de voir le

(1) Depuis nommé le Palais-Royal. Voir la description qui en est donnée page 79 de ce volume.

(2) Acte II. Scène V.

Louvre achevé, des rues entières et des boule-
vards élargis et reconstruits comme par en-
chantement, des promenades splendides qui
s'étendent des Tuileries jusqu'à l'extrémité du
bois de Boulogne, enfin ces améliorations de
toute sorte qui font de plus en plus de la capitale de la France la ville la plus agréablement
belle, comme elle est la plus hospitalière qu'il
y ait au monde !

Je me figure les deux voyageurs venant, en
l'an 1861, de revoir le Jardin des Plantes, puis
l'Hôtel-de-Ville qu'ils ont visité et décrit en
1657, descendant les quais ou remontant la rue
de Rivoli pour arriver à la place Louis XIV. Au
lieu du Cours-la-Reine, ils trouveraient les par-
terres et l'avenue des Champs-Élysées, puis
l'Arc-de-Triomphe de l'Étoile, et ils seraient
étonnés et charmés à la vue de ces merveil-
leuses transformations ! Ils demanderaient
quelle est la destination de ce vaste édifice aux
formes massives qui s'élève au milieu des
Champs-Élysées ; et quand on leur expliquerait
que c'est un palais ouvert aux produits des
arts et des industries de tous les peuples, ils
seraient singulièrement frappés de l'immense
progrès qui s'est opéré dans les relations inter-
nationales. Ils ne le seraient pas moins des
changements prodigieux survenus dans l'ordre
social et politique de la France. Je ne sais s'ils

voudraient tout d'abord le considérer comme
supérieur à celui qui existait de leur temps,
mais ils ne se refuseraient pas du moins à
reconnaître un progrès général en tout ce qui
appartient à la sphère des intérêts matériels et
une distribution plus également répartie dans
les diverses classes de ce qui constitue l'aisance
et la commodité de la vie.

Si l'homme, dans le fond de sa nature morale, ne s'est guère amélioré, s'il y a toujours,
dans la population diversement composée de
la grande ville, des marchands trompeurs, des
cochers de mauvaise foi ou querelleurs, des
voleurs et des filous dangereux surtout pour
les étrangers, des fils de famille désordonnés
et dissipateurs, enfin les mêmes vices et les
mêmes travers qui existaient il y a deux siècles,
la police du moins est aujourd'hui mieux orga-
nisée, la ville est mieux éclairée, et l'on ne peut
plus dire avec Boileau que

> Le bois le plus funeste et le moins fréquenté
> Est auprès de Paris un lieu de sûreté.

Nos voyageurs se féliciteraient certainement
de pouvoir traverser le bois de Boulogne sans
redouter les malfaiteurs et rentrer chez eux le
soir sans avoir besoin de se faire escorter par
des laquais munis de pistolets et de mousquetons et portant des flambeaux. Enfin, Hollandais

et protestants, ne seraient-ils pas heureux de trouver la tolérance dans nos lois aussi bien que dans nos mœurs ? Quelle satisfaction pour eux d'aller au prêche en toute liberté, et non plus seulement à Charenton, dans un temple rélégué hors des murs de la ville comme un établissement insalubre, mais au centre même de la capitale ! A tout prendre, la vie de Paris d'aujourd'hui leur paraîtrait préférable à celle de leur temps, et notre époque, malgré ses défauts, son scepticisme et ses défaillances trop favorables aux révolutions, vaut mieux dans son ensemble que celle où ils ont vécu.

Par suite de l'inquiétude du cœur de l'homme, qui fait qu'il est naturellement enclin à placer les jours les plus heureux dans l'avenir ou à les voir dans le passé, les contemporains sont rarement contents du présent et ils deviennent aisément injustes envers les hommes et les choses qui les entourent. Rien n'est mieux fait pour les prémunir contre ce penchant que l'exacte connaissance des temps passés. De même que nous apprécions mieux notre pays quand nous avons visité d'autres contrées, nous sommes ramenés à des jugements plus équitables envers l'époque où nous vivons par l'étude des époques antérieures. C'est un des meilleurs profits à retirer de la lecture de l'histoire et surtout des Mémoires qui, mêlant la peinture des personnages à celle des événements, nous initient plus avant dans la vie intime et naïve des sociétés et nous offrent ainsi des termes de comparaison plus saisissables.

Le journal de nos voyageurs participe sous ce rapport de l'utilité aussi bien que du caractère des Mémoires : l'on y voit, par exemple, que le luxe, contre lequel on crie non sans raison aujourd'hui, était il y a deux siècles bien plus grand que maintenant, du moins dans les hautes classes. On ne fumait pas en 1657, mais on buvait et on jouait autant au moins qu'aujourd'hui; et plus d'une lectrice qui se plaint que les jeunes gens sacrifient à des goûts moins délicats les plaisirs du bal et ceux de la conversation deviendra plus indulgente en apprenant que les dames faisaient déjà entendre le même reproche, il y a deux siècles.

Ces rapprochements pourraient être multipliés à l'infini. Que faudrait-il en conclure, si ce n'est que les progrès de la civilisation, tant prisés de notre temps, et incontestables dans un certain sens, ne vont pas jusqu'à changer les conditions essentielles de la nature humaine? On a fait en physique, en chimie, dans l'industrie, des découvertes et des inventions que nos devanciers n'avaient pas même entrevues. L'homme est mieux logé, mieux vêtu, la durée moyenne de sa vie s'est même, dit-on, allongée;

en outre, ce qui est pour lui le plus beau titre
de gloire, il vit sous des lois plus conformes au
sentiment de la liberté et de la responsabilité
morales, plus équitables pour tous et mieux
d'accord avec les principes d'égalité et de solida-
rité, fondements de la société moderne. Enfin
l'arbre de la science, cultivé avec une curieuse
avidité par les générations successives, s'est
prodigieusement accru dans toutes ses branches;
mais comme toujours il porte à la fois le bien
et le mal, et les fruits qu'il produit peuvent,
suivant la main qui les cueille ou qui les
emploie, donner la maladie ou la santé, la
mort ou la vie.

                                       P. F.

Novembre 1861.

# MÉMOIRES

De ce que nous avons veu et appris
de plus remarquable pendant notre voyage commencé
le 9ᵉ de décembre de l'an 1656

---

A nostre sortie de Hollande, les affaires de nostre
République se trouvoient en un assez bon estat, si
l'on considère la profonde paix dont il sembloit
que nos provinces deussent iouïr longtemps, car
après l'avoir faite avec l'Espagnol, et nous estre
raccommodez avec les Anglois, qui avoient voulu
troubler tout le gros de nostre commerce, nous
venions de conclure un traitté avec le Roi de
Suède qui nous asseuroit celui de la mer Baltique.
On n'estoit plus qu'à délibérer sur sa ratification;
et le Sʳ d'Obdam (1) nostre admiral, qui avoit esté

(1) Jacob van Wassenaer Düvenvoorde, membre du Corps équestre
de Hollande, colonel de cavalerie, gouverneur de Heüsden, fait amiral
en 1653, après la mort du célèbre Tromp. — Il fut plusieurs fois
ambassadeur. Il périt le 13 juin 1665, dans l'explosion du vaisseau
amiral. — Il était Seigneur de Wassenaer, Obdam et Zuidwyk. Son
nom de famille était Wassenaer; la terre de ce nom, dans le voisinage
de La Haye, était entrée en la possession de la famille de *Ligne* par
suite d'un mariage, mais il la racheta. Il était fils de Jacob van
Wassenaer et d'Anna Randerode van der Aa. Il épousa Agnès van
Renesse van der Aa.

1

envoyé avec une flotte pour secourir la ville de Dantsick, estoit de retour dans nos ports avec la pluspart de ses vaisseaux et de son monde.

On iugea qu'il n'estoit plus besoin de tenir de si grandes forces de ce costé là, tant parce qu'on n'avoit plus guère suiet d'y craindre les victoires des Suédois, qui nous avoient accordé la plus grande partie de ce que nous leur avions demandé, que parce que nous avions pourveu à la défense de Dantsick, en cas qu'ils le voulussent attaquer, et qu'il ne voulust pas estre compris dans le traitté. Pour cet effect, le S$^r$ d'Obdam y avoit débarqué 1,300 hommes de nostre infanterie, commandée par le S$^r$ de Perscheval qui, outre la connoissance de la guerre, possède celle des fortifications iusques à un tel degré qu'il a tousiours passé, et parmi nous et parmi les estrangers, pour très habile ingénieur. Il a conduit la pluspart des ouvrages qui se sont faicts en tant de beaux et merveilleux sièges, que le prince d'Orange Frédéric-Henri a entrepris pour l'aggrandissement de nostre Estat. Après sa mort s'estant rendu agréable à ceux de la faction qui regne à présent, il a eu une des quatre compagnies que les Estats de Hollande ont establies à la Haye pour leur seureté, et pour changer la forme de ce corps qui de tout temps avoit esté affecté pour la garde des Princes d'Orange.

Nous laissâmes donc notre païs glorieux et paisible en apparence, mais en effect et à le considerer au dedans, dans une forme de gouvernement qui ne peut guere durer (1): parce que

(1) En 1650, à la mort de Guillaume II de Nassau, petit-fils du Taciturne, la République des Provinces Unies s'était donné une nouvelle forme de gouvernement en abolissant le stadthouderat, qui fut rétabli en 1672, lors de l'invasion des Pays Bas par Louis XIV, et rendu héréditaire deux ans plus tard. — « Les dissentions dont je vous escris monstrent évidemment, écrivait l'ambassadeur de France au ministre en 1655, qu'il manque une maîtresse pièce en la structure de cette république. » (Dépèche de M. Chanut au comte de Brienne, de La Haye le 22 juillet. — *Arch. des Aff. étrang., Hollande*, vol. 51, fol. 413 v°.) — Cf. la lettre suivante de M. d'Aerssen de Sommelsdyck à Mazarin.

« 23 aoust 1657.

Monseigneur,

» Le malheureux changement qui est arrivé depuis le décès de Monseigneur le prince d'Orange en nos humeurs et nos maximes, a esté cause que pour n'eschauffer pandant le fâcheux desmeslé nos factieux contre moy, j'ay différé iusques icy de tesmoigner à Vostre Eminence combien ie m'ay senti honoré et obligé par celle qu'elle m'a faict délivrer par le sieur de Thou et puisqu'il a pleu de plus, Monseigneur, à Vostre Eminence, de me faire la faveur de me faire cognoistre par icelle de la confiance, et d'avoir aussi daigné, pour me confirmer dans l'entretien d'une bonne intelligence entre la France et cet Estat, se ressouvenir de ce que feu mon père y a contribué, ie l'asseure que l'honneur de sa considération, l'intérest du bien public, et la recognoissance que ie doibs à la France, et pour l'estre, et le bien estre, feront que ie n'espargneray iamais ny soing ny poine pour nous faire tenir tousiours bien liés à ceux qui nous ont principalement fondés. Vostre prudente subvention à nostre infirmité, et officieuse offre à ayder à nous tirer de l'embarras d'avec le Portugal, sont, par l'addroicte direction du sieur de Thou, pour nous remettre en bon train; mais ce ne sera pas pourtant sans y clocher, tant que nous serons sans chef, car c'est par là seul que l'envie et l'intérest particulier qui gastent icy tout, peuvent estre réprimés; et parce que celui que nous avons pour cela de la bonne branche est encore jeune, et qu'un aultre ne nous duyroit point, il sera de la sagesse et de la modération de Vostre Eminence de pousser avec les bien intentionnés de par deçà le temps à l'espaule, et vous contentant d'empescher que nous ne nous fourvoyons, attendre qu'en une meilleure constitution de notre Gouvernement nous puissions mieux donner des fruicts de nostre recognois sance. La mienne me faict admirer sa conduicte, remercier très humblement Vostre Eminence pour le bon accueil qu'il lui a pleu de faire à mon fils, et luy souhaiter avec une entière dévotion et plain respect

depuis qu'on y manque de chef, tout s'y fait par
brigues et par factions, et ce poinct d'union que
nous avions par le moyen d'une teste qui nous
guidoit au moins, si elle ne nous commandoit, estant osté, il est à craindre que nous soyons pour
nous brouiller entre nous, chacun voulant s'en
faire accroire dans le maniement des affaires;
chaque ville ne pensant qu'à son intérest; chaque
province ne cherchant que ce qu'elle croit luy
estre advantageux; et chaque particulier ne travaillant qu'à aggrandir sa famille aux despens du
public (1).

Pour vivre dans un Estat comme celuy là, il
ne faut pas peu d'adresse et de connoissances.
Nos père et mère pour nous en faire acquérir le
plus qu'il se pourroit iugeant qu'il n'y en avoit
point de meilleur moyen que le voyage, où l'on
apprend à vivre avec tout le monde et avec toutes
sortes d'humeurs, où l'on remarque le fort et le
foible des esprits, et où l'on s'instruict par soy
mesme des vertus et des vices des nations, réso-
lurent de nous dépaïser et de nous faire passer

toute la prospérité que lui peult désirer, Monseigneur, de Vostre
Eminence, le très humble et très obéissant serviteur.
« *Signé*: C. D'AERSSEN DE SOMMELSDYCK,
» De La Haye, ce 25 d'aoust 1657. »
*Aff. Etr. Hollande.* Vol. 57, fol. 269.

(1) Il faut considérer que les Villers et surtout leur oncle Corneille
van Aerssen étaient grands amis du prince d'Orange.
Corneille van Aerssen écrivait le 2 février 1651. « Je mets le décès
» de feu son Altesse (Guillaume II. 6 nov. 1650) au dessus de tout
» le pire qui me puisse arriver. »

en France. Ils nous destinèrent Paris pour le lieu
de nostre principal sejour, comme estant une
ville où l'on peut estudier toutes les autres de
l'Europe, et où, par l'assemblage de plus d'un
million d'ames qui l'habitent, on rencontre tout
ce qui peut façonner l'esprit et le corps, et donner
de belles lumières à l'un par la conversation, et
un beau port, de l'adresse et de la vigueur à
l'autre, par les exercices qui s'y enseignent parfaitement bien.

Partant donc de la Haye le 9ᵉ de décembre de
l'an 1656, sur les deux heures apres midy, nous
nous embarquasmes pour Delft. C'est une ville
renommée pour la beauté des ses canaux, la
politesse de ses habitans, et la netteté de ses ruës.
Mais elle n'a rien en toute son enceinte qui soit
si magnifique et si superbe que la tombe des
Princes d'Orange, qui y fust commencée par le
Prince Guillaume qui, en fondant nostre Estat, s'y
érigea ce monument pour luy et les siens. Il ne
demeura (1) pas longtemps de luy fournir le
premier depost; car ayant esté tué dans cette
ville mesme par la trahison d'un Bourguignon,
il y fut enseveli dans ce tombeau où à présent
reposent trois de ses successeurs, et de ceux qui
ont commandé nos armées, avec le succès et le
bonheur que toute l'Europe a admiré.

Ayant traversé la susdite ville, qui n'est qu'à
une lieüe de la Haye, nous prismes la barque de

(1) *Demeurer* pour *tarder.*

Rotterdam, où estants arrivez fort tard, il nous y fallut passer la nuict, à cause de l'impétuosité des vents. C'est une belle ville et de grand trafficq ; l'on y voit tousiours quantité de vaisseaux, bien que la dernière guerre d'Angleterre en ait beaucoup diminué le nombre et le commerce.

Il n'y a pas un sçavant qui ignore que ce fust en cette ville que nasquit le grand Erasme, qui le premier a découvert les abus du Clergé et crié contre la dépravation qu'il avoit introduitte dans la religion : de là vient qu'on le peint avec des lunettes de longue veuë considérant le Pape et les moines, et qu'on met aupres cette devise : *Vidit, pervidit, risit ;* et c'est pour cette mesme raison que les Jésuites le nomment la poule des heretiques, voulants dire que c'est luy qui a couvé tout le mal qu'on a fait à leur Eglise et qui après s'est esclos par la vraye doctrine qu'on a resuscitée. On luy a dressé une grande statuë sur un fort beau pont pour honorer sa mémoire et on a fait mettre en sa maison une inscription Latine, Espagnole et Flamande qui dit que c'est là que nasquit le grand Erasme.

Pour gaigner temps et passer en France le plustost que nous pourrions, nous loüasmes icy un batteau pour passer en Zélande : il y en a bien un qui en part tous les iours, mais comme ce n'est que sur le soir, il nous auroit fallu attendre près de 24 heures, avant que de nous pouvoir embarquer. Nous entrasmes en celuy que nous avions pris à 9 heures du matin, et le iour suivant nous arrivasmes à deux heures apres midy à la veuë d'Arnemuyden; où estants descendus du batteau, nous fusmes contraincts d'aller à pied et dans la bouë iusques à mi-iambe au dit Arnemuyden. C'est une petite ville fort depeuplée et sans commerce, n'ayant plus son port qui a esté comblé peu à peu par le sable et par un vaisseau des Indes qui y est eschoüé.

D'Arnemuyden continuant nostre voyage par un plus beau chemin que celuy que nous venions de quitter, nous arrivasmes à Middelbourg capitale de l'Isle de Walcheren. Le commerce des vins de France et la Maison des Indes ont fort enrichi cette ville; bien qu'elle ne soit pas située sur le bord de la mer, elle a de si beaux canaux que les plus grands vaisseaux y abordent à la faveur du flus et du reflus de la mer, lequel ayant treuvé retiré, nous fusmes contraincts de l'attendre iusqu'au lendemain, pour avoir nos hardes qui estoient demeurées dans nostre bateau. Dès que nous les eusmes, nous les fismes mettre sur un chariot, et nous estant mis sur un autre nous partismes environ les trois heures apres midy pour Flessingue.

C'est un port de mer assez fameux, pour que nous ne nous amusions pas à en dire beaucoup de choses. Il suffit qu'il est de telle importance que Charles Quint, qui connoissoit mieux nostre païs que prince qui y ait commandé, laissa par escrit à son fils de tascher de ne iamais perdre cette ville. Elle n'est qu'à une lieuë de Middel-

bourg, et il y a un chemin si bien pavé de briques, qu'on peut aller de l'une à l'autre tousiours
à pied sec et sans incommodité. Nous prismes
neantmoins un chariot pour ne point nous lasser
au commencement d'un long voyage. Avant que
d'y entrer il nous fallut descendre du chariot,
parce qu'ayant abattu les ponts qui estoient usés,
on travailloit pour les raccommoder, et en mesme temps on se servoit de l'occasion peur nettoyer
le havre qui commençoit à se boucher par le
limon de la mer.

Il n'y a pas long-temps que Flessingue n'estoit
qu'un meschant village, ce qui se voit dans les
chroniques de Zélande, que l'an 1400 il ne servoit que de passage pour ceux qui alloient en
Flandres. Mais quelques temps après il fut fermé
de murailles par Adolphe de Bourgogne, et depuis
s'est accru peu-à-peu, particulièrement pendant
qu'il a esté entre les mains des Estats: de façon
que c'est aujourd'huy une des plus importantes
places qu'ils ayent: car c'est une des entrées de
leur païs, qu'Élisabeth, Reine d'Angleterre, voulut avoir avec la Brille (1) et Rammekens, pour
seureté de quelque argent qu'elle leur avoit presté.
Mais Messieurs les Estats craignants que par cet
engagement, elle vinst à s'en rendre propriétaire,
luy payèrent en sept ans l'argent qu'ils luy devoient: au bout desquels elle a esté obligée de
leur rendre ces trois places, où ils tiennent à pré-

(1) Ou Brielle, port alors important de la Hollande méridionale, à
l'embouchure de la Meuse.

sent une partie de leurs vaisseaux de guerre, et principalement en celle de Flessingue et de Rammekens.

Après y avoir loué une chaloupe, nous nous embarquasmes le 13ᵉ à 6 heures du matin pour gaigner l'Escluse, où n'ayants pù arriver que sur le soir, à cause que nous avions le vent et la marée contraires, nous fusmes obligés d'y coucher. Nous eusmes pourtant assés de iour pour parcourir la ville, et rendre visite au Sʳ de Beerendrecht (1), qui en est commandeur : il nous fit beaucoup de caresses et offres de services, et à la façon du païs nous fit gouster son vin (2), mesme il nous voulut obliger de loger chez luy, mais nous en estant excusez, nous luy dismes adieu et allasmes employer le peu de iour qui nous restoit à voir la ville et l'église principale, où l'on nous montra le lieu où sont enterrés les Sʳˢ de Haultain et Van der Noot (3), qui en ont esté gouverneurs. Ils estoient nos proches parens, et on leur a dressé d'assés beaux tombeaux, enrichis de quelques statues d'eux et de leurs femmes.

(1) Johan van Beveren, seigneur d'Oost et Westbarendrecht, colonel, qui fut plus tard commandant de Geertruidenberg. Il mourut le 6 septembre 1673.

(2) C'est une coutume qui subsiste encore aujourd'hui dans les Pays-Bas. Le Hollandais offre volontiers du vin à l'étranger ou au voyageur qui vient le visiter et à qui il veut donner un témoignage particulier de sa courtoisie.

(3) Guillaume Zoete de Laeke, Sʳ de Haultain, amiral de Zélande, cousin germain du grand-père de nos deux voyageurs, Charles van der Noot, gouverneur de la Flandre et de l'Escluse en 1606.

La ville est assés raisonnable, bien qu'elle soit
frontière, son assiette en est fort avantageuse,
et lorsque nous ne pouvions plus garder Ostende,
nous la gaignasmes sur les ennemis, par où nous
reparasmes assez bien la perte que nous allions
faire. On y entretient bonne garnison. Elle a un
double fossé, et de plus elle est environnée de
forts, et principalement de celui de Saint-Donaes,
que les Espagnols tiennent, et par là découvrent
toute la ville, qui est à la portée de leur canon.
Le Sʳ de Noordwyk (1) en est le gouverneur. Elle
a comme un bras de mer qui l'environne de tous
costés, et y forme un assés bon port. Aussi les
Espagnols creurent d'y pouvoir entretenir, au
commencement de nos guerres, quelques galères,
et d'en retirer un grand avantage. D'abord elles
firent quelque mal, et interrompirent le traffic de
la Zeelande. Mais au premier mauvais temps qui
les surprit en mer, nos vaisseaux leur donnèrent
la chasse, en coulèrent une partie à fond, et firent
que l'autre n'osa plus paroistre.

Le lendemain 14ᵉ, nous partismes à pied de
l'Escluse, à l'ouverture de la porte, et passâmes
à costé de Saint-Donaes, qui est ce fort dont
nous venons de parler. Il est sitûé à l'embou-
cheure du canal par où l'on va à Bruges, et il
s'y faut rendre pour prendre la barque, car les
Espagnols en sont maistres et ne permettroient

(1) Il était général d'artillerie, gouverneur de l'Escluse, membre du
corps équestre de Hollande. Il était marié à Anna van den Kerkhoven.
L'aîné des Villers épousa plus tard sa fille aînée.

pas qu'on fist un canal de l'Escluse à ce fort,
qui n'en est éloigné que d'environ de la portée
d'un mousquet. Bruges est une des principales
villes de la Flandre, et de celles qu'on nomme
les quatre membres du pays. Elle est encore
assez riche et bien peuplée, mais non pas à la
comparaison de ce qu'elle estoit autrefois ; avant
que le commerce s'establist à Anvers, c'estoit la
plus marchande des 17 provinces : à présent elle
est habitée pour la pluspart des riches et des
gentilshommes de la campagne, qui s'y retirent
pour y vivre doucement. Elle est gardée par
quelques soldats qu'elle paye, et en hyver on y
loge quelques troupes de l'armée qui y ont les
vivres et le fourage à bon marché.

Le Roy d'Angleterre s'y est retiré depuis qu'à
sa sortie de France, après avoir seiourné à
Cologne, il s'est lié avec les Espagnols (1). Il en
estoit parti depuis quelques iours pour Bruxelles,
où il estoit allé en personne traitter de ses affaires
avec don Juan (2). Nous n'y voulusmes point
passer sans faire la révérence aux Princes ses

---

(1) Le roi Charles II avait quitté Cologne au commencement de
1655, afin de se rapprocher du littoral et pouvoir passer plus aisément en Angleterre pour se mettre à la tête d'un mouvement qui
devait renverser Cromwell ; on sait que cet espoir fut trompé et que
Charles II ne rentra dans son royaume qu'après la mort du Protecteur.

(2) Fils naturel de Philippe IV, qui commandait alors les troupes
espagnoles en Flandre, avec le titre de lieutenant et capitaine général.
Un agent des Etats de Hollande était accrédité auprès de lui.

frères, et à la Princesse royale (1) qui y est
arrivée depuis quelque temps. Pour nous y introduire, nous nous adressâmes au nepveu de milord
Germain, qui est escuyer du duc d'Yorc (2). Le
S<sup>r</sup> de Brunel l'avoit connu à Paris, et il nous
mena de son logis à la cour, dans un carrosse
qui l'attendoit devant sa porte. Son maistre nous
reçut fort civilement, et autant que le peut porter
le genie de la nation. Il est vray qu'ayant esté
elevé en France, et ayant servi dans les armées
de ce royaume là, il estoit accoustumé à faire
bon accueil au monde et à les entretenir. Nous
iouïsmes de cet honneur environ un demi-quart
d'heure, et trouvasmes que passant partout pour
Prince de cœur, il ne manquoit pas non plus
d'esprit. Nous vismes ensuite le Duc de Glocester,
qui est un fort ioli Prince et qui ressemble fort
au fû Roy, son père. Nous le trouvasmes qui
avoit des papillottes à ses cheveux. Il se les defit
en notre presence, et nous eusmes tout loisir de
contempler sa belle chevelure. S'il estoit eslevé
comme il faut, ce seroit sans doute un Prince qui
se feroit beaucoup estimer. Il parle peu, mais
avec esprit et iugement. Nous ne peusmes faire
la reverence à la Princesse royale qu'après
qu'elle fut sortie des prières où elle estoit. Elle
nous reçeut à son accoustumée, c'est-à-dire froi-

(1) Henriette-Marie Stuart, fille de Charles I<sup>er</sup>, sœur de Charles II
et des ducs d'York et de Glocester, veuve de Guillaume de Nassau,
prince d'Orange, et mère de Guillaume III, alors âgé de six ans.

(2) Roi d'Angleterre en 1685, sous le nom de Jacques II.

dement, et sans dire mot, ce qui ne plaist guère
au temps où nous sommes, pour grands que
soient les princes que l'on voit.

Toute cette maison royale est assez mal logée,
et on s'y plaignoit du chancelier du Roi, qui, par
ses conseils, engageoit trop son maitre avec les
Espagnols qui ne le reçoivent pas pour le bien
qu'ils luy veulent, mais seulement parce qu'il
peut nuire à l'Angleterre par ceux de son parti
qui y restent, et à la France qu'il vient de quitter,
en retirant les troupes de sa nation qui y servent.
Il en avoit desia ramassé 12 à 15 cents, et on
nous dit qu'on leur avoit donné pour quartier
d'hyver Ypre et Courtray.

Nous estant ainsi acquité de nos devoirs envers
ces Princes et la Princesse, nous fusmes à la
Comédie françoise et y vismes représenter la
*Mort de Pompée* (1), par la mesme troupe, qui
avoit esté à fù monsieur le Prince d'Orange. La
pluspart du beau monde de Bruges s'y treuva, et
à la verité il y avoit quelques femmes assez bien
faites, et qui toutes faisoient monstre de cette
blancheur Flamande, qui est tant prisée par les
estrangers. Le gouverneur de cette ville est un
Florentin, qu'on nomme le comte Strozzi : il est
de cette maison qui a si long-temps disputé de
la principauté avec celle de Medicis et de Pittei.
Il s'est marié en ce païs, et c'est chez luy que

_____

(1) Tragédie de P. Corneille, représentée pour la première fois
en 1641 et que le grand poète considérait comme un de ses meilleurs
ouvrages.

l'on voit d'ordinaire les plus grandes compagnies. Aussi est-ce là où le Roi et les Princes vont le plus souvent, qui sans cela passeroient fort mal leur temps, en une ville où le malheur de la guerre laisse fort peu de moyens de se resiouïr.

Ayant ainsi passé nostre soirée, nous partismes le lendemain pour Nieupoort. Elle ne correspond en aucune façon, ni par sa beauté, ni par sa grandeur, à la renommée que luy a donnée la bataille que le prince Maurice y gaigna (1). On y va par une barque qu'il faut aller prendre hors de la porte de Bruges, et dont il faut sortir à quelques cent pas de Nieupoort. Le battelier nous voulut prendre pour duppes, nous voulant faire païer pour nos valises : nous nous en defendions le mieux que nous pouvions, mais comme il y a une espèce de cledac, et de lieu fermé où l'on met pied à terre, il en ferma les portes, et ne les voulust point ouvrir à nos laquays qui estoient chargés de nos hardes. Nous fusmes nous en plaindre aux Consuls et au Maior de la ville, mais ils tesmoignèrent que ce lieu là ne despendoit point d'eux, mais de messieurs de Bruges, dans le territoire desquels il estoit. Cela nous obligea de retourner à la barque, où nous trouvasmes cet insolent plus doux, et qui se laissa contenter par quelques schellings, au lieu qu'il demandoit auparavant six francs. Cet inci-

(1) En 1600; ce prince était fils de Guillaume le Taciturne.

dent nous obligéa d'y coucher, parce qu'il nous
fit manquer la barque de Furnes à Dunquerque,
qui ne part que le soir et le matin, et icy on
n'a pas la commodité de Hollande, de pouvoir
louër une barque en payant tout le vracht (1).

Nous y arrivasmes le 16e, et au sortir de la
barque nous eusmes la mesme difficulté avec le
battelier, luy donnant de mesme quelques schellings, bien qu'il ne luy fust rien deu. A l'entrée
de la ville un sergeant se ioignit à nous, et nous
dit qu'il falloit aller chez le Gouverneur. Ne
l'ayant pas treuvé, il nous mena chez le Maior
qui demanda de voir nos passeports; et bien
qu'il nous promist de nous les renvoyer dès le
soir mesme, parce que prétendant le lendemain
d'aller coucher à Calais, nous voulions partir de
bon matin, il ne nous tint pas parole, et ne les
renvoya que sur les huit heures du matin.
L'Aidant à qui on les avoit donnés pour nous les
apporter croyoit que nous luy donnerions de l'argent, et c'estoit à cette fin qu'on l'avait chargé
de cette comission; mais le Sr de Brunel le
traitta comme il falloit en le rebroüant et ren-
voyant comme un homme qui par son avarice et
son petit interest nous avoit presque réduits aux
termes d'estre nécessités de coucher à Gravelines;
ce que nous avions dessein d'esviter, sçachant
combien il est incommode de s'arrester en des lieux
où l'on ne passe qu'à la faveur d'un passeport.

(1) Mot hollandais qui signifie *frét*.

Dunquerque est une ville située au pied des dunes, mais assez bien placée pour le commerce. Le port en est assez bon, mais il n'est pas comparable aux meilleurs de cette mer, bien qu'il soit de ceux qui nous ont le plus incommodé pendant nostre guerre, car c'estoit un nid de pyrates qui nous obligeoient au commencement du printemps d'envoyer sur leur rade une esquadre de vaisseaux pour les tenir renfermés. Ses bâtimens sont assez iolis, et parmi ceux qui les habitent il y a un bon nombre de riches marchands. Nous y en vismes un nommé le S<sup>r</sup> Thomas Sergent, pour qui le S<sup>r</sup> de Brunel avoit une lettre, lorsqu'il y passa avec le sieur de la Platte (1) nostre cousin. C'est un tres honneste homme et qui ne se contentant pas de nous ayder à ce que nous peussions avoir de bons chariots, nous régala d'une petite collation à nostre arrivée et à nostre départ. Mais pour achever la description de la ville, il faut remarquer, qu'outre tous ses

(1) M. Chanut, ambassadeur de France à La Haye, fait mention de M. de la Platte, dans une dépêche au ministre en date du 30 septembre 1655 : « M. de Sommerdick (\*), que vous sçavez estre personne de mérite et très-estroictement attaché à nos interetz, m'a demandé s'il pourroit obtenir un passeport pour envoyer sans payer le droict d'entrée huict chevaux au baron de La Platte son fils, qui passera l'hyver à nostre cour, où il veut qu'il fasse despense et paroisse. Je luy ay dit que je tenois la chose assez difficile : il m'a témoigné qu'il ne la demandoit pas par espargne, mais pour la réputation. » — *Aff. Etr., Hollande*, vol. 54, fol. 490 v°.

Le S<sup>r</sup> de Brunel était sans doute chargé d'accompagner nos voyageurs, comme il avait servi de guide l'année précédente à M. de La Platte, leur cousin.

(\*) On *Sommeladyk* ; voir plus loin, à la date de 2 mars 1657.

dehors et doubles palissades, que les François avoient faites pour la défendre, et la rendre plus forte, quiconque est maistre des dunes, qui sont gardées par un petit fort, est aussi maistre de la ville puisqu'on l'en découvre à plein.

Le 17ᵉ, nous estant mis en un chariot, et nos laquais en l'autre, nous prismes le chemin de Gravelines. Avant que d'y arriver nous passasmes par Mardick : c'est un assez grand fort, qui n'y a esté construict que pour garder la coste, et dominer sur la rade qui est assez bonne en cet endroict. Les François l'ont pris deux fois, et l'ont perdu autant. La seconde fois il leur cousta beaucoup de monde, et quantité de noblesse y fut assommée. Les Espagnols l'ont pris pendant la guerre civile de ce Royaume, et en ont eu fort bon marché. Le grand fort qui enfermoit le petit qui subsiste encore, a esté ruiné, et le chemin par où l'on va à Gravelines, passe au travers de ce qui en reste.

Un peu avant que d'arriver à la porte de Gravelines nous mismes pied à terre, et après qu'on eust adverti le corps-de-garde, il vint un soldat à nous, qui nous mena au gouverneur. C'est un Espagnol qui a long-temps servi en Flandres, et qui a quitté une partie de l'orgueil de la nation ; aussi nous receut-il assez civilement. Apres luy avoir monstré nos passeports, il les donna à son secrétaire pour y mettre le *Vidimus*. Il n'a pas ce gouvernement en chef, il dépend de celuy de Saint-Omer et n'est qu'une simple commission.

Aussi Don Marqués, qui le possede, n'est pas homme de naissance, et n'est parvenu à ce poste que par ses longs services. Il est d'un assez bon entretien, encore qu'il ne parle bien ni François, ni Flamand. Pendant que le S<sup>r</sup> de Brunel estoit à faire le marché pour des chariots, qui nous servissent pour gaigner Calais, il nous fit le recit d'un grand accident survenu par le feu qui s'estoit mis au magazin des poudres, et qui ayant emporté toutes les maisons voysines, a rendu difforme la place où nous nous promenions, qui est celle qui leur sert de place d'armes. Il adiousta que cet embrasement estoit arrivé quinze iours avant celuy de Delft. Nous finismes nostre entretien en prenant congé de luy, et retirasmes nos passeports de son secrétaire, qui nous en fit payer demi-pistole par teste, disant que c'estoit pour son maistre qu'il exigeoit cette somme. C'est une chose pitoyable de voir la pauvreté et la misère de ces villes et de leurs gouverneurs, qu'ils tesmoignent assez en demandant comme la passade aux voyageurs. La garnison n'en est guere forte, et toutes les troupes que nous avons veuës icy et à Dunquerque, sont si piétres, que ie m'estonne comment elles ont pu dénicher les François de deux si bonnes villes: mais ie croy qu'on fait à présent la guerre à dessein de la faire durer plustost que de la finir.

Au sortir de Gravelines, on treuve un bac qui sert à passer une petite rivière qui se hausse et se baisse par le flus et le reflus de la mer. On est

à peine au delà, qu'on voit une redoute auprès
d'une espece de digue, où les Espagnols ont
comme une garde avancée de 10 à 12 soldats.

Elle est située aux confins du territoire de
Calais, et dès qu'on en a passé la barriere, on
entre dans le païs reconquis. En avançant chemin,
on s'aperçoit que l'on va insensiblement en un païs
plus haut, et l'on voit tout au long de la frontiere
de France une espece de cercle ou de courtine qui
fait remarquer à l'œil qu'à iuste tittre on a nommé nos Provinces le Païs-Bas. En approchant
de Calais nous rencontrasmes une redoute, à la
veüe de laquelle le tambour que nous avions pris
à Gravelines fit trois chamades, sur quoy ceux
de dedans se presenterent, afin de voir nos passeports du roi de France. Après les avoir leus, il
ne firent aucune difficulté de nous laisser passer.
On en fit de mesme à la seconde garde qui est à
l'entrée de la porte, mais l'on nous y donna deux
mousquetaires avec un sergent pour nous conduire
à nostre hostellerie. Une heure apres nostre arrivée, l'hoste nous demanda nos noms pour les
envoyer au Sr de Courtebonne, Lieutenant de Roi,
qui y commande en l'absence du comte de
Charost. Le lendemain, nous le fusmes voir et le
Sr de Glarges, (1) resident de la part de Messrs les
Estats, qui peu de temps après nous rendirent la
visite, en nous faisant de grandes protestations
d'amitié et offres de service.

(1) Cornelis de Glarges, seigneur de Hellemes, chevalier de Saint
Michel. Il était agent en France et résident à Calais. — Il mourut le
10 avril 1683.

Calais est une très bonne place, tant par son assiete que par sa fortification : car d'un costé elle a un fort nommé le Reysbanck, de l'autre une terre que l'on peut inonder en ouvrant les écluses qui sont gardées par un fort, de quatre grands bastions revestus de briques et bien terrassés au dedans que le Cardinal de Richelieu a fait bastir. On l'appelle le Fort Mulet, et il est à environ une demi-lieuë de la ville, qui est de plus accompagnée d'une bonne citadelle ; aussi faut-il avouër que cette place est de grande importance, et que c'est la clef de ce Royaume tant par mer que par terre.

Le 18<sup>e</sup>, nous prismes le messager de Calais, et fismes marché avec luy, que pour quatre pistoles par teste, il nous fourniroit des chevaux, et nous nourriroit iusques à Paris. Il se treuva par bonne fortune pour nous qu'il avoit tous ses meilleurs chevaux à Calais, et que nous les choisismes sans nous y tromper parce qu'ils avoient servi aux S<sup>rs</sup> de la Platte et de Brunel lors qu'ils s'en retournèrent en Hollande. Nous partismes sur les deux heures après midy en assez bonne compagnie : car outre que nostre bande estoit forte, il y eust un officier de Piemond, nommé Beaulogé, et le S<sup>r</sup> de Palme de Rouën, qui se ioignirent à nous. Dès que nous commençasmes à entrer dans le Boulognois, nous treuvasmes les chemins si mauvais à cause qu'il avoit plû, que voyant bien que nous ne pourrions arriver que fort tard à Boulogne, nous prismes le devant et doublasmes le pas.

Cette iournée nous fut la plus fascheuse, à cause de la nuict qui nous surprit, et du païs qui est tout semé de petits costeaux, qui font qu'il faut presque tousiours monter et descendre. Aussi comme nous allions fort viste, nonobstant l'obscurité et le mauvais chemin, l'espée de l'un de nous autres luy tomba de son costé et fut perdüe, bien que le reste de la troupe et nos laquais vinssent apres nous, et qu'ils eussènt pû la treuver. Si les chevaux ne nous eussent pas conduits, nous nous serions sans doute esgarés, mais ils font si souvent cette route, qu'on n'a qu'à les laisser aller. Ce que nous remarquasmes du Boulognois, est que c'est un païs d'une fort advantageuse situation : il est assez fertile dans les vallées où l'on nourrit quantité de bestail, et sur tout de ces chevaux, qui servent pour la pluspart au labourage et à la charrette. Sur le haut l'on seme des bleds, et nous remarquasmes une façon de fumer les terres, qui nous fut tout-à-fait nouvelle : on y espand une certaine terre blanche, qui ressemble à de la craye ou à du plastre ; l'air et la pluye la font fondre avec le temps, et l'incorporent avec l'autre qu'elle engraisse et fertilise merveilleusement.

Ayant enfin gaigné Boulogne, nous fusmes mettre pied à terre à la basse ville. Nous n'avons point à nous louër du logis du messager, car nous n'y fusmes aucunement bien traittés, et d'abord nous reconusmes que tout ce qu'il nous avoit promis de ce costé là, n'avoit esté que de belles

paroles pour nous obliger à prendre ses chevaux.
Cela fit que nous commençasmes à nous mettre en
colère contre luy, et mesme contre l'hostesse, qui
eut cette impudence de nous vouloir faire coucher dans des draps peu blancs, mais le S<sup>r</sup> de
Brunel fit tant, qu'il luy fit ouvrir ses coffres, et
en tirer d'aussi beaux et d'aussi blancs qu'on eût
pu les souhaitter. Le lendemain nous fusmes voir
la ville, qui est située sur une montagne. Elle est
bastie et fortifiée à l'antique, et hors quelques
demy-lunes et ravelins mal entretenus, nous n'y
vismes rien qui l'ait pû faire passer pour une des
plus fortes places de l'Europe. Le port est à la
basse ville, et bien qu'il soit assez seur, il n'est
pas des meillleurs à cause que l'entrée en est difficile. Le Mareschal d'Aumont en est Gouverneur,
et de tout le païs; il estoit parti depuis quelques
iours pour la Cour, car c'est l'ordinaire de ces
messieurs de se retirer l'hyver à Paris pour s'y
divertir. Nous n'y vismes rien qui soit fort digne de
remarque, exceptez deux fontaines, qui sont en
la haute ville, dont l'une se treuve dans le milieu
de la plus grande place, et l'autre dans la plus
petite. Autrefois on estimoit fort cette place, à
cause qu'elle servoit de clef à la France, du
temps que les Anglois tenoient Calais. Elle a
souffert divers sieges, et a esté attaquée plusieurs fois durant les guerres civiles, et on y en
voit encore quelques marques tant aux murailles
et tours de la haute ville, qu'en quantité de ma-
sures de la basse.

Le 19°, nous traversames le Boulognois d'un bout à l'autre, et il n'y a guere de village qui ne paye contribution à Saint-Omer ou à Gravelines. Ceux qui sont sous le canon de la ville ou au voisinage de Monstreuil, en sont pourtant exempts. On nous raconta, qu'il n'y avoit pas long-temps que les Espagnols les voulurent obliger à contribuër, mais qu'ils s'avancerent si avant qu'on leur coupa chemin, et qu'ils y furent tous defaicts. Le païs est en quelques endroits couvert de bois, et avant que d'arriver à Monstreuil, nous en passames un, qui porte le nom du païs, où l'on court souvent risque de rencontrer quelque parti, et plus encore de tomber entre les mains des voleurs qui ne manquent d'y attendre les voyageurs et de les dépouiller, quand ils sont advertis qu'ils ne sont pas les plus forts. Pour nous, nous n'avions rien à craindre, car nous estions trop bonne compagnie et trop bien armés, pour qu'ils osassent nous entreprendre.

Avant que d'arriver à Monstreuil, nous descendismes dans un fond, qui forme une espece de maretz, et qui entournant presque cette place, la rend extrememement forte. Il y a une espece de fauxbourg qui est sur la pente de la hauteur sur laquelle la ville est située; ce fut de ce costé là que nous y entrasmes: le coteau est assez escarpé, et sans doute cette place est très-bonne, car outre sa situation advantageuse, elle est assez bien fortifiée, et à la moderne, ayant de bons et beaux bastions et qui sont revestus de briques.

La citadelle est à un bout, d'où elle commande
la ville, et est, si ie ne me trompe, de cinq bastions. Pour la construire, on a abattu une partie
du logement du Gouverneur, qui par là reste assez
délabré, n'y ayant qu'une aile de l'ancien corps
de logis. Le Comte de Lannoy l'avoit fait bastir
du temps qu'il en estoit Gouverneur. Monsieur le
Prince de Harcourt (1), qui en a espousé la fille, a
à présent ce Gouvernement, et l'a obtenu comme
par droit d'heritage du costé de sa femme. Tant
il est vray qu'en ce Royaume les grands ne quit-
tent iamais les employs qu'eux ou leurs proches
ont eus, sans prétendre qu'on leur fait tort de
les en priver.

Le iour suivant, qui estoit le 20ᵉ, nous gaigna-
mes Abbeville, après avoir passé une belle campagne qui se partage tantost en collines et tertres,
tantost en vallées et en plaine, et tantost en plan-
tages et en bois, tellement que nous pouvons bien
dire avec vérité, et sans faire tort aux autres
païs, que la France est un Paradis terrestre. Nous
y arrivasmes d'assez bonne heure pour nous promener par la ville, et pour en considérer l'éten-
duë. Elle est raisonnablement grande et bastie à
l'antique, comme la pluspart de ces premieres
villes, qui sont faites de plastre et de bois. Elle
est peuplée de quantité de bons artisans et gros
marchands; mais ceux qui travaillent aux armes

(1) Charles de Lorraine, prince d'Harcourt, puis duc d'Harcourt.
Sa femme avait épousé en premières noces le comte de La Roche-
guyon; elle mourut en 1654.

à feu se sont acquis tant d'estime que leurs pieces passent pour les meilleures de l'Europe.

Le valet du Sʳ Herbert nous y donna un advis qui nous surprit, et que nous treuvasmes véritable, à sçavoir que passant par devant le couvent des Sœurs-Grises, il avait parlé à la fille de chambre de mademoiselle de Montmorency, qu'on y avoit logée contre son gré: aussi s'en plaignit-elle au Sʳ Herbert qui luy rendit visite. Elle estoit habillée en seculière, et disoit qu'elle estoit encore de nostre religion. Il l'entretint au travers des grilles du parloir. Elle luy raconta de la façon qu'on l'avoit conduite en ce lieu, et le pria d'en escrire, afin que Messʳˢ les Estats de Gueldre y missent ordre. Elle avoit imploré leur protection lorsqu'apres s'estre instruite en nostre religion, elle avoit quitté la romaine. Ses père et mère se sont servis d'un prestre habitant à Leyden en Hollande, nommé Pieter, et c'estoit luy qu'elle accusoit principalement; ayant encore cette bonté pour ses proches, qu'elle prioit qu'on ne retinst point les gages à son père qui est capitaine en nos quartiers : mais i'apprehende fort qu'en ce fait il n'y ait un peu de l'humeur volage de la fille.

Le désir que nous avions de nous rendre à Paris fit que, des que nous eusmes passé Abbeville, nous redoublasmes nostre diligence: aussi nos journées·estoient plus grandes et nous obligeoient à nous lever de grand matin et à arriver tard, bien que nous ne nous arrestassions que fort peu

à la disnée. Mesme, comme il n'y avoit plus de
danger pour les partis des Espagnols, nous ne
marchions plus tous ensemble. Ayant donc laissé
à l'hostellerie une partie de la troupe, nous prismes le devant et nous nous esgarasmes; mais
ayant esté remis au chemin, nous passames le 21ᵉ
la Somme à Pont-de-Remy. C'est un bourg qui
appartient au Duc de Créqui, et comme il est fort
important à cause du passage, il y a garnison
qui en garde le pont. Au delà du village il y a
une maison ou un vieux chasteau qui est en quelque façon fortifié, ayant un bon fossé et quelques bastions, qui sont entournés d'eau par un
bras de la rivière qui s'y décharge. Il y a de quoy
s'estonner qu'on ait négligé cette place, puisqu'on
nous a dit qu'elle est importante, et que si les
ennemis gaignoient ce poste, ils pourroient courre presque toute la Picardie. La nuict nous prist
avant que nous eussions gaigné le giste de ce
iour-là, et nous arrivasmes à Poix qu'il estoit
assez tard. C'est un village qui appartient aussi
au Duc de Créqui, et dont il se dit prince. Avant
que d'y arriver, nous eusmes une heure de pluye,
dont nous fusmes fort bien arrosés, car elle nous
prist au milieu d'une grande plaine, et iustement
en un endroit où nous n'estions couverts d'aucun
arbre ni d'aucune colline. Pour nous ayder à
mieux supporter cette facheuse incommodité, nous
logeasmes ce soir-là en une hostellerie, où nous
fusmes moins mal que nous n'avions esté en
toutes celles de la traite.

Le 22<sup>e</sup>, nous arrivasmes d'assez bonne heure à
Beauvais, et pendant qu'on nous apprestoit à disner, nous fusmes voir l'église, dont le chœur est
en si grande estime, que pour faire une parfaicte
église, on dit qu'il faudroit prendre le chœur de
Beauvais, la nef d'Amiens, et le clocher de Chartres. Aussi il faut advouër que la fabrique de ce
chœur est fort belle, et que tout y est clair, vaste
et bien exhaussé. Quant à la ville elle est une des
principales de la Picardie. Le commerce des laines, et surtout des ratines, y est fort grand. Il y
a une grande place qui est iustement au milieu.
Les maisons sont presque toutes à l'antique et
basties de plastre et de bois, de mesme que les
autres que nous avons desia descrites. Nous arrivasmes assez tard à Fillare, où nous devions coucher. Ce n'est qu'un bourg, et dont nous ne vismes
ni la forme, ni la situation, y estant arrivés de nuict
et en estant partis avant le iour.

Ce qui nous obligea à nous lever si matin le 23<sup>e</sup>,
c'est que nous voulions entrer dans Paris avant le
soleil couché, à cause qu'aux environs de cette
grande ville il ne fait guère seur dès que la brune
approche. Cependant nous avions ce soir-là à
faire quatorze lieues, et nos chevaux commençoient à se lasser, et, pour surcroist d'incommodité, il y avoit desia deux iours qu'un de nos laquais, feignant de ne pouvoir plus marcher, nous
avoit obligés de le mettre en croupe, n'ayant pû
trouver aucune commodité pour luy faire gaigner
Paris, qui ne fût très-chère. Ce qui fit que le S<sup>r</sup> de

Brunel le prit premièrement en croupe pour le
soulager, et puis pour ne le laisser derrière seul
et sans ses camarades, le mena de cette façon
iusques à Paris: et c'est une merveille que son
cheval, qui n'estoit qu'un bidet, ait pû fournir à
cette double charge. Cette iournée il fit un parfaitement beau temps pour la saison; tout ce qu'elle
eust d'incommode fut que la matinée en fut assez
rude, à cause qu'il avoit fort gelé; et dès que le
soleil eust renforcé sa chaleur, le dégel rendit les
chemins si glissans, qu'à peine les chevaux pouvoient se tenir. Aussi un peu avant que d'arriver
à Beaumont, où nous allions disner, le Sᴿ de Ryswick tomba dans un bourbier, où il fut amplement mouillé, car ses bottes se remplirent d'eau,
et ses habits percèrent iusques à la chemise.
Cet accident nous obligea d'estre plus longtemps
à la disnée que nous ne nous l'estions proposé. Il
empescha aussi que nous ne fissions pas un petit
tour par le bourg qui est assez ioli, et qui a un
beau pont sur la rivière d'Oise qui passe au pied
de la coste sur laquelle il est situé. Ce lieu appartient au Mareschal de la Motte, qui y estoit en ce
temps, où nous luy fussions allés faire la révérence et voir sa maison, qu'on dit qui est belle,
n'eust esté cet accident qui nous en osta le moyen.
Il nous eut aussi empesché d'arriver de iour à
Paris, si nous n'eussions redoublé nostre diligence, qui fut telle que nous y entrasmes sur les
quatre heures du soir, bien que nous eussions
encore huit lieuës à faire.

Au sortir de cette petite ville, nous commençasmes à nous apercevoir que nous approchions
de Paris, voyant la quantité de belles maisons qui
sont comme semées par toute la campagne. Les
villages, par où nous passasmes, estoient et plus
grands et mieux bastis que ceux que nous avions
veus jusques icy : et c'est à juste titre qu'on les
nomme les mammelles de cette ville, qu'ils environnent, car c'est d'eux qu'elle tire la meilleure
partie de sa subsistance. Nous ne nous amuserons
pas à marquer en détail tout ce qu'ils ont de considérable, ou pour leur situation, ou pour les
belles maisons qui sont dans leur circuit ou aux
environs.

Dès que nous fusmes à Saint-Denis, nous ne
pensâmes qu'à doubler le pas pour gaigner le
repos et arriver de jour, pour pouvoir nous en-
quérir du logis où estoit le Sr de Spÿk, (1) nostre couzin. Le Sr de Brunel n'en avoit point reçu
de lettres long-temps avant nostre départ de la
Haye, et les dernières qu'il en avoit eües du Sr de
Rodet, son frère, portoient qu'ils estoient dans la
résolution de changer de logis. Entre Saint-Denis,
et Paris nous trouvasmes un commencement de
la confusion qui accompagne cette grande ville.
Ce n'estoit qu'une continuelle suite de charettes,
de chevaux, et de monde qui en sortoient. Mais
le bruit et le tumulte augmentoient à mesme

(1) Fils cadet de Corneille van Aerssen, et cousin de nos voyageurs,
il était venu d'Espagne à Paris en juillet 1655 avec son frère aîné et
M. de Brunel.

temps que nous avancions devers la ville. Nous
y arrivasmes vers les quatre heures après midy,
et ayant traversé tout le faubourg Saint-Denis,
nous fllàmes le long de cette grande ruë, que
nous ne quittasmes qu'à l'endroict où elle aboutit
avec celle de la Ferronerie. Elle est à costé des
charniers de saint Innocent, et est remarquable
en ce que presque tous les marchands de fer, de
léton, de cuivre et de fer blanc, y ont leurs boutiques. On y montre encore le puits où le traistre
de Ravaillac se cacha pour oster la vie à Henri
IIII. Nous trouvant au commencement de la rue
Saint-Honoré, nous tournasmes bride par celle
des Bourdonnois, et fusmes gaigner le Pont-Neuf.
Nous nous y arrestasmes chez le Sr Van Gaugelt,
banquier, et le Sr de Brunel y mist pied à terre
pour le saluër, et l'obligea de nous donner son
vallet, pour nous conduire au logis du Sr de Spÿk.
Le Sr Blanche, qui estoit parti avecque nous, nous
dit icy adieu, nous remerciant de l'honneur que
nous luy avions fait de l'avoir receu en nostre
compagnie, et se retira pour aller loger chez Mon-
glas, à la ruë de Seine, *à la ville de Brissac* (1).
Le Sr de Spÿk n'avoit point changé de logis, et
nous le trouvasmes au fauxbourg Saint-Germain,
à la ruë des Boucheries, *au Prince d'Orange*, qui
revenoit de Charenton, où il avoit esté à la préparation de la sainte Cène du iour de Noël. Aussitôt

---

(1) « L'hôte et l'hôtesse sont huguenots, et estoient assez exacts;
c'est une bonnête auberge, et tout est plein de gens de la religion
là autour. » Tallemant des Réaux, *Historiettes* : Ed. Monmerqué,
1861, T. VII, p. 191.

le Sr de Brunel travailla à nous pourvoir d'un meilleur logement et hauberge. Il est fort difficile d'en trouver en un temps semblable à celuy auquel nous y arrivasmes, puisqu'alors tout le monde qui a des affaires se rend à Paris, et d'autant plus que l'Assemblée du Clergé (1) n'estoit pas encore séparée. Le Sr de Brunel avoit donné ce logement au Sr de Spÿk, parce que se devant mettre entre les mains des médecins pour se guérir d'une seicheresse de poumon, qui à la fin l'auroit rendu étique, il falloit qu'il vescust de régime et en son particulier. Après les premières embrassades et après les premiers compliments, nous nous mismes à prendre nos commodités, et nous estant fait débotter, nous nous fismes faire bon feu pour nous chauffer, car nous avions eu assez froid en chemin. Cependant le Sr de Brunel donna ordre à un traitteur de nous apprester le souper. Nous attendismes l'heure avec grande impatience, tant pour le bon appetit que nous avions, que pour l'envie de dormir en laquelle nous estions. L'un et l'autre nous estoit fort necessaire, ayant fait assez vite 14 bonnes lieuěs, comme nous l'avons dit cy dessus.

Le 24e, jour de dimanche, nous demeurasmes au logis, n'estant pas en equippage propre à nous monstrer, surtout aux iours de fêtes qu'un chacun estant oysif prend garde à tout ce qui luy passe devant les yeux. Nous n'avions que des habits de voyage et de vieille mode, puisqu'ils

(1) Réunie en octobre 1655, elle ne se sépara qu'en janvier 1657.

estoient avec de l'or et de l'argent et chargez de
cette confusion de rubans qu'on venoit de quitter.
Quand bien la bienséance ne nous eust pas em-
peschez de nous monstrer en cet estat, l'edict
rigoureux qu'on avoit fait contre cet excès (1),
nous obligeoit de garder la maison. Aussy nous
avoit-on advertis que depuis peu on avoit dépouillé
et maltraitté quelques Allemands qui n'avoient
pas eu esgard à ces défenses. Il est vray que cet
accident avoit fait que l'on avoit donné ordre à
ce qu'il n'en arrivast plus de semblable et que les
soldats des Gardes qui sous ce prétexte cherchoient la pièce, furent obligez d'en user autrement, puisqu'on ordonna qu'ils seroient punis de
mort, s'ils mettoient la main sur aucune personne
pour ce suiet, n'estant pas à eux à prendre garde
à l'exécution des Edicts.

Pour les mesmes raisons, les 25, 26, 27 et 28,
nous fusmes obligés de passer les iours de Festes

(1) Une *Déclaration* du roi, du 13 novembre 1656 (*), venait en
effet de renouveler les dispositions des anciennes ordonnances, contre
les excès du luxe, et proscrivait notamment les passements d'or et
d'argent. — Une déclaration semblable, publiée en 1644, portait
« qu'il n'y avoit pas de cause plus certaine de la ruine d'un Estat que
» l'excès d'un luxe déréglé qui par la subversion des familles particu-
» lières attire nécessairement celle du public, et que l'on ne pouvoit
» souffrir que l'Estat fust affoibli par le déréglement de ceux qui ne
» gardent aucune mesure en leurs vaines et excessives dépenses... —
Un édit de Henri II, en 1549, défendait aux gentilshommes et à leurs
femmes d'employer pour leurs habits des étoffes d'or et d'argent, et
aux « artisants, paysans et gens de labeur » de porter des vêtements
de soie.

(*) Déclaration sur les passements d'or et d'argent, les dorures des carrosses et
calèches et sur la parure des habits et vêtements. Paris 13 novembre 1656. — (Collection manuscrite des ordonnances, aux Archives judiciaires.)

en demy renfermez. Nous nous faisions apporter à manger dans nos chambres, mais voyant qu'il nous en coustoit au double, nous allasmes prendre nos repas en une hauberge qui estoit vis-à-vis de nostre logis. Le S<sup>r</sup> de Brunel en chercha bien une meilleure, mais n'en treuva point qui ne fût trop éloignée. On y traittoit assez mal, et c'estoit une de celles où il ne va que des estrangers: aussy a-t-elle pour enseigne la *Ville de Hambourg*. Il y avoit sept ou huict Allemands assez bien faicts, et nous nous estonnasmes qu'ils souffrissent qu'on leur fist si pauvre chère. La pluspart de ces messieurs s'attroupent aux païs estrangers, et s'adressent et se logent chez ceux de leur nation. Par le premier ils ne profitent guere et ne connoissent que peu ou poinct la nation qu'ils visitent, et par le second ils sont trompez et maltraittez de ceux de leur nation dont ils se servent, qui abusent du peu de connoissance qu'ils ont du païs où ils sont.

Nous employasmes toute la matinée du 29 à escrire. C'estoit un vendredy, iour de l'ordinaire qui porte les lettres en Hollande. Aussy le pouvons nous nommer le iour de nostre travail, parce que nous n'en manquons pas un, sans donner de nos nouvelles à nós parens. Sans doute qu'ils commençoient à en languir, car depuis Dunquerque nous n'avions pas pû leur escrire, parce qu'à Calais il n'y a point de poste qui aille à droiture en Hollande. Comme nous estions à faire nos despesches, nous eusmes le contentement de recevoir

les premieres lettres, que nostre père nous ait
escrites depuis nostre depart. Nous changeasmes
de logis l'apres dinée et nous nous delivrasmes de
l'une des plus meschantes hostesses que l'on puisse
rencontrer : en effet, ie ne pense pas qu'elle eust
sa semblable pour l'impudence et la crierie. Elle
est native de Bruxelles, et n'a iamais exercé
d'autre mestier que celuy de trompeuse et séductri-
ce des estrangers qu'elle loge. Nous eusmes mille
difficultez à la contenter, car apres qu'on lui eust
donné tout ce qu'elle pouvoit pretendre, elle nous
arresta un cheval pour nous obliger à le racheter
d'entre ses mains. Elle se nomme Regina de Hoeve,
mais elle est plustost une vraye Regina de Hoer (1). Il
y avoit quelques iours que nous estions convenus
de deux appartemens à l'Hostel de Montpellier,
qui est une hauberge au cœur de Paris, dans le
cul-de-sac de la ruë des Bourdonnois. Nous y
eusmes une partie de celuy du premier estage :
nostre chambre est grande, belle et fort bien
meublée, le lict y est élevé sur une estrade et est
d'un brocard de soye, les sieges et la tapisserie
sont de mesme estoffe. Au bout, du costé de la
cour, nous avons un cabinet qui est presque quarré
et assez ioli, mais fort commode pour y mettre
et ranger proprement toutes nos hardes, et pour
nous servir d'estrade.

La Compagnie de nostre hauberge estoit composée d'un evesque, de son ausmonier, d'un rece-

(1) *Hoere* en flamand signifie une *ferme* et *hoer* une *mauvaise femme.*

veur provincial du Clergé, d'un controlleur des
gabelles de Languedoc et d'un capitaine de cavalerie. Entre temps nous y en avons eu d'autres
dont ie parleray en son lieu. L'Evesque estoit une
bonne personne et homme d'honneur, mais de peu
de conversation, ce qui n'est guere de l'humeur de
ceux de sa province, car il est provençal et Evesque de Sisteron. Il avoit esté prevost de l'Eglise ca-
thédrale d'Aix, et quand le cardinal de St-Cecile (1)
eut cet Archevesché, il lui promit et aux premiers
de cette Eglise de les faire Evesques, et ce autant
par politique que pour leur faire du bien : car c'est
l'ordinaire des Grands de vouloir avoir sous eux
des officiers qui tiennent leur charge d'eux, et
ceux cy avoient esté faits par ses devanciers. Ce
n'est pas que ce ne soit un homme sçavant, mais
sa science n'est pas usuelle, et il est de ceux qui
estudient *ut sciant* seulement, c'est à dire par un
simple desir d'apprendre, sans se soucier beaucoup
de debiter. Par là il est tombé dans le defaut qui
accompagne d'ordinaire cette sorte de curieux,
à sçavoir la difficulté de s'exprimer, et cela se
nomme : manquer de boute-hors. Il n'avoit point
de passion qui le dominast, excepté celle d'espargner et d'amasser des biens pour ses proches,
ce qui faisoit qu'il en paroissoit taquin, et estoit
fort mal servi de ses valets qui connoissant son
foible ne luy estoient guere obeissants. Son ausmonier estoit un gros rougeau qui avoit un vray
visage de prospérité. Il se nommoit le Sr Medecin,

(1) Michel Mazarin, frère du Premier Ministre.

et du nom de son prieuré, de Bouc. Pour entretenir son embonpoinct, il ne manquoit iamais d'appetit iusques là que quand l'heure du repas venoit,
on voyoit des marques d'allegresse sur son visage,
et quand il estoit à table, et touchoit aux viandes
il commençoit à manger avec un soùpir de contentement, en disant : Dieu soit loüé ! Il ne menoit pas
grand bruict tant que la première faim lui duroit,
mais après l'avoir estourdie, il parloit autant qu'un
autre : ie ne dis pas aussi bien, car il n'estoit pas
fort en raisonnement et moins en eloquence. Au
disner il faisait parfaitement bien son devoir, parce
que l'Evesque estant present, on le laissoit en repos ;
mais au souper que nous estions sans mitre, chacun
s'esbaudissoit la ratte à lui donner quelque atteinte.
Il n'y avoit pourtant personne qui le persecutast
plus que le Sᵉ de Manse qui estoit le controolleur
des gabelles ; il avoit pris à tâche de ne dire que
des mots de gueule et à double entente, pour faire
stomacher ce pauvre ausmonier : ce n'est pas que
ce bon innocent n'y prist souvent plaisir et que
cela ne le chatouillast, car il n'estoit pas des plus
continents hommes du monde et on sçavoit de ses
nouvelles.

De Manse est un garçon bien fait, qui a du
feu et de l'adresse, mais qui est incommode par
la grande imagination qu'il a de soy-mesme. Sa
naissance ne passe pas celle de simple bourgeois, et souvent se voulant faire valoir au delà,
il s'expose à estre mesprisé. Il a cela qu'il est
fort en gueule et qu'il ne demord pas facilement

d'une opinion qu'il a avancée, et la voulant
défendre à tort et à travers il se fait quelques
fois mocquer. Toute sa parenté est presque de la
Religion, mais l'ardeur que son pere eust d'avoir
des charges à Montpellier et l'amour du monde
le firent changer et embrasser la romaine. Celuy-
cy a esté baptisé dans la nostre, mais par igno-
rance ou faux zele il s'y montre fort contraire.
Ceux qui le connoissent bien disent pourtant
qu'il n'en use ainsi que pour mieux faire ses
affaires, et persuader que luy et sa race sont
tout à fait contraires à la religion du reste de la
parenté. Il y a trois ou quatre ans qu'il vint pour
la première fois dans cette hauberge, du temps
que le S$^r$ de la Platte y estoit, mais alors il
estoit encore plus incommode par son esprit aca-
riastre qu'il a presentement un peu corrigé. Celuy
de nostre receveur ecclesiastique, qui se nomme
le S$^r$ Sibut et est du Dauphiné, est tout autre,
car il l'a doux, fin et adroit et qui ne manque
pas de pointe et de sel. Aussi n'a-t-il pas de
grands advantages du corps, car il est bossu et
incommodé d'une dartre au visage. Nous vivions
en grande intelligence avec luy, parce que sa
conversation vaut infiniment, et il a de tres beaux
moments et auxquels il dit de iolies choses et de
la belle manière. Nous eusmes mesme quelque
commerce de lettres avec luy apres son depart,
et outre qu'il escrivit à un de nous, le S$^r$ de
Brunel recevoit de temps en temps de ses nouvelles accompagnées tousiours de quelque agré-

able piece de sa façon. Il luy envoya entre autres
des vers où il descrivoit le Sr de Bouc, aumos-
nier de l'Evesque de Sisteron et dont ie viens de
parler, à l'occasion d'une lettre qu'il disoit luy
avoir esté escrite

> Par ce Bouc à teste de veau,
> Qui travailloit mieux du museau
> Que tous les laquais de l'hauberge.

Quant au capitaine de cavalerie, il se nommoit
Boudon et est natif de Montpellier. Ce n'est pas
un garçon de naissance, car son père n'en avoit
aucune, et avoit acquis tous ses biens en se
iettant dans les partis. C'estoit un ioli esprit, et
un petit homme bien fait, mais qui pour ne se pas
empescher de s'avancer dans le monde de quelle
façon que ce fust, travailloit à s'accoustumer
l'ame à avoir des sentimens peu purs et ortho-
doxes. Il est de la Religion et a un pere thresso-
rier de France à Montpellier, qui ne s'est fait
papiste que pour estre receu en cette charge.

Voila le monde que nous treuvasmes dans
nostre hauberge, d'où il resultoit une compagnie
assez diversifiée, tant pour l'humeur que pour les
inclinations et l'interest de ceux qui la compo-
soient. L'entretien n'y manque iamais, chacun
rapportant aux repas ce qu'il a appris ou fait de
nouveau, et quand on n'a point de matieres semblables on s'en forge pour se divertir, et chacun
dit son advis à sa mode et selon les lumieres et
les connoissances qu'il a.

Pendant que nous estions encore chez Regina

de Hoeve, nous y fusmes visitez par le S⁰ des Champs, qui avoit sans doute sçeu nostre depart de la Haye par les lettres du S⁰ d'Armenvilliers (1). Il y a quelque temps qu'il a quitté la Hollande où il avoit esté escuyer des Princes d'Orange, Henry et Guillaume. Apres la mort de ce dernier, on ne garda que peu de personnes de sa maison, et ne donna à son posthume que deux gentilshommes, à l'un desquels on a donné depuis peu la charge d'escuyer. Le S⁰ de Beringhen (2) a retiré le dit S⁰ des Champs aupres de soy, et l'occupe à prendre garde à l'escurie du Roy et à en monter les chevaux. Il nous vint remercier de ce que nous luy avions apporté un amacht dont le S⁰ d'Armenvilliers nous avoit chargé. Il avertit le S⁰ de Beringhen de nostre arrivée, qui aussi nous fut voir et nous faire offre de ses services. C'est une personne de tres grand merite, et qui n'est pas de l'humeur de la pluspart des gens de la Cour qui n'ont que de belles paroles et des complimens pour leurs amis, et qui ne les accomplissent iamais. Aussi a-t-il tousiours cherché d'obliger ceux de nostre nation qui se sont treuvez icy, et principalement ceux de nostre maison.

(1) C'était un des nombreux officiers français qui étaient au service des Pays-Bas, avec l'agrément du roi. Il était le frère de M. de Beringhen.

(2) M. Henri de Beringhen était premier écuyer du roi, depuis 1615; il avait acheté sa charge du père du duc de Saint-Simon. Il mourut en 1692. Il était ami de Bossuet. La charge de premier écuyer du Roi était encore occupée en 1713 par un M. de Beringhen.

Nous pouvons dire le mesme du S<sup>r</sup> Brasset qui
nous vint temoigner que depuis sa retraite en
cette ville, il n'avoit pas oublié les amis qu'il
s'estoit acquis en près de vingt ans de residence
qu'il a faite auprès de Mess<sup>rs</sup> les Estats, de la
part du Roy. Aussi avoit-il vescu tout ce temps-
là en estroite amitié et correspondance avec
nostre famille. C'est un homme franc et qui, par
une disposition particulière pour traiter avec
esprit et adroitement les grandes affaires et par
une longue expérience, peut passer pour un des
plus habiles hommes qui ayent manié celles de
cette Couronne aux païs etrangers. Ses longs
travaux et ses bons services luy ont cousté la
veuë qu'il a perduë à force de lire et d'escrire.
Aussi c'est un prodige de voir les minutes des
depesches qu'il a faites et qu'il a gardées, outre
les duplicata qu'il en envoyoit. Cependant il n'a
point esté recompensé selon ses merites, et bien
loin de luy faire quelque gratification, on ne l'a
pas encore payé de ce qui luy est deu de ses
apointemens. Il n'est pas de maison, et a fait la
sienne par son industrie et son esprit (1).

(1) M. Brasset, ministre résident à La Haye, quitta cette ville
le 29 avril 1651. Il y avait été remplacé depuis quelques mois par
M. Chanut, ambassadeur extraordinaire. Il était d'usage que les envoyés diplomatiques recevaient des cadeaux au moment de leur départ;
mais la coutume cessa d'être observée cette année-là et M. Chanut
écrivait au secrétaire d'Etat pour les affaires étrangères le 23 avril :
« M. Brasset a su qu'ayant été proposé à l'assemblée de la généralité
« de luy faire un présent à l'ordinaire, deux hommes seuls des Etats
« de Hollande s'y sont opposés... Il est certes bien rude que l'on
« veuille commencer à establir cette règle par un homme qui a servi

Nous passames le 30 et 31 à nous establir dans nostre nouveau logis, et à retirer le cheval que Regina de Hoeve avoit retenu. Pour cet effet, nous fusmes treuver le Baillif de Saint-Germain, qui ne nous fit pas la iustice que nous prétendions, ce qui nous obligea de nous adresser au Lieutenant civil, dont nous eusmes un ordre portant qu'on nous le rendist sous caution. Le soir mesme du samedy nous allasmes treuver Gazon, commissaire du quartier, et apres l'avoir long-temps attendu en sa maison, il vint enfin et bien qu'il fust fort tard il se transporta au logis de Fock mari titulaire de Regina de Hoeve. Elle résista longtemps de nous rendre le cheval, mais apres les procedures du commissaire, elle nous le rendit sous la caution du S᫬ Verbeeck, beau-frère du S᫬ Van Gaugelt, que nous avions fait querir.

Le 31, jour de dimanche, nous ne pûmes pas aller faire nos devotions à Charenton, mais les fismes au logis par la lecture d'un sermon du

« vingt années en ces provinces auparavant que l'on pensât à faire le « règlement de 1651 sur lequel ils se fondent. » *Arch. Aff. Étrang. Hollande*, vol. 51, fol. 118 v°.

Ce que dit le voyageur hollandais de la manière dont M. Brasset avait été traité par son propre gouvernement est exactement confirmé par la correspondance de cet agent avec le ministre des affaires étrangères et le surintendant des finances. Nous en citons quelques extraits à la fin de ce volume, comme un témoignage du désordre qui régnait alors dans les finances, et un exemple des mœurs administratives de ce temps où un diplomate qui était au service de l'Etat depuis quarante ans réclamait en vain « sa subsistance » comme on disait alors, et était réduit à emprunter pour soutenir sa famille. (Voir appendice n° II.)

Sʳ Mestrezat (1), que le Sʳ de Brunel nous leust. et ainsi nous finismes l'an 1656.

L'an 1657, le 1ᵉʳ de janvier, le temps commença à se mettre au beau par un agréable froid qui dura quatre ou cinq iours de suite. Les ruës en devinrent seiches, et nous en profitames pour parcourir la ville à pied et prendre une premiere idée, qu'il est fort difficile de se bien former quand on ne va qu'en carosse. Il nous fut pourtant impossible de la voir si bien qu'il nous en restast une connoissance entière et exacte. On la divise d'ordinaire en trois parties : en Cité, Ville, et Université. Elles sont séparées par la riviere de Seine et coniointes par plusieurs ponts. La Cité est le premier Paris et la vieille Lutece entourée de la riviere qui, se divisant en deux, forme deux isles au milieu de son canal, où sont fondez les deux sieges souverains de la religion et de la justice : l'eglise cathedrale dediée à Nostre-Dame et le Palais pour le Parlement, dont ces deux isles portent le nom. La Ville est le nouveau Paris où est le beau peuple, les grandes eglises, les hostels des Princes, les maisons enchantées et les mines d'or des financiers, et le Louvre, qui est la demeure ordinaire des Rois, dont la seule galerie que Henri IIII commença pour ioindre le palais du Louvre aux Thuilleries, est le dessin du plus superbe bastiment de l'Europe. L'Université, qui est la troisieme partie de la ville, est composée

(1) Prédicateur protestant de Genève.

de 60 Colleges dont le plus célèbre est la Sorbonne.

La ville a huit portes, à sçavoir: celles de Saint-Antoine, du Temple, Saint-Martin, Saint-Denis, Montmartre, Richelieu, Saint-Honoré, et la Porte-Neuve. La Cité en avoit autrefois quatre à la teste d'autant de Ponts. L'Université en a neuf, à sçavoir: Saint-Bernard, Saint-Victor, Saint-Marcel, Saint-Jacques, Saint-Michel, Saint-Germain, Bussi, Dauphine, et de Nesle, dont la pluspart ont leurs fauxbourgs qui en portent le nom, hormis les trois dernières. Montmartre peut passer maintenant pour un des fauxbourgs de Paris, qui est une colline où les Parisiens adoraient autrefois l'idole de Mercure ou de Mars, avant que saint Denis y endurast le martyre pour la verité de l'Evangile qu'il avoit preschée aux François. On dit qu'il porta sa teste entre ses mains depuis Montmartre iusques au lieu qui porte son nom, ce qui neantmoins n'est qu'une tradition qui approche de la fable.

Le 2e, nous fusmes à l'eglise de Nostre-Dame dont les fondements sont posez sur des pilotis, et toute la masse soustenuë de 120 piliers qui font cinq grandes allées dans le corps de la nef. Sa longueur est de 174 pas; sa largeur de 60 et sa hauteur de 100. Elle contient quarante-cinq chapelles treillisées de fer. Elle a onze portes, dont les trois grandes sont sous un frontispice chargé des statuës de 28 Rois. Il y a deux grandes tours quarrées de mesme hauteur à l'un des bouts de

ce prodigieux edifice, et l'on y monte par 389
degrez. Nous y considerasmes le crucifix qui est
au dessus de la grande porte du chœur, avec sa
croix et son pied fait en arcade, soustenant
l'image de la Vierge au bas, comme un chef-
d'œuvre de sculpture, pour estre fait et taillé d'une
seule piece. On y voit aussy la statuë de Philippe
de Valois, à cheval contre un pilier, lequel ayant
defait 22,000 Flamands en bataille rangée, entra
tout armé et monté à l'avantage dans cette eglise,
pour offrir ses armes et son cheval à Dieu et à
sa Mere. Les tableaux et les tombeaux des Princes, Princesses, Cardinaux, Evesques et Seigneurs
y sont en trop grand nombre pour en recueillir
les epitaphes.

Le 3e, nous fusmes voir la Sorbonne qui est
l'un des principaux Colleges de l'Université. On y
enseigne la theologie, et il n'y a point d'escole
si fameuse, pour cette science en toute l'Europe,
que celle cy. Ses docteurs sont en grande veneration pour tout le monde papal. Ce fut un certain Robert Sorbon qui la fonda, dont elle porte
le nom. Mais elle peut nommer pour son grand
et veritable restaurateur le defunct cardinal de
Richelieu, car il l'a fait rebastir, et outre le lieu
où lisent les professeurs, qui est tres beau, on
voit une grande et magnifique maison qu'il a
érigée pour la bibliotheque et l'habitation des
docteurs. A costé il y a une chapelle d'une admirable architecture, où est la sepulture de ce grand
homme.

Le 4ᵉ, nous parcourusmes les academies des
Sˢ du Plessis, Arnolfini (1) et de Vaux, avec le Sʳ
de Ryswick (2), pour voir laquelle luy agréeroit
le plus pour s'y mettre en pension, puisque c'estoit la volonté de son frère qui avoit prié le Sʳ de
Brunel de l'aider à s'y bien loger.

Le 5ᵉ, nous employasmes le matin à faire response aux lettres que nous avions reçeues de Hollande le soir d'auparavant; et l'apres dinée nous
fusmes à l'eglise des Jesuites de la rue Saint-Antoine, pour entendre le sermon de l'Evesque de
Valence (3). Le Roy, la Reine, monsieur le Cardi-

(1) Mazarin protégeait Arnolfini, il lui écrivait le 22 novembre
1646 :

Monsieur, j'ay receu votre lettre et entendu ce que vous avez
donné charge à Rinaldi d'y aiouster de vive voix. Puisque vous dési-
rez à ce qu'il m'a dit de seruir d'ayde de camp l'année prochaine, je
vous feray auoir cette satisfaction volontiers. Je seray bien aise aussy
de vous rendre office pour ce qui est d'une pension, mais il faut que
vous considériez que c'est chose qui se regle par la qualité de l'employ et non par le temps du seruice. Continuez à seruir avec la mesme affection que vous avez accoustumé et je ne doute point que avec
le temps vous ne receviez de meilleures preuves de mon affection et
de mon estime.

Arch. Aff. étr., France, Mémoires et Documents, vol. 261, fol.
217 vo.

D'après une autre lettre du Cardinal à Arnolfini, en date du 25 juin
1656, on voit que celui-ci commandait le régiment de Mazarin, exclu-
sivement composé d'Italiens.

Bibl. Nat. Mss. Fonds français, Mélanges de Colbert, T. 51
fo 132.

(2) Adam van der Duyn, Sʳ de Ryswick. Il devint général de cavalerie, gouverneur de Berg-op-Zoom et grand veneur du Roi Guillaume
III. Il était né en 1639 et mourut le 18 septembre 1693.

La famille van der Duyn descend en ligne directe des anciens comtes de Hollande. Riche et puissante au 17ᵉ siècle, elle existe encore
aujourd'hui.

(3) Daniel de Cosnac.

nal et la pluspart des grands de la Cour y assistèrent. Tout autour de l'eglise on voyoit plus de
quatre mille cierges allumés, outre les chandelles
dont l'autel, fait en forme de ciel et rempli de
figures d'anges, estoit esclairé. Les armes du
Roy et de la Reine y estoient représentées, soustenuës de ces petits corps aislez; et par des
machines et des ressorts on faisoit descendre
l'hostie iusques dans les mains de l'Evesque.
Il y eut aussi une magnifique musique, composée des meilleures voix de celle du Roy et aidée
de celle de l'eglise mesme qui est très excellente.

Le 6ᵉ, nous achevasmes de voir les trois autres
academies, à sçavoir: celles des Sʳˢ Memmont,
Del Campe et de Poix. Ce n'est pas que nous
fussions sur le point de monter à cheval, car nous
avions resolu de ne pas commencer nos exercices
que nous n'eussions un peu veu nostre monde et
rendu nos premieres visites; mais seulement pour
nous occuper, iusques à ce que, nos hardes
estant arrivées, nous fussions en estat de nous
montrer. Nous profitions pourtant tousiours d'autant, qu'en accompagnant ainsi le Sʳ de Ryswick
en toutes ces academies, nous nous instruisions
de leurs qualitez et iugions par là de laquelle
nous pourrions nous servir. Pour luy, il determi-
na enfin d'entrer pensionnaire en celle du Sʳ Arnolfini. C'est un Italien, natif de Lucques, tout-à-
fait bonne personne et qui est dans la faveur,
ayant enseigné le Roy et obtenu cet honneur par

dessus tous les autres, par l'appuy que luy donnoit le cardinal Mazarin. Le S<sup>r</sup> de Brunel le connoissoit, et fit que le S<sup>r</sup> de Ryswick y fut autant bien et commodement logé qu'on le peut estre dans une academie, et l'ayant aidé à se pourvoir de tout ce qui y est nécessaire à un novice, il luy conseilla d'y aller dès que le marché fut conclu, afin qu'il ne perdist pas de temps et l'employast de la façon que son frere l'avoit souhaité.

Le 7<sup>e</sup> et le 8<sup>e</sup>, en nous pourmenant par la ville, nous fusmes voir à pied le Pont-Neuf, car bien que nous l'eussions desia passé, nous ne nous estions pas arrestés pour le considerer. Il fut commencé par Henri III et achevé par Henri le Grand. Il contient 12 arcades, 7 du costé du Louvre et 5 du costé des Augustins : au milieu se termine l'Isle du Palais, qui occupe la place presque de deux arcades, où est elevée la statuë de bronze du Grand Henri à cheval, travaillée avec autant d'artifice que les pieces de l'antiquité. Elle luy fut envoyée de Florence par Ferdinand I et par Cosme II son fils, oncle et couzin de la defuncte Reine Marie de Medicis. A la deuxiesme arche du costé du Louvre on voit une pompe qui fait monter l'eau de la riviere et represente la Samaritaine versant de l'eau au Fils de Dieu. Au-dessus est un horloge fort artificiel qui marque les heures de devant midy en montant, et celles d'apres en descendant, avec le cours du Soleil et de la Lune, les mois et les douze signes

du Zodiaque et sonne les heures, les demi et les
quarts avec une douce musique par le concert
de certaines cloches.

Le 9ᵉ, nous allasmes voir les autres ponts
faicts de pierre comme celuy de Nostre-Dame qui
fut basti sous le Roy Louis XII par Iean Iucun-
dus, cordelier, avec six arches et 68 maisons aux
deux costez de mesme hauteur et de mesme largeur. Le pont Saint-Michel, basti sous Charles
VI, s'abattit l'an 1546 et fut refait depuis; ceux
au Change, des Tournelles et Marie sont les derniers faits. Au bout du premier on voit contre
une maison la statuē de Louis XIIII, faite de
marbre, et celles de la Reine sa mere et de Monsieur. Les deux autres ioignent à la Ville et à
l'Université cette troisiesme isle, qui semble s'estre elevée depuis quelques années du fond des
eaux comme une autre Délos, où l'on a basti une
eglise à l'honneur de saint Louis, avec des logis
qui ne cedent en rien à la magnificence de la
vieille Rome.

Le 10ᵉ, nous fusmes voir le Temple qui est
une espece de ville ceinte de murailles, où lo-
geoient les anciens Templiers avant leur sup-
pression, et où les Rois de France demeurèrent
quelque temps et mirent leur thrésor et leurs
archives dans la grosse tour, et enfin en grati-
fièrent les Chevaliers de Malte. Il est encore
depuis renommé par ce merveilleux artisan le
Sʳ d'Arce qui a treuvé l'invention de contrefaire
les diamants, esmeraudes, topases et rubis dans

laquelle il a si bien reüssi (1), qu'en peu de temps il a gaigné une si grande somme d'argent qu'il tient carosse, et a fait bastir deux corps de logis dans le dict enclos; en l'un il demeure et l'autre il le loüe.

Le 11e, nous fusmes pourmener au fauxbourg Saint-Marceau qui aboutit aux Gobelins. On passe une petite riviere qui en porte le nom, dont les eaux sont les meilleures du monde pour teindre en escarlate. On la nomme ainsi de ces fameux teinturiers flamands qui se nommaient Gobeelen, et par corruption de langue on en a fait Gobelins. Ils y ont establi une fabrique de tapisseries, qui pour la finesse, la bonne teinture et le beau meslange des couleurs, des soyes et des laines, surpassent celles de Flandre et d'Angleterre, mais aussy sont-elles de beaucoup plus cheres. Ceux qui y travaillent sont encore pour la pluspart d'Anvers, de Bruges ou d'Oudenarde. On y a treuvé depuis quelques années des tombeaux de belles pierres, pleins d'ossements d'hommes, grands outre mesure, que quelques uns pensent estre de ces anciens Normands qui ont rendu leur mémoire illustre en France par le sang et par le feu.

Le 12e, ayant fait nos lettres de bonn'heure, l'envie nous prit d'aller voir le cimetière de Saint-Innocent qui n'est qu'à vingt pas de nostre logis.

(1) Tallemant parle d'une dame qui était « toute parée de pierreries du Temple » et il ajoute en note : « Pierres fausses. Il y a un homme qui a trouvé le secret de colorer les cristaux. » *Historiettes*, Éd. Monmerqué, 1861, T. VI, p. 73.

On attribue à la terre une certaine qualité, qui est qu'elle peut consumer en vingt-quatre heures de temps un corps mort, mais nous n'en avons pas veu l'effet. On y voit tout à l'entour quantité d'ossements rangés les uns sur les autres, et logez dans des especes de galeries, qu'on nomme charniers. C'est sous ces charniers et le long des piliers que l'on treuve de certains escrivains qui sont fort connus par ceux qui ne sçavent pas escrire. Les valets, servantes et autres ignorants qui veulent envoyer des lettres à leurs parents ou amis s'adressent à ces habiles secretaires qui tout aussi tost demandent dequel stile ils les veulent, et si c'est du haut stile qu'ils demandent, la lettre vaut 10, 12 ou 20 sols; si c'est du bas stile qu'ils demandent, elle n'est que 5 ou 6.

Le 13e, on crea trente enseignes aux gardes, et on fit les vieux sous-lieutenants. Cette augmentation d'officiers s'est faite pour donner moyen aux capitaines d'estre payez des arrièrages de leurs gages, car il leur a esté permis de vendre leurs drapeaux, qui par ce moyen sont devenus à bien meilleur marché. Il y en a eu à vendre tant à la fois qu'ils ne coustent à présent que 15 ou 16 mille livres, au lieu qu'auparavant ils coustoient 7 ou 8 mille escus.

Le 14e, nous eusmes icy de la neige qui donna occasion à un assez grand desordre et où ceux de la Religion auroient esté maltraitez s'ils ne se fussent defendus avec vigueur. C'est qu'au retour de Charenton, la canaille attendant les

carosses, accabloit le monde à coups de pelotes
de neige. Nostre hoste y fut blessé à la lèvre par
une pelote où sans doute il y avoit une pierre
enfermée. Le fils du Sʳ Oger, résident d'Angleterre,
ne pouvant souffrir cette insolence, mit pied à
terre et se voyant encore poursuivi de cette mar-
maille, mit l'espée à la main. Il y eut un homme
qui vint le charger et qui le blessa, mais il ne
marchanda point et se tournant vers luy l'estendit sur le pavé d'un coup d'espée qui le perçoit
de part en part. Aussitost il se vit assailly de
toute la multitude, et le frère du mort luy passa
l'espée tout au travers du corps. Ayant esté
retiré d'entre les mains de cette canaille, on le
mena chez un chirurgien pour le panser, qui a
esté si habile qu'en peu de iours il l'a guéri. Son
pere qui est considerable, parce qu'il a servi autrefois à l'Angleterre et qu'il est encore icy comme
agent de Cromwel, l'ayant esté auparavant du
Roy, s'en plaignit et eut un fort bon arrest de la
Cour par laquel son fils fut absous de ce malheur
et les assaillants condamnez à une bonne amende.

Le 15ᵉ, nous louasmes un cocher qui avoit
l'apparence de fort bien entendre son mestier,
et iusques icy n'ayant pù rencontrer un carosse
qui eust servi et qui fust bon et d'un prix raisonnable, nous en achetasmes un neuf de veloux
cramoisi à trois poils. Il est fort beau et de la
plus nouvelle façon, estant fait en forme de ca-
leche, et ayant des rideaux de serge à deux envers

doublez de taffetas; les franges et les mollets sont de soye retorse.

Le 16e, madame de Manchini, sœur de Mr le Cardinal, après quelques iours de fievre, mourut en sa cinquantième année (1). S. E. en eut un tres-grand deplaisir, et les nopces de sa niepce avec le prince Eugène (2) en furent retardées. Mesme le grand ballet du Roy qui devoit estre dansé pour la premiere fois le iour de cette reiouissance ne le fut que quelque temps apres cette affliction.

Nous ouïsmes aussi parler d'une querelle arrivée au ieu entre le duc de Roquelaure et le Sr de Bragelone: celuy-cy reçut un soufflet de l'autre sur quelques paroles qui approchoient d'un dementi; mais il s'en ressentit sur le champ, car luy ayant sauté au collet, il le ietta par terre et luy donna quelques coups de pieds et de poingts. Chacun en parla à sa mode et la pluspart tesmoi-

(1) Il y avait peu de temps qu'elle était à Paris: M. de Lionne, ambassadeur à Rome, avait fort contribué à l'y faire venir, pensant être par là agréable à Mazarin. « Pour la signora donna Anna-Maria, écrivait-il au cardinal, je persiste plus fortement que jamais que V. E. la doit appeler en France; et c'est mon sentiment et non pas le sien, car quand j'écrivis à V. E., je ne lui avois jamais parlé de rien d'approchant, et la pensée m'en vint faisant ma lettre. Il est vray que je luy en ay parlé depuis et qu'elle m'a dit d'avoir trop peu de santé pour un si grand voyage et que ne pouvant estre qu'inutile à V. E., il ne falloit pas songer à cela. Mais je connois pourtant que l'envie qu'elle auroit de voir V. E., feroit bientost cesser la consideration du peu de santé, si elle pensoit que V. E. le desirast. » (Dépêche du 15 mars 1655.)

(2) Eugène Maurice de Savoie, comte de Soissons, qui épousa Olympe Mancini, nièce du cardinal.

gnoient de la ioye de ce que ce gentilhomme s'estoit si bien vangé, à cause de l'humeur de ce duc qui fait piece à tout le monde et ne la pardonne guere à personne. La cour pourtant envoya Bragelone à la Bastille et par son ordre l'on s'asseura de Roquelaure, iusque à ce qu'on les eust accommodés.

Le 17e, nous apprismes que le Roy (1) estant allé en masque au bal chez madame d'Argencourt et y ayant rencontré mademoiselle de Marivaux s'attacha principalement à luy en conter, et luy tesmoigna qu'il prenoit tant de plaisir en ces sortes de conversations qui estoient plus reiglées et moins tumultueuses que celles de sa cour, adioustant que bien qu'il ne se deust contraindre en nulle part, il vouloit pourtant voir celles de cette façon, et l'ayant pressée à luy dire où le lendemain elle passeroit l'après dinée, il ne manqua pas de s'y rendre. Pour divertir le Roy de cet entretien, on le mena à Vincennes et ce petit eloignement luy fit oublier cette inclination.

Le 18e, nous reçeusmes nos lettres par lesquelles nous apprismes la mort du Sr d'Alkemade, frere du Sr de Warmond (2). Nous iouasmes toute cette après dinée au ieu de paulme des Vieux-Augustins avec le Sr de Spÿk et un gentil-

(1) Louis XIV était alors dans sa dix-neuvième année.

(2) Ils étaient de la famille des Wassenaer. — Leur père était Jacob van Wassenaer-Düvenvoorde, chevalier, seigneur de Warmond, de Woude et d'Alkemade.

homme de Montpellier nommé Boirargue, qui estoit logé avec nous dans nostre hauberge.

Le 19ᵉ, ayant fait response à nos lettres, nous fusmes voir entrer le Roy par la porte Saint-Antoine qui revenoit de Vincennes avec ses nouveaux cent vingt mousquetaires qui luy servent aussi de garde. Certainement ce sont des hommes bien choisis et qui sont couverts magnifiquement, car chacun a une casaque bleuĕ avec de grandes croix d'argent à flammes d'or qui finissent en fleurs de lis. Par toute la casaque il y a un grand galon d'argent. On n'y reçoit personne qu'il ne soit gentilhomme et qu'il ne soit brave à outrance. Mʳ de Manchini en est capitaine, ils ont deux tambours et un fifre ; ils portent le mousquet et attachent la mesche à la testière entre les deux oreilles du cheval.

Le 20ᵉ, ce iour et quantité d'autres, nous avons rencontré diverses fois la compagnie des mousquetaires, qui alloit ou revenoit de faire l'exercice. Elle a esté establie pour tenir lieu du régiment des Gardes, quand le Roy va si viste en quelque endroict, qu'il n'y en peut arriver aucune compagnie.

Le 21ᵉ, bien qu'il fust dimanche, nous ne pusmes pas aller au presche parce que nos hardes n'estoient pas encore arrivées. Nous passasmes toute la iournée en la lecture d'un sermon et de quelques chapitres de la Sainte Bible.

Le 22ᵉ, nous vismes la Bastille par dehors qui est un chasteau assis tout auprès de la porte

Saint-Antoine, de forme quarrée, flanqué de quelques tours, basty par un nommé Aubriot, qui l'eust le premier pour prison : on la destina des lors à servir de lieu de scureté aux prisonniers d'Estat. Le S^r de la Bachellerie en est gouverneur; en son absence il n'y a qu'un sergent qui y commande; il estoit connu à quelqu'un de nostre compagnie qui luy demanda l'entrée pour la voir, mais il s'en excusa disant que cela n'estoit pas permis pendant que les prisonniers se pourmenoient sur le donion : on en peut decouvrir toute la ville, et sur les tours il y a quelques pièces d'artillerie.

Le 23^e nous vismes l'Arsenal qui est à costé de la Bastille sur le bord de la riviere. Le bastiment en est fort vaste, et il y a un fort beau logement pour le Grand Maistre de l'artillerie; on treuve d'abord une grande avant-court, où la plus part des officiers de l'artillerie et du Grand Maistre ont leurs logements; en suite on traverse une court qui sur la droite a un grand corps de logis que M^r de la Meilleraye (1) a fait rebastir et aiuster à la moderne : au bout de cette grande court, et au bout d'une arriere-court où sont les escuries, on treuve le iardin qui n'a rien de remarquable que sa grande allée et sa belle veüe, car on en decouvre toutes les maisons de l'Isle, et une campagne au delà de la riviere fort

(1) Charles de la Porte, maréchal de France, duc de la Meilleraye, neveu du cardinal de Richelieu, Grand Maistre de i'artillerie, mort en 1664. Son fils épousa en 1661 Hortense Mancini et prit le titre de duc de Mazarin.

diversifiée. Le ieu du Mail qui est entre la muraille de ce iardin et la riviere est assez beau, et
par le voisinage de l'eau, la hauteur des murailles
du iardin fait en forme de terrasse, et les allées
d'arbres plantés à costé, il est defendu et du
grand chaud et du grand froid.

Le 24ᵉ, on nous vint advertir que nos hardes
estoient enfin arrivées apres avoir esté embarquées
près de deux mois. Il faut advoüer que nous
fusmes bien malheureux ne pouvant rien entreprendre ni mesme de nous faire faire des habits,
n'ayant pas nostre linge ni les autres nippes, qui
nous devoient servir. Nous fismes d'abord venir
le tailleur qui raiusta nos habits; il nous les mit
à la mode le mieux qu'il pust, et ils nous
servirent à faire nos premieres visites, pendant
qu'il nous en faisoit des neufs. — Le 25ᵉ, il nous
les apporta garnis de rubans assez longs qu'on
nouoit en forme d'aiguillettes, aussi y avoit-il des
ferrets au bout qui leur en donnoient la façon.
Pendant que nous nous habillions, nous receusmes
nos lettres qui nous marquoient la mort de madame de Sterrenburgh : cette fascheuse nouvelle
nous surprit beaucoup, parce que nous l'avions
laissée en parfaite santé.

Nous employames la matinée du 26ᵉ à faire
responce aux dites lettres, et l'apres dinée ayant
esté chez Mʳ le Premier (1) et ne l'ayant pas

(1) On désignait ainsi le premier écuyer de la petite écurie du roi.
Ces fonctions étaient alors remplies par M. Henri de Beringhen, dont
il est question plus haut, p. 39.

treuvé, nous fusmes voir madame sa femme qui
nous reçeut fort civilement et à nostre sortie
nous conduisit bien avant dans son antichambre.
C'est une grande et maigre femme et qui porte
tousiours presque la cornette, paroissant aussi
froide que son mary. Nous y treuvasmes une
dame de condition qui nous dit que les bals et
les assemblées estoient si peu frequentées des
hommes, qu'à peine s'en trouvoit-il pour les faire
danser, et que le ieu et la debauche leur faisoient
perdre le temps qu'ils avoient accoustumé de
donner au divertissement de ce beau sexe.

Le 27ᵉ, nous fusmes voir le Sᵉ Boreel (1) nostre
ambassadeur, pour l'asseurer de nos services. Il
nous dit qu'on avoit dansé le 25ᵉ le ballet du
Roy pour l'amour du duc de Modene qui devoit
partir le lendemain en diligence pour pourvoir
à la seureté de ses Estats qui estoient menacés
par les Allemands, que l'Empereur avoit envoyés
au secours du Milanois. Avant que de partir il
avoit si bien negocié en cette Cour, qu'on envoya le marquis de Monpesat en Provence et en
Dauphiné pour faire repasser les monts aux troupes qui y estoient en quartier d'hyver.

Nous y apprismes aussi la retraite du duc
d'York et que le Roy son frère s'estoit tellement

(1) Willem Boreel, chevalier, sieur de Duynbeecke, résidait à Paris
depuis le mois de juillet 1650 comme « ambassadeur ordinaire des
États-Généraux des Provinces-Unies des Pays-Bas. » Il eut deux fils.
L'aîné Jean Sᵉ de Vremlÿke, était ambassadeur en Angleterre en 1672.
Le second, Jacob, figura à titre d'ambassadeur à la signature du traité
de paix de Ryswick.

donné aux Espagnols qu'il avoit mandé les regiments Escossois, Irlandois et Anglois qui sont au service de cette Couronne. M' le Cardinal ne fit point de difficulté à les laisser partir, n'estant pas des troupes si considérables qu'il deust se mettre en peine de les retenir. Mesme il envoya le S' Talon à Calais pour leur faciliter la sortie de ce Royaume. En ce mesme temps on publioit que le Protecteur (1) pressoit fort la ligue qu'il avoit projetée entre la France, la Suede, le Portugal et l'Angleterre et qu'il menaçoit de s'accomoder avec les Espagnols, si dans quinze iours la France ne vouloit y entrer, et en signer les articles.

Le 28°, nous fusmes pour la premiere fois à Charenton et y entendismes le S' Daillé (2), qui est un fort bon ministre, sçavant et très éloquent. La masse du temple est assez grande et fort bien bastie: il y a deux galeries l'une sur l'autre soustenuës par des pilliers de pierre qui sont tout à l'entour. L'asssemblée y est fort belle et on y voit tous les dimanches pour le moins autant de monde qu'en nostre Kloosterkerk (3) à la Haye. La pluspart des gens de condition de nostre religion, venant à Paris ou pour affaires ou pour faire leur Cour, en augmente le nombre. Chacun y a un endroict où il fait garder place ou un

(1) Cromwell.

(2) Jean Daillé, ministre protestant, auteur d'un grand nombre d'ouvrages.

(3) Ou Église du Cloître; encore actuellement existante à la Haye.

banc qui luy est reservé; l'ambassadeur de Hollande y a le sien, mais comme il n'y va point nous le fismes garder pour nous, la presse estant si grande que chacun prend place là où il la treuve. Nous retournasmes apres le premier presche à Paris et nous vismes chemin faisant le bois de Vincennes, le chasteau de Bicestre et la vallée de Fesquan où les Parisiens s'estoient portés lorsque M^r le Prince prist Charenton à leur veuë et sans qu'ils l'osassent attaquer, bien qu'ils fussent plus de quarante mille hommes et qu'il n'eust qu'une poignée de monde (1).

L'apres dinée nous fusmes rendre visite à mademoiselle Brasset de qui la conversation est tout-à-fait agréable, et sur tout quand elle est mêlée des bons discours de monsieur son père, qui s'y rencontra et qui nous tesmoigna beaucoup de bonne volonté. Nous y apprismes que monsieur le duc de Guyse (2) se preparoit à danser un ballet pour plaire au Roy et qu'il y faisoit une despense de plus de dix mille escus, bien qu'il ne soit pas si bien dans ses affaires, qu'il en puisse faire d'inutiles et de cette sorte. Mais c'est une chose assez ordinaire en cette Cour,

(1) Le 9 février 1649. — La vallée de Féquant ou Fécamp était située entre l'avenue de Vincennes au nord et le parc de Bercy au midi, et longeait en partie le mur d'enceinte de la barrière de Saint-Mandé à celle de Piepus. Il y avait dans le faubourg Saint-Antoine la *rue de la Vallée de Féquant* qui aboutissait à la barrière de Charenton et se prolongeait dans la direction de la vallée. (Voir le *plan de Paris, des faubourgs et des environs*, par Roussel, 1700).

(2) Henri de Lorraine, né en 1614, mort en 1664.

que ceux qui devroient le plus espargner, le font
le moins ; car ce bon seigneur a de tout temps
fort incommodé son patrimoine, mais il a ce bonheur qu'il luy arrive touiours quelque moyen de
ressource. Il n'en aura pas une petite en la mort
de monsieur le duc de Chevreuse son oncle, si
ce que l'on publie se treuve vray, à sçavoir qu'il
y a une substitution en sa faveur pour le Duché
que possedoit le defunct. Mais comme il n'arrive
point de bonheur qui ne soit ordinairement suivy
de quelque deplaisir, aussitost apres le trepas de
cet oncle, il apprit la fuite ou la retraite de mademoiselle de Pons (1) en Flandres, qui s'y est
sauvée avec tous ses beaux ioyaux, ses riches
meubles et cette precieuse vaisselle dont il luy
avoit fait present pendant qu'il la galantisoit. Il
luy redemandoit le tout par voye de iustice, et
s'estant ainsi retirée avec tout son butin, il n'a
pas moyen de la poursuivre.

Le 29ᵉ, estants allés treuver le Sᵣ de Molines, il
nous dit que madame de Mercœur (2), niepce du
Cardinal, estoit morte le huitième iour de ses
couches ; son mari en a eu une telle affliction,

(1) Une des filles d'honneur de la reine. On lit dans une lettre
écrite à Mazarin, le 26 avril, par un de ses correspondants de La
Haye : « Mˡˡᵉ de Pons est icy ; elle est visitée des François bien et
mal intentionnez, mesme de l'ambassadeur d'Espagne. Elle m'a voulu
engager à l'accompagner en visite chez la reyne et les princesses,
mais je n'en ay pas esté d'avis. » *Arch. Aff. Etrang., Hollande, Vol.
56, fol. 335 vᵒ.*

(2) Laura Mancini, l'aînée des nièces de Mazarin, qui avait épousé
le duc de Mercœur, fils de M. de Vendôme.

qu'il s'en est arraché les cheveux, il n'a fait que
lamenter et souspirer durant quelques iours. Le
Chevalier de Gramont (1), qui en estoit passion-
nement amoureux, en a esté quelque temps inconsolable. C'estoit une fort belle personne, qui
a fort peu survescu à madame sa Mere, ce qui en
redoubla l'affliction chez son Eminence, et y
apporta beaucoup de tristesse à sa sœur qui vist
par là ses nopces retardées.

Il nous asseura encore que le Sr de la Basiniere, thresorier de l'Espargne (2), avoit mis un
habit dont la petite oye estoit de 250 aulnes de
rubans; ce qui fit que le Roy luy dit qu'il treuvoit
fort ioly qu'il observast si mal ses Edicts et qu'il
se presentast ainsy devant luy; mais il s'excusa
sur ce que c'estoit un vieil habit, et arracha en
mesme temps le gros galant qu'il avoit à costé
de ses chausses.

Le 30e, le Sr d'Odÿk (3) nous rendit visite,

(1) Plus tard comte de Gramont, celui dont Hamilton a écrit les mémoires; né en 1621, il est mort en 1707.

(2) La Basinière, qui était un des trois trésoriers de l'Epar   ,
était en outre grand-maître des cérémonies de l'ordre du Saint-
Esprit. L'amour du faste et du jeu finit par amener sa ruine : il fut
privé de ses charges, dégradé du cordon bleu et enfermé à la Bastille.

(3) Willem-Adriaan, comte de Nassau, seigneur d'Odÿk, Cortgene,
Zeist, Driesbergen et Blickenburg, premier noble de Zélande, né en
1632. Il était fils de Louis de Nassau, gouverneur de Bois le Duc,
qui était né du mariage secret de Maurice de Nassau et de Marguerite
de Mechelen. Le Sr d'Odÿk avait pour frère aîné, Maurice Lodevyk,
Seigneur de Bererneert et pour frère cadet, Henri, comte de Nassau,
Sr d'Ouverkerk, qui épousa Isabelle van Aerssen. Ambassadeur en
France en 1679, il mourut le 21 septembre 1705.

et comme il vit icy en chevalier d'industrie, et
sans qu'il tire un sol de chez luy, il y a de quoy
s'estonner qu'il subsiste avec eclat, car il est leste
en ses habits, tient un ioly train, a carosse et
trois laquais bien vestus. Il est vray qu'il est en
si grande necessité qu'il ne sçait plus de quel
costé se tourner; cependant il ne semble ni inquiet ni abatu, et pratique le proverbe qui dit :
Contre mauvaise fortune bon cœur. Quoy qu'il en
soit, son adresse n'est pas petite, d'avoir esté à
Paris tantost un an en depit de son pere, dont
l'avarice a esté si grande que ne voulant le laisser
voyager de peur qu'il fist trop de dépense, il l'a
abandonné et reduit aux termes de se ruiner de
reputation pour un iamais. Les visites qu'il rend
aux personnes de sa connoissance, ne sont pas
tant des effects de civilité que de sa necessité, qui
l'oblige à les rechercher de quelque assistance.
Il en a pris de tout le monde qu'il a sçeu avoir
eu quelque habitude en Hollande, et entre autres
du mareschal d'Albret, qui lui a presté cinquante
pistoles. Sans doute que celle qu'il nous rendit
fut pour attaquer nostre bourse, mais nous luy
tinsmes un certain discours, qui nous servit
comme de poignard pour parer ses coups d'esto-
cade; et c'est ainsi qu'il en faut user avec cette
sorte de gens, qui ont pris l'effronterie pour guide;
elle le conduit la pluspart du temps et elle est
secondée d'une petite vivacité d'esprit par laquelle
il pense faire donner le monde dans le panneau.
Il soupa avec nous et coucha avec le Sr Herbert.

Nous avions depuis quelques iours dans nostre hauberge un très sage et honneste gentilhomme de Picardie, nommé le Sᵣ de Vieuxmaison, chez qui il avoit esté trois ou quatre mois de l'esté dernier, et qui, à cause que ses proches ont servi en Hollande, et entre autres le pere de sa femme, nommé le Sᵣ Dumé, luy fit mille caresses. Mais nous reconnusmes bien qu'il en avoit assez mal usé avec luy, et sur tout en ses amours avec la marquise de la Ville sa parente. On dit que c'est une veufve de vingt ans, fort bien faite et qui seroit assez accommodée si elle n'estoit grande despensiere. Elle tesmoigna d'abord au Sᵣ d'O-dÿk, qu'on luy dit estre personne de condition, qu'elle le sçavoit estimer. Il la visita fort souvent, et comme la campagne donne cette liberté de loger chez ceux que vous allez voir, il y fut quelque temps, et fut escouté de la Dame dans la passion qu'il avoit pour elle : mesmes ils en vindrent si avant, que le Sᵣ de Vieuxmaison nous asseura qu'il ne tenoit qu'à Odÿk de l'epouser, en quoy il n'auroit guere bien fait, car outre qu'elle est de contraire religion, de l'humeur qu'ils sont tous deux, ils auroient fait un mauvais mesnage.

Le 31ᵉ, l'aisné de M. le Rhingrave (1) nous vint voir. C'est un gentilhomme d'esprit et qui entend son monde. Sa conversation nous parust

(1) Frédéric Magnus, Rhingrave de Salm-Neufville, gouverneur de Maëstricht. Il mourut le 25 janvier 1673.
Son fils aîné mourut en 1605.

d'abord fort agreable, mais nous avons enfin reconnu que dans cette grande affectation qu'il a
de vivre à la courtisane, il la tourne d'un sens
qui fait iuger que la vanité et la bonne opinion
de soy mesmo y ont grande part. Il nous promit
de nous mener au bal qui se devoit danser chez
Monsieur (1) : mais ç'a esté une simple promesse,
qui n'a point eu d'effect, et de la nature des
ieunes gens d'auiourd'huy qui ont reduit tout le
commerce de la vie à quantité d'offres de services qui ne s'executent iamais.

Le 1er de fevrier, nous receusmes nos lettres
de Hollande, par lesquelles on nous marquoit les
divertissements de la Haye, et entre autres que
le Sr de Harsloo avoit donné les violons chez
madame de Duyvenvoorde à madamoiselle de
Duystervoorde, et que le bouquet y fut donné au
Sr de Ripperda le cadet qui le donna à mademoiselle de Gent l'aisnée (2).

Nous fusmes l'apres dinée voir l'escurie de
monsieur de Guyse, qui est fort belle et grande.
Elle est pour quarante deux chevaux, et on y en
voit de toute sorte et des mieux choisis; ils ont
tous une couverture de la livrée du Maistre; il y
en a un qu'on prise par-dessus tous les autres,

(1) Gaston d'Orléans, frère de Louis XIII.

(2) M. de Ripperda et M. le baron de Gent, membres des Etats-
Généraux, sont mentionnés dans la correspondance de M. de Thou
comme grands partisans de la France. Le baron de Gent devint
ambassadeur à Paris en 1660.

aussi a t'il cousté quatre mille escus. C'est de du Plessis qu'il l'a acheté.

Le 2º, après avoir escrit nos lettres, nous rendismes visite au S⁰ Chanut qui a esté ambassadeur de la part du Roy en nos Provinces (1). Nous y apprismes que madame de St-Geran, qui est une personne de tres grande condition, se plaignoit de ce qu'il y a environ quinze ou seize ans, qu'estant accouchée d'un fils, ses proches qui pretendent estre heritiers de ses grands biens, luy subornerent une sage femme, qui lui persuada de prendre une eau pour aider a ses couches, et que s'en estant servie, il se treuva que c'estoit une potion somnifere, qui la fit accoucher pendant qu'elle dormoit, et qu'à son reveil ne se trouvant plus grosse, on luy fit accroire qu'elle avoit eu une fausse couche. Cette imagination luy resta long-temps, aussi bien qu'à son mari, qui par là voioient que tous leurs grands biens devoient passer en d'autres familles. Estant allés

(1) Né à Riom en 1600, Pierre Chanut, après avoir été trésorier de France en cette ville, fut successivement appelé à représenter la France en Suède, auprès de la reine Christine, à Lubeck, et enfin à La Haye, où il résida comme ambassadeur de 1653 à la fin de 1655. De retour de cette mission, il fut nommé membre du Conseil du roi, et mourut à Paris en 1662. On a publié en 1670, les *Mémoires et négociations de M. Chanut, depuis l'an 1645 jusqu'en 1665;* mais cet ouvrage n'est qu'une reproduction incomplète et inexacte des dépêches de ce diplomate. Sa correspondance originale est du meilleur style, et l'on y retrouve les qualités du moraliste et du philosophe religieux unies dans un rare degré au génie des affaires. C'est un des hommes qui ont honoré la diplomatie française, et il eut mérité que son portrait fût retracé par une plume délicate et savante, comme celle de M. Sainte-Beuve.

un iour en visite chez le marquis de S¹-Messan
qui doit estre leur principal heritier, ils virent au
voisinage un ieune garçon, que madame de S¹-
Geran considera long-temps et caressa fort, à
cause qu'il ressembloit à son mari: elle le demanda pour son page; mais elle ne le put avoir,
parce que le marquis de S¹-Messan l'empeschoit.
Enfin ayant tant fait qu'elle l'attira dans sa maison, elle en fit son page; et quelque temps apres
elle et son mari le prirent en telle affection, qu'ils
donnerent à ce page mesme un page pour le
servir. Ayant de plus fait chercher la sage femme,
ils la firent mettre en prison, où elle a comme
confessé qu'elle avoit esté apostée par les parens.
La dessus monsieur et madame de S¹-Geran ont
reconnu ce fils pour leur enfant, et les parens
pour l'empescher, ont suscité une mademoiselle
de Beaulieu qui le redemande comme luy appartenant. Voila le playdoyer des deux Mères devant
Salomon, renouvellé en nos iours : nous ne
sçavons pas s'il sera iugé de mesme; quoy qu'il
en soit, l'enfant qui est de 17 à 18 ans n'est pas
tant sot, car il dit absolument qu'il n'est point
fils de la pauvreté, mais de la richesse qu'il
treuvera toute entiere en la maison de monsieur
de S¹-Geran (1).

Le 3ᵉ, nous fusmes voir monsieur de Hauterive,

(1) La même anecdote est racontée par Tallemant des Réaux, avec
quelques autres détails; mais son récit a moins de vraisemblance et
de clarté. (*Historiettes* T. IX, p. 29 et seq., éd. Monmerqué, Paris,
1861.)

colonel d'un regiment d'infanterie en nos quartiers (1), et gouverneur de Breda. Il nous dit
qu'on commençoit une lezine, qui ne passa pas
pour fort extraordinaire en nos esprits, puis
qu'elle est assez commune chez nous. C'est que par
l'authorité du Roy on establit une banque où il y
aura soixante mille billets vuides et dix mille de
remplis, dont le moindre sera de 500 livres. On
les enfermera tous dans un coffre auquel il y a
trois serrures, dont les clefs sont gardées par trois
personnes differentes : l'une sera entre les mains
du lieutenant-civil, l'autre entre celles du prevost
des marchands et la troisième on la lie à l'inventeur de ce beau negoce, qui est un Italien, nommé Tonti (2). Chaque billet doit couster deux louis
d'or et estre tiré par un petit enfant, On tient
qu'il en reviendra de grands deniers, à cause de
l'amorce qu'on y treuvera, pouvant arriver que
pour deux cents pistoles on tirera un billet de 50
ou 60 mille francs. Tout cecy est permis à cause
de la proposition qu'a faite l'inventeur de distraire

---

(1) François de l'Aubespine, marquis d'Hauterive, né en 1594,
mort en 1670. Il avait servi en Hollande à la tête d'un régiment
français et avait été gouverneur de Breda. Il était très lié avec la
princesse douairière d'Orange, et fort considéré à Paris si l'on en juge
par ce passage d'une dépêche de M. de Brienne à M. Chanut. « M. de
Hauterive m'est venu voir icy et m'a asseuré de son amitié. J'en ay
esté fort ayse, estant une personne que j'estime beaucoup et que je
serviray tousjours avec plaisir. Je vous prie aussy de le faire en toutes
les occasions que vous en pourrez trouver, et mesme de luy tesmoigner que je vous en ay escrit en ces termes là. » A la Fère, le 27
septembre 1654. *Arch. Aff. Étrang.*, Hollande, vol. 56, fol. 165.

(2) Laurent Tonti, financier célèbre de son temps, inventeur de la
*tontine*.

des profits qui en reviendront, six cent mille livres
pour bastir un pont de pierre vis-à-vis du grand
pavillon du Louvre, au lieu [du] Pont-Rouge (1)
qui a esté brusié.

Le 4ᵉ, nous fismes nostre devotion à Charenton.
C'estoit le Sʳ Gache qui prescha; il fit un sermon
qui ravissoit les âmes de tout le monde tant par
la beauté du discours, que par la bonté et excellence des sainctes matières qu'il traittoit. Nous
vinsmes diner à Paris, et l'apres dinée nous allasmes treuver le Sʳ des Champs, qui avoit ordre
de monsieur le Premier de nous faire voir le
ballet du Roy, qu'on devoit danser ce soir là;
nous y entrasmes sans peine et fusmes tres bien
placés dans le banc des Ambassadeurs, tout proche du théâtre. On nous mit entre les mains d'un
lieutenant des gardes, nommé Carnavalet qui en
prit tous les soins imaginables. On nous y traita
d'un haut tiltre, car en entrant nous fusmes conduits par un exempt qui dit qu'il avoit ordre
de nous presenter les Vers du Ballet; ils nous
servirent d'amusement en attendant que le Roy
vinst, ce qui fut assez tard; car, bien que nous y
fussions entrés des les trois heures, on ne com-

(1) Ce pont était en face de la rue de Beaune. Il fut successivement
nommé pont *Barbier*, pont *Sainte-Anne*, pont des *Thuilleries*, pont
*Rouge* parce qu'on le peignit de cette couleur, et fut souvent endom-
magé. « La nuit du 13 au 14 septembre 1656, dit la *Gazette* (nᵒ 118
page 1028), le feu s'estant pris par accident à un grand bâteau rempli
de foin, qui estoit attaché au pont des Thuilleries, plus de la moitié
de ce pont a été réduit en cendres. » Détruit par les glaces en 1684,
on le reconstruisit et il fut nommé *Pont-Royal* parce que le Roi en
fit les frais.

mença à danser que sur les neuf. Nous y vismes
toute la Cour et tout ce qui est de plus beau
dans tout Paris. La grande salle où on le dansa
fut si bien esclairée par de beaux lustres de
cristal, qu'on y voyoit comme en plein iour depuis un bout iusques à l'autre. Il fut de dix
entrées dont le Roy dansa la première à trois
reprises. On avoit pour suiect l'*Amour malade* (1);
et la pièce fut si diversifiée qu'elle peut passer
pour un ambigu de ballet, de comédie et de
farce. Au commencement de chaque entrée on
fit chanter le Depit, la Raison et le Temps qui
avoient consulté sur la maladie de l'Amour malade
à l'ouverture du théâtre. Il est vray que cet intermède de musique revenoit si souvent et duroit
si longtemps qu'il ennuyoit à la fin.

Le 5ᵉ, nous fusmes voir monsieur le Premier
pour le saluer et en mesmo temps le remercier
du souvenir qu'il avoit eu de nous. Nous le
treuvasmes dans l'escurie, où il donnoit ordre
de seller les chevaux; mais voyant que le Roy
estoit resolu d'aller à la chasse, nous n'y de-
meurames pas long-temps. C'est un homme qui
est assez froid, mais qui n'oublie pas les civilités
et les plaisirs qu'on luy a faits autrefois, mons-

(1) AMOUR MALADE, ballet du Roy, dansé par Sa Majesté le 17 de
janvier 1657. — Paris, par Robert Ballard, seul imprimeur du Roy
pour la musique, 1657, in-4°, 32 pages. — Vers du Ballet du Roy,
15 pages.

Les paroles de ce ballet sont attribuées à Benserade. — Le Roi
y représentait le *divertissement*. Parmi les noms des acteurs qui y
figuraient on trouve celui de Molière.

trant par là que bien qu'il soit attaché à la Cour, il n'en suit pas les maximes et n'est pas de ces amis du temps qui payent les meilleurs services d'un compliment sans effet. Il pretend au Cordon-Bleu, et on croit qu'il l'obtiendra puisqu'il est si bien à la Cour qu'il est en passe de devenir un iour l'un des puissans seigneurs de ce royaume. L'alliance qu'il a faite ne luy servira pas peu, ayant espousé la sœur du marquis d'Uxelles qui est l'une des premières maisons de Bourgogne.

Le 6ᵉ, nous fusmes avec l'abbé de Sautereau au cours de la Porte Saint-Antoine, où nous vismes quantité de masques tant à pied qu'à cheval et plus de trois mille carosses. En cette grande foule d'hommes et de chevaux il ne se peut qu'il ne se forme un grand embarras, et la pluye qui survint le rendit extrême parce que tout le monde vouloit rentrer à la fois dans la ville, et cette confusion fit qu'à neuf heures du soir, il y en avoit encore hors de la porte. Peu s'en fallut qu'il ne nous y arrivast un malheur, car nostre cocher suivant la file, et ne prenant pas garde que les carosses de devant estoient en reculant tombés sur l'un de nos chevaux, nous mit en danger de le voir perir sous la roue qui luy estoit sur le cul; mais par bonheur il s'en tira et n'en fut point blessé. Nous priasmes l'abbé à souper pour le mardi-gras avec nous et passer toute la nuict à courre les bals avec ceux de nostre hauberge. Après le souper nous fismes mettre les chevaux aux deux carosses, et nous donnasmes aux

laquais des pistolets et mousquetons pour nous
escorter.

Le premier bal que nous vismes fut chez
madame d'Argencourt, où estoit la belle Marivaux
dont nous avons parlé cy-devant. Il y avoit fort
peu de monde, mais on y attendoit Monsieur (1),
qui y devoit venir en masque, tellement que le
bal n'estoit pas encore en son lustre. De là,
nous allasmes chez madame Sevin, chez madame
de Villeroy, chez mesdamoiselles des Bordes et
chez madame de Valentinois où nous trouvasmes
madame des Réaux (2) qui passe pour une merveille, tant pour l'esprit que la beauté, dont nous
pouvons accorder absolument le dernier ne l'ayant
que veüe. Elle y prit à danser nostre cousin de
Spÿk. Il faut advouer que nous vismes en tous
ces bals plus de deux cents masques tres richement aiustés, outre un tres-grand nombre de
tres-belles femmes, dont toutes ces assemblées
sont composées; et au lieu qu'on se sert en nos
quartiers de chandeliers de cuivre, on ne voit icy
que des lustres de cristal. Nous nous retirasmes
sur les quatre heures du matin, apres avoir
conduit le Sr de Sautereau en son logis, sans avoir
fait aucune mechante rencontre.

Le 7e, nous rendismes visite à madamoiselle
Brasset qui nous dit que mesdamoiselles de
Marquette estoient icy dans un couvent nommé

(1) Philippe de France, duc d'Anjou, frère de Louis XIV.

(2) Suivant toute apparence, la femme de Gédéon Tallemant des
Réaux, l'auteur des *Historiettes*.

le Chassemidy, où leur tante, l'abbesse de Fer-
vagues, a esté abbesse, et que l'aisnée avoit
desia pris l'habit de novice pour au bout de l'an
prendre celuy de professe qui ne s'accommodera
pas trop à son humeur.

Le 8<sup>e</sup>, nous rendismes visite à monsieur de
Rhingrave qui nous conta l'avanture qui luy
estoit arrivée. C'est qu'ayant esté au bal avec
Monsieur, et ses valets s'y estant enyvrés, volèrent
et depouillèrent des masques et retournèrent au
logis chargés de leur butin. Il les voulut chastier
de leur friponnerie et il y en eut un qui tirant
un pistolet de sa poche et le luy presentant, luy
dit: Si vous n'estiez mon maistre, ie sçay bien
ce que i'aurois à faire (1). Je ne sçay si c'est par

(1) Un édit du roi, du 18 janvier 1655, et qui était comme on
voit assez mal observé, faisait *défenses aux pages et laquais de porter
aucunes armes sous peine de la vie*, à cause *des violences qu'ils
commettaient journellement dans Paris.*

Cf. la lettre suivante de « Mazarin à Monsieur le lieutenant-civil. »
à Stenay, le 15 juillet 1657.

J'ai esté bien ayse de voir par vostre lettre du deux de ce mois
la dilligence avec laquelle on a remédié au désordre que les pages et
laquais vouloient recommencer dans Paris en portant de nouveau des
espées contre les deffenses de Sa Majesté. Mais le Roy n'a pas approuvé
qu'on ayt fait délivrer les siens parce qu'estant encore plus obligez
que les autres à obeyr à ses ordres ils mériteroient aussy d'estre plus
sévèrement chastiez. Je n'ai pas manqué de faire valoir vos soins en
ce rencontre comme je feray en touttes les autres occasions où j'en
auray matière estant véritablement etc.

P. S. Le Roy me recommande d'adiouster qu'il entend que vous
fassiez faire perquisition de celuy de ses pages qui estoit de la révolte
des pages et laquais qui avoient repris les espées et que vous le
fassiez remettre en prison parceque Sa Majesté a résolu de luy faire
oster la livrée et de le faire chastier en sorte qu'il serve d'exemple.

*Arch. Aff. Étrang., France, Mém. et Documents,* vol. 274, fol.
394.

bonté ou par nonchalance qu'il se fait si mal servir, mais il l'est tres-mal et a de grands coquins de laquais qui sont de vrays filoux; mesmo son hotesse dit qu'ils le craignent si peu que quand il leur commande quelque chose, ils ne se mettent guère en peine de le faire.

Le 9e, nous fusmes voir le palais d'Orléans, ou le Luxembourg. C'est sans contredit la plus belle maison de Paris et digne de la grandeur d'une reine de France. Ce fust Marie de Medicis qui la fist bastir pendant sa regence, dont elle est un monument si auguste qu'on en parlera en tous ages.

On y entre par une grande porte, à costé de laquelle vers le haut, il y a une espece de galerie decouverte, balustrée de belles pierres blanches, qui regarde d'un costé sur la ruë, et de l'autre sur la basse-cour; elle est divisée en deux par un dome percé qui est soutenu de huit grands piliers de marbre blanc. La basse-cour en est grande, belle, quarrée et enfermée par des galeries faites en arcade, voutées et soutenuës par des piliers de pierre de taille, au-dessus desquelles il y a des pavillons à chaque bout et entre deux des logements pour les officiers de la maison, et une galerie peinte par les plus excellents peintres de ce temps-là. Avant que d'entrer dans la maison qui est de quatre grands pavillons, on monte quelques degrez qui mènent au-dessus d'une espece de platte-forme pavée et balustrée de marbre: elle est belle, grande et magnifique et

s'estend tout le long de la façade de la maison;
le grand degré est iustement au milieu, et quand
on y est arrivé on voit en se tournant, au travers
du dome de la grande porte, toute la rue de Tour-
non, et on a en face ce beau parterre et ce grand
iardin qui est sur le derrière de la maison. Laissant le degré à gauche on passe sous une espece
de galerie d'où l'on voit toute cette belle terrasse
en forme d'amphithéatre, qui devoit estre balustrée de marbre blanc de la façon qu'on l'avoit
commencé aux deux bouts; elle enferme un grand
parterre qui a au milieu un fort beau iect d'eau.
Quand on tourne à droite le long de ce parterre,
on treuve la grande allée et la plus frequentée
de tout le iardin; il y en a plusieurs autres,
d'une longueur et d'une largeur tres-bien propor-
tionnées. Dans les espaces et dans les comparti-
ments il y a des petits bois et de la verdure, où
l'on gouste doucement le frais au plus chaud de
l'esté. La terre y est presque partout penchante,
d'où il se forme des veuës fort enfoncées en
sorte que chaque allée semble estre une perspec-
tive; mais du haut de la terrasse la veuë est merveilleuse par la diversité des obiects, et principalement de la maison qui est fort belle partout et
paroist extremement sur le derriere.

Au temps de la foire Saint-Germain et pendant
le quaresme, on y voit le beau monde de l'un et
de l'autre sexe qui s'y rend à foule pour la pourmenade qui y est alors tout-à-fait agreable: les
femmes y viennent faire monstre de leurs belles

iuppes, et d'ordinaire quand elles y ont fait quelques tours, elles vont à la foire. Mais dès qu'il commence à faire un peu chaud, le Cours et les Thuilleries sont en vogue, et le Luxembourg n'est guere frequenté que par ceux du voisinage.

Le 10ᵉ au matin, nous fismes nos lettres et apres midy ne nous estant pas contentés d'avoir veu le Luxembourg le iour precedent, nous y fusmes pour la seconde fois. Nous y rencontrasmes grand monde, et apres y avoir ioui du divertissement de la pourmenade, suivant le train commun, nous allasmes prendre celuy de la foire: elle se tient dans une grande aire couverte, ou auparavant nous avions veu plus de 400 carrosses neufs à vendre; elle est divisée en plusieurs boutiques qui ont le devant sur des allées; on y treuve une si grande diversité de belles marchandises et si bien estalées et arrangées que tout cela donne fort dans la veuë, et quelque résolution qu'on ayt faite de n'y pas employer son argent, il est presque impossible de s'en pouvoir empescher; on y ioue toutes sortes de bijoux et on n'y mene guere de femmes pour lesquelles il ne faille avoir cette complaisance, car c'est la plus grande partie du divertissement qu'on y prend. Il faut advouer en y estant et en considérant cette grande diversité de marchandises de grand prix, que Paris est le centre où l'on treuve tout ce qu'il y a de plus rare au monde.

Le 11ᵉ, nous rendismes visite aux Sᵣˢ Thibaut. Ils sont logez chez le baron d'Arsiliere qui les a

pris en pension. Il leur fait bien voir leur monde,
et en verité le cadet n'en a pas mal profité. C'est
un icune homme qui a une grande vivacité d'esprit et qui s'en sert fort à propos. Nous y apprîs-
mes que la Cour estoit à Vincennes où le Roy
s'exerçoit à la chasse avec une telle affection qu'il
y alloit à pied avec un fusil, tout de mesme qu'un
simple gentilhomme de la campagne; et que l'on
commençoit à battre icy le tambour, tant pour de
nouvelles levées que pour des recruës.

Le 12ᵉ, nous fusmes voir le Sʳ de Serooskcr-
ken (1), fils du Sʳ de Wûlven, qui apres avoir fait
le tour de France, sans y avoir rien appris ny
remarqué que les maisons et les ruës des villes,
retourna au commencement de l'automne à Saumur, où un iour traittant quelques-uns de ses
amis, il les fist tant boire qu'il y en eut un d'Amsterdam qui tua un bourgeois. Nous croyons que
c'est ce qui nous l'a amené icy, au moins l'avons-
nous ainsi compris par ses discours. Nous le
treuvasmes logé dans un cabaret qui ressemble
plus à une retraite de brigands ou de filoux qu'à
un logis d'honnestes gens. Mais il est necessaire
que nous en fassions le recit tant pour la rareté
du fait que pour l'excellence de son esprit qui
paroist en un si bon choix, en une ville où l'on ne
manque pas de bonnes hauberges. Le cabaret où

<hr/>

(1) Philibert van Fujll, Sʳ de Serooskerken et Wûlven, membre du
corps équestre d'Utrecht; il mourut le 7 janvier 1661. Il avait épousé
en secondes noces Cornélie Élizabeth van Reede van Amerougen, la
fille de l'ambassadeur.

nous le treuvasmes est en la ruë aux Ours, et il
ne doit pas avoir peur d'y mourir de faim puisqu'elle est remplie de rostisseurs qui ont tousiours
leurs broches garnies de bonnes viandes, dont
l'odeur mesme aiguise l'appetit. Mais s'il y a
moyen de bien manger, il faut croire qu'afin de
ne pas engendrer de mauvaises obstructions dans
l'estomac, qui pourroient causer la perte d'un fils
digne de son pere, il a soin que le vin ne luy
manque point. Aussi en montant à sa chambre
par un meschant, sale, obscur et petit degré, nous
y treuvasmes quatre ou cinq gros Flamands,
autour d'un bon feu, qui donnoient l'assault à
deux grandes bouteilles. La chaleur du combat
fust appaisée par nostre arrivée, et l'on cessa
d'empoigner le verre. Cependant nous parcourusmes de l'œil toute la chambre qui revient tout-à-
fait à l'entrée et à l'humeur de la personne qui
l'habite, car elle est mélancolique, malpropre,
vilaine et en tres-mauvais ordre, mais c'est peut-
estre par espargne qu'il s'est si mal logé et pour
faire sa principale despense en bon vin, dont il
aime tant la liqueur qu'il n'oublie iamais d'en
prendre sa part, car c'est tousiours le mesme
homme.

Le 13e, nous entendismes à Charenton le Sr
Gache, et estant revenus disner à Paris, nous leusmes l'apres-dinée un sermon du Sr Mestrezat (1).
Nous ne sortismes point parce qu'il faisoit tres-
mauvais temps.

(1) Prédicateur protestant de Genève.

Le 14e, nous fusmes voir le comte de Montresor,
où nous treuvasmes aussi le comte de la Chastre (1).
C'est un homme qui est fort spirituel et qui est
l'un des prudes de ce temps. Il nous dit que le
Sr de Thou, president au parlement (2), se preparoit pour aller bientost resider de la part de
cette Couronne aupres de messieurs les Estats et
ayant parlé ensuite de nostre païs, il se loüa de
fù monsieur le prince d'Orange, Frederic-Henri,
qui de sa part fit faire office par l'ambassadeur
de Hollande aupres du Roy pour sa liberté, du
temps qu'il fust mis à la Bastille pour quelques
brouilleries survenuës à la la Cour lorsqu'il estoit
du conseil de monseigneur le duc d'Orléans.

Le 15e, Sa Maiesté alla à Vincennes pour y profiter de la beauté du iour, en prenant le divertissement de la chasse. Monsieur le Cardinal resta
icy incommodé de la pierre. On nous dit qu'il
avoit mandé de Marseille un homme qui a un
beaume excellent pour la faire fondre dans le
corps.

Le 16e, nous receusmes nos lettres apres la
pourmenade du Luxembourg où nous avions esté

(1) Le comte de la Chastre avait été au service de Hollande, et M.
Chanut le mentionne parmi les principaux officiers qui l'accompagnè-
rent à l'audience des Etats généraux (dépêche du 29 janvier 1651).
*Arch. Aff. Étrang.*, Hollande, vol. 52, fol. 96 vº.

(2) M. de Thou, comte de Meslay, conseiller ordinaire du roi en
ses conseils d'Etat et privé, président en la première chambre des
enquêtes du Parlement de Paris, venait d'être nommé ambassadeur
près les Etats généraux des Provinces Unies des Pays-Bas; il ne
partit qu'à la fin du mois de mars.

ioulr du divertissement de la saison. — Le 17e,
apres avoir fait response à nos lettres, nous
fusmes voir le Palais-Cardinal qu'on nomme à
present le Palais-Royal. C'est une assez belle
maison qui a esté bastie par le fû cardinal de Richelieu qui en mourant la laissa par testament au
Roy. Il y a sur le derrière un iardin qui n'est pas
fort grand, mais fort ioly et proportionné au
bastiment. On y entre par une grande basse-
court qui est fermée d'un treilly de fer, entre
lequel et le iardin il y a une cloison de hayes
vertes, au long desquelles il y a une carriere
pour courre la bague; on y voit deux beaux bassins, l'un en entrant dont le iect est au milieu du
parterre, et l'autre en un rond entourné d'arbres.
Le ieu de Mail va tout au tour des murailles et a
deux tambours, mais assez commodes. On n'y
treuve pas les belles allées du Luxembourg, mais
quelqu'assemblage d'arbres qui font un espece
d'un petit bois. La reine d'Angleterre y demeure
avec tout son train, qui a fait un fort grand degast
en la dorure et au relief de toutes les chambres
et de cette fameuse galerie, où les grands hommes
de la France et leurs belles actions sont repre-
sentés avec leurs devises et leurs hierogliphiques;
c'est une pitié de voir que, pour avoir quelques
sols, ils ayent enlevé des pieces qui ont cousté
de bonnes sommes.

Le 18e, la princesse Nicole, duchesse de Lorraine, mourut apres avoir esté quelque temps
malade et decheuë si fort, qu'on iugea bien qu'elle

n'en pouvait reschapper. Le Roy, à la priere du
duc François, envoya des gardes à son hostel,
pour empescher les desordres des domestiques
ou des creanciers qui estoient en grand nombre.

Ce mesme iour, le parlement s'assembla sur
l'affaire du S⁰ de Chenailles : c'est un conseiller
de nostre religion qui est prisonnier dans la bastille pour avoir eû correspondance avec le président Viole (1), et formé le dessein de livrer
Saint-Quentin aux ennemis ; il avoit espousé
depuis peu la niepce du S⁰ Erval, intendant des
finances. Toute sa parenté interceda pour luy
aupres de monsieur le Cardinal et demanda sa
grace, mais son Eminence n'en voulust iamais
ouïr parler.

Le 19⁰, apres avoir esté le matin au presche et
ouy le S⁰ Mestrezat, nous fusmes voir apres diner
monsieur le baron d'Arsiliere qui nous dit qu'il

(1) Le président Viole, un des chefs les plus actifs de la Fronde
dans le Parlement de Paris, s'était fait remarquer par son opposition
contre la reine et Mazarin, et avait été le promoteur du célèbre arrêt
du 23 septembre 1648, portant *qu'il serait pourvu à la sureté de
Paris, et que les bourgeois se tiendraient en armes.*
Il était alors réfugié dans les Pays-Bas avec d'autres personnages
de la Fronde. — M. Chanut écrivait de la Haye au cardinal Mazarin,
le 10 avril 1651 : « M. le Rhingrave partant pour France me dit que
M. le prince de Tarente luy avoit conseillé de voir M. le prince de
Condé en passant à Anvers ou à Brusselles; qu'il faisoit estime de
sa personne, et qu'il pouvoit arriver que n'estant point suspect, il
s'ouvriroit à luy et le chargeroit de quelques parolles importantes
pour les porter à Vostre Eminence. M. le Rhingrave ne paroissoit pas
incliner à recevoir ce conseil, mais il se proposoit de voir M. Viole
qu'il cognoist fort, l'ayant logé chez luy quelque temps à Maestricht,
ce qui est quasi la même chose, car M. Viole avertira M. le prince
de son passage. » *Arch. Aff. Etrang. Hollande*, Vol. 52 fol. 177.

y auroit ce soir là grande reiouissance au Louvre,
quoy qu'on fust en quaresme, parce qu'on y ce-
lebroit les nopces du comte de Soissons avec
mademoiselle de Mancini (1), et qu'on y danseroit
pour la seconde et derniere fois devant Pasques
le ballet de monsieur de Guyse. Dans l'esperance
de le voir apres Pasque, nous ne nous souciasmes
guere de le voir en ce temps d'empressement et
de foule, et remettant d'en parler iusques à ce
que nous en ayons eu le plaisir.

Le 20e, revenant de la pourmenade du Palais-
Royal, nous fusmes arrestés par le grand monde
aupres de la Croix-du-Tiroir (2): on y executoit
deux cavaliers qui avoient volé madame de Me-
nardeau-Champré. Sous pretexte d'escorter les
carrosses qui revenoient de la foire, ils avoient
attaqué le sien, et luy ayant pris une partie de
ce qu'elle avoit de meilleur, il y en eust un de
la troupe qui, disant à ses camarades qu'elle
n'estoit pas assez bien volée, les fist reto..er
pour la seconde fois, ce qui leur a cousté la vie,
car ayant esté bien remarqués et suivis, ils furent
pris le lendemain à Vincennes, comme ils s'estoient preparés à retourner à Paris pour iouër
encore quelque bon tour. Nous en vismes rouër
un qui avoit si bonne mine que nous ne l'eussions

(1) Olympe Mancini, deuxième nièce du cardinal Mazarin, qui
épousa Eugène-Maurice de Savoie, comte de Soissons.

(2) Ou du Trahoir; au coin de la rue de l'Arbre-Sec et de la rue
Saint-Honoré.

iamais pris pour un voleur, si nous l'eussions veu ailleurs.

Le 21e nous fusmes au logis du chevalier de Riviere (1) pour le voir, mais nous ne le treuvasmes pas, et passant par la Greve nous vismes executer six filoux qui se disoient gentilshommes; parmy eux il y avoit un comte anglois. Voici le lieu du monde où l'on fait la plus prompte iustice des voleurs qu'on y prend, car 24 heures apres ils sont expediés; et neantmoins il y en a tousiours grande quantité, tant est enracinée cette maudite graine en cette ville, où la grande confusion luy semble une secrète protection de cet infame mestier.

Le 22e, nous fusmes voir l'Hostel de Ville, qui a en face la Greve où on execute tous les malfaicteurs. On y voit au milieu une grande croix, placée sur un piedestal de dix ou douze degrés, qui l'environnent de tous costés. Il est d'une mesme architecture que le principal bastiment du Louvre, qui fut refaict par Henry IIII. On y doit voir la sale où sont les tableaux des eschevins, et considerer

---

(1) D'abord attaché au parti du prince de Condé, qu'il avait suivi dans les Pays-Bas espagnols, le chevalier de Rivière demanda et obtint l'amnistie par l'intermédiaire de M. Chanut. « Le chevalier de Rivière m'a fait dire qu'il demande d'estre receu à jouir de l'amnistie, et se remettre dans l'obeissance, comme entièrement detaché des interestz de Monseigneur le prince. (Dépêche du 2 avril 1651) » Arch. Aff. Etrang. Hollande, vol. 31, fol. 102. « J'ay délivré à M. le chevalier de Rivière l'acte par lequel le Roy lui accorde la grâce de l'amnistie, et j'ay tiré de luy la déclaration et protestation que j'envoye comme il m'estoit commandé. » (Dépêche de M. Chanut au comte de Brienne, de la Haye, le 8 avril 1655.)

les pavillons qui le composent, les colonnes qui
les soustiennent, et la tour de l'horloge qui l'em-
bellit aussy bien que l'effigie de ce bon prince
à cheval qui est sur la porte.

Le 23ᵉ, apres avoir esté rendre visite au Sʳ
d'Odÿk, où nous treuvasmes le Sʳ de Saint-
Romain (1) que nous ne recognusmes pas de
prime abord, à cause qu'il porte la perruque,
nous receusmes nos lettres de Hollande, par lesquelles nous apprismes la mort du fils de nostre
oncle le président.

Le 24ᵉ, faisant response à nos lettres, nous y
employasmes toute la iournée, sans bouger de la
chambre. — Le 25ᵉ, nous fusmes voir la place
Royale, qui a autant de palais que de maisons,
toutes d'une mesme architecture, et d'une si belle
symmetrie que leurs façades et leurs allées d'alen-
tour rendent cet endroict le plus magnifique de

(1) M. de Saint-Romain avait été envoyé de Munster à Stockholm
en 1646, auprès de M. Chanut, qui le retrouva en Hollande, où il résidait
comme réfugié, après avoir été capitaine des gardes du prince de
Condé à Bruxelles. Il en est fait souvent mention dans la correspondance de M. Chanut. « Quant à Saint-Romain, il m'a prié d'asseurer
Vostre Eminence qu'il n'estoit pas seulement entièrement détaché de
M. le Prince, mais qu'il souhaitteroit avec passion d'avoir moyen
d'effacer par quelque service considérable envers Son Eminence la
memoire du passé. » (Dépêche de M. Chanut, à Mazarin, du 18
décembre 1653.) Arch. Aff. Etr. Holl. vol. 52, fol. 67. vᵒ.
Dans une dépêche au Cardinal du 29 Janvier 1651, M. Chanut
rapporte qu'il se fit accompagner à l'audience des Etats par quelques
officiers français, suivant la coutume et il ajoute : « M. de Saint-
Romain me fit aussy demander si je ne l'y verrois pas volontiers; je
luy fis responce qu'estant encore manifestement hors de la grâce du
Roy, je n'estimois pas qu'il s'y deust trouver et il n'y vint pas. »
Arch. Aff. Etr. Holl. vol. 52, fol. 97.

tout Paris. C'est un grand quarré, qui en forme
un autre par une barricade, qui du costé a une
tres-belle carriere où tous les grands courent la
bague, quand il y a carrousel ou quelque feste
publique. Au milieu de cette place on voit une
statuë de bronze du Roy Louys XIII à cheval, en
posture et habit de vainqueur. L'hostel des Tournelles estoit autrefois en cet endroict, mais il fut
demoly par le commandement de Catherine de
Medicis, après la mort de son mary Henry II, qui
y mourut d'une blessure qu'il receut à l'œil par
l'esclat d'une lance, dans le tournois aux nopces
de sa fille avec Philippe II, Roy d'Espagne. On y
entre par quatre grandes portes qui respondent à
diverses ruës (1).

Le 26ᵉ, nous allasmes à Charenton pour y
passer la matinée en devotion, et nous employasmes l'apres-dinée à faire nos visites; mais en
toutes nous ne treuvasmes personne, puisque c'estoit une tres-belle iournée et d'une parfaite sere-
nité.

Le 27ᵉ, nous vismes le Louvre qui est le palais
ordinaire des Roys. Philippe-Auguste en ietta les
premiers fondemens, aussi bien que des murailles
à la ville et des halles et du pavé. Charles le Sage
l'augmenta de beaucoup. François I et Henry II
luy donnerent une nouvelle face, que Louys XIII
defunct avoit continuée. Le bastiment en est superbe et d'une riche architecture, qui sert d'estude

(1) La construction de la Place Royale, commencée sous Henri IV
en 1604, fut achevée en 1630.

aux sçavans du mestier et d'admiration à tous les estrangers, L'entrée en est à present tres-vilaine, et ressemble plustost à celle d'une prison que du palais d'un grand Roy, mais d'abord qu'on a passé la dernière porte, on aperçoit bien un autre air, car on entre dans une tres-grande basse court qui est sur le devant de cette merveille de l'art, si elle estoit achevée. On y voit une sale des antiques, remplie de pieces curieuses, comme est une Diane d'Ephese qui merite d'estre considerée avec soin.

L'hostel des Thuilleries est ioinct au Louvre par une grande galerie, enrichie de plusieurs rares tableaux et des portraits des Roys de France. A cette galerie en est attachée une autre le long de la riviere, qui conduit iusques aux Thuilleries, où se voit un beau iardin, et un escalier en co-quilles de limaçon, suspendu en l'air sans aucun noyau qui soutienne les marches. C'est un chef d'œuvre d'architecture qui passeroit pour un mi-racle, si Vitruve l'avoit descrit.

Vis-à-vis du Louvre, sur le devant de l'entrée, vous voyez le Petit-Bourbon où est la petite escurie et où loge monsieur le Premier. Il y a une grande sale pour la comedie; les Italiens y ont leur thea-tre (1). Entre cette maison et le Louvre, il y a

(1) Le théâtre du Petit-Bourbon était situé vis-à-vis le cloître Saint-Germain-l'Auxerrois, dans la rue des Poulies, qui descendait alors jusqu'au quai. A la fin de 1658, Molière obtint la permission d'y jouer alternativement avec les comédiens italiens. (Voir l'*His-toire de Molière*, par M. Taschereau, p. 31.)

une petite place, où l'on voit les corps de gardes
françois et suisses. Ils s'y mettent en haye toutes
les fois que le Roy sort et presque tous les ma-
tins, lorsque S. M. va entendre Messe à la chapelle du Petit-Bourbon ; elle est de plus accompagnée des gardes du corps, qui portent l'halebarde
ou la carabine, et de quelques-uns de ces Cent-
Suisses, qui sont habillés de ses livrées et armés
d'halebardes.

Le 28<sup>e</sup>, nous fusmes à la pourmenade aux Thuilleries ; c'est le iardin du Louvre dont nous avons
desia parlé. Il y a sans doute quelque chose de
tout à fait magnifique, grand et extraordinaire ;
mais il est d'une beauté entierement differente
de celle du Luxembourg, qui est plus à la moderne, mieux compassée et disposée avec plus
d'art, au lieu qu'en celui-cy on voit quelque chose
de plus sauvage et de plus champestre. La grande
allée est merveilleuse pour la hauteur des arbres
qui la forment et la grande ombre qu'ils causent.
Aux costés on treuve des cabinets de charpenterie, couverts de quelques verdures. Il y a un
fort beau ieu de mail, et qu'on a mesme agrandi
depuis que le Roy se plaist à cet exercice ; car
outre la longueur du iardin qu'il avoit, on luy a
donné un repli, qui le fait venir iusques à la grande
allée. On voit tout auprés un fort beau iect d'eau,
proche duquel est un labyrinthe planté de cyprès.
Il y a d'ordinaire bon nombre de bourgeois et de
bourgeoises sur le bord de ce bassin, qui y prennent le frais et s'y reposent apres s'est pourmenés,

en voyant pourmener les autres. Le grand monde
n'y aborde que sur le soir, quand on va au Cours et
quand on en revient. On y est quelquefois iusques
bien avant dans la nuict, et alors il y a souvent
assemblée et bal, qui est d'autant plus agréable
qu'on y est avec toute sorte de liberté.

Le 1er de mars, nous vismes la Fripperie, qui
est aupres des Halles. C'est une grande galerie,
soutenuë de piliers de pierre de taille, sous
laquelle logent tous les revendeurs de vieilles
nippes; ce qui est fort commode pour cette sorte
de gens qui veulent estre braves sans qu'il leur
en couste beaucoup. Il y a deux fois la sepmaine
marché public, à sçavoir le mercredy et le samedy:
c'est alors que tous ces frippiers, parmi lesquels
il y a apparemment bon nombre de Juifs, estalent
leurs marchandises. A toute heure qu'on y passe,
on est ennuyé de leurs cris continuëls, d'un *bon
manteau de campagne!* d'un *beau iustaucorps!* et
du detail qu'ils font de leurs marchandises, en
tirant le monde pour entrer dans leurs boutiques,
surtout s'il a esté en quelqu'une, ou qu'en passant
il leve les yeux vers leurs enseignes, car on croit
que c'est un homme qui cherche et chacun lui
veut vendre, On ne sçauroit croire la prodigieuse
quantité d'habits et de meubles qu'ils ont: on y
en voit de fort beaux, mais il est dangereux d'en
acheter, si l'on ne s'y connoit bien, de peur d'estre
trompé, car ils ont une merveilleuse adresse à
regratter et rapiecer ce qui est vieux en façon
qu'il paroist neuf.

Le 2ᵉ, nous rendismes visite au Sʳ de la Vieuville.
Il a esté lieutenent colonel du Sʳ Douchant (1),
et est homme de grand esprit. Il nous questionna fort sur les affaires de nostre pays, nous
demandant des nouvelles de nostre Estat et principalement des mal intentionnés pour la maison
d'Orange, qui luy sont bien cognus. Nous remarquasmes qu'il luy restoit encore quelque affection
pour nostre pays, bien qu'il soit icy en une autre
posture qu'il n'y estoit, ayant quitté l'espée pour la
robbe, car il est abbé et sera bientost evesque (2).
Il nous pria de faire ses baisemains au Sʳ de
Sommelsdyck (3) nostre oncle, comme aussi au
Sʳ de Villers nostre pere, et de les asseurer qu'il
est fort leur serviteur. Nous y vismes un chien
d'une horrible grandeur, et nous en avions peur
quand il nous approchoit, car sans mentir il est
de la taille d'un petit cheval, et il se venoit fourrer
entre nous et nous caresser. Il a une si furieuse
gueule et armée de si grosses dents, que je ne
doute qu'il devisageast un homme d'un coup, s'il

(1) Colonel français, au service de Hollande, mentionné dans la
correspondance de M. Chanut.

(2) Il fut en effet nommé évêque de Rennes peu de temps après.

(3) Corneille Van Aerssen, Sʳ de Sommelsdyck, Spyk, Bommel
et Plaat, chevalier de Saint-Michel, dont le père avait été ambassadeur à Paris, du temps du cardinal de Richelieu. Il avait été gouverneur de Nimègue et colonel d'un régiment de cavalerie. Il passait
pour l'homme le plus riche de Hollande. Il est cité dans les dépêches
de M. de Thou, comme ayant beaucoup de zèle pour la France; il
était en correspondance avec le cardinal de Mazarin. — Sa sœur était
la mère de nos voyageurs. (Voir la généalogie, n° 1 de l'Appendice).

l'entrepresnoit; mais on nous dit qu'il n'estoit pas meschant et qu'il ne mordoit personne. Sur le soir, nous receusmes nos lettres, mais nous n'y apprismes aucunes nouvelles. — Le 3ᵉ, nous employasmes toute la iournée à y faire response.

Le 4ᵉ, le Sʳ d'Odÿk nous vint voir, pour sçavoir quelles nouvelles nous avions de nostre pays. Il nous dit que ses affaires estoient en fort bon estat, et que monsieur le Cardinal luy avoit promis une compagnie de cavalerie. Nous demeurons tousiours à admirer sa façon de subsister, ayant carosse, quatre laquais et un palefrenier, et se tenant tousiours brave (1) en habits, sans rien devoir à ce qu'il dit; il est logé chez un baigneur et assez cherement, puisqu'il donne du seul logement deux escus par iour : la table ne luy couste rien, car luy et ses gens mangent d'ordinaire chez le Sʳ d'Hauterive qui luy a offert de le nourrir avec son monde, à condition qu'il ne luy demandera point d'argent. Ses parens ont grand tort de l'abandonner ainsi et de l'obliger à aller gueuser ses repas (2). Il commence à se bien former, et on verra que nonobstant ses friponneries il sera un iour honneste homme. Il disne parfois avec nous et il est fort gay et gaillard, et ne se donne guere de soucy; enfin on diroit qu'il est aussi content que s'il avoit tout à souhait.

(1) Le mot *brave* signifie ici *bien mis*.

(2) M. d'Odÿk était fils de M. de Beverweert, un des conseillers intimes de la Princesse royale.

Le 5ᵉ, faisant trop mauvais temps pour aller à Charenton, nous fusmes au presche chez nostre ambassadeur qui nous arresta à disner avec luy et en mesme temps nous saluasmes madame sa femme et madamoiselle sa fille. A nostre arrivée, nous fusmes diverses fois pour la voir, mais nous ne la treuvasmes iamais, et on nous disoit tousiours qu'elle estoit sortie. C'est une bonne et grosse femme et une vraye *Amsterdamsche-Moer* (1); elle n'est pas de grand entretien, et pour contenance elle a quantité de petits chiens avec lesquels elle iouë. Il la faut entretenir en flamand, car elle ne parle ny entend le français, ce qui nous estoit desia une assez grande peine, nous estant desaccoutumés de nostre langue. La fille est raisonnablement belle et suppléé assez bien au défaut de sa mere, ne manquant pas de caquet. Nous fusmes traitez à la mode de Hollande, y ayants de la bierre, du beurre et du fourmage, et le tout servy en plats de porcelaine, ce qui sent fort son Amsterdam.

Le 6ᵉ, nous commençasmes à monter à cheval chez le Sʳ Del Campe, qui est un fort honneste homme et qui montre avec une grande civilité et douceur. Nous y montons tous les iours trois chevaux, sans compter celuy de bague. Cet exercice est si rude au commencement, que nous n'en pouvons commencer d'autre, que la douleur de nos cuisses soit passée; elle est telle d'abord qu'à peine peut-on marcher, et pour nous bien consoler,

_____

(1) Une vraie *Mère d'Amsterdam.*

un academiste nous dit que nous aurions à la souffrir quinze iours durant, comme nous l'avons en effect experimenté.

Le 7°, nous fusmes chez le S* de Thou, afin de l'asseurer de nos services, et le remercier de la civilité et de la bonté qu'il a eüe en permettant qu'on mist parmy son bagage les hardes que nous devions envoyer en Hollande; mais nous ne le pusmes voir, estant incommodé d'une petite flebvre causée par un rhume qui règne en plusieurs villes et principalement en celle-cy où les apothiquaires ont consumé en quinze iours tous les syrops, sucre candy et tablettes de regalisse qu'ils avoient preparés pour toute l'année. Cette incommodité est si generale qu'on l'appelle le mal à la mode, mais il est si vehement qu'il a troussé beaucoup de monde. On n'en sçait pas la cause, et la plus-part l'attribuent à la malignité de l'air. Les mede-cins disent que ceux qui l'auront eüe seront exempts de la peste, dont on est menacé (1). La Reine a tant ajousté foy à leur opinion et appre-hende si fort la peste, que pour s'exempter de ce mal elle a voulu passer par celuy du rhume. On dit que pour l'avoir plus facilement elle s'est pour-menée pieds nus par sa chambre; quoy qu'il en

(1) La peste avait ravagé la Hollande à la fin de 1655. « Les navires des Indes orientales sont arrivés, mais cela n'est pas capable de consoler la ville d'Amsterdam de l'affliction et des incommodités qu'elle ressent de la contagion qui y augmente tous les jours. A Leyde, elle est furieuse : il meurt plus de 1200 personnes par jour. » (Dépêche de M. Chanut à M. de Brienne, du 9 septembre 1655.) Arch. Aff. Étrang., Hollande, vol. 51, fol. 170, v°.

soit, elle a si bien reüssy dans son souhait, qu'elle
se peut dire la plus enrhumée de Paris et des
plus tourmentées.

Le 8°, apres avoir esté chez monsieur de l'Estrade sans le rencontrer, nous allasmes au Luxembourg où nous passasmes l'apres disnée ; nous y
vismes des violettes, des tulipes, des anemosnes et
cent autres especes de belles fleurs dont nous ne
sçavons pas le nom ; en verité, c'est une merveille
de la nature qui estale icy au mois de mars ce
qu'elle produict à peine au mois de may en nos
quartiers. Nous en sortismes fort tard, car la prodigieuse quantité de carrosses nous empescha
longtemps d'aprocher du nostre, pour retourner
au logis.

Le 9°, nous retournasmes chez le S° de Thou,
et bien que nous y fusmes iustement à l'heure
qu'il falloit pour ne le pas manquer, nous ne le
pusmes voir, parce qu'il n'estoit pas habillé et
qu'il estoit sur ses depesches. Il nous en fit faire
de tres amples excuses par le S° Boulliau qui s'en
va avec luy pour secrétaire de l'ambassade ; c'est
une personne sçavante et fort estimée par tous
les gens d'esprit ; il a esté son bibliothequaire
assez longtemps, et apres la mort du S° Dupuy (1),

---

(1) M. de Thou, à la veille de partir pour son ambassade, écrivait
le 1<sup>er</sup> avril au cardinal Mazarin, pour lui recommander un neveu des
frères Dupuy, « deux personnes, disait-il, qui ont travaillé toute leur
» vie à esclaircir et faire valoir les droicts du Roy et de sa couronne,
» et qui en cette considération ont été honorez des bonnes grâces et
» des liberalités et bienfaits de Votre Éminence. » *Arch. Aff.*
*Étrang., Hollande*, vol. 58, fol. 12.

avoit esté mis dans la bibliotheque du Roy, pour y assister le frere du defunct. Le président l'en a retiré afin qu'il l'accompagne en son ambassade. Nous receusmes sur le soir nos lettres, par lesquelles on nous marquoit la mort du S' Perscheval, capitaine des gardes de messieurs les Estats de Hollande, et qui commandoit leurs troupes à Dantzick.

Le 10°, nous employasmes la matinée à monter à cheval, et l'apres dinée à faire nos depesches, faisants response à quatre ou cinq grandes lettres.

Le 11°, le S' de Rhodet nous mena voir une de ses parentes, nommée madame de Longschamp, femme d'un des escuyers de monsieur le duc d'Aniou. Elle est ieune et fort belle, de qui l'entretien et la conversation est si agreable, qu'au lieu de luy faire une courte visite pour la premiere fois que nous avions l'honneur de la cognoistre, nous y demeurasmes quatre bonnes heures, et le temps nous dura si peu que nous eussions bien voulu y passer encore quatre autres; car la différence est si grande, qu'il y a entre la manière de vivre avecque les femmes de condition de cette ville et celles de nos quartiers, que nous treuvons que nostre cousin de la Platte a raison de souhaitter avec passion de retourner à Paris, où l'on peut acquerir et conserver toutes les qualitez qui sont requises à un honneste homme (1).

(1) M. de la Platte, après avoir voyagé pendant huit ans dans les diverses parties de l'Europe, se noya en passant d'Angleterre en France, à la fin de 1658. « Il était de grande espérance, et ce fut une

Le 12ᵉ, nous fusmes à Charenton où nous entendismes le Sʳ Mestrezat, qui fit un fort beau sermon et capable de toucher les âmes des vrays
chrestiens. L'apres dinée nous rendismes visite au
comte d'Oldenburg qui nous avoit prevenu en ce
debvoir. Il n'est que bastard du vieux comte qui
regne à present, mais il l'affectionne si fort qu'il
luy a desia donné 60,000 livres de rente et le fait
voyager avec esclat et train. C'est un seigneur
qui profite fort peu de ses voyages, puisqu'il fre-
quente tousiours ses compatriotes dont le nombre
n'est pas petit à Paris.

De là nous allasmes voir le Sʳ de Wicqueford (1),
qui estoit arrivé de Hollande depuis deux iours. Il
nous fit entrer en la chambre de madame sa
femme que nous salûasmes, comme aussi madame
sa fille qui est mariée à un capitaine de cavalerie
nommé le Sʳ Loudy. Nous y rencontrasmes le
vieux Martinet, dont nous fusmes fort surpris, le
croyant desia mort, parce que nous l'avions laissé
en un pitoyable estat à nostre depart de Hollande

grande affliction au père qui n'avait rien épargné pour le parfaitement bien élever. Le second fils de M. de Sommelsdyk, devenu son
principal héritier par la mort de son frère, et puissant en biens, a
épousé la fille ainée de M. de Saint-André Montbrun qui s'est rendu
recommandable à la postérité par la longue et célèbre défense de
Candie. » (*Mémoires pour servir à l'histoire de Hollande*, etc., par
messire Louis Aubery, seigneur du Maurier. Paris, 1688.)

(1) Wicquefort (Joachim de), né à la fin du XVIᵉ siècle à Amsterdam, mort en 1670. — Il était en 1657, envoyé résident du landgrave de Hesse, près les Etats généraux à la Haye. — Son frère
Abraham est célèbre par de nombreux ouvrages de diplomatie et
d'histoire.

et si perdu de goutte qu'à peine pouvoit-il se soustenir. Il nous dit qu'il alloit faire un tour en la province d'où il est, et qu'ensuite il retourneroit à la Haye.

Le 13e, nous fusmes au Palais. Il y a une grande sale d'où l'on entre dans les chambres du parlement, qui est composé de la grand'chambre, de cinq chambres des enquestes, de deux des requestes, de la Tournelle et de la chambre de l'edict. Dans la grand'chambre, qu'on nomme aussi la chambre dorée, pour avoir esté lambrissée de culs de lampes dorez, par Louys XII, le Roy tient son lict de iustice avec ses pairs; les conseillers et advocats y prestent le serment. Les Roys estrangers y sont autrefois venus plaider leurs causes et soumettre une partie de leurs estats à l'autorité de cette auguste compagnie. La Tournelle connoist des crimes, et la chambre de l'edict est instituée pour ceux de nostre religion, où l'on treuve quantité de boutiques rangées aux deux costés, dont les marchands sont les plus rusés et les plus adroicts de toute la ville.

Le 14e, nous fusmes à la chambre des Comptes, qui est aussy dans l'enceinte du Palais, où nous vismes cinq grandes statuës sur le devant: la Temperance, qui tient une horloge et des lunettes à la main, avec cette devise: *Mihi spreta voluptas: Je mesprise les voluptez.* La Prudence, avec un miroir et un crible: *Consiliis verum speculor: Je contemple la verité dans mes* conseils. La Justice, tient une balance et une espée : *Sua cuique ministro*. La Force embrassant une tour d'une main, et serrant un serpent de l'autre : *Me dolor atque metus fugiunt: Je chasse le regret et la crainte*. Au milieu de ces quatre vertus, qui sont comme les quatre elements du monde politique, paroist le Roy Louys XII avec les armes de France et la devise de ce prince qui est un porc-espic. Le reste de la chambre n'a rien qui merite d'estre dechiffré.

Le 15ᵉ, le Sʳ de Bellievre mourut au 13ᵉ jour de sa maladie, qui estoit une fiebvre continue, accompagnée d'une fluxion sur la poitrine (1). C'estoit un homme qui estoit au dessus de tous les employs qu'il a eus, et mesme de celuy de premier president en ce parlement, auquel il est mort. A peine avoit-il atteint l'aage de vingt-cinq ans, qu'il fut ambassadeur pour le Roy en Italie et ensuite en Angleterre, et en dernier lieu en Hollande. Il est fort regretté de tout le monde, qui le va voir en foule dans son lict de parade, et elle a esté telle que six personnes y sont peries, par un malheur qui porta que les marches de l'escallier trop chargées de peuple s'enfoncèrent. Entre divers eloges qu'on a fait d'un si digne homme, en voicy un qui a passé pour fort bon :

(1) Nicolas Pompone de Bellievre, seigneur de Grignon, né en 1606. Il avait succédé à Mathieu Molé, en 1653, et fut remplacé en 1658 par Guillaume de Lamoignon.

## Eloge de Monsieur le Premier President.

« Ce iour, mourut Pompone de Bellievre, personnage illustre par sa naissance, considerable par sa dignité; mais plus recommandable par ses vertus, regretté de tous, parce que tous perdent en lui : l'Estat un appuy fidelle, le peuple un juge equitable, la noblesse un protecteur, le parlement un chef tres-habile, dont la moderation courageuse et la iudicieuse fermeté rasseuroit les foibles, temperoit les plus hardis, sçavoit l'art de gaigner les cœurs et d'unir les esprits pour le bien public; secourable aux affligés, d'accès facile aux plus inconnus, bienfaisant, ennemy des fraudes, seur à ses amis, inviolable en ses parolles, et splendide du sien sans envie pour celuy d'autrui; que les graces de la Cour ne pouvoient tenter, amy des plaisirs dans l'oisiveté, du travail dans les affaires; d'un génie esgal aux plus grandes, et qui sçavoit s'abaisser aux moindres; contraire aux violences et à l'oppression, comparable aux plus grands hommes par ses qualitez, mais singulier en cecy, que dans les conionctures les plus espineuzes, il accordoit des choses assez opposées : l'autorité du prince, l'utilité des particuliers et la dignité de sa compagnie; respecté d'elle, cheri des peuples, estimé de la Cour, encore au milieu de son aage selon les années, mais non pas selon la gloire, dont la mesure estoit remplie, puisqu'il avoit acquis tous les vrays biens; loûé encore

7

après sa mort des mesmes vertus dont il estoit
loüé durant sa vie; on l'a pleuré avant que de le
perdre, on le pleure après l'avoir perdu, et l'on
pourroit tomber dans des temps qu'on le pleure-
roit encore davantage, qui nous renouvelleroient
nos iustes regrets et qui ne nous permettroient
pas de l'oublier. »

Le 16e, le colonel Lockard, ambassadeur ordinaire d'Angleterre (1), fit son entrée en cette ville
avec un grand cortege de carrosses, qui luy
estoient allés au devant iusques à Saint-Denys.
Nous receusmes sur le soir nos lettres, par lesquelles on nous chargeoit d'une commission qui
estoit de chercher des lustres de cristal pour
madame de Beverweert.

Le 17e, apres avoir fait nos lettres, nous courusmes toute la ville pour en treuver d'un prix
commode, et entre autres nous en vismes un de
10,000 francs. Certes c'est une merveilleuse piece,
et qui asseurement n'eust iamais sa semblable en
ce genre de bijoux et de bagatelles magnifiques.

Le 18e, l'abbé de Sautereau nous estant venu
voir, pendant qu'on nous coupoit les cheveux,
nous demanda si nous voulions aller au marché
aux chevaux, où il vouloit tascher d'en vendre
deux qui ont des ßcs aux pieds. Nous y vismes
plus de trois mille chevaux, et c'est une chose

(1) « Le dit Sr ambassadeur passe pour estre plus homme d'affaires que de guerre. Il étoit juge d'Ecosse devant que de servir le
Royaume d'Angleterre en France. » (Lettre de M. de Bourdeaux au
comte de Brienne, 30 avril 1657.)

prodigieuse qu'il y en ait tant, puisqu'il y a marché deux fois la sepmaine.

Nous apprismes à nostre retour l'accident qui estoit arrivé à l'escuyer du comte de Lude (1), qui fust tué d'un coup de pistolet par le fils d'un tailleur, qui avoit fait du desordre en une maison où cet escuyer estoit accouru pour l'empescher. Le Roy revenant de la campagne et passant par cette ruë, y vist une si grande foule de monde, qu'à peine on la pouvoit fendre. Il fit demander ce que c'estoit et ayant appris ce malheur, commanda à douze de ces mousquetaires de mettre pied à terre et de se saisir des advenuës de la ruë et de la maison, afin qu'on prist ce meurtrier qu'on treuva refugié chez un pâtissier d'où il fut mené dans l'hostel de Lude pendant qu'on manda les sergeants pour le mener en prison.

Le 19e, nous fusmes au presche à Charenton, où nous entendismes un ministre de Fontaine-bleau, qui s'en acquita assez bien. L'après-dinée nous rendismes visite au Sr de Brasset, qui nous dit qu'il craignoit que le marquis de Castelnau avec toutes les autres troupes qu'il commandoit (qui faisoient environ 5,000 hommes et qui estoient en marche pour secourir Saint-Guelain) ne vinssent trop tard, puisque les troupes de

_____

(1) Henri de Daillon, comte de Lude, qui devint grand-maître de l'artillerie. Il était un des amis de Mme de Sévigné qui raconte qu'il fut fait duc (en 1675) pour le consoler de n'être pas nommé maréchal.

monsieur le Prince y estoient arrivées, qui
avoient emporté par force une redoute de grande
consequence à l'attaque de laquelle le prince de
Condé avoit eu un coup de mousquet au travers
de son chappeau.

Le 20ᵉ, nous fusmes voir la Sainte-Chappelle,
bastie par saint Louis ioignant le Palais afin que
la pieté et la justice eussent un mesme temple,
comme l'honneur et la vertu l'avoient autrefois
chez les romains. Les architectes admirent la
conduite du bastiment des deux chappelles, la
basse et la haulte, soustenuës l'une sur l'autre
par des colonnes qui semblent faibles, et la prennent pour un ouvrage le plus hardy qui soit au-
deça des monts. Elle a le nom de Sainte à cause
des reliques des saincts qui y ont esté amassées
du temps de saint Louys.

Le 21ᵉ, nous vismes le Grand-Chastelet, que
Julien l'Apostat, gouverneur des Gaules fit bastir, et Philippe-Auguste rebastir pour estre le
siege ordinaire du prevost de Paris, chef de la
justice et de la police de cette grande ville et de
la vicomté, qui a sous luy trois lieutenants, le
civil, le criminel et le particulier ; un procureur,
un advocat du Roy, grand nombre de conseillers, le conservateur des privileges royaux de
l'Université, les commissaires distribués par les
seize quartiers de la ville, les greffiers, les notaires, les sergens à cheval et à verge, qui font
tous les ans une monstre magnifique le lendemain de la Trinité.

Le 22⁰, le Sʳ de Hauterive nous vint voir, qui demeura avec nous deux bonnes heures, ce qui nous empescha de sortir. Il nous dit que le Sʳ de Comminges (1), gouverneur de Saumur, s'en alloit en ambassade en Portugal pour complimenter le nouveau Roy sur son advenement à la Couronne, et qu'⬤⬤isoit courir le bruict qu'il a ordre d'observer l'Infante qu'on propose de marier avec le Roy. Il nous apprit aussi que le Sʳ de la Bachellerie, gouverneur de la Bastille, et le mareschal de la Mothe-Houdancourt estoient morts le soir auparavant.

Le 23⁰, les comtes de Lillebonne et de Brullon, qui avoient esté prendre en son logis le colonel Lockard, ambassadeur d'Angleterre, l'amenèrent dans les carrosses de leurs Maiestés au Louvre, et passant au milieu du regiment des Gardes et des Cent-Suisses, rangés en haye, il fut introduict à l'audience du Roy, dans la chambre de S. M., puis à celle de la Reine, où il reçeut tous les honneurs et toutes les marques possibles d'estime et de bienveillance envers son maistre. Nous reçeusmes aussi après la pourmenade nos lettres où il n'y avoit rien de remarquable.

Le 24⁰, nous courusmes pour la première fois la bague, ce qui nous reüssit si bien qu'en trois courses nous mismes deux dedans. A nostre retour de l'academie nous escrivismes en nostre pays et y employasmes toute l'après dinée.

(1) Gaston, comte de Comminges, capitaine des gardes de la reine Anne d'Autriche, mort en 1670.

Le 25°, le comte d'Oldenbourg nous vint dire
adieu, estant sur le point de partir pour Bruxelles, en dessein de faire une campagne en Flandres. Il estoit obligé de prendre le parti espagnol,
parce qu'il a du bien qui relève du duché de
Brabant. Il nous dit que le lundy le S<sup>r</sup> de Chenailles avoit esté interrogé sur la sellette et avoit
assez bien respondu et mieux qu'il n'avoit faict
depuis qu'il estoit prisonnier; mais qu'à la fin il
s'estoit engagé si avant dans un discours qui
servoit plus à le charger qu'à le iustifier. Aussi
avoit-on desia commencé à opiner, et de seize
iuges, il y en a douze qui le condamnoient à la
mort et quatre à un bannissement perpétuël. Il est
vray, que comme les festes de Pasques vont
empescher qu'on ne travaille tout d'une suite à
son proces, et qu'il n'y a rien de plus advantageux aux criminels que de gaigner temps, son
affaire pourra bien prendre une pente plus favorable pour luy.

Le 26° de mars, premier iour de sepmaine
saincte, on ne monta pas en nostre academie à
cause de la feste de Nostre-Dame, qui se devant
rencontrer un dimanche, avoit esté remise au
lundy, les prestres ne voulants pas avoir à faire
tant de services en un iour. Nous employasmes
la matinée à continuër nostre journal, pendant
que le S<sup>r</sup> de Brunel alloit donner quelques nippes
à Martinet, marchand françois de la Haye, qui
devoit partir le lendemain au matin. Nous chassasmes aussi notre cocher qui se souciant fort

peu des resprimandes qu'on luy faisoit, retomboit tousiours aux mesmes fautes, car il estoit yvrogne, malpropre, et n'avoit aucun soin de panser ses chevaux. Estants donc sans cocher, nous fusmes contraincts, pour ne pas perdre la belle iournée, de nous mettre dans le carrosse de nostre couzin, pour aller entendre le pere Le Boux, prestre de l'Oratoire, dans la grande salle du Louvre, où le Roy assista avec toute sa Cour. C'est un des plus excellents et eloquents predicateurs de tout Paris et qui debite ses pensées avec une si bonne grace et admirable facilité, qu'il en est fort estimé; on croit qu'il aura bientost un evesché. Nous treuvasmes le sermon commencé et après l'avoir ouy iusques à la fin, nous allasmes voir M. l'ambassadeur de Hollande qui apres avoir tenu quelque discours de la derniere guerre d'Angleterre, nous dit qu'on avoit donné une allarme au Sr Lockard, ambassadeur du milord Protecteur. C'est qu'un Anglois qui le fut treuver luy dit qu'on avoit entrepris de l'assassiner, et qu'il se tenoit obligé comme serviteur de la Republique de l'en advertir. Ces paroles n'estonnerent point cet ambassadeur qui sans s'emouvoir fist arrester cet homme pour l'examiner à loisir; mais il n'attendist point qu'on le question-nast fort long temps et confessa librement qu'il n'y avoit rien de tout cela, mais qu'il avoit forgé cette nouvelle parce qu'estant pauvre et miserable, il pensoit tirer par là quelque argent pour sa subsistance. Nous y apprismes aussi la trahi-

son d'un capitaine irlandois qui estant en garde
à un fort devant St-Guelain, le livra aux Espagnols, ce qui a de beaucoup avancé la prise de
cette place.

Après avoir demeuré quelques heures chez Son
Excellence, nous fusmes chercher le Sr Wicquefort que nous ne treuvasmes pas, comme aussi le
Sr de Serooskerken, qui ayant changé de hostellerie
s'estoit logé dans la ruë Saint-Martin, à la *Ville
de Bruxelles*. Delà nous fusmes voir le Sr de la
Bergerie, qui loge dans la mesme ruë; nous le
treuvasmes avec sa femme, et nous y passasmes
nostre soirée. C'est un homme qui a esté à monsieur le Prince, et au lieu de suivre les intérests
de son maistre, s'est marié assez richement.

Le 27e, au matin, on donna arrest contre le
Sr de Chenailles, par lequel il a esté condamné à
un bannissement perpetuël avec confiscation de
ses biens. Nous fusmes occupez toute l'apres disnée
à faire empacqueter les hardes que nous devions
envoyer avec celles du Sr de Thou, qui faisoit
emballer les siennes.

Le 28e, le Sr des Routes nous vint voir, et sortit
ensuite avec le Sr de Brunel, pour loüer la maison
que nous avions marchandée si long temps, et
en faire passer à mesme temps le transport; mais
ils ne peurent s'accorder avec l'homme du logis.
Nous arrestames ce mesme iour un cocher, mais
qui ne vint point, s'excusant sur ce que par malheur
il s'estoit blessé à la iambe. Ayant fait voir comme
il se portoit, nous decouvrismes que c'estoit une

imposture, et qu'il avoit esté débauché par nostre premier cocher qui luy avoit dit qu'il seroit trop gourmandé par celuy de nostre couzin. Le S⁼ Glezer nous vint voir l'apres disnée; il devient fort grand et a assez profité; mais il a un precepteur aupres de luy qui n'est qu'un fol et un vray pedant; ie croy que s'il estoit en bonnes mains il réussiroit mieux, car c'est un ieune eveillé et qui ne manque pas d'esprit. Pendant que nous faisions mettre les chevaux au carrosse, pour essayer nostre nouveau cocher, le S⁼ Tassin nous treuva en nostre basse-court; nous luy demandasmes s'il vouloit prendre part à la pourmenade, et fusmes ensemble au Luxembourg. Il nous dit que le parlement avoit arresté de dégrader le S⁼ de Chenailles en pleine assemblée, ce qui se feroit après les festes. De plus qu'on avoit mis à la Bastille le S⁼ Londy, capitaine de cavalerie et gendre du S⁼ Wicquefort. C'est un soldat de fortune qui, ne se voyant pas recompensé comme il croit le meriter, alloit se rendre à monsieur le Prince et avoit esté pris entre le Catelet et la Capelle. Nous receusmes ce mesme soir nos lettres, où on nous marquoit que le S⁼ Stampton, pere de cette belle fille qui passe pour la merveille de nos quartiers, estoit mort; qu'on avoit donné la compagnie des gardes du fu Perscheval au S⁼ d'Oosthoorn, et la charge du baillif de l'Isle de Voorn au pere du conseiller Almonde.

Le 29⁼, au matin, le S⁼ Brasset nous vint voir, et nous demandant des nouvelles de nostre païs,

nous luy communisquasmes celles que nous venions
de recevoir. Il nous dit qu'on lui escrivoit qu'il y
avoit eu brouillerie entre les Estats de Frise et
le Prince Guillaume (1), et que le dernier estoit
sorti de l'assemblée en grande colère; il ne nous
put dire ni le suiet ni la cause de son mesconten-
tement. L'apres disnée, estant iour de devotion à
cause de la sepmaine saincte, nous ne fismes aucune visite, mais nous nous allasmes pourmener
au Cours, et passant par Chaillot on nous dit qu'il
y avoit une fontaine d'eaux minerales que les
medecins ordonnent pour la pierre et la gravelle;
la curiosité nous invita de l'aller voir et mesme
d'en gouster; elles ont le mesme goust que celles
de Spa, et qui tient beaucoup de celuy des eaux
qui passent par des mines de fer.

(1) Le prince Guillaume de Nassau, gendre de la princesse douairière d'Orange, était gouverneur des provinces de Frise et de Groningue. « La Frise, écrivait M. Chanut, en 1655, est moins souple
à la Hollande qu'aucune autre province; comme elle se gouverne
pour la plus part en démocratie et que les espritz y sont naturellement fiers et opiniastres, elle est quasi toujours occupée en ses propres affaires. Le gouverneur, M. le prince Guillaume, n'y a qu'une
auctorité précaire qu'il maintient à peine entre les factions qui par-
tagent les villes... » (*Mémoire secret* rédigé par M. Chanut au
retour de son ambassade.) *Arch. Aff. Étrang. Hollande*, vol 56,
fol. 256.

Le prince Guillaume est mentionné dans les instructions données à
M. de Thou comme un des personnages les plus importants de son
pays : « Il importe au service du Roy que l'ambassadeur entre le plus
avant qu'il pourra dans la confidence avec M. le prince Guillaume de
Nassau, lequel a toujours montré inclination vers la France, et qui aydé
de la fortune, pourroit s'eslever en grande auctorité. Il a des amis et
des habitudes en toutes les provinces; il prend soing d'estre instruict
de tout ce qui se passe; il est homme de grand cœur et par conséquent à hautes prétentions... » (*Instructions* du mois de mars
1657.) *Arch. Aff. Étrang. Hollande*, vol. 56, fol. 270.

Le 30ᵉ, nous fusmes à Charenton pour entendre la preparation à la sainte Cene, qui nous fut preschée par un ministre de Fontainebleau ; il faisoit un froid incroyable. Nous revinsmes disner à Paris, et des que nous fusmes à l'hauberge, nous y apprismes le depart du colonel Balthasar et celuy de son beau frere le baron de Montarnaud, son lieutenant colonel, qui estoient tous deux personnes de bon sens et de cœur, et nous avoient tousiours tesmoigné beaucoup d'affection. Le cardinal a envoyé le colonel en Allemagne pour faire une levée de 2,000 chevaux; il les doit commander en place du regiment qu'il avoit, que monsieur le cardinal a acheté et luy en a donné 10,000 escus; mais il les a bien retirés, ayant vendu quatre compagnies de ce regiment au marquis de Vivonne 6,000 escus, et les quatre autres à quelqu'un qui ne luy en aura pas moins donné. Nous employasmes l'apres disnée à faire nos lettres.

Le 31ᵉ. nous demeurasmes toute la iournée au logis parce qu'il faisoit mauvais temps, et nous nous preparasmes à faire la sainte Cene, en lisant dans la *Pratique de Piété* les beaux chapitres qui y sont sur cette matière.

Le I d'avril, nous participasmes à la sainte Cene à Charenton, et nous y demeurasmes toute la iournée sans boire ni manger. On fait la ceremonie d'une autre façon qu'en nos quartiers, car on communie debout, pendant que le chantre de l'eglise list dans la Bible les endroicts qui sont propres à cette saincte action, et qu'il fait chanter des Pseaumes qui y reviennent. Il y a aussi deux tables et deux ministres, car il y a grand nombre de communiants. Tout est neanmoins si bien disposé, qu'il n'y arrive ni embarras ni desordre.

Le 2ᵉ, qui estoit le lendemain ile Pasques, nous fusmes à Charenton avec monsieur le Rhingrave et le Sʳ Gillier, qui nous avoient fait demander le soir auparavant place en nostre carrosse. Nous y entendismes le Sʳ Drelincourt qui fit un fort bon presche, mais il a la voix si cassée et la langue si grasse qu'on diroit qu'il ne fait que bredouiller (1).

On y benist trois mariages : les fiancées estoient menées chacune par un homme, et accompagnées de quantité de ieunes filles fort parées et adiustées : il n'y en a pas une qui n'ait un bouquet de fleurs; elles passent toutes devant celle qui doit espouser, qui se tient debout faisant une reverence à chacune. Elles sortent ensuite du parquet. La fille à marier, pour marque de l'estat auquel elle est, porte icy une petite fleur blanche de jasmin ou d'oranger, qui est attachée au milieu de sa côëffure. C'est tout ce que nous avons pu y remarquer de particulier.

Nous revinsmes disner à Paris. L'apres disnée nous fusmes à la pourmenade, et voyants que les

(1) Prédicateur protestant, né à Sedan en 1595, mort en 1669; auteur de plusieurs ouvrages de piété. Il avait acquis une certaine célébrité par ses prédications, quoiqu'il eût, suivant l'expression de Tallemant, « la langue naturellement empêtrée. » *Historiettes*, t. VIII, p. 213.

carrosses desfloient du costé du Cours (1) nous
les suivismes, nous doutants bien que le Roy y
devoist estre. C'est un ouvrage de Marie de Medicis,
qui l'a fait faire pour augmenter la beauté de
Paris, car on y voit quatre rangées d'arbres de
1600 pas de longueur, qui font trois belles allées,
dont celle du milieu est la plus large. Il est en-
ceint d'un grand fossé qui, du costé de la riviere,
est encore soustenu d'une muraille qui n'est pas
plus haute que le terroir, afin que la veuë n'en
soit point bornée, et que de la portiere du carrosse on voye la Seine, le Pré-aux-Clercs et la
plaine Grenelle, On y entre par une grande porte
cochere qui est treillissée et gardée par un por-
tier qui a sa petite maison tout auprès. Au milieu
il y a un grand cercle, auquel toutes les allées
aboutissent, afin qu'on puisse tourner sans faire
de desordre au Cours en defilant. Au bout on
treuve aussi une grande porte de mesme que celle
de l'entrée. Mais n'y treuvant pas S. M., nous
passames outre par Chaillot et le bois de Boulogne qui est assez grand et planté de chesnes :
il a esté renommé parce que c'estoit le lieu ordinaire où la noblesse se bat'oit en duël : il y est
fort propre ayant quantité de recoins et d'endroicts escartés. Nous mismes pied à terre au
grand carrefour, au milieu duquel on voit une
croix erigée de pierre de taille, et nous nous pourmenasmes jusques à Madrit, qui est ce chasteau
royal qui y fust basty par le Roy François I, sur

(1) Le Cours-la-Reine.

le modele de celuy où il fut prisonnier à Madrit
en Espagne après la funeste iournée de Pavie. Il
est tout-à-fait abandonné, et c'est dommage, car
c'estoit un fort bel ouvrage : il semble estre fait de
marqueterie y ayant en plusieurs endroicts des
quarreaux et du plastre vernissé et relevé en
bosse; mais estant exposé à l'iniure du temps, le
vent et la pluye gastent tout et font tout tomber.

Nous demandasmes à un homme si le Roy
n'estoit pas passé, qui nous dit qu'ouy et nous
monstra un endroict où il faisoit faire l'exercice
à ses mousquetaires dans un pré à costé du port
de Neuilly, qui est un village sur le bord de la
Seine à une demi-lieuë de ce chasteau. Nous y
allasmes et leur vismes faire quelques deschar-
ges, ayant tousiours le Roy à la teste qui les
commandoit. C'est un brave prince, bien fait et
tres-grand pour son age ; il avoit un justaucorps
de veloux noir avec des boutons de soye, par
dessus lequel il portoit un baudrier de maroquin
noir sans frange, afin de servir d'exemple à tous
ceux de son royaume, qu'il veut porter à moins
de despense en habits. Il en partit à six heures
du soir, ayant envoyé devant ses mousquetaires,
et apres eux ses chevaux-legers et gardes du
corps. Nous en revinsmes aussi et arrivasmes à
sept heures à Paris apres avoir fait une fort belle
pourmenade.

Le 3e, nous allasmes pour rendre visite à
madamoiselle Brasset, et ne l'ayant pas treuvée,
nous fismes demander à son frere s'il vouloit

estre de la pourmenade, ce qu'il accepta et nous
obligea d'aller au Luxembourg où apres avoir
eu grande peine d'entrer, parce que la grande
porte est tousiours fermée les iours de feste afin
que les courteaux de boutiques n'y accourent en
foule, nous fismes un tour dans le iardin ou
n'ayants pas rencontré grand monde, nous fusmes au Cours : la foule y estoit grande, parce
que le Roy et toute la cour y estoit. Il y arriva
un accident au carrosse de madame de Mony
qui y avoit trois autres dames et un gentilhomme :
le cocher voulant tourner son carrosse et pensant gagner la file des autres, accrocha par malheur sa roué à la cuilliere d'un autre, ce qui fit
renverser le sien et paroistre l'habileté de ces
femmes à couvrir leurs fesses; elles se releve-
rent bien viste et ne se firent aucun mal.

Le 4e, nous avions fait dessein de faire quelques visites, mais n'ayant treuvé personne au
logis, à cause que tout le monde estoit encore
en devotion et que c'estoit un reste de feste,
nous nous fusmes divertir au Luxembourg et aux
Thuilleries, et de là nous pourmener au Cours
où du commencement il y avoit fort peu de carrosses. Mais des que le Roy et Monsieur son
frere y arriverent, le nombre s'accreut de telle
sorte qu'en un moment on en compta plus de
deux mille.

Le 5e, ayant appris l'arrivee du Sr du Theil,
nostre couzin, qui nous estoit venu chercher le
matin pendant que nous estions à l'academie,

nous luy rendismes visite l'apres disnée. Il nous
dit le suiet de son voyage, et le dessein qu'il
avoit de se mettre en possession de ses biens
qui sont dans la Bourgogne, dont le S' de Veaux,
qui a espousé une de ses tantes, iouït depuis
long-temps. Nous eusmes une plaisante rencontre et cela par la bestise de nos laquais, dont la
principale cause venoit de celuy de nostre couzin
de Spÿk, à qui le S' du Theil s'estoit adressé
en nostre absence pour nous dire son logis.
C'est qu'il y a deux hostelleries de mesme enseigne, mais en diverses ruës. Ce laquais n'ayant
pas bien retenu le nom de la ruë où est celle où
il estoit logé, prit l'une pour l'autre : on y fit
d'abord demander le S' du Theil, et nos laquais
ne s'estant pas bien expliqués, on nous fit descendre le fils du president d'Edel. (1) Nous fusmes fort estonnés, et d'abord nous ne nous pouvions imaginer ce subit changement dans une
personne que nous avions veuë bien différente de
celle à qui nous parlions; ce qui aida à nous
tromper estoit qu'il portoit la perruque, que
nous creusmes estre la cause de ce grand changement que nous y remarquions; mais luy ayant
enfin parlé et remarqué son grand nez aquilin,
nous recognusmes nostre meprise. Il nous voulust obliger d'entrer en sa chambre, mais l'en
ayant remercié sur ce qu'il faisoit trop beau
temps pour se renfermer, et qu'il seroit dommage

_____

(1) Johan Dedel était président de la Cour de Hollande depuis le
28 octobre 1653.

de n'en pas profiter pour la pourmenade, nous quittasmes ainsi nostre homme qui estoit etonné comme un fondeur de cloches, et remontants en carrosse, nous fusmes chercher nostre couzin que nous treuvasmes avec un sien parent qui se nomme Wotenhoven.

Nous n'y fusmes pas long-temps, ayants le dessein de voir madame Roger (1). Après qu'elle nous eust entretenu d'un procez qu'elle a, il y survint un gentilhomme qui nous fit changer de discours et nous donna occasion de nous retirer et de chercher deux ou trois gentilshommes du mesme quartier, que nous ne treuvasmes pas, ce qui nous obligea à gagner le fauxbourg pour demander madame de Saint-Armand ; mais voyant que le carrosse d'un de ses parents, homme d'affaires, estoit à sa porte, nous n'y voulusmes pas entrer de peur de les detourner de leurs occupations qui sans doute regardoient leurs interests.

Comme nous nous treuvasmes proche des Chartreux, nous y fusmes faire un tour. Saint Louys les retira de Gentilly où ils estoient, pour les loger dans l'Hostel-Royal où ils sont à présent. On y entre par une grande allée qui aboutit

(1) Elle figure dans les *Historiettes* de Tallemant qui lui a consacré un chapitre (Historiette CCLXII) ; fille d'un gentilhomme d'entre la Lorraine et le Liège, de bonne maison, mais pauvre, elle épousa un nommé Roger, fils d'un riche orfèvre de Paris. Elle avait, d'après Tallemant, un grand dédain pour la bourgeoisie, parlait sans cesse de la noblesse de sa maison, et faisait partout des dettes. (t. VIII, v. en particulier, p. 75 et 76).

à une porte cochere, par laquelle on passe dans
une basse court; l'ayant traversée, nous vismes
les cellules qui sont distinguées par lettres alpha-
bétiques, et ioinctes l'une à l'autre; elles font un
grand quarré, qui a une galerie couverte et per-
cée sur une place qui leur sert de cimetiere.
Nous y demandasmes celle d'un certain chartreux nommé dom Charles que nous n'y treuvasmes pas. En nous retirant, nous passasmes une
autre galerie lambrissée, vitrée et peinte, où
sont representées toutes les principales actions
et l'histoire de la vie de saint Bruno, avec l'ex-
plication en vers latins. Apres estre sortis du
couvent, nous fusmes voir le Clos, dont la porte
est dans la basse court; c'est une grande piece
de terre où il y a à costé des murailles de longues allées pour la pourmenade des religieux. Il
est semé de bled pour le couvent, et ils en tirent
toutes leurs herbes; on y void quantité d'arbres
fruictiers et quelques petites chapelles dédiées à
leur patron saint Bruno. Il est entouré d'une
tres-haute muraille, ce qui le rend plus considerable, puisqu'il est pour le moins de 20 ou
30 arpens de terre. Enfin c'est un des plus beaux
cloistres de Paris, pour la situation et pour le
bastiment. Il n'y a point d'ordre si rude ni austere que celuy-cy, puisqu'on est obligé de ne
manger iamais de la viande, et de ne se parler
que certains iours de la sepmaine. Mais ostez
cela, ils passent fort doucement la vie, estant
tres-bien servis, car chacun a son valet, son

apartement où il y a trois chambres, l'une pour
estudier où est sa bibliotheque, l'autre pour coucher et la troisiesme pour recevoir ses amis, et
son petit iardin où il peut planter ce qu'il veut et
le cultiver à sa mode.

Nous receusmes sur le soir nos lettres, par
lesquelles on nous marquoit que M. de Brederoode (1) estoit sur le poinct de partir pour venir
ici, en intention d'y faire la campagne.

Le 6e, après avoir respondu à nos lettres, nous
allasmes aux Petits-Augustins pour parler à un
pere nommé Valerien, qui donne de l'eau de fontaine dans laquelle il verse un peu d'esprit d'une
certaine composition, qui la rend comme mine-
rale. On dit qu'il en guérit toutes sortes de mala-
dies; beaucoup de personnes s'en sont bien
treuvées, et quelques autres n'en ont eu aucun
soulagement. Il nous fit entrer dans sa pharma-
copée, laquelle estoit gentiment peinte et dorée et
fort proprement rangée. Elle a ses fenestres sur
le iardin du cloistre qui n'est pas grand, mais
fort bien troussé et accompagné de basses hayes
qui y forment quelques allées. Il nous montra

(1) Fils d'un maréchal-de-camp général, mort en 1655, qui
« estoit, dit M. Chanut, un seigneur de la meilleure naissance du
païs et prétendant mesme d'estre issu des comtes de Hollande, allié
au defunct prince d'Orange Frederic-Henry. » Il était propriétaire en
France d'un régiment que son père avait levé et équipé à ses frais.
« M. le comte de Brederoode est sur son départ pour France où il
va servir dans les armées de Sa Majesté auprès de M. le maréchal de
Turenne. » (Lettre de M. Courtin à Mazarin, 5 avril 1657.)
*Arch. Aff. Etr. Hollande*, vol. 56, fol. 311 v°.

dans sa chambre divers squelettes, et entre
autres de deux petits enfants, dont l'un estoit
couvert de sa peau, lequel estoit enfermé dans
une bouteille pleine d'eau. Après avoir fait un
petit discours sur l'anatomie et la medecine, il
nous dit qu'il avoit abandonné tout cela, en s'at-
tachant seulement à deux secrets qu'il prise par
dessus tout ce qu'on a iamais inventé pour le
bien du corps. Il ne nous entretint point de ces
deux secrets, mais nous comprismes bien que le
premier et le principal estoit celuy de son eau.

Le 7ᵉ, comme nous estions presls à monter en
carrosse pour aller treuver nostre couzin du
Theil, il nous prevint et nous pria de le mener
chez le Sʳ Tassin, pour lequel il avoit une lettre
de recommandation, afin qu'il luy donnast quelques advis sur ses affaires. C'est un advocat qui
ne manque pas d'esprit. Il n'y a pas long-temps
qu'il est revenu de Hollande où il estoit allé
recueillir la succession du Sʳ Dalone son frere,
qui y avoit esté tué en duël par un suedois nommé
le baron Spar. Il dressa un memoire de toutes
les pretentions de nostre couzin et luy dit de la
façon qu'il faudroit qu'il agist, et qu'il le laissast
faire et s'enquerir de tout, avant qu'il decouvrist
à son oncle qu'il estoit icy. Nous allasmes de là
chez le Sʳ de Beauieu, parent du Sʳ de Brunel. Il
est de Bourgogne et cognoist toutes les personnes qui luy retiennent son patrimoine, n'ayant sa
maison qu'à quatre lieuës de là. Il luy promit
toute sorte d'assistance, et mesme, en attendant

qu'on s'en informast, il luy offrit sa maison avec toute sorte de civilité et de courtoisie.

Le 8e, nous fusmes au presche chez nostre ambassadeur, avec nostre couzin du Theil, où nous entendismes un certain Allemand qui fist assez bien.

On nous y dit que le Roy avoit fait arrester tous les vaisseaux hollandais qui estoient en ses ports, parce que le Sr de Ruyter avoit pris dans la mer Mediterranée deux des siens. commandés par le chevalier de la Lande, et que le Roy en estoit si fort offensé qu'il demandait qu'on luy livrast nostre commandeur de Ruyter et qu'on luy restituast ses deux vaisseaux, avant qu'on traitast d'aucun accommodement (1). On aioustoit que dès qu'on auroit la Lande, on luy feroit son procez pour avoir rendu les vaisseaux de S. M. sans tirer un coup de canon. Apres cet entretien avec son Excellence, nous nous en revinsmes au logis et y retinsmes nostre couzin à disner. Nous employasmes le reste de la iournée à la pourmenade et à luy faire voir le Palais Royal, les Thuilleries et le Cours. Comme nous fusmes retirés, le Sr Tassin nous vint voir pour

(1) En représailles de la capture de navires hollandais ayant à bord des marchandises espagnoles, l'amiral de Ruyter s'était emparé de deux bâtiments de la marine royale, et en avait rendu un, après avoir abandonné l'équipage sur une plage d'Espagne. Ce procédé inouï avait fort indigné le roi, et M. de Thou, qui eut à traiter cette affaire en arrivant à son poste, avait d'abord reçu l'ordre de demander que Ruyter fût puni de mort ; mais on renonça à former cette demande sur les observations de l'ambassadeur. (Correspondance de M. de Thou avec le ministre.)

nous dire ce qu'il avoit appris de son affaire, et
qu'il s'en estoit si bien informé, qu'il connoissoit
à present toutes les personnes à qui il devoit
avoir à faire, et le bien qu'elles luy detenoient;
mais qu'il ne falloit pas se precipiter, ni mesmo
s'en ouvrir à aucun, iusques à ce qu'il fust de
retour de son voyage qui ne seroit que de cinq
ou six jours.

Le 9º, nous treuvants aupres de l'Isle Nostre-
Dame (1), qui est toute remplie de belles maisons, nous fusmes voir celle du president Bre-
tonvillier (2), dont on nous avoit tant parlé; et
certes il faut advouër que pour celle d'un particulier elle est magnifique tant en sa structure qui
est merveilleuse qu'en la richesse des meubles,
qui est plus que royale. Passant donques par une
grande basse court, nous entrasmes dans une
belle salle dont la cheminée est relevée en bosse
et fort dorée. Elle estoit tapissée d'une hautelisse
à pots de fleurs fort bien representez. Le grand
degré est fort large et bien esclairé, et en ayant
monté quelques marches, on nous fit entrer
dans un apartement superbement meublé. Il est
certain qu'il y a des Roys dans l'Europe qui
n'en ont point de si beaux. D'abord nous treuvasmes une antichambre où la dorure et la peinture estoient estalées à la perfection, et afin qu'il

(1) Appelée depuis l'*Ile Saint-Louis*.

(2) En 1793, un décret de la Convention nationale mit l'hôtel de
Bretonvilliers à la disposition du ministre de la guerre, pour y établir
une manufacture d'armes à feu.

n'y manquast rien, la tapisserie qui l'entournoit
estoit tres-fine et tres-bien travaillée. Nous passasmes ensuite dans une chambre tres-bien pro-
portionnée, et ornée de beaux miroirs et garnie
d'un riche meuble de la Savonerie et d'un beau
lict. De là on nous conduisit dans une autre
chambre encore plus superbe, et où il y avoit un
meuble de veloux cramoisi à fleurs à fond d'or,
et on nous fit voir au bout un cabinet tout peint
et doré. A l'un des costés, il y a un balcon qui
regarde sur un bras de la rivière et d'où la veuë
est merveilleusement belle. En repassant par
toutes ces chambres, nous allasmes à une grande
galerie qui finit par un balcon, beaucoup plus
grand que celuy qui est au bout du cabinet, et
dont la veuë est encore plus belle, car il est
placé iustement à la teste de l'Isle (1): la galerie
est large et longue, mais n'a encore point ses
ornements de peinture et de dorure.

Le 16e, nous fusmes au iardin du Roy du fauxbourg saint-Victor, qui sert aux escholiers en
medecine pour y aller estudier les plantes. Il est
fort grand et tres-bien placé : il aboutit à une
belle prairie et on y respire un tres-bon air et

(1) Tallemant dit, en parlant de l'hôtel Bretonvilliers, que c'est
« après le sérail (*), le bâtiment du monde le mieux situé. » *Historiettes*, t. IX. p. 82 — Bretonvilliers, qui avait été receveur général
des finances à Limoges, puis secrétaire du conseil, était un des plus
riches financiers de son temps; « je ne crois pas, ajoute Tallemant,
qu'on puisse gagner légitimement 600,000 livres de rente, comme on
dit qu'il avoit. » (*Hist.* t. IX, p. 83).

* *La pointe du Sérail*, à l'embouchure du Bosphore, où les souverains de Turquie
avaient alors leur résidence.

qui en rend la pourmenade agreable. Il y a une
fontaine qui se descharge par un petit canal de
pierre de taille dans un creux qui est entouré de
cyprès, où on treuve les aquatiques, et sert aussi
pour arrouser les autres plantes. Au milieu du
iardin, on void un cilindre qui marque en tout
temps les heures, demy heures et quarts d'heures. Il a esté donné par les fondateurs de ce
iardin qui a esté commencé en l'an 1633 (1),
comme l'inscription du piédestal de ce quadran le
tesmoigne. En entrant, vous avez à gauche une
limace par où on monte autour d'une colline, et
qui vous mene insensiblement, par des allées qui
sont faites de hayes de trois pieds de hauteur
entrelassées de cyprès à la distance d'une demie
toise, à une petite platte-forme qui est fort
haute, d'où on decouvre presque toute la ville,
et l'on a une tres-agreable veuë de la campagne
et principalement d'un petit bois qui est ioinct
au iardin. Tout cecy est fermé à clefs qui sont
gardées par le premier medecin du Roy, nommé
le Sr Vallot, qui y vient deux fois par iour, le
matin et le soir, examiner les herbes. Nous vis-

(1) L'idée première de ce bel établissement appartient à Guy de
la Brosse, très-savant dans l'étude des plantes et médecin ordinaire
de Louis XIII. Ce ne fut qu'après avoir lutté pendant plusieurs
années contre les plus grandes difficultés qu'il parvint à mettre son
projet à exécution avec le concours de Bouvard, premier médecin de
S. M., et avec l'aide du surintendant Bullion. — Un édit du roi de
1635 reconnut la fondation due à cette initiative privée, et Guy de
La Brosse appelé aux fonctions d'intendant et de professeur y ensei-
gna le premier la botanique. Le iardin du Roi fut ouvert au public
en 1640. — De la Brosse mourut en 1641.

mes à la sortie un laboratoire auquel nous n'avions pas pris garde en entrant. C'est là que l'on distille toutes sortes d'eaux medicinales et qu'on tire les esprits des mineraux et des metaux des alambics posés sur des fourneaux, qui y sont en grande quantité et de diverses façons.

Nous fusmes aussy à l'Abbaye (1) pour en voir la bibliotheque; mais on ne put pas nous la monstrer, le Pere qui en a les clefs estant allé en ville.

Nous receusmes nos lettres sur le soir, qui nous apprirent que le Sr de Sterrenburg (2) estoit de dessein de voyager pour se consoler de son veufvage, et qu'il vouloit faire un tour en France et passer ensuite en Italie.

Le 11e, nous employasmes toute l'apres disnée à faire des visites d'hommes estant bien iuste que nous les rendissions à ceux qui nous avoient faict l'honneur de nous venir voir. Nous commençasmes par monsieur le Rhingrave, qui nous dit qu'il y auroit grand festin chez le Sr de la Basiniere, où le Roy et toute la Cour se treuveroient, et qu'apres le souper il y auroit bal et comedie; mais qu'il estoit incertain du iour que cela se devoit faire, et que quand il l'auroit appris, il nous en advertiroit afin que nous pùssions voir cette grande magnificence.

(1) L'abbaye Saint-Victor.

(2) Pierre, baron de Wassenaer-Sterrenburg, Sr de Sterrenburg, colonel des gardes, gouverneur de Wilkmstad. Il mourut en 1668.

L'ayants remercié de l'honneur qu'il nous faisoit et y ayants esté assez longtemps, nous allasmes chez le Sʳ Brasset qui nous dit que la Cour
estoit tout à fait en colère contre messieurs les
Estats de Hollande, de ce que de Ruyter avoit
pris les deux vaisseaux que commandoit le chevalier de la Lande, et qu'on en avoit à craindre
quelque rupture entre cette Couronne et nostre
republique, si l'on n'en donnoit une prompte satisfaction ; que pour l'obtenir, le Roy avoit faict
arrester tous nos vaisseaux qui estoient en ses
ports et saisir tous les effects de nos marchands,
et mettre le scellé sur tout ce qui appartenoit
aux Hollandois, et faict defendre à tous ses nego-
tiants de payer aucune lettre de change, au nom
et au profit des nostres. Cela nous obligea d'aller
chez nostre ambassadeur pour en estre mieux
esclaircys, qui nous dit la mesme chose et nous
fit de grandes plaintes de ce qu'estant icy ambassadeur et personne à qui on se devoit addresser
des qu'il y avoit quelque chose qui concernoit ses
maistres, on no luy en avoit pas fait dire un mot ;
que si les ministres du Roy s'estoient addressés
à luy, sans passer d'abord à des ressentiments,
il auroit pû y apporter remede ; mais que si l'on
vouloit en user de la sorte, il n'avoit rien à faire
icy.

Pendant que nous estions sur ce discours, on
luy vint dire qu'il auroit audience le lendemain à
cinq heures apres midy, ce qui fit qu'il nous pria
de luy vouloir faire l'honneur de l'y accompa-

gner. Nous ne nous en excusasmes pas, considerant que ce n'estoit pas tant à luy que nous rendions ce devoir qu'à nostre Estat.

Le 12e, au matin, nous fusmes voir le Sr de Schonberg (1), que nous treuvasmes encore au lict, incommodé d'un rhume. Il s'enquit fort de la santé de nos pere et mere, et nous pria de les asseurer tous deux de ses services. Il nous demanda par quelle voye on pourroit faire venir de nostre païs des armes à l'espreuve et une peau d'elan. Il souhaitoit de les avoir au plustot pour s'en servir cette campagne qu'il devoit faire en qualité de lieutenant general. Cette bonne nouvelle nous surprit avec ioye, à cause du bruict qu'on avoit fait courir qu'il estoit fort mal en Cour, et qu'on l'accusoit d'avoir tres-mal defendu sa place. Nous comprismes aussy par ses discours, que la malice de celuy qui avoit servy de lieutenant de Roy dans Saint-Guilain, qui estoit son accusateur, avoit esté recognuë par les mareschaux de France devant lesquels l'affaire avoit esté portée, et qui l'avoient absous et reconnu qu'il avoit fait tout ce qu'un homme

---

(1) Armand-Frédéric, comte de Schonberg, qui fut maréchal en 1675, en même temps que MM. de Luxembourg, Duras, La Feuillade, d'Estrades, Navailles, Vivonne et de Rochefort.... « En voilà huit bien comptés, écrivait Mme de Sévigné... ; le Grand-Maître était au désespoir; on l'a fait duc, mais que lui donne cette dignité ? » (Voir plus haut, p. 99.)

Le maréchal de Schonberg, qui était protestant et qui croyait avoir à se plaindre de la cour, se retira en 1685 du service de la France pour passer à celui de l'électeur de Brandebourg. Plus tard il entra au service de Guillaume III, qu'il suivit en Angleterre.

d'honneur pouvoit faire. De là on infère qu'il sera recompensé d'un nouveau gouvernement-

Il est fort attaché à la Cour angloise, c'est pourquoy on luy a donné logement au Palais Royal, au dessous de la belle galerie que nous vismes en sortant de sa chambre. Elle est fort grande et richement lambrissée et dorée, bien que les Anglois y ayent fait un grand degast, qui ne leur a pas beaucoup profité, car pour avoir cinq sols d'or ils ont gasté des endroicts qu'on ne sçauroit refaire pour quatre pistoles, et plus est leur avarice et leur avidité les a poussés à un tel point que ne se contentants de ce qu'ils enlevoient les dorures relevées en bosso, ils ont cassé les vitres pour avoir le plomb (1). La galerie est garnie des portraits de tous les hommes illustres de France avec leurs devises et leurs beaux faits. Ils sont separés par des statuës de marbre et d'albastre des plus fameux capitaines romains qu'ils ont imités. Tout cecy est tres-mal entretenu, c'est pourquoy on peut dire avec iuste raison que les François sont bons pour entreprendre de belles choses, et mesmo pour les achever, mais qu'il faudroit des Hollandois pour les entretenir.

(1) Le Palais-Royal, comme on l'a vu plus haut (page 79.), avait été affecté à la résidence de la reine d'Angleterre; on voit, par ce que rapportent ici les voyageurs, que les serviteurs de l'auguste réfugiée avaient étrangement abusé de cette hospitalité. — On lit dans le journal d'Olivier d'Ormesson que la reine d'Angleterre recevait de la Cour de France une pension de 1,200 fr. par jour.

L'apres disnée nous nous rendismes chez nostre ambassadeur environ les quatre heures, et
en estant partis un peu avant cinq, nous fusmes
environ une demi heure à la chambre du repos.
Le Roy cependant estoit au ieu de paume, où il
achevoit une partie qu'il avoit commencée. Il ne
fut pas retourné en son apartement que le comte
de Brullon, introducteur des ambassadeurs, vint
prendre le nostre qui ayant esté mené devant le
Roy, y commença un discours en vray pensionnaire d'Amsterdam. Le Roy estoit sur son siege,
ayant à sa gauche le duc d'Aniou (1), et à sa
droite le duc d'Orléans, qui estoit arrivé ce
iour-là, et monsieur le cardinal. Il y avoit une
horrible foule de seigneurs qui entournoient le
Roy : à peine put-elle se fendre pour laisser passer l'ambassadeur.

Nous nous treuvasmes si pres que nous entendismes tout ce qu'il dit. Il commença par un
narré assez long et mal conduict des pyrateries
que les François avoient exercées sur nos marchands, accusant le gouvernement et traitant
une matiere de peu de saison. Le Cardinal l'in-
terrompit trois ou quatre fois, et luy dit entre
autres que sa harangue n'estoit pas une declara-

(1) Philippe, duc d'Anjou, frère de Louis XIV, né en 1640, mort
en 1701. On l'appelait alors le *Petit Monsieur* : il prit le titre de
duc d'Orléans à la mort de Gaston, frère de Louis XIII, dont il est
ici question. Il épousa en premières noces, en 1661, Henriette d'Angleterre, sœur de Charles II, qui mourut en 1670 et dont Bossuet fit
l'oraison funèbre, et en secondes noces, Charlotte-Elisabeth de
Bavière, fille de l'électeur palatin.

tion des interests de ses maîstres, mais une
declamation. Enfin il n'est point propre pour cette
Cour, et certes il n'a fait qu'aigrir les affaires par
son procedé qui a esté par trop precipité,
n'ayant point d'ordre de ses superieurs, et nous
pourrions nous brouiller avec cette couronne, si
l'on ne satisfait de la frasque que luy a faite de
Ruyter en vendant ses vaisseaux à l'espagnol, et
si l'on ne rappele cet homme qui n'est nullement
agreable. Aussy dit-on hautement qu'on ne luy
donneroit plus d'audience. Apres qu'il eust parlé,
et que le Roy lui eust dit qu'il ne surseeroit point
les procedures contre les vaisseaux hollandois,
que messieurs les Estats n'eussent satisfait monsieur de Thou qu'il leur envoyoit, il se retira; et
demandant s'il ne pouvoit obtenir rien de plus :
« Rien, dit le Roy, allés, allés. »

Le Cardinal ayant avancé avec luy iusques à
la porte, luy dit : « iamais ambassadeur n'a
parlé si haut dans cette Cour, et vous pourriez
vous en repentir. » Ensuite il dit bas au comte
de Brullon : « dites luy qu'il ne parle pas si hautement à la Reyne; c'est un coquin, ie le connois
bien. » Cependant il gaigna un degré dérobé et
fut dire à la Reyne de ne le pas escouter : tellement que des qu'il vint à sa chambre, la Reyne
s'advança pour luy dire qu'il n'estoit pas besoin
qu'il luy parlast, et qu'elle sçavoit tout ce qu'il
avoit dit au Roy, et le congedia assez mal. Enfin
le bonheur et le malheur dependent souvent d'un
habile ambassadeur, et certainement il en faut

icy un de naissance et qui ayst l'esprit souple, ou
bien il y servira de peu.

Le 13*, apres avoir employé la matinée à l'academie, nous passasmes l'apres disnée à faire nos
lettres.

Le 14*, nous rendismes visite au S* Brasset,
pour nous informer un peu des sentiments de la
Cour touchant la derniere audience de nostre ambassadeur. Il nous dit la mesme chose que nous
avions entendue au Louvre, et de plus qu'ayant
envoyé son fils pour le complimenter de ce qu'il
ne le pouvoit pas voir en une pareille conioncture
sans se rendre suspect à la Cour, mais qu'il ne
laissoit pas de luy estre affectionné et à nostre
Estat, et qu'il ne manqueroit pas de passer de
bons offices pour l'un et pour l'autre aupres des
ministres, il respondit à sa civilité fort incivile-
ment, disant que tous ceux qui le viendroient voir
seroient les bien venus, et que si l'on n'y venoit
pas il s'en soucioit fort peu.

Le 15*, nous fusmes à Charenton, et en revenant les mains de devant du carrosse manquèrent,
ce qui en fit renverser le coffre tout d'un costé. Le
cocher ne s'appercevant pas de nostre chute, à
cause que le train du carrosse rouloit tousiours,
avança encore cinq ou six pas avant qu'il le sçeut ;
mais en nous entendant crier de toutes nos forces
par bonheur il s'arresta. Le S* de Brunel et un de
nous autres estoient iustement à la portiere du
costé que le carrosse versa, mais grâces Dieu ils
n'eurent qu'un peu les iambes escorchées bien

que la rouë passast sur celles du S<sup>r</sup> de Brunel. La
peur ayant esté plus grande que le mal, nous
commençasmes à rire, les voyant adiustés de la
plus plaisante façon du monde, car ils s'estoient
couverts de bouë depuis la teste iusques aux
pieds, par l'effort qu'ils avoient faict pour se tirer
de dessous le carrosse et du beau milieu du ruis-
seau de la rue de la Ferronnerie où cet accident
nous arriva.

Le 16<sup>e</sup>, nous fusmes voir le S<sup>r</sup> de Gillier, et treuvant la iournee tres belle pour la pourmenade,
nous le disposasmes à prendre sa part de celle de
l'Arsenal; mais avant que d'y entrer, nous rencontrasmes le carrosse de l'ambassadeur de Hollande devant la porte des Celestins. Nous en avions
veu l'eglise quelque temps auparavant qui est
fort iolie, aussi bien que la chapelle où sont
enterrez les ducs d'Orleans : leur tombe est superbe et il y a de plus trois colonnes de marbre
et d'albastre, merveilleusement bien taillées, au-
dessus desquelles il y a des vases de bronze où
sont les cœurs des Roys Henri II et François II,
et d'Anne de Montmorency, connestable de France.
Nous en vismes par cette occasion le jardin, car
l'y estant allés ioindre nous nous y pourmenasmes
avec luy. Il est sur le derriere du couvent. On
treuve d'abord des berceaux de vignes et ensuite
de grands allées de hêtres qui sont fort bien en-
tretenuës et tonduës avec soin. Apres y avoir faict
quelques tours, le pere prieur vint faire le compliment de la part du couvent à son Excellence,

et luy offrit la disposition entiere de tout ce qui
estoit en leur pouvoir. Il nous instruisit de toutes
les beautez des fleurs qu'on y void en quelques
petits iardins qui sont affectés au divertissement
des peres les plus estimés parmy eux et qui aiment
le plus à cultiver la terre. Du costé droit, en entrant il y en a un qui est tout à fait propre et
ioly; on y voit quantité de petites grottes accompagnées de quelques statuës de bois, et de fontaines
artificielles que le pere à qui appartient ce petit
iardin fait iouër, et il nous en donna le plaisir.
Tout cecy est entourné d'une grande muraille qui
faict le clos du couvent qui est l'un des mieux
rentés et des plus anciens de ce royaume.

Le 17e, nous fusmes au Cours avec le baron
d'Arsilieres qui nous entretint de plusieurs traits
d'adresse que les filoux avoient depuis peu mis en
pratique; et entre autres, que ne treuvant plus
tant de profit à voler les carrosses, ils iettoient
les cochers de leurs chévaux en bas, lorsqu'ils
revenoient de l'abreuvoir, et les emmenoient. Il
nous donna cet advis afin que nous y prissions
garde puisqu'il n'y a pas long-temps qu'on ioua
un pareil tour en son quartier entre sept et huit
heures du soir.

Le 18e, après avoir couru presque tout Paris
pour chercher monsieur de Brederoode, nous rendismes visite aux Sa Thibaut, où nous apprismes
que madame Saumaise estoit aux abois; et mesme
pendant que nous y estions, on vint demander
leur cocher pour conduire chez elle tous ses pro-

ches parents, le sien estant tombé de dessus le
siege en choquant contre la pierre du coin d'une
ruë et s'estant fort blessé. Nous fusmes ensuite
demander le logis de monsieur de Brederoode à
son vieux hoste, chez qui il avoit disné le midy;
il ne le sçavoit pas bien, mais nous l'ayant à peu
près indiqué, nous cherchasmes tant qu'à la fin
nous le treuvasmes chez un baigneur assez proche
de nostre hauberge. Il nous entretint de son dessein qui estoit de s'attacher à monsieur de Turenne,
et mesme d'estre son cornette, si l'aisné des Rhingrave qui l'estoit venoit à quitter.

Il nous raconta que le chevalier de Montrevert,
passant devant l'hostel de Guyse, rencontra le
carrosse de monsieur de Candale (1). Il luy en
vouloit pour quelque demeslé que son pere avoit
avec le duc d'Espernon; et soit que son cocher
eust le mot, ou qu'il le fist sans dessein, il voulut
prendre le dessus de la ruë à celuy de monsieur
de Candale qui, fasché de leur dispute, mit la
teste à la portiere et cria tout haut : « Qui sont
ces coquins qui ne me veulent pas laisser passer? » Montrevert luy respondit : « Monsieur,
vous aviez eu tousiours envie de me faire un
affront; » et sautant à mesme temps hors de son
carrosse, vint tout droit à monsieur de Candale
et l'obligea à mettre l'espée à la main, qui s'en
fit donner une qu'un page luy portoit; il fust

(1) Louis-Charles-Gaston de Nogaret, duc de Candale, né en 1621,
mort en 1658, fils de Bernard de Nogaret, duc d'Épernon, gouverneur de Guyenne.

d'abord poussé si vigoureusement qu'il tascha de gagner une porte; ses gens le voyant en ce danger, crièrent : « tue, tue ce traistre! » et se iettèrent tous dessus le chevalier, les uns luy donnant des coups de poings et de pierres, les autres parant ses coups avec des crochets des portefaix qui estoient là autour. Le bruict de ce combat fust bientost au logis du duc, qui n'estoit pas loin de là, et fit que son escuyer y accourust, qui ayant aussi tost mis l'espée à la main, en donna un coup au travers du corps du chevalier qui fust emporté à l'hostel de Guyse. Cet escuyer a esté fort blasmé, ayant donné ce coup par derriere. Tous les amis du comte de Montrevert prirent son parti et portèrent leur plainte au Roy de cette action qu'ils traittoient d'assassinat.

Nous receusmes ce mesme soir nos lettres, qui nous apprirent que le comte de Caravas (1) avoit esté arresté par ses creanciers, comme il passoit sur le marché de la Haye pour aller à la messe : l'huissier accompagné de quatre sergents ne le mena pas en prison, mais en une maison proche, où il fust obligé à demeurer iusques à ce que

---

(1) M. de Caravas, après avoir émigré avec le prince de Condé, avait été amnistié en 1654.

« Je suis aise d'avoir occasion de vous nommer M. le comte de Caravas pour ce que je luy dois ce temoignage qu'ayant quitté le party de M. le Prince et obtenu la grâce de l'amnistie il y a quatre mois, il est allé à Spa et de là est revenu en cette ville où sa conduite a esté fort réglée attendant qu'il plust au Roy de luy permettre de retourner à la cour. » (Dépèche de M. Chanut à M. de Brienne du 22 octobre 1654.) *Arch. Aff. Etrang. Holl.*, vol. 54, fol. 266 v°.

son beau pere, le sieur de Ripperda (1) l'eust cautionné.

Le 19ᵉ, nous fusmes à l'academie du Sʳ d'Arnolphini pour y voir le manege; et sur l'heure de midy nous allasmes disner chez le Sʳ de Kenenbourg qui nous avoit persecuté trois iours de suite de venir prendre ce repas avec luy; il nous traita fort bien et les viandes y estoient bonnes et bien aprestées. Nous n'y demeurasmes pas long-temps, voyant qu'on se disposoit à boire, car la compagnie estoit toute flamande et qui en tel cas ne refuse pas de se prester le collet.

Le 20ᵉ, après avoir fait nos lettres, monsieur de Brederoode nous vint rendre visite, et nous dit une assez grande nouvelle, à sçavoir la mort de l'Empereur (2), qui avoit esté apportée en cette Cour par un courrier depesché expres. Ce qui fit que nous la creusmes asseurée est que deux iours avant l'arrivée de ce courrier, le marquis de Gonzague estoit venu en cette cour de la part du duc de Mantouë, beau-frere du defunct, pour essayer de renouër le traité de son maistre avec cette couronne, disant que les Espagnols ne luy avoient pas tenu parole et qu'il ne se croyoit plus obligé de leur garder la sienne. Mais on iugea d'abord que ce n'estoit qu'une adresse, et que se voyant à present privé du secours d'Allemagne et ne s'osant pas trop fier à l'espagnol, il aimoit

(1) Député aux Etats généraux. V. p. 64.

(2) Ferdinand III, empereur d'Allemagne, né en 1608. Il avait épousé la sœur d'Anne d'Autriche, mère de Louis XIV.

mieux chercher le certain que de s'attendre à
toutes leurs belles promesses qui se reduiroient
bientost en fumée.

Le 21ᵉ, nous fismes une partie pour iouër au
mail; mais apres y avoir faict deux ou trois passes,
nous en fusmes chassés par une grande et grosse
pluye qui dura iusques au soir et qui nous obligea
de nous en retourner à pied au logis, estants sans
carrosse à cause que le Sʳ de Brunel l'avoit pris
pour faire quelques petites emplettes. En ce mesme
temps on eust nouvelle que le Roy de Portugal (1) estoit mort, et que les Grands du Royaume
se montroient peu affectionnés à la Reyne et à
son fils : elle en avoit esté declarée tutrice et
regente de ses Estats pendant cette minorité.
Elle iugea d'abord que les mauvaises dispositions
du dedans porteroient le Roy d'Espagne à luy
faire une plus forte guerre. Pour s'y preparer et
avoir du monde affidé, on publia qu'elle faisoit
demander au Roy de France 2,000 chevaux, et
que pour obliger S. M. à l'appuyer de toutes ses
forces, elle traitoit de luy donner sa fille avec neuf
millions. Il y avoit ici un Pere portugais qui nego-
cioit de sa part, et qui a porté cette Cour à
envoyer le Sʳ de Comminges en ambassade en
Portugal : le temps nous apprendra à quel dessein il y est allé.

Le 22ᵉ, iour de dimanche, nous fusmes au
presche chez nostre ambassadeur, parce que le

(1) Jean IV, chef de la dynastie de Bragance, proclamé roi en
1640, lorsque le Portugal redevint indépendant de l'Espagne.

iour d'auparavant il avoit trop plû pour aller à Charenton; aussy n'avions-nous que deux chevaux, les autres estants malades. Le Sr de Saint Agathe son fils (1), qu'il avoit envoyé en poste en Hollande, à cause de la mesintelligence de cette couronne avec nostre republique, en estoit iustement de retour; il nous dit que messieurs les Estats en avoient usé de la mesme façon que le Roy, ayants fait arrester tout ce qui appartenoit aux François, avec defense à tous nos marchands de ne leur acquitter aucune lettre de change et de ne rien payer de tout ce qui leur pourroit estre deu.

Nous fismes quelques visites l'apres dinée, et n'ayant pas treuvé monsieur de Brederoode, nous fusmes chez monsieur le Rhingrave, où ayants esté quelque temps, et l'heure de la comedie s'approchant, nous nous y en allasmes. On y representa celle des *Sœurs jalouses* (2), qui est certainement bien iolie, fort bien intriguée et entremeslée d'une divertissante boufonnerie. De là nous fusmes au Cours où nous treuvasmes une horrible confusion de carrosses, les uns voulants y entrer et les autres en sortir. Nos laquais furent obligés de s'y battre contre d'autres qui s'estoient

(1) Second fils de l'ambassadeur Boreel, né en 1630. Il se nommait Saint-Agathe, du nom d'une propriété en Zélande : *Angtekerke*.

(2) *Les Sœurs jalouses, ou l'Escharpe et le Bracelet*, comédie en cinq actes, en vers, représentée en 1658. — Paris, Charles de Sercy, 1661, in-12. — Cette pièce fut jouée, comme on voit, pour la première fois en 1657, et non en 1658, au théâtre de l'Hôtel de Bourgogne; elle est de Lambert, qui est également auteur de *la Magie sans magie*, comédie en cinq actes, en vers, représentée en 1660 et imprimée en 1661.

mis devant nos chevaux pour les arrester afin que leur carrosse sortist ; ils les repousserent si vigoureusement qu'ils les contraignirent de ceder, et de nous laisser entrer. Quand nous nous en voulusmes retirer, pour eviter ce grand embarras, nous fusmes passer par le dehors du Cours.

Le 23ᵉ, nous reprismes la partie du Mail, que la pluye nous avoit empesché d'achever, et y employasmes presque toute l'apres disnée ; mais sur le soir, le Sⁱ de Brunel, accompagné de l'abbé de Sautereau, nous vint prendre pour aller faire un tour au Cours où nous ne treuvasmes pas une si grande presse que le iour d'auparavant. La pourmenade en estoit fort agreable, parce qu'il ne faisoit ny vent ny soleil, le temps estant couvert et la pluye des iours precedents ayant abattu la poussiere.

Le 24ᵉ, ayants cherché monsieur le comte de Roye, monsieur de Brederoode et quelques autres, que nous ne treuvasmes pas, nous nous rendismes chez le Sⁱ Brasset qui ne faisant que de se lever de son petit lict de repos, estoit encore à demy endormy ; nous connusmes d'abord que nous luy faisions tort et nous retirasmes pour luy laisser reprendre ses aises : aussy bien la conversation n'en estoit pas si divertissante qu'à l'accoustumée. Des que nous fusmes au logis, nous envoyasmes à la poste demander nos lettres ; on nous y dit qu'il n'y en avoit point, ce que ne pouvants croire nous y renvoyasmes pour la seconde fois, et on nous fit tousiours la mesme response : ce qui nous

mit en peine, craignants qu'elles auroient esté
interceptées à cause de la mesintelligence de cette
couronne avec nostre republique, ou que quelque
accident fust arrivé à nostre famille, qui auroit
empesché nos proches de nous escrire.

Le 25ᵉ, nous fusmes delivrés de cette aprehen-
sion par la reception de nostre pacquet qui nous
fut apporté au matin avec excuse de ce qu'on
s'estoit mespris. Nous y apprismes que tout se
portoit fort bien dans nostre maison, mais que
nostre grand-oncle le president estoit en danger
de passer en l'autre monde, estant autant incommodé de sa vieillesse que d'une maladie qui luy
estoit survenuë.

Nous iouasmes l'apres disnée au Mail avec le
Sʳ Herbert et nostre couzin de Spÿk, qui y eust
querelle avec le fils de monsieur de Bouillon la
Marck (1), parce qu'ayant crié par deux ou trois
fois : gare! il poussa son coup qui ne toucha aucunement le dit comte, mais l'obligea de faire un
petit saut pour eviter la boule; de quoy s'estant
fasché, il dit tout haut : « Qui est ce bougre qui a
poussé si rudement?» et en mesme temps ne se
contentant pas de l'avoir iniurié, il prit sa boule
et la ietta hors du ieu dans le pré. Le Sʳ de Spÿk
n'y ayant pas pris garde, et mesme n'ayant point
entendu l'emportement de l'autre, en estant trop
eloigné, voulut aller à sa boule pour achever la
passe, et ne la treuvant pas demanda où elle estoit.

_____

(1) Henry Robert de La Marck, dit duc de Bouillon.

Comme il la cherchoit, les assistants luy dirent :
« Monsieur, c'est un de ces trois messieurs qui
l'a iettée »; sur quoy rebroussant chemin pour
parler à cette venerable troupe, luy dit : « Qui
est-ce de vous autres messieurs qui a ietté ma
boule ? » A quoy la Marck respondit fort orgueil-
leusement : « C'est moy ! » Mon couzin repliqua :
« Vous en avez tres mal usé. » L'autre sans hesiter
luy dit : « Monsieur, vous sçaurez ma maison, ie
suis homme d'espée et d'honneur. » — Mon couzin respondit : « Vous ne l'avez pas montré, mais
vous avez fait plus tost l'action d'un frippon et
d'un coquin. » A cela l'autre ne sonna mot et
poursuivit son ieu. Estant venu au bout il commanda à ses pages et laquais d'aller prendre des
espées et des bastons, pour s'en servir contre
nostre couzin qui n'en avoit pas et qui ne son-
geoit plus à cette affaire, d'autant que l'autre ne
luy avoit donné le mot ou l'assignation pour tirer
raison de l'affront. Les Srs de Rodet et de Brunel
qui estoient demeurés au bout, virent faire ces
preparatifs, ne sachants pas à qui il en vouloit,
mais iugeants que l'embuscade s'adressoit à
quelqu'un des nostres, parce que de plus il avoit
arresté du pied la boule du Sr Herbert, demeurèrent là pour voir quelle issuë prendroit le
demeslé. Cependant le Sr Herbert voyant qu'on
avoit arresté sa boule, tascha d'en faire de mesme
de celle de l'autre, mais la manquant, alla au
bout avec nostre couzin et nous autres pour
achever la partie. Nous n'y fusmes pas, que la

Marck retroussant son chapeau, alla tout droit
à nostre couzin et luy dit en iurant : Je vous
apprendray de traitter de frippon des gens de ma
condition! — Ouy, dit nostre couzin, tous ceux
qui font de telles actions sont des coquins, et ie
le soutiendray..... Et en mesme temps se ietta
dessus luy et le secoüa un peu rudement; et
l'ayant pris au corps le fit reculer iusques aux
planches du Mail; sur quoy il cria : Mon espée!
mon espée! Pages chargés! laquais chargés! —
Le Sr de Brunel y accourust d'abord et luy dit :
« Comment, monsieur, voulez-vous entreprendre
un assassinat dans le iardin du Roy? Songez bien
à ce que vous faites; » et lui osta son espée. La
Marck tout estonné et effrayé luy dit : Monsieur,
de quoy vous meslez vous? ce sont des estrangers. — Le Sr de Brunel luy dit : ouy, ce sont
des estrangers, et ie vous le monstreroy bien
tantost, pourquoy ie m'en mesle, c'est que ie
suis fort serviteur de ces messieurs. — Pendant
ce demeslé, monsieur de la Feuillade (1) survint,
qui connoissant le Sr de Brunel, luy demanda
que c'estoit; lequel luy conta l'affaire comme elle
s'estoit passée. Ensuite ledit comte de la Feuillade
s'adressa à la Marck, et lui dit : « Monsieur, ce
sont des gentilshommes d'aussi bonne maison
que nous autres, et ie connais bien son frere,
qui est mon amy et ie suis fort son serviteur. »
— Pour eviter la surprise nous envoyasmes querir

(1) D'Aubusson, duc de la Feuillade, qui devint maréchal de France
et colonel des Gardes Françaises.

nos espéces, et estant remontés en carrosse, nous retournasmes au logis, aprés avoir laissé le sieur de Spӱk chez un de nos amis, où il demeura caché, afin qu'il ne fust pas embarrassé d'un garde comme sa partie qui en eust un iusques au iour de l'accommodement.

Le 26e, le Sr de Schonberg nous vint voir, qui apres nous avoir raconté comment s'estoit passé le siege de la place où il commandoit, nous dit qu'on avoit donné à commander la compagnie de cavalerie du Sr Budwis, vieux brigadier allemand, à M. de Brederoode, afin qu'il ne fist pas la campagne en simple volontaire. Il devoit le lendemain faire la reverence au Roy, luy devant estre presenté par M. de Turenne. Il nous dit de plus que le Roy de Portugal avoit fait demander à S. M. par son envoyé, le comte d'Harcourt, pour luy donner le commandement de son armée contre les Espagnols qui le pressoient de près.

Il ne fut pas si tost parti, que le Sr de Saint-Romain arriva pour nous offrir son service en la querelle de nostre couzin, et voyant qu'il estoit midy, il nous dit qu'il vouloit disner avec nous. Nous fismes mettre le couvert en nostre chambre, afin d'estre hors de la foule de l'haubergue et de le pouvoir mieux entretenir. Il s'enquit fort de tout ce qui s'estoit passé à la Haye depuis son départ, et comment tous ceux de sa famille se portoient. Il nous dit que madame Saumaise estoit morte, et que le Sr d'Odӱk avoit si bien caiolé un ioyalier, nommé Constant, qu'il en

avoit tiré des diamants pour deux ou trois mille
francs. Nous demeurasmes le reste de la iournée
au logis pour tenir compagnie à nostre couzin
qui n'osoit pas paroistre de peur d'estre arreté.

Le 27ᵉ, nous fusmes mandés par un garde de
la mareschaussée de venir chez M. le mareschal
d'Estrée (1) qui est le doyen des mareschaux de
France. Ayant ouï les plaintes de part et d'autre, il iugea que le comte de la Marck eust pû se
passer de ietter la boule du Sʳ de Spÿk, et de
luy dire qu'il sauroit son logis, et qu'aussi nostre couzin l'ayant appelé fripon, il sembloit que
l'iniure estoit reciproque : sur quoy il leur
ordonna d'estre amis et il les fit embrasser, voulant que nous en fissions de mesme. Nous le
remerciasmes de la peine qu'il avoit prise, et
nous nous en retournasmes au logis pour escrire
nos lettres; nous y employasmes le reste de la
iournée.

Le 28ᵉ, ayants conduit au carrosse de Bourges
le Sʳ de Rodet, qui alloit à Bourbon prendre les
eaux et tascher de recouvrer sa santé qu'il avoit
euë assez altérée pendant tout l'hyver, nous nous
fismes mener à l'academie où nous employasmes
toute la matinée. Nous envoyasmes à notre
retour le carrosse chez le sellier, ne restant plus
que deux iours des trois mois qu'il nous l'avoit

(1) Frère de la charmante Gabrielle; né en 1573, mort en 1670.
Auteur de mémoires sur la régence de Marie de Médicis. Il avait été
ambassadeur à Rome.

garanty. Nous fusmes par là obligés de passer l'apresdisnée au logis.

Le 29ᵉ, nous fismes nostre devotion au logis, n'ayant plus que deux chevaux qui pussent travailler. Nous ne pusmes pas aller chez M. l'ambassadeur de Hollande, qui n'avoit plus de ministre : on faisoit bien les prières et on lisoit quelque homelie, mais le lecteur s'en acquittoit si mal qu'on l'escoutoit presque sans profit. L'apresdisnée nous fusmes chercher un pré pour nos chevaux malades, que nous treuvasmes après en avoir esté assez long temps en peine. Le maistre fit au commencement quelque difficulté de les recevoir, disant qu'ils infecteroient son clos, parce qu'il connut bien qu'ils estoient atteints de morve qui est une maladie fort contagieuse et qui se communique; mais enfin il se laissa persuader à accepter l'offre de deux louys d'or par mois pour chaque cheval et nous l'obligeasmes à en respondre. Nous estant ainsi dechargés de ce fardeau, nous nous en retournasmes au logis, afin d'y reprendre nostre autre monde pour la pourmenade, que nous y avions laissé : mais avant que d'y aller, nous treuvants proche le petit arsenal, qu'on a destiné aussi bien que Bissestre et la Pitié au renfermement des pauvres et des gens qui vont truchant (1) par les ruës, nous le fusmes voir. On y fait quantité de preparatifs pour y bien loger les gueux : on y a desia assemblé bon nombre de chalicts, de pail-

(1) *Trucher*, vieux mot qui signifie mendier par paresse.

lasses et de matelats : ils sont disposés en
divers grands bastiments, qui en partie y estoient
et qu'en partie on a fait faire. Il y a pour y loger
quatre ou cinq cents pauvres. L'air y est parfaitement bon, et l'enclos si grand qu'ils y auront
où se pourmener à leur ayse, les iours qu'on ne
les occupera à aucun travail; car le dessein est
que chacun y exerce quelque mestier. On accom-
modoit dans les cuisines de grandes marmites
qui tesmoignoient qu'on ne vouloit pas les mal
nourrir. C'est le plus bel establissement dont on
se pust iamais adviser, et c'est une merveille
qu'on ne voye à present pas un mendiant dans
Paris qui en fourmilloit autrefois. On en a l'obligation à ce grand homme (1), le sieur de Bellievre, qui par cette action de l'establissement de
l'Hospital general, se seroit immortalisé, quand
bien il en n'auroit fait mille autres que la posterité
ne doibt iamais oublier, et qu'il n'auroit pas dotté
cet hospital de 6,000 livres de rente.

Nous ne fusmes pas arrivés au logis, que les
Srs de Gillier et Saleon nous vindrent voir en
siege avec intention de prendre leur part de la
pourmenade, ce qui nous obligea de changer de
carrosse, et de nous servir de celuy de nostre
couzin estant plus propre pour tant de monde.
Nous ne fismes qu'un tour aux Thuilleries, parce

(1) La qualification de grand homme n'avait pas en 1657 la même
portée qu'aujourd'hui : elle n'impliquait pas l'idée de l'héroïsme ou du
génie, mais seulement celle d'un mérite supérieur ou d'une grande
vertu.

que le temps nous menaçoit de quelque ondée.
En effet nous n'estions pas remontés en carrosse,
qu'il commença de pleuvoir à verse; mais
voyants que cette pluye ne seroit pas de longue
durée, nous allasmes au Cours qui estoit du
commencement bien désolé. Il se grossit en un
moment par l'arrivée de Monsieur, suivi de
quantité de carrosses. On a accoustumé d'arrester pour tous les Fils de France, c'est-à-dire
pour tous ceux qui sont immediatement enfans
du Roy. On traite Mademoiselle (1) comme si elle
l'estoit, et on arreste devant elle, parce qu'elle
tient rang de fille de France, n'y en ayant point;
mais on n'arreste pas pour tous les autres princes du
sang. Comme donc nous avions arresté devant le
carrosse de Monsieur, qui estoit rempli de dames
parmy lesquelles estoit la comtesse de Soissons
nouvellement mariée, il voulust que les files
marchassent toujours de peur d'embarras, et cria
tout haut : « Messieurs, marchés, marchés toujours, s'il vous plaist ! » ce qui nous obligea à
faire avancer nostre cocher.

Le Roy y vint aussi sur la fin, et y parust en
deuil aussi bien que toute sa suite et tout son
train : il l'avoit pris de l'Empereur. Les princes
ont de coustume de ne prendre le deuil les uns
des autres, qu'ils n'aient reçeu un courrier de la

(1) Duchesse de Montpensier, fille de *Monsieur*, Gaston d'Orléans,
frère de Louis XIII, née en 1627. Célèbre par le rôle qu'elle joua
dans les troubles de la Fronde, et par son attachement pour le duc
de Lauzun, qu'elle épousa secrètement. Morte en 1693.

part des parents du mort; mais on ne l'attendit
point en cette rencontre parce que quand les
princes sont proches parents, ils le prennent les
uns des autres au premier advis qu'ils en ont :
et l'Empereur estoit oncle du Roy, ayant espousé
en première nopce, la sœur puisnée de la Reyne
de France.

La foule s'estant ainsi renduë fort grande au
Cours, nous en sortismes de bonne heure, afin
d'eviter la presse, et estant arrivés au devant de
la Volière du Roy où logeoit M. d'Estrades (1), et
où les porteurs de ces deux Messieurs les attendoient, ils y mirent pied à terre, et nous suivi-
mes la foule des carrosses pour gagner nostre
logis. Il y en eut un qui estant derriere voulut à
toute force devancer le nostre et couper la file, et
mesme il s'estoit tant approché, que peu s'en
fallust qu'avec une de ses roues il n'emportast la
botte de la portiere, bien que le Sr de Brunel le

(1) Godefroy, comte d'Estrades, né en 1607 ; maréchal de France
en 1675, mort en 1686. — Peu d'hommes ont eu à remplir un plus
grand nombre de missions diplomatiques et militaires. Il négocia
notamment à Londres l'acquisition de Dunkerque, et figura comme
plénipotentiaire au congrès de Nimègue. — Il fut deux fois ambassadeur extraordinaire en Hollande, en 1649 et 1666. — Il avait été
colonel d'un régiment français au service de ce dernier pays, et l'on
voit dans les instructions données à M. de Thou, que cet ambassadeur était chargé, comme l'avait été son prédécesseur, d'agir au
besoin pour que son régiment lui fût conservé malgré son absence.
« Sa Majesté entend, est-il dit dans ces instructions, qu'en toutes
occasions ledit sieur président de Thou procure que la faveur accordée au dit sieur d'Estrades ne soit point revoquée ; cela ne se pouvant
faire sans blesser le respect deu à la recommandation que S. M. en a
faicte et qui a desia eu son effect. » *Arch. Aff. Etr., Holl.*, vol. 58,
fol. 256.

menaçast de coups. Nos laquays voyant que pour
cela il ne cessoit de faire son possible pour nous
rompre, descendirent et prenant ses chevaux par
la bride, les arresterent. Le cocher ne pouvant
plus avancer, et se treuvant un peu piqué de cet
affront, fut assez sot que de mettre pied à terre,
pour leur donner quelques coups de fouet, croyant
de les faire fuir, mais il fut bien trompé, car au
lieu d'en donner aux nostres, il en reçeut tant
de coups de baston sur la teste et par tout le
corps, qu'il fut obligé de retourner à son carrosse, bien battu; un de ceux qu'il menoit sortit
du carrosse et pria nos laquays de luy rendre
son fouet dont ils s'estoient saisis pendant la
bataille. Il en fut encore quitte à bon marché,
parce qu'un de leurs bastons cassa et fit qu'ils
ne le purent charger autant qu'ils le souhaitoient,
et qu'il le meritoit.

Le 30e, nous rendisme visite à Monsieur le
Premier, que nous treuvasmes en sa belle
humeur. Il nous tesmoigna d'abord qu'il avoit
appris avec [dé]plaisir l'accident qui nous estoit
arrivé, croyant que nostre carrosse avoit esté
renversé et brisé au Cours; mais nous luy dismes qu'il n'y avoit point tant de mal qu'on le luy
avait figuré, et que ç'avoit esté au retour de
Charenton que les mains du carrosse avoient
manqué. Dans l'entretien il nous dit que le Sr des
Champs luy escrivoit de Londres qu'il n'y avoit
guere d'apparence d'y trouver de beaux coureurs
pour en pourvoir l'escurie du Roy, et qu'il seroit

presque necessité de s'en retourner sans en
acheter. Son valet l'estant venu advertir que le
carrosse estoit prest pour aller au Louvre, nous
luy dismes adieu, et allasmes chez le S<sup>r</sup> de Wicqueford pour y apprendre quelques nouvelles
dont nous pussions faire part à nostre ambassadeur que nous voulions visiter en suite. Nous
treuvasmes madame de Londy sa fille dans la
chambre toute seule et en Iaponne, ne sortant
plus à cause de l'incommodité de sa grossesse.
C'est une jeune femme de vingt ans, bien faite,
iolye, et de tres agreable entretien; nous fusmes
assez longtemps avec elle, en attendant que son
pere vint, qui par son arrivée nous fit changer
de discours, car on commença à parler d'affaires
d'estat, et entre autres de celles de nostre Pays.
Il nous dit qu'on faisoit courir le bruict en Hollande que les François estoient entrés en ligue
avec les Anglois, et mesme qu'ils avoient signé
les articles de part et d'autre pour nous ruiner
nostre commerce, et qu'il croyoit que s'il n'y
avoit quelque intelligence, cette Cour n'auroit
iamais poussé si avant cette affaire qui l'avoit
portée depuis quelques iours à faire publier à cry
de trompe de la part du Roy, qu'on ne payeroit
aucunes lettres de change appartenantes aux
Hollandois dont on avoit de plus saisi tous les
effects: et que là dessus M. l'ambassadeur de
Hollande avoit si bien negocié par M. d'Estrades auprès de S. E. qu'elle luy avoit accordé une
audience pour tascher d'adoucir ces extremités

qui ne tendoient qu'à une rupture desavanta-
geuse pour l'un et pour l'autre estat. Pour en
estre mieux instruicts, nous fusmes tout aussitost chez nostre ambassadeur : mais nous ne le
pusmes pas voir, à cause qu'il estoit avec l'ambassadeur d'Angleterre, dont nous treuvasmes
le carrosse devant la porte.

Apres avoir achevé nos visites du Fauxbourg
et avoir cherché les Sᵣˢ de Sarcamanan et Molines,
que nous ne treuvasmes pas, nous repassasmes
le pont et fusmes chez le Sʳ Chanut (1), qui a esté
ambassadeur en nos quartiers. C'est une personne
de merite, sçavante et tres intelligente des affaires
de l'Europe; mais à tant de belles qualitez il en a
ioinct une qui n'est point du temps, et qui va à
mepriser la pompe et la vanité iusques-là que
cette vertu semble estre affectée en une personne
qui s'estudie à ne vivre qu'à la stoïque. Il y a
touiours beaucoup à apprendre en sa conversation.
Il questionna fort le Sʳ de Brunel sur diverses particularitez du royaume d'Espagne, et principalement sur ses ministres, quelles gens c'estoient,
de quelle façon ils vivoient, et comme ils recevoient les estrangers. Après divers discours de
cette nature, il se mit à contempler nos canons
et la bigearrerie de la mode : ce qui luy fit dire
que les François estoient d'estranges genies, et
que souvent ils inventoient des choses qui les
incommodoient. Et sur cela il nous fit un plaisant

(1) Voir p. 65.

conte; à sçavoir que le S<sup>r</sup> de Lionne (1) estant
arrivé à Gennes, lorsqu'il s'en alloit en ambassade à Rome, les principaux de la Republique
le traitèrent et donnèrent le bal à Madame sa
femme. Toutes les dames de condition y furent
priées, qui estoient adiustées à leur mode avec
des garde-infantes. Les François qui estoient de
la suite de l'ambassadeur y vindrent aussi avec
leurs grands canons et attirèrent les yeux de tout
le monde; chacun en raisonna à sa mode, mais
la plupart creust qu'ils ne portoient ces vertuga-
dins aux iambes que pour se moquer de leurs
femmes qui en portoient autour de leurs corps,
parce qu'elles suivent la mode d'Espagne. On en
murmura; mais quand on sçeust que c'estoit
veritablement la mode reçeue en France, on ne fit
qu'en rire.

Nous fusmes ensuite voir le sieur de Launay
Vivans, conseiller en la chambre de l'edict de
Bourdeaux. Il est de fort bonne maison et nous
l'avions cognu particulierement à Leyde pendant
nos estudes. Il est venu en cette ville pour quelque affaire de finance, et pour en traiter plus
commodement, il s'est logé tout auprès du S<sup>r</sup> Fouquet, procureur general et surintendant. Ne l'ayant
pas treuvé, nous fismes avancer le carrosse iusques au Temple, qui n'est pas à cent pas de là,

(1) Hugues de Lionne, né à Grenoble en 1611. Il avait été envoyé
comme ambassadeur extraordinaire à Rome en 1655, pour assister
au conclave dans lequel Alexandre VII fut élu. Il devint ministre des
affaires étrangères en 1661.

pour prendre une bague que le Sᵉ de Brunel y avoit commandée. A peine avions-nous fait le quart du chemin, que son laquais nous courant après nous vint dire que son maistre venoit d'arriver et nous prioit de retourner. Nous fismes d'abord tourner le carrosse et le treuvant à la porte, nous descendismes et nous luy fismes nostre compliment sans qu'il nous reconnust : mais le Sᵉ de Brunel qui l'avoit veu le iour d'auparavant, luy dit que nous estions les Sʳˢ de Villers qu'il avoit connus à Leyde ; sur quoy nous embrassant il nous demanda pardon de ce qu'il nous avoit obligés à retourner, nous ayant pris pour un capitaine du mesme regiment que son frère, qui a le mesme nom que nous. Il nous pria de monter en sa chambre, quoyqu'il commençast à faire nuict. Nous renouvellames l'ancienne cognossance, et y fusmes assez longtemps. Il nous demanda force nouvelles de nostre Pays et principalement des damoiselles de Leyde, entre lesquelles il avoit eu autrefois quelques maistresses (1). Il nous dit qu'il s'étoit marié avec une de ses couzines germaines, qui porte le mesme nom que luy, avec laquelle il a eu en mariage, le premier iour de ses nopces, 25,000 escus en argent

(1) Ce mot n'avait pas alors la même signification qu'aujourd'hui : dans le sens primitif et délicat qu'il conservait encore, il signifiait l'espèce de véritable empire exercé par une personne aimée. C'est ainsi que dans le *Polyeucte* de Corneille, Pauline dit en parlant de son époux :

   « Mon père fut ravi qu'il me prit pour maîtresse. »

                              (Acte I. Scène IIIᵉ.)

liquide, voulant faire connoistre par là qu'il n'a-
voit pas mal fait d'avoir attendu si longtemps. Il
nous dit aussi que si on nous arrestoit nos lettres
de change, il avoit encore de l'argent à nostre
service, quoyqu'il fust interessé en cette saisie
pour plus de 500 livres. Que Messieurs du Parlement de Bordeaux avoient depesché un envoyé
au Conseil du Roy pour luy representer le dommage qu'ils recevoient de cette defense du trafic
avec les Provinces de Hollande, et supplier S. M.
de n'y pas comprendre leur ville qui n'a pas besoin de faire de nouvelles pertes, en ayant faict
d'assez grandes pendant les derniers troubles,
que tout son commerce cessa et fut interrompu.
Mais ceux du Conseil l'ont renvoyé sans avoir
rien resolu en leur faveur, ce qui les fait bien
murmurer, comme aussi quelques villes de Bretagne, qui perdent beaucoup ne pouvant faire le
débit de l'envoy de leurs marchandises.

Il nous apprit aussy qu'il n'y avoit pas longtemps qu'il avoit parlé à Pierre Jarrige, cet effronté
jesuite qui ayant changé de religion s'etoit refugié
à Leyde, où tout le monde contribua d'abord pour
son entretien à cause qu'il avoit d'assez beaux
dons pour l'eloquence dont il faisoit profession et
qu'il enseignoit dans des colleges particuliers.
Mais quelque temps après par despit et par vanité,
estant l'homme du monde le moins chrestien, et
qui à la mauvaise teinture de Loyola avoit ioinct
un esprit tout à fait mondain, il se retira à Anvers,
s'y refit papiste, et à tout ce zèle fait pour la

vraye pieté qu'il avoit temoigné, et à la declaration qu'il avoit faite en pleine Église, il mit aussi
au iour un certain livret, par lequel il eust bien
voulu se dedire de tout ce qu'il avoit avancé
contre les Jesuites et leurs actions en un livre
qu'il avoit fait imprimer peu de temps apres son
arrivée en Hollande, et qu'il avoit intitulé : *Les
Jesuites sur l'eschaffaud* (1). Il est presentement
à Thule, lieu de sa naissance, où il vist en prestre
seculier. Il demanda au S<sup>r</sup> de Launay ce qu'on
disait de son depart et de son second changement ; mais l'autre luy respondit qu'on n'en disoit
pas grand chose, et qu'on ne l'avoit iamais creu
bien converty : aussy ce seroit un prodige qu'un
Jesuite le fust de bonne façon, et aussi rare que
si *Simia exueret simiam, aut vulpes vulpem.*

Le 1 de May, sur ce que l'on nous dit que le
Roy couroit la bague à la Place Royale et que
tout Paris y estoit accouru pour voir cette magnificence, l'envie nous prit aussi d'y aller, et
nous y rendismes le plus viste que nous pusmes.
Mais y estant arrivez, nous eusmes un pied de
nez, n'y voyant personne, ny aucune apparence
que le Roy y vinst. Nous treuvants au quartier
du S<sup>r</sup> Daunoy, du chevalier Riviere, du S<sup>r</sup> d'Haucourt, et de l'abbé de la Vieuville, nous fusmes
à leurs logis, mais n'ayant rencontré personne,

(1) Voici le titre exact de ce livre : *Les Jésuites mis sur l'escha-
faud pour plusieurs crimes capitaux commis par eux dans la province de Guyenne, par Pierre Jarrige. Leiden, 1649. In-8°.*
Le titre du « livret » paru en 1650 est : « *Les impiétés et sacri-
léges de Pierre Jarrige.* »

et estants près de l'Arsenal nous y fismes un tour, et apprismes que le iour auparavant toute l'artillerie qui avoit esté apprestée pour l'armée estoit partie.

Comme nous fusmes au bout de la grande allée, nous y vismes la iachte qui avoit esté faite autrefois entre Delft et Rotterdam. Il y avoit grand monde qui s'amusoit à la regarder, et l'aborder dans de petites barques. Aussy estoit-elle icy un obiect nouveau et dont ils sont obligés au S^r Servien qui l'a fait venir pour s'en servir à descendre la rivière iusques à son Meudon (1). Elle est peinte, dorée, et fort adiustée, et il n'en faut pas tant pour faire accourir ce peuple qui s'attroupe aysement et en vrays badaux d'où ils portent le nom.

En nous retirant nous passames chez le comte de Montresor (2) que nous ne trouvasmes pas, et nous arrestames chez les S^rs Tibaut que nous treu-

(1) Abel Servien, né à Grenoble en 1592; négociateur à la paix de Westphalie en 1648; surintendant des finances en 1653; mort en 1659.

Le comte Servien avait acheté en 1654 le château de Meudon, et il avait fait faire en Hollande, par les soins de M. Chanut, un yacht de plaisance pour aller et venir sur la Seine. On trouve parmi les dépêches diplomatiques de ce temps la correspondance curieuse qui eut lieu entre le surintendant et l'ambassadeur au sujet de ce yacht (Voir l'appendice n° III). — Le roi en eut plus tard envie, et M. Servien en fit cadeau à S. M., dit M. de Thou dans une de ses dépêches.

(2) Claude de Bourdeille, comte de Montrésor, attaché au parti du duc d'Orléans, avait été exilé en Angleterre, du temps du cardinal de Richelieu; il prit part aux intrigues de la Fronde, et a laissé des mémoires sur les événements de son époque. Il mourut en 1663.

vasmes ioüants à la boule. Ils quittèrent tout aussi tost et vinrent demander conseil au S$^r$ de Brunel, sur un voyage qu'ils estoient prests d'entreprendre, en resolution de voir une partie de la France et de passer en Italie : ils estoient en peine s'ils devoient se mettre en chemin, car ils apprehendoient que si cette Couronne en venoit à une rupture avec nostre État, ils ne seroient pas en seureté : le S$^r$ de Brunel leur dit, qu'ayant bon passeport du Roy, ils pourroient aller par tout ce royaume, sans que personne leur osast rien dire, et qu'il avoit ainsi voyagé avec le S$^r$ de la Platte, sans qu'aucun mal leur soit iamais arrivé en sept ans de temps. Ce discours servit à les rassurer ; et pour leur laisser reprendre leur ieu, nous leur dismes à Dieu, et fusmes aux Thuilleries, et delà au Cours où le Roy et Monsieur vinrent sur le tard.

Le 2$^e$, ayants trois chevaux malades, nous ne pusmes pas sortir, et fusmes obligés à garder la maison. Nous y avions un ministre de Tours, nommé le S$^r$ Rosaire, couzin du S$^r$ de Mause, qui nous dit à son retour du Synode, que nous avions perdu ce iour là l'un des plus habiles et iudicieux ministres de cette Église, le S$^r$ Mestrezat, mais qu'en recompense on avoit résolu au dernier Synode la vocation du S$^r$ Morus, et qu'on l'attendoit à present avec une grande impatience (1).

(1) M. de Thou raconte que lors de la visite qu'il fit à la ville d'Amsterdam, où il reçut une hospitalité vraiment royale en sa qualité d'ambassadeur de Louis XIV, le sieur Morus fit une ha-

Nous reçeusmes ce mesme soir nos lettres, par
lesquelles on nous marqua l'arrivée du Sr de Thou,
et que trois iours après il devoit avoir sa première
audience. Elles nous apprirent aussi que Messieurs
les Etats Generaux avoient partagé leurs troupes
de Dantsick en quatre compagnies et leur avoient
donné quatre capitaines en chef, mais avec cette
reserve que le Sr de Sterrenburg commandera les
trois autres en qualité de colonel et de mesme
qu'avoit fait son predecesseur.

Le 3e, Messieurs les ambassadeurs de Hollande
et de Venise s'entrevirent pour la première fois
dans le iardin d'un particulier, afin de vuider la
vieille dispute qui n'estoit qu'une vetille et qui
n'avoit pas laissé de les empescher de se rendre
visite l'un à l'autre. Elle estoit venue de l'instruction que le predecesseur du Sr Giustiniani luy
avoit laissée, selon laquelle il se devoit gouverner. Il y avait marqué de quelle façon il avoit
vescu avec les autres ambassadeurs, les tiltres
qu'il leur avoit donnés et qu'il n'avoit iamais
traité d'Excellence celuy de Hollande. Cela fit
que rendant visite à tous les ministres des Princes

rangue latine dans la grande salle de l'Académie. « Je fus, dit-il,
convié d'y assister avec tout le magistrat et tous les principaux de la
ville; il y desploya toutes les forces de son éloquence où il est grand
maistre pour faire un panegyrique de la France, de Leurs Majestez et
de son Conseil, et ensuite s'estendit sur les louanges de la paix, sur
l'accommodement et sur les advantages qui en reviennent à la ville et
à l'Estat, et parla cinq quarts d'heure; et certainement son action fut
belle et auroit esté parfaite s'il se fust abstenu, comme je l'en avois
supplié, de parler de moy, ou en eust parlé plus modestement qu'il
ne fit. » (Dépêche de M. de Thou à M. de Brienne du 19 octobre
1657.) Arch. Aff. Etrang., Holl., vol. 58, fol. 39 v°.

et Estats qui sont alliés de la Seigneurie (1), il ne
traita point le nostre d'Excellence : ce qui le
piqua, et avec raison puisque nos ambassadeurs
sont traités par tout comme ceux des testes couronnées. Ils se separèrent fort froidement, et il lui
envoya dire qu'il estoit fort estonné qu'il ne luy
eust pas donné un tiltre qui luy estoit deu.
L'autre respondit qu'il avoit suivy les instructions
que son predecesseur luy avoit laissées par escrit,
où il marquoit qu'il n'avoit pas traité l'ambassadeur de Hollande d'Excellence, et qu'il ne pensoit
pas de luy avoir rien osté, puisque son predecesseur ne le luy avoit pas donné.

Cependant en cette conioncture l'ambassadeur
de Venise a offert de s'entremettre pour apaiser
un peu la Cour envers nostre ambassadeur; mais
comme on a parlé d'une entrevuë, la vieille difficulté l'a empeschée; car bien que l'ambassadeur
de Venise eust fait sçavoir au nostre qu'il avoit
ordre de le traiter comme les ambassadeurs des
testes couronnées, il ne se contentoit pas de cette
civilité, et vouloit que celuy de Venise lui rendist
visite le premier et lui donnast le tiltre; ce qui
fascha l'autre, et le porta à dire que s'il ne l'eust
pas exigé il l'auroit fait, mais puisqu'il en vouloit
user ainsy il ne le verroit point qu'il ne l'eust
veu. Les amis communs ont treuvé un moyen de
faire qu'ils se voyent sans qu'ils se pointillent, et
ont fait qu'ils se soient rencontrés à la pourmenade, dans le jardin d'un tiers où ils ont conferé

(1) Le doge de Venise était qualifié de *Seigneurie sérénissime.*

ensemble, et restabli l'intelligence qui avoit esté
fort petite depuis deux ou trois ans.

Le 4ᵉ, nous employasmes l'apres disnée à escrire
nos lettres; après les avoir achevées nous descendismes à la chambre de nostre hostesse, où
nous treuvasmes le Sʳ de Chamborant, gentilhomme de Dauphiné, qui estoit venu loger en
nostre haubergue depuis quelques iours : nous
nous y entretinsmes de diverses choses; il nous
apprist deux excellents remèdes, et qu'il avoit
esprouvé luy mesme, l'un pour la pleuresie, et
l'autre pour la gravelle : ces maux sont si ordinaires en nos quartiers, qu'il ne sera pas hors de
propos que nous en mettions icy la recepte.

*Recepte pour la pleuresie.* Il faut prendre une poignée
de cerfeuil, du persil et du fenouil, et mettre tout cela
sur le feu dans un pot vernissé et bien bouché, avec trois
verres de vin blanc. Il faut le laisser bouillir, iusques à
ce qu'il soit réduit à un bon verre, et après avoir bien
pressé les herbes, on en donnera le jus au malade si
chaud qu'il le pourra avaller. Nota que la saignée doit
preceder. — *Recepte pour la gravelle.* Il faut cueillir des
gratteculs de roses sauvages quand ils sont rouges, et
les faire seicher au four, et en mettre une poignée dans
trois pintes d'eau, et les faire bouillir comme une ptisane,
et ayant passé le tout par un linge, en boire aussi chaud
qu'il se pourra. Il se faut aussi purger deux ou trois fois
quand on se sent attaqué de ce mal, et apres recourre
toujours à sa boisson, sans en prendre d'autre.

Le 5ᵉ, estant allés au faubourg Saint-Victor
chez quelques ouvriers de fort iolies estoffes fa-
çonnées demy soye et demy laine, nous y en vismes d'assez belles. Elles sont fort à la mode, et

comme nous voulions nous habiller, nous y en choisismes dont la piece n'éstoit pas achevée, mais qu'on nous dit que nous pourrions avoir dans deux ou trois iours. Nous donnasmes ordre qu'on nous l'apportast, et estant près du clos où nous avions mis paistre nos chevaux nous les y fusmes voir, et treuvasmes que ce coquin à qui nous avions donné de bon argent, en avoit lié un à un arbre en un endroict où il n'y avoit que des orties et de meschantes herbes. Il est asseuré que si nous n'y eussions fait un tour il seroit mort, car il n'estoit plus reconnoissable tant il estoit maigre et efflanqué. Nous le fismes incontinent detacher et remettre en plein pré où il mangea avec une avidité de beste qui avoit fait diete. Le S^r de Brunel pesta fort contre cet homme et voulut luy parler, mais il se treuva pour son bonheur qu'il n'estoit pas en sa maison car s'il l'eust rencontré il luy aurait appris son mestier à grands coups de baston.

A nostre retour nous allasmes chercher M. le Rhingrave, et ne l'ayant pas treuvé, nous fismes demander le S^r de Molendin, avec lequel le S^r de Brunel nous fit faire connoissance. C'est un fort honneste homme et qui a beaucoup de belles qualitez. Il a esté elevé page de M. le duc de Longueville, et bien qu'il soit fort estimé à la Cour, il a eu le malheur qu'il n'est guère aimé des capitaines des Gardes Suisses dont il est colonel. On l'accuse de ne porter pas assez rigoureusement les interests de la nation, et qu'ayant toujours

esté nourri en France, il n'est qu'à demy suisse.
Il fut blessé au siége de Valenciennes à une
iambe (1), et en est encore si incommodé qu'il ne
marche qu'avec des bequilles : il se preparoit
d'aller aux eaux de Bourbon, pour s'y faire donner la douche et de là passer en son pays, puisqu'il ne peut pas faire la campagne. Nous nous
entretinsmes avec luy dans sa court, mais pour
ne le pas incommoder, voyant qu'il se tenoit
debout, nous fusmes au palais Royal où ayant
treuvé le Sʳ de Schonberg, qui iouoit au piquet
avec Milord Craaft, nous les quittames et fusmes
faire un tour au iardin où il ne manque pas de
monde sur le soir.

Le 6ᵉ, nous menasmes à Charenton le Sʳ de
Manse pour entendre prescher le Sʳ Rosaire son
couzin, qui fist une fort bonne action (2). C'est un
ieune homme de vingt-quatre ans, qui a de beaux
dons et qui sera un iour un fameux predicateur,
ayant du sçavoir, de l'étude et de l'eloquence. Il
est de plus d'une fort agreable conversation et
debite avec grace et politesse. Nous retournasmes
disner à Paris, et fusmes l'apresdisnée à la pourmenade et au Cours. A l'entrée des Thuilleries
nous treuvasmes les Sʳ de Gillier et Salcon, qui
nous accostèrent et nous dirent que Messieurs

(1) Bussy-Rabutin en parle dans une lettre à Mᵐᵉ de Sévigné, du
9 juillet 1656.

(2) C'est-à-dire *action oratoire*.

les ducs de Vendosme (1) et d'Espernon (2)
avoient eu ce iour mesme querelle; sur ce que
M. d'Espernon, sortant de la chambre de la Reyne
et voyant venir de loin M. de Vendosme, demeura
ferme dans la porte de l'antichambre, feignant
de raiuster quelque chose; M. de Vendosme se
tenant par les costés voulut passer, et en mesme
temps choqua M. d'Espernon qui faisant semblant
de chanceller tomba sur M. de Vendosme, et luy
donna un coup de poing au dos. M. de Vendosme
luy dit tout en colère : « Comment, coquin, vous
me voulez disputer le passage? vous vous faites
fort du lieu où vous estes, car si ie ne le res-
pectois ie vous ferois roüer de coups de baston
par mes gens. » Tout cecy fut rapporté au Roy
qui pour empescher les malheurs qui en pourroient arriver, commanda au comte de Charost (3) et au Sr de Navailles, capitaine des gardes
du Corps, de les mener coucher tous deux à la
Bastille, ce qui fut d'abord executé.

Apres avoir fait quelques tours aux Thuilleries, nous remontasmes en carrosse avec ces
deux Messieurs qui nous avoient priés de les
mener au Cours. Nous y treuvasmes le Roy avec
une si grande foule de carrosses, qu'à la sortie

(1) César, duc de Vendôme, fils naturel de Henri IV, exilé par le
cardinal de Richelieu, avait habité quelque temps l'Angleterre.

(2) Bernard de Foix et de La Valette, duc d'Épernon, gouverneur
de la Guyenne, mort en 1661.

(3) Louis de Béthune, comte puis duc de Charost, né en 1605,
mort en 1681.

il nous fut presqu'impossible de nous en tirer et de regaigner le logis avant les 9 heures du soir, et ceux qui restèrent après nous y furent pour le moins iusques à 10 ou 11 heures, y en ayant plus de deux cents derrière nous.

Le 7ᵉ, au matin, toute la Cour partit d'icy pour Compiegne; mais avant son depart le Roy envoya querir à la Bastille Messieurs de Vendosme et d'Espernon, pour les accorder. Il leur defendit sur peine de la vie, de ne parler plus de leur demeslé, et de ne s'en ressentir en aucune façon, commandant ensuite à M. d'Espernon de partir ce iour mesme pour son gouvernement. L'apres disnée nous rendismes visite à M. de Broderoode: nous le treuvasmes avec M. le Rhingrave tout empesché à ses emplettes pour la campagne. Un brodeur luy ayant apporté les couvertes de ses mulets, qui estoient très richement brodées, M. le Rhingrave fit venir un des caparaçons des siennes pour en confronter les broderies et que nous en dissions nos advis. Il fit tirer de l'escurie ses quatre chevaux anglois, que le Sʳ Oversteyn, qui le sert presentement en qualité de gentilhomme, luy avoit amenés deux iours auparavant d'Angleterre. Ils sont d'une fort iolie taille et d'un prix raisonnable, ayant payé pour chaque cheval 30 pistoles. Mais afin que nous ne luy fussions à charge nous prismes congé de luy.

De là nous fusmes chercher le Sʳ de Voorst, fils du Sʳ de Keppel, que nous avions veu le matin en nostre academie avec le S$^r$ de Marbay, mais ne les treuvant pas nous fusmes demander nostre ambassadeur qui nous dit qu'on avoit envoyé à Calais trois commissaires de guerre avec le S$^r$ de Touchepiés, proche parent du S$^r$ Servien, surintendant des finances, pour y recevoir les 6,000 Anglais que le Protecteur a destinés pour le secours qu'il a promis à cette Couronne. Il adiousta qu'il couroit un bruict que ledit S$^r$ de Touchepiés les commanderoit en qualité de lieutenant general, et que M. de Navailles (1), gouverneur de la Bassée, en seroit le general; et que pour effectuer d'abord ce qu'on avoit promis au Protecteur, on avoit fait compter au S$^r$ Lockard, son ambassadeur, 100,000 livres pour leur payement, et qu'ainsi on tascheroit de luy donner une entière satisfaction de tout le convenu avec son maistre.

En sortant de chez nostre ambassadeur, nous envoyasmes un laquays devant, pour demander si le S$^r$ Brasset estoit chez soi. Nous le treuvasmes occupé à une bonne œuvre, car il estoit sur le poinct de signer le contract de mariage de sa fille avec un gentilhomme du pays du Mans, nommé Beauregard. C'est un garçon bien fait, qui a de l'esprit et cinq ou six mille livres de rente en fond de terre. Il est de très bonne maison, tellement que le pero ne pouvoit avoir mieux choisy un party plus advantageux pour sa fille.

(1) De Montaut de Benac, duc de Navailles, né en 1619, maréchal de France en 1675, mort en 1684.

Afin de ne le pas troubler en un si heureux moment nous voulusmes remonter en carrosse et remettre nostre visite à une autre fois, mais le bonhomme ne le voulut pas permettre, et nous obligea de nous asseoir pour luy communiquer les nouvelles de nostre Pays. Nous le fismes en peu de mots et nous nous retirasmes fort à propos, car en sortant nous vismes entrer son carrosse plein du monde qui devoit assister à cette ceremonie. En revenant au logis nous rencontrasmes les carrosses de Mᵣ d'Espernon et de Candale son fils, qui partoient pour obeir au commandement du Roy.

Le 8ᵉ, le Sᵣ de Wicqueford nous vint voir, qui nous asseura qu'il y avoit un grand bruict à la cour de l'Electeur Palatin, parce que ce prince peu content de sa femme estoit devenu amoureux d'une damoiselle suivante de l'Electrice, et par un caprice tout à fait extraordinaire, avoit passé un contract de mariage, qu'il avoit fait recevoir à son chancellier, où il protestoit d'abord qu'un prince souverain comme luy avoit droict de repudier sa femme et d'en prendre une autre à son gré. Il y avoit longtemps que l'Electrice en usoit mal avec luy, ce qui fit qu'il rechercha cette damoiselle nommée Hoy Kenfeldt, belle, ieusne et adroite : elle en advertit tout aussitost sa maistresse, ce qui fit decouvrir le contract qu'il avoit passé en sa faveur, qu'on treuva dans la cassette du prince.

Apres que nous eusmes un peu raisonné sur

cet accident, nous tombasmes sur les affaires de
nostre Pays et envoyasmes un laquays à la poste,
pour voir si nos lettres estoient venües; nous les
receusmes une heure après. On nous y marquoit
que le S' de Thou avoit eu sa première audience,
ensuite de laquelle on luy avoit donné trois commissaires pour traiter avec luy du different survenu entre nostre Estat et son Maistre; et voicy
la copie de sa harangue.

## Harangue du S' de Thou (1)

MESSIEURS,

C'est avec beaucoup de douleur et de desplaisir que je
me treuve obligé par des commandements tres-précis et
reiterez du Roy mon Maistre, de changer l'ordre de cette
première audience, et qu'au lieu de l'employer comme à
l'accoustumée en des assurances reciproques de bienveillance, et en des termes de tendresse et d'amitié, il faille
que je m'en serve de tout contraires et opposez pour
vous expliquer la plainte, dont vous venez d'entendre le
subjet par la lettre de S. M.

Et quoy que, MESSIEURS, cette plainte semble estre
assez expliquée par la lettre de S. M., je croy neantmoins
qu'il importe que le fasse entendre plus particulièrement
à VOS SEIGNEURIES le detail de l'action de vostre vice-
admiral (2), pour lequel je ne doute point qu'elles n'entrent
dans les sentiments de S. M. puisqu'il n'y a pas une
circonstance qui ne rende cette action digne d'une puni-

(1) Ce texte, sauf quelques variantes insignifiantes, est conforme à
la copie qui existe aux Archives des Affaires étrangères. *Archiv. Aff.,
Étrang. Hollande,* vol. 58, fol. 21.

(2) Michiel Adriaanszn de Ruyter, né à Flessingue en 1607, mort
en 1677. — Successivement mousse, matelot, cuisinier, contre-maître,
pilote, maître, capitaine, commandant, contre-amiral, vice-amiral et
lieutenant-amiral, grâce à son mérite supérieur, à son courage et à ses
services, Ruyter est le plus grand des hommes de mer que la Hollande
ait produits, et le plus populaire.

tion exemplaire. Car en premier lieu, MESSIEURS, contre
les loix de la mer et la reputation et l'honneur de vostre
Estat, estant chef d'une esquadre considerable de vos
navires de guerre, il a arboré de faux pavillons d'Angleterre, qui est une chose qui ne se fait avec approbation
que par les corsaires de Barbarie lorsqu'ils veulent surprendre les chrestiens; et ensuite après avoir substitué
les pavillons, il a obligé les vaisseaux de S. M. authorisés
de sa commission et de son pavillon royal, qui venoient
de porter et descharger de l'infanterie à Villaregio pour
le service de S. M. en la campagne prochaine, et s'en
retournoient à Toulon, d'envoyer leur chaloupe à son
bord, comme s'ils eussent esté des vaisseaux marchands.
De plus, MESSIEURS, la chaloupe ayant esté envoyée au
bord avec le lieutenant, il retint par force le lieutenant
prisonnier, et le voulut obliger, le pistolet à la teste,
d'escrire et de persuader son Commandant de venir le
treuver : ce que le dit lieutenant ayant refusé avec
protestation de vouloir souffrir plustost la mort que de
faire une telle trahison, il se servit du pretexte de l'amitié
et des obligations qu'il avoit au chevalier de la Lande
pour le faire venir à son vaisseau, en luy escrivant une
lettre dont S. M. m'a envoyé la copie, sous la bonne foy
de laquelle estant venu et l'ayant traité d'abord avec
civilité, il se saisit de sa personne, et ensuite de ses deux
vaisseaux dans lesquels il mit des officiers et des matelots
pour les conduire comme en triomphe; et pour finir cette
tragedie, après en avoir retenu 80 par force avec les deux
chefs, il exposa le surplus au nombre de 350 sur la coste
de Catalogne, mais apres avoir esté pillés et depouillés,
et qu'il ne leur estoit rien resté que ce qu'on n'avoit pas
pû leur oster.

Mais, MESSIEURS, que pouvoient esperer de plus
favorable ces malheureux en cet estat, que d'estre
l'equippage des galeres d'un prince ennemy, dont les
officiers neantmoins se sont treuvés avoir toute l'huma-
nité et civilité possible pour eux, et avoir blasmé l'action
de vostre vice admiral, quoy qu'une guerre de vingt et
deux campagnes les pust excuser d'avoir d'autres sentiments.

Voilà, MESSIEURS, ce qui s'est passé en cette action, suivant la relation que le Roy mon Maystre m'a envoyée, et dont je vous laisseray la copie: de laquelle action S. M. m'a commandé de vous desmander une prompte justice, et que celuy qui a commis cet attentat soit puni par VOS SEIGNEURIES de la dernière severité.

Je remets à la prudence de VOS SEIGNEURIES, et à la sagesse d'une si juste et celebre assemblée de faire les reflexions convenables sur cette affaire et de considerer quel ressentiment de colère et d'indignation cette action a pu exciter dans l'âme d'un grand Roy, lequel dans le temps que cecy se passoit, avoit destiné un ambassadeur pour resider auprès de VOS SEIGNEURIES, et y entretenir et restablir cette belle amitié, qui a esté si glorieuse à la France et si utile et advantageuse à cet Estat; dans le temps, dis-je, MESSIEURS, que jestois chargé de venir ici pour examiner et regler toutes les plaintes réciproques qui se faisoient entre les sujets de l'un et de l'autre Estat.

Et ce qui est encore de plus facheux en ce rencontre, est que Monsieur vostre ambassadeur, qui est à Paris, sur la nouvelle de cet incident ayant demandé avec empressement audience, au lieu d'adoucir les choses et donner quelque satisfaction au Roy, s'est servi de termes de telle qualité dans le discours qu'il tint à S. M. qu'elle s'en est trouvée blessée, et m'a commandé de vous en faire plainte, et vous faire instance de lui ordonner d'user à l'advenir de termes plus respectueux en son endroit. Car, quoy que la personne des ambassadeurs soit sacrée et inviolable, cela ne les dispense pas de garder la bienseance et le respect dû aux personnes à qui il est deu, et vous en avez peut-estre eu, MESSIEURS, un exemple domestique dans cette assemblée sur lequel je ne me veux pas expliquer davantage. De sorte, MESSIEURS, qu'il ne me reste qu'à vous conjurer de nouveau de bien peser les suites et les conséquences de cette affaire, et donner à S. M. une prompte satisfaction, ayant ordre de ne me mesler d'aucune autre affaire, ni de recevoir aucune proposition, que je n'aye reçu de VOS SEIGNEURIES une response precise à la lettre de S. M.

Pour mon particulier, MESSIEURS, je ne puis finir cette audience, sans vous remercier de tout mon cœur des soins que vos officiers, et sur la mer et à mon arrivée à Rotterdam, ont pris de ma personne: dans laquelle si vous ne rencontrez pas toutes les belles et excellentes qualitez qu'ont eües ceux qui m'ont précédé en cet employ, du moins vous y treuverez toute la bonne foy et toute la sincerité que vous devez attendre d'un ministre d'un grand Roy qui iusques à present a eu pour Vos SEIGNEURIES, et en général et en particulier, toute l'affection et toute la tendresse possible. Fait à la Haye, le 28e d'avril 1657.

Le 9e, les Sr Thibaut avec le baron d'Arsilières nous rendirent visite, qui nous dirent qu'ils avoient fait dessein de faire un tour par le Languedoc et la Provence, et qu'ils passeroient de là en Italie, et mesme que le baron les y accompagneroit. Ils nous demanderent, voyants que nous n'avions pas de carrosse, et que le temps estoit tres beau pour la poarmenade, si nous voulions en prendre nostre part. Dès que nous fusmes de retour au logis, le Sr de Serooskerken vint nous treuver pour nous dire adieu, voulant partir dans deux ou trois jours pour l'Angleterre, et après s'en retourner au pays. Il nous dit que le Sr d'O-dÿk cherchoit par terre et par mer des chevaux pour faire la campagne tout galeux qu'il estoit; mais que son equipage ne lui reviendroit pas à tant que celui de Monsieur de Brederoode. Son credit ne s'estend pas iusque là, et il est si bien connu qu'il n'y a plus personne qui veuille l'assister.

Le 10e, nous cherchasmes le Sr et madame de Lorme et le Sr Tassin, que nous ne treuvasmes pas, et fusmes chez le S<sup>r</sup> de Montbas (1), où nous rencontrasmes le sieur d'Odyk, qui sortoit comme nous entrions, laissant après soy une puanteur incroyable d'un unguent dont il se frotte pour se guerir de la gale, en estant presque tout couvert. Il ne s'en faut point estonner, parce qu'il ne fait aucune difficulté de coucher avec toutes sortes de personnes qui le retiennent à souper. Nous y apprismes que les S<sup>r</sup> Moisselle (2) et Erofiard son frere estoient partis avec le S<sup>r</sup> de Comminges pour le Portugal, et que le premier avoit entièrement abandonné sa femme, ne faisant plus estat de retourner dans le Pays pour le mauvais comportement de cette Faustine qui luy faisoit un deshonneur qui est connu de tout le monde. Nous nous retirasmes de bonne heure, afin de ne pas l'empescher de vendre ses chevaux, sur ce qu'on luy vint dire qu'il y avoit du monde qui vouloit voir les coureurs qu'il avoit amenés de nostre Pays.

(1) Jean Barton de Bret, vicomte de Montbas, né le 6 mai 1623, mort le 23 juin 1696, capitaine de cavalerie.

Il avait épousé, en 1647, Cornélie de Groot, la fille du célèbre Hugo Grotius.

On voit par la correspondance de M. de Thou qu'il avait été chargé par le cardinal Mazarin de lever des troupes pour le compte de la France. Il correspondait directement avec Mazarin pour les affaires dont il était chargé, comme on le voit notamment par un long rapport du 8 août 1648, dans lequel il rend compte à S. Em. des démarches qu'il faisait à La Haye, de concert avec M. Brasset et avec l'appui du Prince d'Orange pour enrôler au service de France une partie des troupes que les États avaient licenciées.

Condamné à mort pour trahison le 15 septembre 1672, il entra plus tard au service de la France.

(2) Sur la femme du S<sup>r</sup> de Moisselle, voir Tallemant des Réaux. *Historiettes*, T. V, p. 235.

Le 11<sup>e</sup>, après avoir fait tous nos exercices, nous employasmes tout le reste de la journée à faire nos lettres, et en les escrivant nous estions obligés de mettre le nez à la fenestre, à chaque trait de plume, pour respirer un air plus frais ; car la chaleur estoit si grande qu'elle nous faisoit couler du visage la sueur à grosses gouttes, bien que nous soyons en une chambre où la hauteur des maisons nous cause quelque fraicheur en la defendant des rayons du soleil, et que nous en ayons fait lever tous les chassis et que nous en tenions les portes ouvertes pour en rafraichir l'air par le vent du degré.

Le 12<sup>e</sup>, nous fusmes rendre visite pour la première fois au S<sup>r</sup> de Lorme. Après avoir fait de part et d'autre nos compliments ordinaires, il nous demanda force nouvelles de nostre parentage et principalement du S<sup>r</sup> Mansardt nostre couzin. Il l'a connu familierement en nos quartiers et sçait mille petits traicts de sa vie et de ses actions, qui sont assez bigearres et revenants à son humeur. Il nous dit une nouvelle assez surprenante et dont toute la Cour estoit scandalisée. C'est que madame la duchesse de Roquelaure (1) s'estant allée divertir dans le iacht du S<sup>r</sup> Servien, avec madame d'Olonne (2) et la com-

(1) Mademoiselle de Lude, Charlotte-Marie de Daillon. Madame de Sévigné dit que sa grande beauté excitait une terrible jalousie parmi les dames de la Cour. Elle mourut à la fin de 1657. — Le duc de Roquelaure, maître de la garderobe du roi, mort en 1683, est demeuré célèbre par ses aventures et ses bons mots.

(2) Catherine-Henriette d'Angennes de la Loupe, comtesse d'Olonne, dont la réputation ressemble fort à celle de Roquelaure.

tesse de Soissons, M. de Candale et la Feuillade
survinrent par cas fortuit ou à dessein, et ayant
fait descendre le iacht iusques à Saint-Cloud, leur
donnèrent une magnifique collation. La pauvre
comtesse de Soissons, qui se treuva seule sans
galant, en fit raillerie à la Cour. M. de Roquelaure avoit defendu à sa femme la conversation
de ces deux gentilshommes, dont il est ialoux, et
se treuva iustement à la Cour lorsque madame
de Soissons se donnoit carrière sur cette aventure. Il s'en retourna au logis, et tout en colère
donna un grand soufflet à sa femme qui fit tout
aussitost bruict à la Cour et donna belle matière
à le faire moquer.

Il nous dit aussi que, lorsqu'il faisoit l'amour
à sa femme, il avoit promis à sa damoiselle dix
mille francs si elle pouvoit faire en sorte qu'il
l'espousast. Le lendemain de ses nopces il tira
la dite damoiselle à part et luy donna les dix mille
francs, en luy disant qu'elle n'avoit qu'à plier
bagage, alleguant que comme elle avoit sceu
gaigner l'humeur et l'affection de sa maistresse
pour dix mille francs, qu'il luy avoit promis, il
craignoit qu'elle ne fist son possible pour le
tromper, si on luy en promettoit dix mille autres.
Là-dessus il la supplia de se retirer, l'asseurant
qu'outre la somme qu'il luy avoit comptée, il
auroit soin d'elle et tascheroit de la loger pour
les bons services qu'elle luy avoit rendus (1). Il

(1) La même anecdote est racontée par Tallemant des Réaux ;
voici un extrait de son récit : « Enfin, il fallut que Roquelaure fût

nous raconta aussi que Madame de Roquelaure
s'estant treuvée en une compagnie où on iouoit
gros ieu, y perdit quinze mille francs, et s'en
retira fort affligée de son malheur; le mari qui
estoit instruict de l'affaire, sans faire semblant
de la sçavoir, demanda à sa femme la cause de
sa mélancolie : elle confessa à la fin qu'elle
avoit ioué et perdu la susdite somme, mais
qu'elle la devoit à un homme qui ne la presseroit
pas beaucoup, et qu'elle pourroit bien composer
avec luy : sur quoy M. de Roquelaure respondit:
« Point de composition, madame, cela sent trop
l'intrigue ! » Il prist ensuite de l'argent et l'envoya à cet homme, faisant une bonne reprimande
à sa femme et luy defendant absolument le ieu
et la compagnie des hommes.

Ayants ainsi passé une couple d'heures à nous
entretenir de diverses choses, qui ne meritent pas
d'estre escrites, nous nous en allasmes chez
madame de Longschamps, où apres plusieurs
discours des petits traicts de M. le duc d'Aniou
dont son mari est escuyer, elle nous dit que ses
officiers se plaignoient fort de ce qu'on ne les

puni de toutes ses insolences en apprecant ce que c'est que jalousie.
Il devint amoureux de Mademoiselle de Lude, une des plus belles de
la Cour. Il promit cinq cents pistoles à une suivante de la mère si
l'affaire réussissait..... Le comte de Lude, qui depuis un combat qu'il
fit avec Vardes avait fait une amitié étroite avec ce jeune cavalier,
voulait lui donner sa sœur..... Cependant l'affaire réussit et le lendemain des noces, Roquelaure compta les cinq cents pistoles à la suivante et lui dit: « Mademoiselle, en voilà encore cent par dessus, mais
prenez la peine de vous aller marier où il vous plaira. Il ne la voulut
plus souffrir auprès de sa femme. • *Historiettes*, t. VII, p. 137-138.

payoit pas, et qu'ils avoient un iour prié son
mari d'en parler à leur maistre qui luy respondit
qu'ils avoient tous raison, et qu'il prieroit le Roy
et M. le cardinal de donner ordre que sa maison
fust mieux reglée; que cependant ils devoient
avoir patience et qu'il les recompenseroit quand
il en auroit le pouvoir.

Elle nous dit aussi que ce prince, se pourmenant dans la galerie du Louvre, vist venir un
homme qui portoit quelque chose, et ayant sçeu
que c'estoient des ferrets de dix ou douze sortes,
dont la douzaine revenoit à 16,000 francs, que
M. le cardinal envoyoit au Roy, il en souffrit et
dit : « Comment ! M. le cardinal envoye des presents au Roy ! des presents au Roy ! vrayement
ie trouve que cela est fort ioly.... » et en rit assez
longtemps ; ce qui fust remarqué comme un
trait d'esprit de ce ieune prince, que l'on dit de
n'en manquer pas. Elle nous raconta aussi au
long son humeur; qu'il estoit fort precis aux
ordres qu'il donnoit, et que dès qu'il voyoit qu'il
y avoit quelqu'un de ses gens qui manquoit il les
demandoit; qu'il aimoit fort la société des femmes; qu'il estoit fort propre, et qu'il seroit grand
despensier, et cent mille autres petites particularitez touchant ses inclinations.

Nous achevasmes ainsy cette visite, et fusmes
ensuite chez nostre ambassadeur, et delà chercher les S<sup>rs</sup> de Voorst et de Marbé, qui estoient
arrivez icy depuis peu pour y passer l'esté. Le
S<sup>r</sup> de Voorst avoit dessein d'apprendre à monter

à cheval, et le S del Campe nostre escuyer nous
avoit prié de faire en sorte qu'il vinst en son
academie. Nous fusmes pour luy en parler, et il
nous le promit. Il nous fist voir un cheval, qui
avoit porté ses hardes pendant son voyage, qui
estoit d'une espouvantable hauteur, et nous voulut retenir à souper, mais nous nous en excusasmes.

Le 13, ne pouvants pas aller à Charenton, à
cause que nous avions mis à l'herbe deux de nos
chevaux, nous employasmes le matinée à lire un
presche afin de soulager un peu les deux qui
nous restoient, qui estoient tous les iours sur le
pavé.

L'apres disnée, nous fusmes à la pourmenade des
Thuilleries, et apres à celle du Cours où il ne manqua pas de beaux carrosses, ni de personnes qui
les remplissoient en une saison qui leur est tout
à fait agréable et favorable pour faire montre de
leurs beaux visages; car la plupart des dames
estoient demasquées.

En nous en revenant nous vismes quantité de
monde, qui estoit sur le bord de la rivière entre
le Pont-Neuf et le Pont-Rouge. Nous ne sçusmes
pas imaginer ce que l'on y faisoit; tous les carrosses s'y arrestoient. Nous y envoyasmes un
laquays pour en estre esclairci, qui nous rapporta
qu'il y avoit quelques feux d'artifice preparés, et
plus de deux ou trois cents petits bateaux qui
alloient à rame, dans lesquels il y avoit quantité de personnes en calçons. Nous voulusmes

faire avancer nostre carrosse, pour prendre
part à ce spectacle, mais il nous fust impossible
de fendre la presse. Nous sçeusmes le lendemain
que c'estoit l'ambassadeur de Portugal, qui pour
le couronnement de son nouveau Roy, avoit fait
toute cette despense, et fait mettre le feu à trois
ou quatre machines remplies de fusées qui firent
un assez bel effet (1). Mesdames de Roquelaure,
d'Olonne et quelques autres y parurent avec des
toques de ... ...noux noir, entournées de plumes, et
des iustaucorps : c'est à present un habit à la
cavalière, que ce sexe a inventé à l'imitation de
la reyne de Suede. Les iustaucorps sont à six
basques, tous garnis, de rubans aux costez et
au devant et au derrière.

Le 14e, ayants appris de nostre couzin de
Spÿk (2) à son retour de l'academie, que le Sr de
Ryswick estoit tombé de son cheval, revenant le
iour auparavant de chez le Sr de Serooskercken, où
il avoit disné et fait si bonne chere qu'il en avoit
esté un peu gaillard, et qu'il s'estoit bien blessé,
ayant paré sa cheute du nez et de la teste; nous
le fusmes voir l'apres disnée et le treuvasmes
dans son lict; ayant la levre fenduë et le nez fort

(1) On lit dans une lettre écrite par l'ambassadeur de Hollande, le
17 mai 1657 : « Un moine envoyé du roy de Portugal qui a séjourné
quelque temps en cette cour s'en retourne avec M. de Comminges.
Dimanche dernier ledit envoyé fit icy devant le Louvre, sur la rivière,
une belle représentation avec des feux d'artifice. » *Archiv. Aff.
Étrang. Hollande*, vol. 57, fol. 41, vo.

(2) C'était le second fils de M. de Sommelsdyck; il devint gouverneur de Surinam.

entlé. Il s'estoit fait saigner pour divertir la fluxion.

Le 15°, nous demeurasmes au logis, et sur le soir nous receusmes nos lettres par lesquelles on nous marquoit que le S' d'Obdam avoit fait son entrée en sa seigneurie de Wassenaer (1), et qu'à sa reception tous ses suiets s'estoient mis sous les armes, et qu'apres un magnifique festin de plus de 160 personnes, on luy avoit fait present d'une coupe de vermeil doré où il avoit treuvé une bourse de 200 pistoles. Nostre pere y avoit esté invité comme dependant de la iuridiction de cette terre, pour l'amour d'une mectairie qu'il a en son territoire; mais il s'en excusa, n'aimant pas d'estre parmi tant de ventres à bierre.

Le 16°, nous sortismes de bonne heure pour faire quelques visites d'hommes, et leur rendre en mesme temps des lettres que le S' de Brunel avoit receues dans son paquet le iour auparavant. Nous commençasmes par les S' d'Arsilières et de Thibaut, que nous ne treuvasmes pas. De là, nous allasmes chercher M. le comte de Montresor, le chevalier de Rivière, le S' le Gendre, l'abbé de la Vieuville et le comte de Rochefort, qui estoient tous sortis pour la pourmenade. Nous laissasmes aux portiers des deux derniers des lettres, l'une du S' de Sommelsdick, et l'autre du S' de la Platte. Nous passasmes delà chez le S' de Lorme, que nous treuvasmes dans la chambre de madame sa

(1) L'amiral d'Obdam fut appelé M. de Wassenaer du nom de la terre dont il est ici question.

femme qui avoit pour compagnie les S<sup>rs</sup> Danché
et Tassin. Nous la saltiasmes apres que son mari
nous l'eust fait connoistre. C'est une dame tres-
bien faite, qui a de l'esprit et sçait fort bien entretenir son monde : nous y fusmes receus avec
beaucoup de civilité et d'accueil (1). Apres nous
estre meslés dans le discours, nous y apprismes
qu'il y avoit un ministre en Angleterre, agé de
116 ans, à qui les dents et les cheveux commençoient à revenir, et qui de plus avoit le teint
aussi frais qu'un ieusne homme. Le S<sup>r</sup> de Brunel
dit qu'on le luy avoit assuré chez M. le chancellier, où il avoit rendu visite au S<sup>r</sup> de Priezac (2),
conseiller du Roy, qu'il avoit rencontré lisant les
nouvelles d'Angleterre qui portoient la mesme
merveille.

Les S<sup>rs</sup> Danché et Tassin s'en allèrent, mais
comme les derniers venus nous y demeurasmes
à continuer la conversation avec madame de
Lorme qui nous dit que dernierement M. le duc
d'Aniou, ayant ioüé et aussi perdu son argent,
vint treuver le Roy avec un visage riant, à qui il
demanda la grâce de vouloir accorder la prière
qu'il avoit à luy faire, n'esperant pas que Sa
Maiesté la treuvast mauvaise. Le Roy connoissant bien l'humeur de son frère, qui aime la

---

(1) Son nom se retrouve plusieurs fois dans les *Historiettes* de
Tallemant qui se borne à dire que c'était « une jolie huguenotte. »
T. VII, p. 198.

(2) Daniel de Priezac, conseiller d'État et membre de l'Académie
française. Il mourut en 1662.

raillerie, et dont il s'acquitte avec beaucoup de
iugement et d'adresse, luy commanda de dire ce
qu'il pretendoit. Monsieur ne manqua pas de pro-
ferer ioliment sa demande : « Sire, dit-il, i'ai
perdu mes dix pistoles, et ie n'ay plus d'argent,
ie voudrois bien que Vostre Maiesté me permist
d'espouser une des petites Fouquettes, car le petit
comte de Charrault (1) regorge d'argent depuis
son mariage. » Elle n'eust pas achevé ce conte,
que le petit laquays de madame la presidente de
Novion (2) luy vint demander de la part de sa
maistresse si elle vouloit estre de la partie pour
aller se pourmener au Cours, que sa dame la
viendroit prendre en passant. Là-dessus nous
prismes congé pour ne pas la detourner de ce
beau dessein, et comme nous fusmes sortis de sa
chambre, son mari nous fit voir son cabinet oû
il a commencé une bibliotheque de quelques
livres françois, car il est fort curieux et se plaist
à la lecture. Nous y entrasmes en une seconde
conversation qui fust meslée ensuite de celle de
madame sa femme qui nous y vint treuver. Comme
nous loulons sa bibliotheque, il nous dit que sa
femme en avoit une plus iolie de tous les romans
qu'on a faits depuis quinze ans. Nous la priasmes
de nous la faire voir, mais elle s'en excusa sur

(1) Fils de Louis de Béthune, comte, puis duc de Charrault ou
Charost, dont il a été question, page 159. Il avait épousé en 1657,
Marie Fouquet, fille du surintendant, après la mort de Lamoignon.

(2) Son mari, Nicolas Pothier, sieur de Novion, devint premier
président du Parlement de Paris.

ce qu'elle n'estoit pas en estat d'estre monstrée, estant mal en ordre, tellement qu'elle remit à une autre fois de nous faire cette faveur. .

A la sortie de chez le S<sup>r</sup> de Lorme, nous fusmes demander madame de Longschamps, que nous treuvasmes sur le poinct de sortir avec son mari pour aller solliciter son procez. Nous leur offrismes de les mener en carrosse là où ils vouloient aller, ce qu'ils acceptèrent volontiers, et apres qu'ils eurent parlé à quelques-uns de leurs iuges, nous finismes avec eux la iournée par la pourmenade du Cours, et apres y avoir faict deux ou trois tours nous les ramenasmes chez eux, et en nous separant, nous apprismes qu'il y avoit deux iours qu'une personne fort riche, ayant à traiter de ses amis, avoit offert pour un plat de fraises 200 fr., dont on luy demanda 100 escus, et qu'il avoit esté sur le poinct de les donner si l'un de ses amis ne l'en eust empesché.

Le 17<sup>e</sup>, le S<sup>r</sup> de Montbas nous vint voir le matin et nous ayant asseuré de l'arrivée de M. et de madame de Caravas, nous les fusmes voir dès que nous eusmes disné, mais ne les ayant pas rencontrés, nous allasmes au Palais pour treuver M<sup>r</sup> et madame de Longschamps, qui nous avoient prié de les assister en un procez qu'ils avoient. Avant que d'y arriver nostre carrosse se rompit, ce qui nous obligea de nous y rendre à moitié à pied et d'envoyer chercher celuy de nostre couzin. Ladite dame nous attendoit avec impatience, à cause que le S<sup>r</sup> Brunel, qui est son parent, avoit

quelques connaissances parmi ses juges auxquels
il recommanda son affaire avec empressement :
mais y ayant eu quelque difficulté, on en renvoya
le iugement iusques apres les festes de la Pente-
coste. Apres que nous eusmes sçeu cette resolution, nous les ramenasmes en leur maison, et
fusmes rendre visite au S<sup>r</sup> Brasset où nous treuvasmes tout le monde fort empressé, parce que
venant de marier sa fille il estoit sur le poinct
d'en faire le festin et de se mettre à table. Il nous
pria avec instance d'en vouloir estre, mais l'en
ayant remercié nous nous en revinsmes au logis.

Nous employasmes le 18<sup>e</sup>, estant iour de poste,
à faire nos depesches, et receusmes une visite
du S<sup>r</sup> de Longschamps qui nous vint faire offre de
ses services, et de nous produire à la Cour estant
escuyer de Monsieur. M. le Premier nous demanda
aussi, mais ayants defendu à nos laquays de
dire que nous y estions, nous demeurasmes en
repos.

Le 19<sup>e</sup>, au matin, le S<sup>r</sup> de Lorme nous vint
voir, qui nous dit que quelqu'un de ses amis luy
avoit monstré une lettre, qu'il venoit de recevoir
du maior de Verdun, par où on luy marquoit
l'entiere defaite du Roy de Pologne et sa fuite
avec la Reyne en Silesie, et mesme que le Roy
de Suede le poursuivoit vigoureusement pour le
pouvoir mettre en estat de ne plus oser faire
teste.

Le mesme iour le comte Charles, cadet de
M. le Rhingrave, nous vint rendre visite et à

mesme temps nous dire adieu, car il n'y avoit
qu'un iour qu'il étoit icy arrivé pour quelques
affaires qu'il avoit desia faites, et estoit prest
d'aller reioindre l'armée de M. de la Ferté (1),
où il est capitaine. M. de Brederoode nous vint
aussi treuver accompagné du S' de Fromanteau (2) qui, à ce que l'on nous a dit, ne le quitte
pas d'un pas, se servant de la commodité de son
carrosse et de sa bourse. C'est un compagnon
fort necessiteux et indigent, et qui ne fait pas
tant icy l'homme d'importance qu'il le faisoit en
nostre pays.

Le 20e, nous fusmes rendre la visite et dire
adieu au comte Charles qui estoit sur le poinct
de partir comme nous y arrivasmes. Il eust une
assez plaisante rencontre, car ayant fait loüer et
mesmement payer un carrosse, il y eut quelques
Suisses logés en la mesme haubergue où il estoit,
qui lui iouerent un tour assez drole, pendant que
nous nous entretenions en la chambre de son
aisné, car ils se mirent dans le carrosse et firent
toucher le cocher à toute force. M. le Rhingrave
estant adverti que ces messieurs en avaient usé
de la sorte, ne voulust point partir ce iour-là, se
sentant vivement picqué d'un tel affront. De peur
qu'il n'en mesarrivast nous fismes notre possible

(1) Henri de Senneterre, duc de la Ferté, né à Paris en 1600,
mort en 1681; fait maréchal en 1650.

(2) André de Bétoulat, S' de Fromanteau, devint chevalier de
l'ordre du S' Esprit et C'' de La Vauguyon, par suite de son mariage
(en 1669) avec Marie de S' Mégrin, fille du C'' de La Vauguyon.

pour le faire partir et pour luy mettre hors de la teste que ces messieurs l'eussent fait pour le choquer et qu'asseurement ils avoient pris ce carrosse pour celuy qu'ils avoient fait loüer : mais à dire vray, ils avoient fait en personnes grossières et impudentes, et qu'en un autre tems il eust fallu chastier. Pour eviter querelle nous taschasmes de luy persuader le contraire, et de le faire partir et prendre le carrosse de M. de Brederoode, qui estoit un flacre, et prismes ledit sieur dans le nostre pour le mener au Cours avec le Sr Damet, petit fils du duc de la Force, et le Sr d'Odÿk. Apres la pourmenade nous les menasmes tous chez madame de Caravas, où nous les laissasmes.

Le 21e, nous demeurasmes au logis parce que nous avions presté le carrosse au sieur Herbert qui estoit allé faire des visites. En attendant le Sr de Ryswick nous vint voir, qui nous dit : qu'il avoit reçeu par le dernier ordinaire une lettre d'une personne à laquelle le Sr de Ripperda le cadet avoit confessé son engagement avec mademoiselle de Caravas, et qu'il en avoit parlé avec une si grande affection, qu'elle ne doutoit point qu'après le decez de son pere il ne declarast qu'il l'avoit espousée avec toutes les solennités requises.

Le 22e, nous rendismes visite à madame de Caravas (1) que nous treuvasmes dans son lict. C'est une femme qui n'est pas propre pour Paris, car elle ne fournist pas assez à la conversation et est

(1) V. supra p. 131.

comme interdite, mais il en faut plustost attribuer
la cause à la fatigue du voyage (qui l'a renduë
toute plombée) qu'à son peu d'esprit. C'est une
chose embarrassante d'avoir à entretenir ces
sortes de personnes qui ne respondent qu'à demi-
mots. Son mari survint qui nous delivra de cette
peine, en s'entremeslant dans le discours. Il se
mist à nous parler de sa parenté, de ses biens et
de ses affaires : il nous monstra ensuite le plan
de sa maison de Saint-Loup, qui est tres belle
et bastie à la moderne, si au moins elle se rapporte à la peinture qu'il nous en fit voir. Comme
nous estions sur ce discours, le Rhingrave entra
pour presenter à la dame M. le comte de la
Chastre qui ne l'avoit pas encore veuë. Nous
nous retirasmes d'abord, afin qu'il peust faire
son compliment avec plus de liberté, et sans estre
escouté du mari qui à ce nous peusmes iuger, ne
goustoit guère cette visite. Il est vray que s'il
eust voulu ne prendre pas la peine de nous accompagner, il auroit pu estre tesmoin de leur premier
entretien. Il nous dit en descendant qu'il avoit
esté necessité de se loger en chambre garnie, et
ce dans l'Hostel de Toulouse où l'on traite à table
d'hoste, parce qu'il avoit fait son compte d'avoir
un appartement chez son oncle le marquis de
Sourdis (1), mais que la mort de sa tante qu'il
apprist deux iours avant qu'il arrivast icy, luy avoit

(1) Charles d'Escoubleau, marquis de Sourdis et d'Alluye, gouverneur de Beausse, mort en 1666.

rompu ses mesures; et que par là il scroit obligé
de se retirer en peu de iours dans le Poictou,
apres avoir donné quelque ordre à ses affaires,
alleguant de plus que la despence estoit trop
grande en cette ville. Mais nous croyons que
c'est un stratagème pour dépaïser de bonne heure
sa femme, et avant qu'elle fasse icy des habitudes
qui empescheroient qu'elle ne se pourroit accoustumer à la vie champestre, qui est bien differente
de celle de Paris.

Delà nous nous en allasmes demander le S$^r$ de
Palme, qui estoit venu avec nous de Hollande,
mais il estoit sorti, et voyant que nous n'estions
pas loin des S$^{rs}$ d'Arsilières et Thibaut, nous les
fusmes voir, et les treuvasmes tous trois autour
d'une petite table, où ils lisoient l'*Abrégé de l'histoire de France* (1), qu'ils quitterent à nostre arrivée. Ils nous dirent que quatre vaisseaux hollandois avoient coulé à fond deux gardes costes
françois, et que sur ce bruict cinq autres fre-
gates estoient sorties de quelque havre de Bretagne à leur secours; mais voyants que tout estoit
perdu, elles estoient allées tout droict à la poursuite des hollandois qui ayants fait volte-face les
ont combattus, et qu'après une vigoureuse defense
de part et d'autre, un vaisseau hollandois qui ar-
boroit le pavillon d'admiral a eu son grand mast
coupé par un coup de canon : ce qui a obligé

(1) Probablement il s'agit de l'*Abrégé de l'Histoire de France*.
par Gilbert Saunier, sieur du Verdier, historiographe de France.
2 vol. in-12. Paris, 1651, 1652 et 1654.

nos vaisseaux à la retraite. Le S⁺ d'Arsilières
nous confirma cette nouvelle comme l'ayant apprise dans la maison de M. de Vendosme, qui
en avoit reçeu des lettres. Nous disputasmes
longtemps sur la mesintelligence de nos Estats
avec ce Royaume et y employasmes une bonne
partie de l'apres disnée, car ayants demandé en
sortant quelle heure il estoit, on nous dit qu'il
s'en alloit sept heures; cela nous surprit et nous
obligea à retourner au logis, pour faire demander
nos lettres. Nous les receusmes sur le soir, et
nous apprismes que le S⁺ d'Obdam depuis peu se
faisoit nommer son Excellence; et que nostre
couzin de Vredestein se preparoit au voyage de
France, faisant estat d'aller tout droict en Poictou,
chez son couzin d'Ossenberg (1), afin d'apprendre
la langue et voir le païs. Son seiour n'y sera pas
long, car on ne luy destine que quinze ou seize
mois pour son voyage.

Le 23ᵉ, nous fusmes voir mademoiselle de
Saint-Armant, qui est une fille de bon esprit et
qui entretient fort bien le monde. Pendant que
nous y fusmes le marquis de Laval (2) y vint, et
nous estant mis à causer de choses indifferentes
et surtout de l'eau de Bourbon, et de ses vertus
et de ses forces, on nous dit une chose qui est
fort remarquable, à sçavoir qu'en y iettant de

(1) Allié des voyageurs. — Voir la Généalogie (Appendice. I.)

(2) Urbain de Laval, marquis de Boisdauphin, fils de la marquise
de Sablé.

l'oseille, elle se flestrit et cuit tout aussi tost; et
qu'au contraire en y mettant une rose, elle devient plus belle et plus odoriferente qu'elle n'estoit auparavant. Elle nous pria fort la vouloir
aller treuver en une maison de plaisance, qu'elle
a à deux lieües de Paris, nommée Arcueil, qui est
assez divertissante à ce qu'on nous en a dit. Nous
le luy promismes, estants fort aises de voir toutes
les belles maisons qui sont à l'entour de Paris.
C'est de là qu'on fait venir l'eau par de grands
aqueducs aux fontaines du palais d'Orléans, où il
y a de grands bassins qui la reçoivent et la com-
muniquent par d'autres tuyaux aux offices de ladite maison, ce qui est une belle commodité.

Nous treuvants pres d'un homme de qui le
S' de Brunel nous vouloit donner la connoissance,
nommé le S' de Sarcamanan, nous le fusmes
demander, mais on nous dit qu'il n'estoit pas à
Paris. Nous fusmes ensuite aux Thuilleries, où
nous rencontrasmes le S' Dauché que nous avions
cy devant veu en Hollande, qui d'abord ne nous
connoissant pas, fit paroistre qu'il estoit en peine
de sçavoir qui nous estions, mais se l'estant
enfin remis en memoire, il nous embrassa avec
ioye de nous voir en son pays : il nous demanda
nostre logis, nous voulant venir treuver pour re-
nouveller cette amitié que nous avions commencée en Hollande, et ainsi nous nous separasmes
et fusmes au Cours; mais comme il faisoit un
vent de bize fort froid, nous n'y fismes qu'un
tour et nous nous retirasmes.

Sur le soir on nous dit que le mariage de
M. le duc de Nemours avec mademoiselle de
Longueville (1), avoit esté enfin consommé,
apres qu'on avoit longtemps douté qu'il se fist,
à cause qu'on accusoit le duc de tomber du haut
mal.

Le 24ᵉ nous fismes nos exercices le matin à
l'accoustumée, et estants convenus entre nous
de ne sortir que par tour, à cause que nous
n'avions que deux chevaux, nous demeurasmes
ce iour-là au logis, et employasmes le temps à
lire un roman.

Le 25ᵉ, nous fismes response aux lettres qu'on
nous avoit escrites de Hollande.

Le 26ᵉ, faisant fort beau, nous fismes resolution d'aller voir le chasteau de Vincennes; mais
y estant arrivez, on ne nous y voulut pas laisser
entrer, disant que ce iour mesme on leur avoit
donné ordre de n'y laisser rentrer personne. Nous
nous y fusmes pourmener au parc d'où nous
vismes la structure de ce chasteau par dehors.
Il est impossible de se pouvoir imaginer une
meilleure place pour des prisonniers, tant elle
est forte, ayant huit grandes tours quarrées et
un fossé à fond de cuve qui est fort large. Nous
pourmenants audit parc, qui est enfermé de tous
costés de murailles pour y conserver les bestes
fauves, nous n'y en rencontrasmes pas tant que

(1) Marie d'Orléans, née du premier mariage du duc de Longueville, morte en 1708. Elle a laissé des mémoires pleins d'intérêt sur
les troubles de la Fronde.

de vaches. Le troupeau en est grand : M. le cardinal les y fait nourrir pour en avoir de bon laitage et d'excellents veaux; aussi les fait-il nourrir avec soin, et en y observant la methode de Rome; Paris luy aura cette obligation, qu'il ne luy enviera point sa *vitella mongana* (1). Au bout du parc, il y a un couvent de Minimes, que nous fusmes voir plustost pour nous pourmener au jardin qui est ioly et fort couvert d'allées, que pour parcourir les cellules des moines.

Le 27e, nous participasmes à la Sainte-Cene à Charenton où notre ambassadeur, le Sr Borcel, se treuva pour la première fois, depuis sept ans qu'il est icy. Ce qui l'a obligé d'y venir faire ses devotions, est l'exemple de celuy d'Angleterre, qui n'y a iamais manqué tant qu'il a esté icy. Le nostre à son arrivée demanda qu'on lui permist de tapisser et orner son banc, ce qui iamais ne s'est pratiqué; et sur le refus qu'on luy en fit, prist occasion de n'y aller point; mais comme il a veu que l'Anglois n'avoit point fait cette difficulté, il a creu que tout le monde le blasmeroit, s'il continuoit dans son humeur. Il est assez bonne personne, mais il a des enfants qui le menagent, et surtout Saint-Agathe qui croit d'avoir part à l'ambassade et d'en porter le

(1) A Rome on appelle *vitella mongana* (du mot italien *mungere*, traire) le veau qui n'a été nourri que du lait de sa mère. Cette viande est très-recherchée et se vend plus cher que celle du veau qui a pâturé, et qu'on appelle *vitella camparaccia*.

charactere aussi bien que son pere. Il communia avec luy, ce que tout le monde treuva estrange, puisque le premier rang qu'on donne au pere à cause de sa charge, ne fait rien pour le fils : mais la vanité est si grande parmi ce petit peuple, que la fille se fait nommer mademoiselle l'ambassadrice. Apres avoir fait nostre devotion nous nous en retournasmes à Paris, et comme il estoit encore de bonne heure, nous fusmes au Palais-Royal où nous vismes une assez iolie chasse dans l'eau, d'un barbet qui poursuivoit un canard ; elle dura pres d'une heure, et fit que ce grand rond du bassin se borda de toutes parts de monde qui vouloit avoir sa part du spectacle et du divertissement.

Le 28e, estant iour de feste et de vacation à l'académie, nous employasmes la matinée à faire quelques visites d'hommes ; et fusmes voir M. de Brederoode pour luy dire adieu, nous ayant esté dit qu'il partoit le lendemain ; mais comme nous le luy demandasmes, il nous dit qu'il esperoit de partir bientost, mais qu'il ne sçavoit pas encore quand ce seroit, parce qu'il attendoit son equipage qui estoit à Calais. Il nous monstra deux mulets qu'il avoit achetés, qui luy coustoient tout nuds 100 escus ; il leur fit charger ses valises pour essayer comment cela iroit. Il nous entretint d'une assez magnifique ambassade que le Roy alloit envoyer en Allemagne, pour laquelle il avoit nommé le mareschal de Gramont et M. de Lionne, dont le premier devoit avoir cent hommes de

livrée, et l'autre soixante. A sçavoir 12 pages,
18 laquays, 3 carrosses à six chevaux, 12 chevaux
de main, et pour chaque cheval un palefrenier,
12 mulets et 6 muletiers, 4 trompettes, et quantité
de gardes habillés de livrée, qui doivent estre à
l'entour du carrosse et accompagner partout
l'ambassadeur.

Ayants ouï ce recit, nous nous en allasmes
pour voir le comte de Caravas; mais ne le treuvants pas, nous fusmes demander le S<sup>r</sup> de Palme
qui avoit fait le voyage avec nous depuis Calais
iusques icy; et comme on nous dit qu'il y estoit,
nous montasmes pour le voir; mais comme il
estoit au lict, et que nous approchasmes pour le
saluër, nous treuvasmes que c'estoit son frere qui
luy ressemble fort; nous ne laissasmes pas de luy
faire un compliment de ce que nous nous treuvions fort heureux d'avoir rencontré une si bonne
occasion de pouvoir faire connoissance avec luy,
estant fort serviteurs de monsieur son frere. Mais
comme pour la première visite on n'est pas fort
familier avec des gens qu'on n'a iamais veus,
nous ne la fismes pas longue, et fusmes ensuite
chez le S<sup>r</sup> de Hauterive qui nous dit que durant
huit iours il avoit senti une extreme douleur de
l'estomac, dont il attribuoit la cause aux ragouts
et delicatesse des mets qu'on est accoustumé de
manger et qui sont fort ennemis de la nature. Il
nous dit qu'il preferoit le divertissement de Breda
aux somptuositez et magnificences de Paris: que
là il se pouvoit aller pourmener à cheval, ce qu'il

ne fait pas icy; qu'il y est fort libre, et qu'il y
peut faire tout ce que bon luy semble, là où au
contraire il se devoit icy contraindre, n'ayant
aucun repos, estant importuné tantost de l'un,
tantost de l'autre. Il nous demanda ce que nous
avions fait ce matin, nous luy dismes que nous
venions de voir M. de Brederoode, qui faisoit
estat de partir bientost, ayant acheté deux mulets,
qui luy revenoient à 400 escus. Il nous dit qu'il
estoit fort difficile de pouvoir s'imaginer combien
coustoit l'equipage d'un ieune gentilhomme, et
qu'il l'avoit experimenté en celuy de son fils qui
alloit faire sa premiere campagne en qualité de
cornette de M. de la Ferté. Il luy avoit donné
20 chevaux, un maistre d'hostel, quelques gentilshommes, pages, laquays et tout ce qui luy estoit
necessaire; mais dès qu'il a esté au quartier, il
a acheté cinq bidets pour y aller au fourrage et
à la provision, car on feroit autrement souvent
mauvaise chere. Pendant qu'il estoit à nous ra-
conter le tout par détail, M. le duc de Saint-
Simon (1) y survint, qui nous ayant fait changer
de discours et mis sur les nouvelles d'Estat, nous
en demanda du nostre, car le Sr d'Hauterive luy
disoit que nous estions de Hollande, et si nous
croyions que la guerre se déclareroit. Nous luy
dismes que nos dernieres lettres ne portoient rien
de cela, et que nos Estats attendoient la response

(1) Claude, duc de Saint-Simon, père du célèbre auteur des Mémoires.

du S' Courtin (1), sur la lettre qu'ils avoient envoyée au Roy, par laquelle ils veulent absolument
l'exécution des cinquante-huit arrests (2), avant
que de restituer les deux vaisseaux pris par le
vice-admiral de Ruyter. Il nous dit que pour la
premiere année, nous pouvions fort endommager
la France, mais qu'après nous en souffririons bien
plus d'incommodité et de dommage qu'elle. Il
esperoit que tout s'accommoderoit, et que nous
pourrions ensuite vivre en une estroite amitié et
correspondance.

L'apres disnée nous allasmes chercher madame
de Beauregard (3) pour la feliciter de son mariage;
mais ne la treuvants pas, nous rendismes visite
à M. l'ambassadeur de Hollande, qui nous dit
que M. le cardinal avoit promis cent mille escus
à celuy qui pourroit decouvrir la personne qui
avoit publié les articles secrets du traité que cette
Couronne avoit faits avec la Republique d'Angleterre. Mais c'est plutost une ruse de cet adroict
politique, pour faire accroire aux Espagnols qu'ils
ont descouvert le secret des desseins du François
et de l'Anglois, qui est une marque de la vengeance qu'il voudroit tirer de celuy qu'on soup-
çonneroit avoir penetré si avant dans ce qui s'est
passé en son cabinet et en celuy du Protecteur.

(1) M. Courtin, secrétaire de l'ambassade de France à la Haye,
était resté chargé d'affaires après le départ de M. Chanut.

(2) Ces arrêts ordonnaient la main-levée du sequestre qui avait
été mis sur les marchandises hollandaises.

(3) V. supra. p. 161.

Nous n'y demeurasmes pas longtemps, parce que n'ayant pas l'esprit present à ce dont on s'entre-tenoit, il sembloit qu'il avoit d'autres affaires en teste, qui luy causoient de l'inquietude.

Nous fusmes de là chez le Sr de Moulines, où nous apprismes qu'on faisoit courir le bruict que le Sr Lockard, ambassadeur du milord protecteur, estoit parti avec la Cour pour presenter au Roy les Anglois que son maistre avoit envoyés au ser-vice de cette Couronne, et qu'en suite il les devoit commander, y ayant son regiment, en qualité de lieutenant general, le chevalier Regnold en devant estre le general. On leur a ordonné 8 sols par iour et le pain, et neantmoins on croit que cela ne suffira point à cette nation carnassière, et mes-me qu'elle s'emportera à quelque sedition, parce qu'elle ne se contentera de manger du pain de munition, à cause qu'elle n'y est pas accoustumée en ayant tousiours eu d'autre (1). Il nous dit de plus, qu'on les avoit embarqués sans armes, ce qui avoit retardé la marche des autres troupes, afin qu'on eust le temps de les en pourvoir. Ce renfort a tout à fait redressé l'infanterie qui autre-ment auroit esté tres pietre cette année, dont aussi M. de Turenne à la derniere reveuë s'estoit plaint.

Le 20e, nous receusmes nos lettres, par lesquelles on nous marquoit que l'expedient pour lequel le

(1) On voit par ce passage que les soldats anglais avaient, il y a deux siècles comme aujourd'hui, la réputation d'être grands amateurs du confortable.

S<sup>r</sup> de Thou estoit authorisé, pouvoit faire cesser toute l'animosité de part et d'autre; et qu'ensuite il se feroit un traitté par lequel on s'empescheroit de n'y plus retomber, et tout cela sans l'entremise du Protecteur : tellement qu'on estoit délivré de la crainte d'une aversion entre les deux nations, puisqu'on esperoit, que par la prudence des François on passeroit, par une bonne reconciliation, à une plus estroite liaison et affection. On nous mandoit encore que la nouvelle que nous avions eue de la defaite des Polonois qui avoit esté tant circonstanciée, avoit esté pourtant à peu de iours de là convaincuë de faussété, ce qui fait que l'on ne peut adiouster foy à ce que l'on escrit de ce pays-là, car on treuve de plus en plus que les deux partis en ces quartiers-là mentent à l'envi. On nous asseuroit de plus que le Moscovite recherchoit fort le Roy de Suede pour un accommodement, et que le secours qui avoit esté ordonné par l'Empereur pour le Roy de Pologne estoit asseuré; et qu'outre ce renfort pour les Polonois, il leur en arrivoit un autre du costé du Roy de Dannemarck qui se preparoit à faire la guerre aux Suedois dans l'Évesché de Breme, où sans doute l'emprisonnement de Kœnigsmarck (1) luy donneroit beau ieu.

Apres la lecture de toutes ces nouvelles, nous montasmes en carrosse pour aller rendre visite

---

(1) Né en Allemagne en 1600, le général Kœnigsmarck était entré au service de Suède sous Gustave-Adolphe. Il mourut à Stockholm en 1662.

au S⁰ de Lorme qui est fort curieux de celles de
nostre pays, et principalement sur le suiet de la
brouillerie entre ce Royaume et notre Republique ;
et apres luy en avoir dit, madame sa femme y
survint, par où ayant changé de discours, nous
nous mismes à railler et à parler plus galamment.
Comme nous estions en ces termes, M. le Rhingrave, qui depuis peu avoit esté parrain de l'un
des enfants, luy vint dire adieu. La conversation
s'en rendit plus gaye, et aussi madame de Lorme
commença à luy dire qu'elle sçavoit bien de ses
nouvelles, et que toutes les fois qu'il venoit en
son quartier, il ne vouloit pas estre veu. Il la
pria fort de s'expliquer sur le reproche qu'elle lui
faisoit ; et enfin il se treuva qu'elle l'avoit pris
pour un autre, et l'accusoit iniustement d'avoir
visité la Ninon (1) qui depuis peu estoit venuë
demeurer en son voisinage. On commença là-
dessus à parler de cette fameuse personne, et on
dit que depuis peu elle estoit retournée en un
couvent ; et que peut-estre elle n'en estoit sortie
que pour reparer le seul defaut que la Reyne de
Suede avoit remarqué en cette Cour lorsqu'elle
escrivit au cardinal qu'il ne manquoit rien au
Roy que la conversation de cette rare fille, pour
le rendre parfaict. Elle a effectivement beaucoup
d'esprit, et tous ceux qui s'en picquent se rendent

(1) Anne de Lenclos, qui devint célèbre sous le nom de Ninon.
Son père Henri de Lenclos était un gentilhomme de Touraine, elle
avoit pour mère, Mademoiselle Marie Barbe de la Marche. Née à
Paris en 1620, morte en 1706.

chez elle pour exercer le leur, comme sous une maistresse advouée pour la belle galanterie.

Le 30°, nous restasmes au logis faute de chevaux.

Le 31°, nous fusmes courre les rües, pour les voir parées de toutes les plus belles nippes qu'on estale ce iour-là. C'estoit la Feste-Dieu, et on les tapisse ce iour-là le plus magnifiquement que l'on peut. Aux carrefours l'on dresse des reposoirs de tout ce qu'il y a de plus riche dans tout le quartier: les dais en broderie, les draps d'or et d'argent, les portraicts de prix, les beaux miroirs, et mille autres meubles que les opulents possedent icy en abondance, sont employez pour ces pompeux reposoirs où les prestres, las de porter leur hostie et leur ciboire, s'entreposent quand ils y arrivent. Pendant que nous estions à considerer toutes ces choses, nous vismes venir de loin quantité de prestres qui portoient l'hostie et qui chantoient; mais dès qu'ils commencerent à nous approcher et que nous vismes que tout le monde se mettoit à genoux, nous nous en allasmes bien viste de peur de recevoir un affront.

Nous employasmes le 1ᵉʳ de juin à faire nos depesches pour la Hollande.

Le 2ᵉ nous fusmes dire adieu à un capitaine suisse, nommé le Sʳ Stoppa qui partoit pour aller ioindre l'armée. Il nous raconta la genereuse et herotque action de M. le prince qui ayant esté adverti que les François avoient investi Cambray et qu'ils le vouloient assieger, s'estoit avancé

avec 4,000 hommes, avoit forcé un quartier et
secouru la place, ayant esté tousiours à la teste
de ses gens. On ne peut assez louër l'action de
ce grand prince tant elle est brave; et il faut
advouër que c'est un des plus grands hommes
qui ayent esté depuis quelques siecles. Si la
France s'estoit menagée un si parfaict capitaine,
il est constant que les Espagnols n'auroient pas
repris tant de places qu'ils avoient perduës, et
que si l'on le rappeloit ils auroient bien de la
peine à les defendre. Mais M. le cardinal ne le
veut point à la Cour, sçachant bien qu'il auroit
affaire à un homme qui l'esclaireroit de pres et
qui troubleroit ce pouvoir absolu qu'il s'y est
acquis. Apres qu'il nous eust dit cette nouvelle,
nous prismes congé de luy, luy souhaittants une
heureuse campagne. Delà nous fusmes au marché aux chevaux, pour voir si nous pouvions
nous defaire des nostres par vente ou par troc,
mais nous ne reüssismes ny en l'un, ny en
l'autre.

Le 3e, nous fusmes à Charenton avec les Srs de
Gillier et Saleon. Nous reviusmes disner à Paris
avec le premier, ayant laissé l'autre avec le
marquis Melac pour aller à Vincennes apres le
second presche. L'apres disnée nous fusmes à la
comedie: on y representa les *Amours de la
comtesse de Pembroeck* (1).

(1) Il s'agit probablement de la pièce de Boisrobert publiée sous ce
titre: *La Folle Gageure, ou les Divertissements de la comtesse de
Pembroc*, comédie en cinq actes et en vers, dédiée à Monsieur, frère

Le 4ᵉ, nous demeurasmes toute la iournée au logis, et en passasmes une bonne partie à la lecture, qui nous servit d'un utile divertissement.

Le 5ᵉ, nous fusmes à la comedie des *Charmes de Medée* (1). C'est une piece qui est fort vieille, et qui n'est pas si divertissante que les nouvelles : aussy le suiet en est grave et serieux, et il n'y a point de ces personnages gays et bouffons, qu'on entremesle à present en toutes les pieces, à l'imitation des Italiens et des Espagnols. A la sortie nous receusmes nos lettres, où l'on nous marquoit que les Estats Generaux devoient ce matin-là respondre à l'escrit que l'ambassadeur de France leur avoit donné en suite d'une conference qu'il avoit euë avec eux ; et que, parce qu'on estoit assez d'accord des choses, on avoit suiet de croire qu'enfin on s'accommoderoit : bien qu'il y ait des gens qui, pour leur interest particulier, desirants d'augmenter cette brouillerie, avoient tant fait que dans l'ordre et la forme des articles de la response, l'ambassadeur de France iugeroit qu'on ne satifesoit pas à sa demande,

du roi. Paris, Augustin Courbé, 1653, in-4ᵒ. — Cette piéce avait été jouée pour la première fois en 1651.

François Metel de Boisrobert, abbé de Châtillon-sur-Seine, aumônier du roi, conseiller d'Etat, membre de l'Académie française, né en 1592, mort en 1662. Compatriote de Corneille, il a fait comme lui un grand nombre de piéces de théâtre, mais qui sont aujourd'hui oubliées.

(1) Cette comédie ne se trouve indiquée ni dans la *Bibliothèque du Théâtre françois*, de La Vallière, ni dans le catalogue de M. Soleinne, ni dans l'*Histoire du Théâtre françois*, des frères Parfait.

ainsi qu'il estoit chargé et qu'il croyoit que le
requeroit l'honneur du Roy. Mais on adioustoit
que la plus part des Estats estoient disposés à
corriger le tout à la moindre remonstrance de
l'ambassadeur, et qu'on conviendroit d'un traitté
provisionnel, pour passer puis apres à un renouvellement d'alliance, qui doit estre iugé d'importance quand bien il ne feroit qu'empescher les
pensées et les discours de se lier avec les Espagnols.

On nous advertissoit aussi que le Roy de
Danemark se preparoit de plus en plus à la
rupture avec celuy de Suede, et qu'on croyoit que
ce prince quitteroit la Pologne pour se mettre à
la teste de son armée qui doit resister aux Danois ;
et que les Anglois nous avoient pris deux vaisseaux sous pretexte qu'ils portoient des lingots
de la flotte d'Espagne, ce qui causoit une
nouvelle deffiance de la correspondance de l'Angleterre avec la France, pour à force de troubler
nostre commerce, nous necessiter d'entrer en
une ligue avec eux contre l'Espagne.

Le 6ᵉ, nous envoyasmes nos deux chevaux au
marché, ayant prié le Sʳ de Routes, parent du
Sʳ de Brunel, de les y vendre, afin qu'apres on
n'eut point de recours à nous autres, en cas qu'ils
se trouvassent entachés du mesme mal de nostre
escurie. Nous reüssismes si bien que nous en
tirasmes 700 livres, sans que le marquis des Aix,
à qui nous les vendismes, et son mareschal
s'apperceussent d'aucun defaut, ni mesme les

soupçonnassent de ce mal, et ainsi nous fusmes hors de la peine de sauver ces deux bestes que nous craignions de perdre.

Le 7e, estant la seconde Feste-Dieu, en nous pourmenant par les ruës, pour voir cette devotion, nous rencontrasmes les Srs de Voorst et de Marbé, qui apres avoir un peu couru la ville, nous firent de si grandes instances pour disner avec eux, qu'à la fin nous fusmes contraincts de condescendre à leurs prieres. Nous y passasmes toute l'apres disnée à iouer au verkier (1) des fraises et des cerises.

Le 8e, apres avoir fait nos exercices le matin, nous employasmes le reste de la iournée à faire response aux lettres que nous avions receuës par l'ordinaire du mardy.

Le 9e, nous allasmes pelotter une demi-douzaine de balles avec le Sr Herbert, et comme cet exercice est un peu trop violent en cette saison, nous fusmes ensuite au Luxembourg pour y prendre le frais : mais nous n'en pusmes pas iouïr longtemps car une grande pluye survint, qui nous obligea de quitter cette agreable pourmenade, et nous fit retourner au logis.

Le 10e, apres avoir fait nostre devotion au logis, nous fusmes l'apres disnée à la comedie, avec les Srs de Cibut et de Manse (2). C'estoit la mesme piece qu'on avoit representée le mardy. A la

(1) Le *Verkeer* était une sorte de jeu de trictrac, d'origine allemande.

(2) Lieutenant des gardes.

sortie nous allasmes prendre l'air aux Thuilleries
où nous ne treuvasmes pas grand monde, quoy
qu'il fust dimanche, ce qui nous obligea, apres y
avoir fait un tour ou deux, de nous en retourner
chez nous.

Le 11e, les Srs de Ryswick et Voorst nous vindrent rendre visite, et nous dirent que M. de
Brederoode avoit fait une assez dangereuse
cheute de cheval, avant que d'arriver à Amiens,
et qu'il estoit tout à fait en danger : et qu'on
avoit mandé de cette ville un medecin, nommé
le Sr Sarazin. Ce qui fait le plus craindre qu'il
n'en eschappera pas, est qu'il rend toutes les
viandes qu'on luy donne. On aura suiet de le
regretter, car c'est un gentilhomme qui commençoit à se bien former, et à le porter de la belle
manière.

Le 12e, apres avoir esté toute la matinée en
l'academie nous passasmes l'apres disnée à voir
la comedie du *Menteur* ; c'est la premiere piece
bouffonne qu'ait faite le Sr Corneille, ce renommé
poëte : elle nous divertit assez bien et fit en sorte
que nous oubliasmes presque la peine que nous
avions euë d'y aller à pied en un temps qui n'estoit guere agréable, car il pleuvoit de la bonne
façon.

Le 13e, nous receusmes nos lettres par lesquelles on nous marquoit le depart de madame
la princesse de Tarente (1), et que le fils du duc

(1) On lit dans une dépêche de M. de Thou, du 3 mai 1657 :
« J'ay trouvé icy Messieurs d'Armainvilliers et Gentillot qui les-

de Simmeren (1), à qui on a donné le S' l'Amyr,
gentilhomme de madame la princesse de Nassau
pour le conduire en ses voyages, devoit partir
dans peu de iours: on y adioustoit de plus qu'a-
pres son retour il pourroit bien espouser la plus
ieusne fille des princesses d'Orange. (2). Ce
seroit un mariage assez advantageux pour elle,
et qui serviroit d'appuy à toute la maison. L'apres
disnée, M. le Rhingrave l'aisné nous vint dire
adieu. Il devoit partir pour aller ioindre l'armée
de M. de Turenne, qui tient la campagne, pendant
que celle de la Ferté assiege Montmedy, ville de
grande importance dans le Luxembourg. Le Roy,
pour en favoriser l'entreprise, est à Sedan.

Le 14e, apres avoir bien battu nostre petit
Frans, nous le chassasmes, apres en avoir enduré
mille impertinences et fripponneries. Tantost il
rompoit les assietes, tantost il prenoit les clefs

moignent beaucoup de zèle, chacun selon son génie ; mais j'ay receu
de fort bons advis et fort précis de madame la princesse de Tarente
qui est fort aymée icy, et qui a beaucoup d'habitude avec les principaux de l'Estat, ce que j'ay creu ne debvoir pas obmettre ; mais elle
est sur le point de s'en retourner en France. » *Arch. Aff. Etr.
Holl.*, vol. 57, fol. 23 v°.

Henri-Charles de la Trémouille, prince de Tarente, était entré
dans le parti de la Fronde, avait suivi le prince de Condé dans les
Pays-Bas espagnols, puis s'était retiré à la Haye. Il en est beaucoup
question dans la correspondance de M. Chanut, en 1654, qui rend
compte des démarches que le prince de Tarente faisait auprès de lui
pour obtenir le bénéfice de l'amnistie. Il mourut en 1672. — La
princesse de Tarente, sa femme, était fille du landgrave de Hesse.

(1) Prince de la maison Palatine.

(2) Marie, 3e fille de Frédéric-Henri prince d'Orange et d'Amélie
de Solms, se maria en effet plus tard au duc de Simmern.

du sommelier, les cachoit et ne les vouloit pas
rendre, qu'on ne luy donnast quelques bouteilles
de vin, et tousiours il raisonnoit et respondoit sur
ce qu'on luy commandoit : tellement que nous ne
le pusmes plus tenir en notre service. Nous le
ingeasmes bien ainsi en l'amenant avec nous de
Hollande, car des qu'un laquays flamand est de-
paysé on n'en est presque plus maistre : il ressemble aux François qui sont des insolents en
nos quartiers, et qui sont icy souples et soumis
autant que valets du monde.

Le 15ᵉ, apres estre revenus de bonne heure de
nos exercices, nous passasmes le reste de la matinée à faire nos lettres, afin que nous eussions
l'apres disnée libre pour pouvoir assister à cette
belle et longtemps promise piece de Boisrobert,
qu'il a intitulée *Théodore, reine de Hongrie* (1).
C'estoit la première fois qu'on la representoit, et
les acteurs reussirent assez bien. Elle est tout à
fait serieuse et les pensées en sont assez relevées :
on voit pourtant bien qu'elle n'est pas composée
par Corneille, car cette expression naifve et naturelle, et neantmoins forte et vigoureuse, luy
est si particulière qu'il n'a point paru d'autheur
qui l'egale.

Le 16ᵉ, ayant fait dessein d'aller à pied à la
pourmenade, nous en fusmes empeschés par une

<hr>

(1) *Théodore, reine de Hongrie*, tragi-comédie de M. l'abbé de
Boisrobert. Cette piece, à ce qu'on lit dans une critique qu'en fit
Somaise, est empruntée pour le sujet, l'intrigue, et même en partie
pour les vers, à *l'Inceste supposé*, tragi-comédie de La Caze.

grande et grosse pluye qui nous obligea de gaigner le premier ieu de paulme que nous rencontrasmes ; nous nous y amusasmes à peloter
iusques à ce qu'elle cessa ; ce qui ne fust que sur
le soir. Ainsi, sans avoir fait autre chose que de
nous lasser, nous retournasmes au logis.

Le 17ᵉ, nous leusmes un presche, et apres
l'avoir fini, le Sⁱ de Brunel nous expliqua les
passages qui estoient difficiles à entendre. Nous
employasmes à cette saincte œuvre la matinée ;
et l'apres disnée nous fusmes voir nostre ambassadeur, pour luy tesmoigner la part que nous
prenions à l'affliction qu'il venoit de recevoir de
la mort de sa femme, qu'il perdit le troisième
iour de sa maladie. Il en a esté vivement touché,
et c'est un malheur qui luy semble d'autant moins
supportable, qu'il luy est arrivé en un pays
estranger où elle luy servoit de compagnie et de
consolation.

Le 18ᵉ, ayants appris l'arrivée du sieur de
Saint-Pater (1), qui estoit parti de la Haye avec
la princesse de Tarente, nous le fusmes chercher
l'apres disnée, pour tascher de nous accommoder
des chevaux qu'il avoit amenés de Hollande.

Le 19ᵉ, nous receusmes nos lettres qui ne
nous apprirent rien de nouveau, sinon qu'on
avoit donné ordre en Hollande de nous acheter
des chevaux et qu'apres on tascheroit de nous
les envoyer par la première et seure commodité.

(1) Il était beau-frère de M. de Beringhen.

parce que celle de la princesse de Tarente estoit
passée.

Le 20°, en revenant de l'academie nous rencontrasmes le ieusne Mortaigne en chemin, qui
venoit de nous chercher à nostre logis. Il y retourna avec nous autres et y demeura à disner.
Depuis son départ de la Haye il a tousiours esté
en Allemagne et principalement à la cour du
Landgrave, où l'on luy fit fort bon accueil en
memoire du merite de son pere qui est mort au
service de ce prince en qualité de general de son
armée. Pour marque de l'affection qu'il luy porte
à cette consideration, il luy a donné des lettres
pour M. le cardinal et pour le sieur Servien, qui
sont fort obligeantes et par lesquelles il le recommande de la bonne façon. Il est encore en doute
s'il doit chercher d'avoir de l'employ en ces
quartiers, parce que son oncle n'est pas resolu
de l'establir en France iusques à ce qu'il soit
asseuré si le Roy de Suede ne tournera point ses
armes vers l'Allemagne, car si cela estoit, il est
d'advis que son nepveu aille treuver ce Roy, pour
tascher d'y apprendre le mestier, où sans doute
les services de feu son pere, qui a esté lieutenant
general des armées suedoises, le feront considerer. Il a aupres de luy un ecossois, nommé
Moñet, qui a esté autrefois aupres de M. de Brederoode, en qualité de gouverneur. C'est un
homme qui est fort propre pour un lieu comme
la Haye, où l'on ne mene pas une vie de si grand
esclat, ni si active que celle de Paris: il y faut

avoir l'esprit delicat et entendre son monde, et il l'a rempli d'un sçavoir qui tient trop de l'eschole et du pedant. C'est dommage que ce ieusne homme n'en ait quelque autre qui le pust introduire aux compagnies ; car certes il a de fort belles qualités, qui font espérer qu'il se formeroit aisement aux belles choses et qu'il deviendroit tres honneste homme. Son train est fort leste, ayant deux laquays de livrée, un cocher, un valet de chambre, cinq chevaux de carrosse et deux de selle.

Le 21e, le Sr de Wicqueford nous vint voir ; il nous dit qu'il avoit esté chez nostre ambassadeur, qui luy avoit tesmoigné qu'estant à present seul, et ayant perdu sa femme, il vouloit se retirer et que pour cet effect il avoit demandé son congé à Messieurs les Estats ses maistres.

Sur le soir, le Sr du Four, medecin de M. de Vendosme vint loger en nostre haubergue ; c'est un homme d'un bon aage et d'un entretien fort doux, et agreable. Il a beaucoup veu et fait divers voyages avec M. Vendosme, du temps qu'il fut obligé de sortir de France pour avoir choqué le premier ministre. Il est de nostre religion, et pour cette raison il nous tesmoigne un peu plus d'affection qu'aux autres. Enfin tout ce que nous pouvons dire de luy, est qu'il est fort sage, modeste, sçavant et tres honneste homme : tellement qu'il y a beaucoup à apprendre en sa conversation où l'on voit tousiours reluire et son iugement, et tant de belles connoissances qu'il possede.

Le 22ᵉ, nous nous fusmes pourmener avec le
Sʳ de Mortaigne, et en passant par la Greve, nous
vismes qu'on y faisoit de grands preparatifs de
feu d'artifice, pour la veille de la Saint-Jean,
qu'on devoit allumer sur le soir. La Maison-de-
ville estoit fort bien tapissée et par dehors et par
dedans. Messieurs de la Ville y donnerent une belle
collation de confitures au gouverneur, aux principaux officiers et aux dames les plus relevées qui
s'y treuvent, ou qui sont priées d'y assister. Il y a
un maistre d'hostel gagé pour cet effect qui tire
6000 livres par an pour la dresser, et qui fait
aussi en mesme temps tous les honneurs. Apres
que les dames y sont toutes, M. le mareschal de
l'Hospital accompagné de quelques compagnies
bourgeoises de ce quartier là, qui sont sous les
armes, tambours battants et enseignes deployées,
vient enfin mettre le premier, comme gouverneur
de Paris, le feu à la machine qui est sur un
eschaffaud de bois, au milieu duquel il y a une
grande statuë, farcie de feu d'artifice et qu'on
diversifie tous les ans. On tire aussitost apres
trois salves de vingt petites couleuvrines qui sont
rangées en haye sur le bord de la rivière. Ce feu
ne fut pas des plus beaux, pareeque le iour
auparavant le feu s'estoit mis aux poudres de
l'entrepreneur: il avoit esté bruslé dans sa maison
avec sa femme et ses deux enfants, et on n'avoit
pas eu assez de temps pour faire achever son
ouvrage. On a une superstition particulière pour
cette feste, et telle qu'il n'y a presque pas un

gentilhomme ou un bourgeois qui porte le nom
de ce sainct, qui ne fasse ce iour-là un feu
devant sa porte.

Le 23ᵉ, nous employasmes toute la iournée à
faire response aux lettres de Hollande, et repre-
sentasmes au long la necessité qu'il y avoit qu'on
nous envoyast des chevaux par la première
commodité.

Le 24ᵉ, nous ne sortismes point du logis, et
fismes en sorte qu'on souppa de bonne heure,
afin d'aller prendre l'air au Palais-Royal apres le
repas. Nous y treuvasmes grand monde, mais
fort peu de personnes de condition, parce qu'il
s'en treuve rarement les iours de festes.

Le 25ᵉ, nous montasmes à cheval pour aller voir
les chevaux malades que nous avions à l'herbe;
ne les ayants pas treuvés et voyants que nous
n'estions pas fort loin du chasteau de Bissestre,
qui est l'une des trois maisons destinées pour
enfermer les gueux et les y nourrir, nous picquas-
mes iusques-là. C'est une maison qui est à une
bonne lieuë du fauxbourg Saint-Marceau, fort
grande, enfermée de quatre murailles qui sont
assez hautes, et gardée par des soldats qui y sont
entretenus pour veiller à tous les desordres qui y
pourroient arriver. On ne nous voulut pas laisser
entrer, mais un garde nous y conta à la porte
une chose qui est fort hardie, c'est que deux ou
trois de ces gueux, ayants fait dessein de se sauver,
et n'en voyants guere le moyen, furent longtemps
à le chercher dans leur esprit. Un iour estants à

la bassecourt, et raisonnants sur cette affaire, ils s'approchèrent du gard qui estoit à la porte, et lui donnants à mesme temps deux ou trois grands coups de cousteau, le couchèrent par terre, et s'estants rendus maistres de la barriere, ils eschapperent et prirent la fuitte : mais ils ne iouïrent pas longtemps de leur liberté qu'ils s'estoient acquise par un si mechant acte, car on les poursuivit d'abord, et apres les avoir pris, on les condamna à estre pendus.

Le 26ᵉ, nous receusmes nos lettres, par lesquelles on nous marquoit qu'apres beaucoup de conteste, le differend et la mesintelligence, qui avoit esté depuis quelque temps entre la France et nostre Estat, avoit enfin esté accommodé : que l'on devoit travailler sans delay à renouveler l'ancienne alliance et à faire un bon traitté de marine, par lequel on eviteroit de tomber doresnavant en un pareil inconvenient qui ne pouvoit que causer beaucoup de maux à l'un et à l'autre Estat.

Le 27ᵉ et 28ᵉ, nous fusmes contraincts, n'ayant point de chevaux, de demeurer au logis. Aussi faisoit-il une si grande chaleur, qu'on avoit à craindre de tomber malade, si l'on ne demeuroit en repos. Nous ne perdismes en aucune façon nostre temps, car nous nous mismes à continuer nostre iournal, parce que nous en avions negligé quelques feuilles pour iouïr de la pourmenade et de la beauté des iours precedents.

Le 29ᵉ, apres avoir fait nos exercices, nous employasmes le reste de la iournée à escrire nos

lettres. Ce mesme soir nous vismes un fort beau
feu d'artifice au bout du Pont-Neuf.

Le 1ᵉʳ de juillet, apres avoir fait nostre devotion
au logis, nous fusmes l'apres disnée pour la
premiere fois à la Comedie Italienne, et quoy que
nous n'y entendions rien, nous ne laissasmes pas
de rire; car les postures et les gestes de Scharra-
mouche et de Trivolino sont capables de faire
esclatter le monde, quoy qu'on ne sçache pas ce
qu'ils disent. Les Italiens ne reüssissent iamais
si bien au serieux qu'à la bouffonnerie; c'est
pourquoy quand on les a veu representer cinq
ou six pieces, on en est desia dégousté, parce
qu'ils tombent tousiours sur les mesmes pensees.
Monsieur le Cardinal donne pension à cette bande,
et on leur a permis de representer leurs pieces
dans la salle des Comedies du Petit Bourbon.

Le 2ᵉ, nous apprismes la mort de M. de Brederoode, et pensants que cela fust seulement un
faux bruict, nous envoyasmes un laquais au Sʳ
Caille, pour en estre mieux instruicts, qui nous
fit dire qu'elle n'estoit que trop asseurée, et de
plus qu'il avoit receu ce mesme iour des lettres
par lesquelles le Sʳ Sarazin, qui estoit le medecin
qu'on avait mandé deux iours auparavant en
poste, la luy marquoit (1).

(1) L'ambassadeur de France fut chargé de faire des compliments
de condoléance à la princesse douairière d'Orange, tante de M. de
Brederoode. « Pour madame la princesse douairière, elle est
encore à Turnhout en Brabant où par conséquent je n'ay pas la liberté
de la voir; mais je luy escrivis hier une lettre sur la mort de M. de
Brederoode son neveu. » ( Dépêche de M. de Thou du 7 août 1657).
*Arch. Aff. Etrang. Holl.* Vol. 57, fol. 211 v°.

Le 3e, à la sortie de la Comedie Italienne nous receusmes nos lettres, qui nous apprirent que le Roy de Danemark avoit declaré la guerre au Roy de Suede, et que l'hostilité ayant commencé par quelques partis, les Suedois avoient defait trois cents Danois.

Le 4e et 5e, après une longue seicheresse on eust une pluye, accompagnée de tonnerres et d'esclairs, l'air en fust rafraischi, et tous les fruicts de la terre, qui estoient presque bruslés en plusieurs endroicts, en reprirent force et vigueur; sans ce benefice du ciel on ne pouvoit pas esperer une bonne recolte, et on avoit à craindre une cherté de toutes choses.

Le 6e, au retour de l'academie nous achevasmes de bonne heure nos lettres pour aller disner chez le Sr de Voorst qui nous en avoit fort prié : nous y passasmes toute l'apres disnée, parce qu'au sortir de table, le Sr de Marbé, qui est auprès de luy, nous obligea de iouer quelques parties au verkier, sçachant bien que nous n'estions pas gens à faire debauche.

Le 7e, nostre couzin du Theil nous vint voir et nous en fusmes fort surpris, le croyants chez son oncle à trente lieües d'icy. Il nous dit qu'ayant esté à l'armée, il avoit perdu deux chevaux et une valise où estoit le meilleur de ses hardes. Ce fut en un parti que ce malheur luy arriva. Ils estoient en embuscade aupres du Castelet, et pensoient de surprendre les ennemis qui estoient sortis de cette place : mais ils furent battus parce

qu'ils avoient logé en embuscade dans un petit boys
quelques fantassins. Se voyant ainsi demonté et
sans equippage, et ses affaires ne luy permettant
pas d'acheter d'autres chevaux, il se contenta
de ce qu'il avoit veu en trois mois de campagne,
qu'il avoit passés en qualité de volontaire dans la
compagnie des Gardes Ecossoises, que le S<sup>r</sup> de
Schomberg commande en l'absence du duc d'York
qui en est le capitaine.

Le 8<sup>e</sup>, apres avoir fait nostre devotion au logis,
nous fusmes l'apres disnée à la Comedie Françoise;
on nous y representa *Dom Philippin Prince*. C'est
une piece du S<sup>r</sup> Scarron : elle est tout à fait
bouffonne et divertissante, si bien que nous ne
plaignismes point nostre argent, et nous passasmes
ainsi la iournée. Il n'est pourtant guere agreable
d'estre icy sans carrosse et de rester dans la ville,
pendant que tout le monde va à la pourmenade
iouïr du beau temps.

Le 10<sup>e</sup>, nous changeasmes de logis apres avoir
eu un petit demeslé avec nostre hoste. Nous en
avons pris un au-delà du Pont-Neuf, qui a pour
tiltre l'*Hostel de Broyez*. Nous y tenons tout le
premier estage, et nous n'avons pas perdu au
change, car pour ce qui est des chambres, elles
sont toutes à plein pied et bien plus belles et
mieux percées que celles de nostre vieux logement;
et quant au traitement, nous y sommes incompara-
blement mieux, ayant tousiours neuf ou dix plats
de viande. Nous nous faisons traiter en particulier,
parce qu'à la table commune il y a de toutes sortes

de personnes, et qui y accourent pour le bon
marché.

Sur le soir nous receusmes nos lettres, par
lesquelles on ne nous marquoit rien de fort remarquable. Elles nous apprirent seulement que la mort
du S<sup>r</sup> de Nieuwcoop (1) avoit causé beaucoup de
joye à tous ceux qui pretendoient à estre heritiers
des grandes richesses qu'il avoit amassées; mais à
l'ouverture du testament ils furent fort surpris de
voir qu'il ordonnoit qu'on bastit cent onze maison-
nettes pour y loger et entretenir ceux qui estants
descendus d'honnestes parens, n'avoient pas
moyen de vivre, et que pour cet effect il dotoit
chasque petite maison de 120 livres de rente.
Il avoit acheté durant sa vie la place où il vouloit
qu'on les bastit: elle est à la Haye au Westende.
Quant à la Seigneurie de Nieuwcoop, il l'a leguée
à la cadette du S<sup>r</sup> de Warmont; et pour ne rien
laisser à ses plus proches d'une si belle succession,
il laisse en pur don la maison où il demeuroit à
son prestre.

Le 11<sup>e</sup>, les S<sup>rs</sup> de Manse et de Cibut, avec qui
nous avions logé dans l'autre maison, nous
vindrent voir, et apres leur avoir monstré tout
nostre appartement, nous fusmes voir un homme
qui a trouvé une merveilleuse invention pour escrire
commodement. Il fait des plumes d'argent où il
met de l'encre qui ne seiche point, et sans en

(1) Jean de Bruin van Buitenwech, Seigneur de Nieuwkoop, Noorden
et Achttienhoven. L'hospice fondé par lui existe encore au Prinsengracht
et non au Westeinde comme le disent nos voyageurs.

prendre on peut escrire de suite une demy main de papier; si son secret a vogue, il se fera riche en peu de temps, car il n'y aura personne qui n'en veuille avoir: nous luy en avons aussi commandé quelques-unes. Il les vend 10 francs, et 12 francs à ceux qu'il sçait avoir fort envie d'en avoir.

Le 13<sup>e</sup>, apres avoir fait nos lettres, nous fusmes voir l'appartement d'hyver de la Reyne, avec le S<sup>r</sup> Cibut, qui nous y accompagna. Il faut advouër que apres cela il ne se peut rien voir de plus magnifique. La dorure, la peinture et tous les riches embellissements y estalent avec profusion tout ce qu'ils ont de plus beau et de plus pretieux en la chambre où elle couche : il y a au bout un cabinet si parfaitement orné et paré de tout ce que la sumptuosité des Roys peut faire inventer de plus rare, qu'on n'y peut rien souhaiter pour en rehausser l'esclat et la pompe. On y voit un cabinet (1) de cornaline et d'agathe; il y a entre autres une piece tout à fait admirable où l'on voit un aigle assis sur un tronc d'arbre, representé si au naturel qu'un peintre ne le sçauroit mieux faire. Le petit lict de repos et les sieges sont d'un riche et superbe brocart. La table, les guerindons et le bois des sieges sont d'un tres bel esmail bleu avec quantité de petites fleurs de de toute sorte de couleurs. Le plancher est de marqueterie, mais d'un bois si odoriferant, que

---

(1) C'est-à-dire un *petit coffre.*

quand on y entre on est tout parfumé. La Reyne
en fait faire un d'esté, auquel nous vismes travailler,
qui sera encore plus beau que celuy dont nous
venons de parler, à ce que l'on nous en a dit.

Le 14ᵉ, sur le soir, madame la duchesse de
Bouillon fut emportée par une fievre qui luy avoit
duré quelques iours. Elle estoit de la maison de
Berghen (1); et pour son malheur, et celuy
de toute sa maison et de sa conscience, le duc
de Bouillon en devint amoureux, l'espousa contre
le gré de tous ses parens; et se laissoit si fort
gouverner à cette adroite femme, qu'il en changea
de religion, en perdit le gouvernement de
Maestricht, et quelque temps apres sa seigneurie
de Sedan. Femme dissimulée et artificieuse plus que
toutes celles des siecles passés et du present,
qui pour être extrèmement belle n'a iamais rien
enfanté de bon ni de beau : soit que l'on regarde
ses actions et sa vie, soit que l'on considere les
enfans qu'elle a laissés, qui sont en grand nombre
et tous assez mal faicts ; attachée à sa religion,
plus pour les advantages qu'elle en pouvoit

(1) Fille de Frédéric, comte Van den Berg ou de S'Heerenberg et
de Françoise de Ravenel. S'Heerenberg ou den Berg est une petite
ville de Gueldre (dans le comté de Zutphen) qui fut érigée en comté en
1473. Vers 1400, cette seigneurie échut à la famille de Wassenaer-
Polanen, qui en prit le titre de comtes van den Berg. Née en 1615,
elle avait épousé en 1634, Frédéric Maurice de la Tour, duc de
Bouillon, frère ainé de Turenne, qui mourut en 1652.

Madame de Motteville en parle autrement que nos voyageurs :
« Cette dame, dit-elle, a été illustre par l'amour qu'elle a eu pour
« son mary, par celuy que son mary a eu pour elle, par sa beauté
« et la part que la fortune lui a donnée aux événements de la cour. »
(Mémoires, éd. Petitot, T. IV, p. 14).

esperer en cette vie que pour ceux qu'elle en
devoit recevoir en l'autre : aussi en mourant,
pour ne point fonder de messes, elle dit qu'elle
estoit trop grande pecheresse pour sortir du
purgatoire et qu'elle vouloit y demeurer tout
autant de temps qu'il plairoit à Dieu; et ainsi
mourut sans avoir contenté les prestres à qui elle
n'a rien laissé pour chanter à son honneur.

Le 15e, estant dimanche nous leusmes un presche au logis, ne pouvants aller à Charenton faute
de chevaux, et l'apres disnée nous fusmes voir
madame de Longschamps avec laquelle nous fusmes nous pourmener au Luxembourg.

Le 16e, nous demeurasmes tout le iour au logis
à cause de l'excessive chaleur. Le Sr de Longschamps nous vint voir sur le soir pour s'aller baigner avec nous, et comme nous sommes fort fa-
miliers, il coucha ensuite avec nous et y demeura
tout le lendemain.

Le 17e, son excellence Borcel nous fit inviter
à disner en ceremonie par un de ses pages et laquays. Il nous traita assez bien, et mieux qu'il
n'avoit accoustumé du vivant de sa femme.
Après y avoir esté assez longtemps, nous prismes
congé de luy, et l'ayant fort remercié de l'honneur qu'il nous avoit faict, nous nous fusmes
encore baigner, mais d'un autre costé que nous
n'avions fait le iour auparavant. Il y avoit plus
de quatre cents carrosses qui y estoient autant pour
se baigner que pour regarder les baigneurs. Les
femmes s'y decrassent aussi sous de petites

tentes qui sont tenduës dans l'eau, de peur qu'on ne voie leur beau corps. En revenant au logis nous receusmes nos lettres, par lesquelles on nous marquoit l'arrivée en Hollande de ce petit coquin de laquays dont nous avons parlé cy dessus, qui s'en estoit enfui avec la livrée. Il avoit eu la hardiesse de se monstrer en nostre maison. Ce jour-cy partit Monsieur le mareschal de Gramont pour son ambassade d'Allemagne.

Le 18e, le Sr de Molines nous vint feliciter en nostre nouveau logement, et nous tesmoigner la joye qu'il avoit de ce que nous estions si proches voisins. Il nous dit qu'il venoit de lire une lettre du camp de devant Montmedy, qui parloit de la merveilleuse et incroyable defense de cette place, et que les François y avoient desia perdu près de quatre mille hommes ; que les assiegez avoient fait une sortie de cinquante chevaux et de quelque infanterie, et qu'ils avoient maltraitez les régiments de Picardie et de Mazarin, dont quatre capitaines avoient esté tués dans la tranchée ; mais qu'ayants voulu y revenir le lendemain, et ayants eu d'abord quelque avantage à la teste de la tranchée, les Suisses leur avoient coupé chemin et les avoient tous pris ou tuez.

Le 19e, nous ne bougeasmes du logis que sur le soir pour aller humer le frais au Luxembourg. Le Sieur de Lionne partit pour son voyage d'Allemagne en qualité d'ambassadeur extraordinaire.

Le 20e, nous passasmes toute la journée à faire nos depesches. Nous apprismes d'un curieux,

qui nous vint apporter ses nouvelles, qu'il venoit
de parler à un gentilhomme que Monsieur de Ta-
renne avoit envoyé pour complimenter Messieurs
de Bouillon sur la perte de madame leur mère;
qu'il asseuroit que son armée estoit de vingt-huit
mille hommes effectifs et qu'il observoit les Espagnols qui taschoient de passer au Luxembourg
pour ietter du secours dans Montmedy. Il nous
dit de plus qu'on parloit d'une ligue entre la maison d'Austriche et les Roys de Pologne et de Danemarck, à laquelle le Grand Duc de Moscovie
et l'Electeur de Brandebourg se devoient ioindre,
et que les princes protestants d'Allemagne offroient
au Roy de Hongrie de luy entretenir soixante
mille hommes pour le faire couronner Empereur,
s'il n'y pouvoit parvenir que par la voye des
armes, pourveu qu'il donnast la liberté de conscience en ses pays. Il nous donna ensuite à lire
un imprimé de la reception de Cromwel en la
charge de Protecteur souverain des trois royau-
mes Angleterre, Escosse et Irlande, et des ce-
remonies avec lesquelles on la luy avoit conferée,
et de la somme d'argent que le Parlement luy
avoit accordée, et de la quantité de vaisseaux de
guerre qu'on devoit entretenir: que ie ne speci-
fieray point icy, puisqu'on en peut voir le dit imprimé.

Le 21e, le Sr de Lorme nous envoya dire qu'il
vouloit venir disner avec nous, et comme nous
luy fismes sçavoir qu'il feroit fort mauvaise chere,
à cause que c'étoit un iour maigre, et que nous

le suppliions de vouloir remettre la partie à un autre iour, il nous escrivit un billet par lequel il nous tesmoigna de ne se soucier pas du traitement, pourveu que nous luy donnassions de bon pain, de bon vin et de bons melons, et que surtout nous luy fissions bon visage, qui est tousiours le meilleur plat du festin.

Le 22e, le Sr Blanche nous vint prendre en carrosse pour aller prier Dieu à Charenton ; mais à l'entrée de la place Royale, l'essieu se cassa, et comme nous mettions pied à terre, il passa trois dames en carrosse à quatre chevaux, qui nous voyant en si pauvre estat et se doutant bien que nous avions fait dessein d'aller à Charenton, firent arrester leur carrosse, et envoyerent demander à un de nos laquays où nous allions : mais ce niais fut si sot que de dire qu'il n'en sçavoit rien, et ainsi nous manquasmes cette bonne occasion. Nous treuvants à pied et loin de nos logis, nous allasmes desieuner au premier cabaret que nous rencontrasmes. Nous y mangeasmes force abricots, meures et cerneaux, et beusmes un trait d'excellent vin. Voilà comme nous passasmes nostre matinée et comme estant en chemin d'aller prier Dieu, nous prismes occasion de nostre malheur à faire cette petite debauche, à laquelle chacun se laissa emporter pour plaire à son compagnon.

Le 23e, nous passasmes l'apres disnée à iouër aux cartes avec madame de Longschamps,

Le 24e, nous fusmes voir le Sr de Marbé, avec

qui nous passasmes une couple d'heures à causer, et ainsi nous nous retirasmes chez nous où nous treuvasmes nos lettres de Hollande par lesquelles on nous faisoit sçavoir la grande affliction en laquelle estoit madame de Brederoode pour la perte de son fils, et qu'elle en estoit presque inconsolable, l'ayant consideré comme le seul appuy de sa maison (1). On nous marquoit aussi que son cadet sollicitoit les charges du defunct, mais qu'on doutoit fort s'il les obtiendroit.

Le 25e et 26e, nous ne sortismes pas à cause de la grande chaleur.

Le 27e, nous passasmes la matinée à faire nos exercices, et employasmes l'apres disnée à faire response aux lettres que nous avions receuës.

Le 28e, le Sr de Molines vint disner avec nous et fit assez mauvaise chere, parce que le vendredy et le samedy nous ne mangeons que du poisson, et on en est assez mal pourveu en ce temps icy que la chaleur empesche qu'on ne le peut transporter sans qu'il se gaste.

Le 29e, nous leusmes quelques chapitres de la

(1) On voit par la correspondance de M. de Thou qu'il avait appelé l'intérêt du cardinal et de M. de Brienne sur madame de Brederoode qui sollicitait pour son petit-fils, âgé de sept ans, le régiment qu'avait son père, « à quoy par jalousie les nobles de la province « de Hollande s'opposent, mais je crois qu'il est du service de S. M. « et de sa réputation de la servir en cette occasion et d'en escrire « une lettre particulière à Messieurs les Estats. » —Dépêche de M. de Thou du 19 juillet 1657. — Arch. Aff. Etrang. Holl., vol. 56, fol. 159. « J'ay adverti madame de Brederoode de l'honneur que le Roy faisoit « à son petit-fils de prendre soin et protection de ses interêts, dont « toute la parenté témoigne beaucoup de ressentiment. » — Dépêche du 28 août 1657. Ibid. fol. 274 v°.

Bible, que le Sᵉ de Brunel nous expliqua ensuite, nous y faisant remarquer les endroicts les plus considerables, ce qui nous valut pour le moins un presche. L'apres disnée nous fusmes chez notre ambassadeur pour luy rendre visite, mais comme il avoit une grande fluxion sur la iouë, qui l'empeschoit de pouvoir entretenir le monde qui le venoit voir, il nous pria de le vouloir excuser. Nous passasmes pourtant une couple d heures avec le Sᵉ de Saint-Agathe son fils, qui nous vint recevoir : et apres y avoir parlé de beaucoup de choses, en nous retirant la pluye nous prit au milieu du chemin, mais nous n'en fusmes pas baignés, parce que nous gaignasmes une grande porte cochere, où nous demeurasmes une grosse heure à attendre qu'elle cessast.

Le 31ᵉ, nous fusmes voir madame de Longschamps, qui nous engagea à iouër à l'hombre. La perte que nous y fismes n'estoit pas trop grande, parce que la marque ne valoit qu'un sol, et neantmoins nous nous divertismes fort bien, passants nostre apres disnée avec plaisir. Au sortir de là nous receusmes nos lettres, par lesquelles on nous marquoit que le Sᵉ de Sommelsdyck estoit revenu de Spyk à la Haye pour quelques affaires, mais qu'il n'y feroit pas long seiour, ayant fait dessein de demeurer la plus grande partie de l'esté à la campagne. Nous apprismes de plus que madame l'Electrice de Brandenbourg (1) avoit fait un se-

(1) Elle était fille de madame la princesse douairière d'Orange.

cond fils, dont toute la cour de madame la Douar-
rière estoit fort resiouïe.

Le 1er d'aoust, nous fusmes rendre visite à madame de Lorme que nous treuvasmes avec le Sr
de Wicqueford, dans le cabinet de son mary où
elle causoit. Nous n'y fusmes pas si tost entrés,
que le Sr de Lorme vint augmenter la compagnie.
Il nous leust des vers qu'on avoit fait nouvellement à la loüenge de mademoiselle de Maulevrier;
et quoy qu'elle ait assez de charmes et d'appas
pour se rendre aimable, elle l'estoit encore plus
par ses belles qualités et perfections qu'on y representoit au vif. Il nous pria fort de luy vouloir
permettre qu'il pust envoyer une lettre au Sr de la
Platte, dans nostre pacquet, par laquelle il luy fit
tenir une copie de cette belle poësie qu'il sçavoit
ne lui devoir pas estre desagreable. Pendant que
nous estions sur cette matière, il y eust des dames qui la vindrent voir, ce qui l'obligea de
quitter ce cabinet pour les aller recevoir dans sa
grande chambre; et parce que nous ne les connoissions point, nous demeurasmes encore un peu
avec son mari. De là nous allasmes visiter nostre
ambassadeur, qui nous fit un compliment sur ce que
nous y avions esté deux ou trois fois sans que
nous l'eussions pû voir à cause de son indisposition. Il nous dit que le Roy avoit acheté cinq cent
mille livres l'hostel de Longueville pour en faire
sa petite escurie. On a dessein d'abattre le petit
Bourbon, pour en faire un manège et une avant-
court au Louvre.

Le 2<sup>e</sup>, ayant cherché l'abbé de la Vieuville, le chevalier de la Riviere et le S<sup>r</sup> de Saint-Romain, que nous ne treuvasmes pas nous allasmes au Temple, pour y prendre les bagues que nous y avions commandées. Nous y vismes une fort belle espée, dont la garde est toute d'or, fort bien travaillée, et couverte d'esmail et de diamants qui au bout des branches et du pommeau forment trois belles roses. On en demandoit trois cents escus, et on nous iuroit qu'elle avoit esté faite pour quatre cents, et que la personne qui l'avoit achetée pour en faire present à Rome à un grand seigneur n'en ayant plus le dessein, la vouloit vendre, parce que sa condition ne luy permet pas de la porter sans se rendre ridicule.

Le 4<sup>e</sup>, madame de Longschamps nous envoya un laquays par lequel elle nous fit demander si nous voulions venir iouër l'apres disnée chez elle, et qu'elle nous donneroit revanche de ce qu'elle nous avoit gaigné. Nous ne manquasmes pas de nous y rendre, parce que lorsqu'on n'a point de chevaux pour se pourmener, on est bien aise de treuver occasion de se divertir, principalement en la compagnie d'une personne bien faite et de bonne humeur, telle qu'est cette dame qui est d'un tres-agreable entretien ; aussi prismes-nous si peu garde à nostre ieu que nous perdismes encore nostre argent.

Le 5<sup>e</sup>, nous fusmes à Charenton pour entendre le S<sup>r</sup> Daillé qui fit un fort beau presche sur les trois premiers versets du chapitre 4<sup>e</sup> de l'Epist.

de saint Paul à Timoth., par où l'Apostre predit les deux grands abus qui regnent dans l'Eglise touchant le mariage et l'abstinence des viandes. L'apres disnée l'abbé de Sautereau et le Sʳ de Cibut nous vindrent dire adieu parce qu'ils devoient partir le lendemain pour Grenoble.

Le 6ᵉ, le Sʳ de Brunel alla avec nous à l'academie pour nous voir monter. Nous y treuvasmes aussi le Sʳ de Marbay qui au sortir nous pria à desieuner avec un pekelharing (hareng salé). Nous nous en excusasmes du commencement, mais à la fin il fallut y consentir. Il nous donna un fort bon dindon en place, parce qu'on ne pouvoit pas trouver de pekelharing en tout son quartier. L'apres disnée nous fusmes voir le Sʳ de Mortaigne qui nous dit qu'il avoit vendu ses chevaux et qu'il pourroit bien partir en peu de iours pour la Hollande, d'où son oncle qui est son tuteur pretend de l'envoyer à l'armée de S. M. Suedoise qui est au pays de Holstein.

Le 7ᵉ, le Sʳ d'Odÿk nous vint treuver tellement defait et abattu par sa flebvre, qu'il estoit mesconnoissable. Mais il ne laisse pas de sortir et de manger comme s'il estoit sain; il demanda mesme un verre de vin qui redoubla l'accès auquel il estoit. Il est en un miserable estat, car toutes ses hardes sont engagées, et il n'a pas le moyen de les retirer: il est reduict à une telle misere qu'il va comme gueuser son pain, n'ayant ny d'argent ny credit, et si son pere ne l'assiste, il est craindre qu'il perira, faute d'avoir ce qui luy est necessaire. Nous receusmes sur le soir nos lettres qui nous apprirent que le S<sup>r</sup> d'Ameronge, (1) ambassadeur de Messieurs les Estats aupres de S. M. de Danemarck, avoit eu la permission de revenir et qu'on croyoit qu'il seroit en peu de jours de retour au pays.

Le 8<sup>e</sup>, apres qu'il eust furieusement pleu toute la matinée, nous sortismes à la fin sur les quatre heures et fusmes rendre visite pour la premiere fois au S<sup>r</sup> Daillé, ministre de Charenton. C'est un homme qui est fort vieux, mais qui a la memoire encore tres bonne, fort sçavant et tres bien versé dans l'histoire, tellement qu'il y a beaucoup à apprendre en sa conversation et en son entretien. Il nous dit que le mareschal de la Ferté, par un courrier exprès avoit donné avis à son pere de la prise de Montmedy, qui s'estoit rendu entre le 5 et 6<sup>e</sup>, apres que le gouverneur nommé Melandri aagé de 28 à 30 ans, soustenant le second assault et defendant la bresche, que le second fourneau des François avoit faite au bastion gauche, dont neantmoins l'ouverture n'estoit pas fort grande, y avoit eu la cuisse emportée d'un coup de canon. Il mourut de sa blessure quatre heures apres, faisant de belles exhortations à tous ses officiers qu'il avoit fait venir en sa chambre, de suivre son exemple et de tenir iusques à la derniere goutte de leur sang, ce qu'ils luy promirent

(1) Godard Adriaan, baron van Reede, Seigneur d'Amerongen, ambassadeur près l'Electeur de Brandebourg en 1672. Mourut à Copenhague le 9 octobre 1691.

tous. Mais ils contrevindrent bien-tost à leurs promesses, car ce brave capitaine ayant expiré sur le
soir, ils demanderent le lendemain de capituler.
Le mareschal de la Ferté leur dit d'abord qu'il ne
vouloit les recevoir qu'à discretion, estant prest
de donner l'assault, et qu'ils avoient attendu
trop longtemps, et que le Roy entroit dans les
lignes pour voir l'attaque.. Le danger auquel ils
se virent, les obligea de donner et de demander
des ostages qui s'allerent ietter aux pieds de S.
M. qui leur accorda de sortir avec leurs bagages
et armes, mais sans canons. Le gouverneur est
regretté universellement, et le Roy d'Espagne y
a perdu un bon et courageux capitaine. Sans sa
mort, les François n'auroient pas esté si-tost
maistres de la place, ni à si bon marché, car trois
iours avant qu'on donnast le premier assault, il
envoya un tambour à monsieur de la Ferté pour
luy demander s'il avoit bien défendu la demy-lune ;
et sur ce que le mareschal respondit qu'on y
avoit fait tout ce qu'on pouvoit attendre de gens
de cœur, il repliqua que son maistre lui avoit
donné l'ordre de luy dire qu'il esperoit d'en faire
autant des autres bastions, et qu'il les luy dispute-
roit iusques au moindre poulce de terre. Il avoit
raison d'y proceder avec tant de resolution, puisque outre l'interest d'honneur celuy du bien l'y
engageoit estant seigneur d'une partie de la ville
et de quelques terres patrimoniales qu'il a aux
environs, qui luy rendoient huit ou dix mille escus par an. Le Roy d'Espagne seroit mesconnois-

sant s'il ne recompensoit la veufve de ce brave homme. Il s'estoit marié pendant le siege et on dit que celle qu'il a espousée est grosse. Il est le dernier de la maison d'Outremont, car le Sieur de Bellagoyen son frere, estant chanoine, ne se peut pas marier.

Le 9e, passants le Pont-Neuf, nous vismes le lieutenant civil avec une demy douzaine de conseillers suivis de plus de cinquante personnes, tant exempts que sergents et archers, tous armés de carabines qui demandoient à un chascun qui portoit l'espée, sa condition, sa demeure et ce qu'il faisoit; s'il n'en pouvoit pas rendre bon compte, on lui ostoit tout aussi tost l'espée, et s'il faisoit difficulté de la donner, on le menoit en prison. Nous vismes ainsi traiter trois ou quatre personnes qui estoient fort lestement adiustées, et qui avoient la plume sur le chapeau. Cet examen et visite se fait pour chasser tous les vaga- bonds et filoux de cette ville; et si on en vient à bout comme l'on a fait des gueux et des pauvres dont on ne voit pas un seul par les ruës, ce sera l'une des cinq merveilles de ce regne, qui sont : la defense des duels en telle sorte que personne n'ose plus se battre; le desarmement des laquays dont il n'y en a pas un qui ose porter l'espée; le renfermement des pauvres dont il n'y en a pas un qui mendie; la poursuite des putains qu'on envoye pour peupler les Canadas (1); et à

(1) Il semble, à en juger par ce que Madame de La Roche écrivait onze ans plus tard à Bussy, qu'il y avait des maris qui usaient de

present la recherche des vagabonds et filoux, si
au moins on peut leur donner la chasse. L'apres
disnée nous allasmes iouër chez madame de
Longschamps, où nous apprismes que les Castillans
avoient assiegé Viane en Galice, et que le S<sup>r</sup> de
Comminges, ambassadeur de S. M. tres-chres-
tienne, estoit arrivé à Lisbonne pour negotier le
mariage du Roy son maistre avec l'infante de
Portugal, dont nous avons icy veu le portraict
dans le cabinet de la Reine : s'il luy ressemble,
c'est une belle princesse.

Le 10<sup>e</sup>, apres avoir fait nos lettres de bonne
heure, nous fusmes visiter le S<sup>r</sup> des Champs, qui
estoit depuis peu revenu d'Angleterre, où monsieur
le Premier l'avoit envoyé pour acheter des coureurs
pour le Roy. Nous le treuvasmes dans la basse-
court d'où, apres l'avoir salué, il nous mena en
l'escurie pour nous faire voir les chevaux qu'il a
amenés : ils sont fort beaux et bien pris mais
chers, le moindre lui coustant tous frais faicts
100 pistoles. Il nous dit qu'il avoit eu grande peine
à ramasser ces douze ou treize qu'il avoit amenés,
et qu'il ne se trouvoit plus de bons chevaux en
Angleterre. Nous y apprismes de plus que le siege
d'Alexandrie alloit assez bien. C'est une tres
grande ville sur le Tanaro et bien fortifiée. On y

cette mesure à l'égard de leurs femmes : « Il se faut bien consoler
de tout; et une dame qui peut être reléguée au Canada sous le bon
plaisir de M. de La Roche, regarde toutes choses avec indifférence ».
Lettre du 3 août 1668.

(*Correspondance de Roger de Rabutin, comte de Bussy, avec sa
famille et ses amis. Ed. Ludovic Lalanne. T. I, p. 120*).

a pris deux demy-lunes : les ennemis en reprirent une en une grande sortie qu'ils firent, mais ils ne l'ont pas gardée longtemps, car le marquis Ville, avec deux cents hommes, les en vint chasser, et bien qu'il eust eu son cheval tué sous soy, il mit pied à terre et les fit deloger en peu de temps, repoussant vigoureusement ceux qui estoient sortis de la ville pour les secourir. On croit qu'on reüssira en cette entreprise, parce que les habitans et l'archevesque ne sont pas Espagnols. Ils s'y sont desia soulevés, pource qu'ils n'ont pû faire la moisson de leurs bleds qui sont presentement gastés par l'armée françoise. On ne s'est pas attaché au Bourg, qui est bien le plus fort, mais on espere qu'apres que la ville sera renduë, on le reduira bien-tost. On a fait des ponts sur le Tanaro et la Bormida pour la communication des quartiers. Les François ont entrepris ce siege avec treize mille hommes, bien qu'autrefois ils ne l'ayent osé faire avec vingt-cinq mille. Leur artillerie consiste en trente pieces de canon, qui font continuellement feu ; si Fuenzeldaigne, qui est en marche avec des forces esgales pour secourir la place, y reüssit aussi bien qu'il fit lorsque Valence estoit assiegé, il confirmera le proverbe italien qui dit : *Fuenzeldagna che sempre perde, è mai guadagna* (1).

Le 11e, ayant fait nos exercices le matin, nous allasmes l'apres disnée à Arcueil voir madame de Saint-Armand. Elle y a une fort belle maison,

(1) Fuenzeldagne qui toujours perd, jamais ne gagne.

accompagnée d'un tres grand et beau iardin, où
nous nous divertismes fort bien, avec mademoiselle sa fille, y abattant quantités de noisettes
et d'autres fruicts que nous y treuvasmes; on y
voit devant sa maison le magnifique et merveilleux
ouvrage de Marie de Medicis, qui est l'aqueduc
qu'elle fit bastir pour conduire de l'eau en son
hostel de Luxembourg. Nous n'en dirons rien
icy, parce que le fontainier qui en a les clefs n'y
estoit pas.

Le 12ᵉ, nous apprismes que les troupes que
monsieur le Prince avoit envoyées au-delà de la
Somme s'en estant retournées à leur gros avec
un assez bon butin, y avoient esté dépouillées
par leurs gens mesmes, qui pour avoir part au
gasteau, avoient donné dessus, et couché par
terre le commandant du party.

Le 13ᵉ, nous fusmes nous pourmener en carosse
avec monsieur et madame de Longschamps au
boys de Boulogne, ayant fait dessein le iour
auparavant d'y aller iouër sur l'herbe. Comme
nous estions à Chaillot, qui est à la portée d'un
mousquet du boys, nous y mismes tous pied à
terre pour chercher un patissier et pour y faire
aprester quelque chose pour la collation : ce qui
fut le bonheur d'un pauvre chartier, qui ayant sa
charrette furieusement chargée de pierres, en
descendant la pente de la montagne, qui est assez
rude, son cheval de derrière s'abattit : il auroit
sans doute crevé sous son harnois et les timons
l'auroient estranglé si nous ne fussions accou-

rus pour l'ayder à desteller son cheval et à relever sa charrette sous laquelle le pauvre animal estoit accablé : il demeura longtemps par terre sans se pouvoir relever, en ronflant de mesme comme il n'en pouvoit plus. Nous le croyons desia mort; mais le chartier lui donna cinq ou six grands coups de fouët, qui le firent relever aussi viste que s'il n'eust fait que dormir, ce qui nous estonna fort. Nous allasmes à pied jusqu'au logis du patissier, à qui nous commandasmes de faire une bonne tarte de verius et quelques gasteaux, que nous vinsmes manger à nostre retour apres avoir ioué quelque temps derriere un buisson, sur le quarreau de nostre carosse, et c'est ainsi que nous passasmes nostre iournée aux despens du Sr de Brunel, car il perdit son argent et fut encore obligé de payer la collation.

Le 14e, parce qu'il avoit beaucoup pleu et qu'il faisoit fort crotté, nous demeurasmes au logis à attendre nos lettres, que nous reçeusmes sur les cinq ou six heures du soir. On y marquoit que le le Sr d'Obdam estoit parti de la Haye pour s'embarquer et se mettre en mer au premier vent, mais qu'on ne sçavoit pas à quel dessein. Que les deux filles du viscomte de Mancheau (1) s'alloient marier avec les comtes de Wittenstein qui sont deux germains, et portent aussi le mesme nom. Nous en avons veu icy l'un dans l'academie du

(1) François de la Place, viscomte de Machault. Il était colonel de cavalerie au service des États-Généraux. Il épousa Anna Marguerite de Boulende.

Sr de Veaux; c'est un gentilhomme qui a bien appris ses exercices, et qui en merite d'autant plus de loüange que c'est une chose assez rare en ceux de sa nation que d'estre fort adroits.

Le 15e, nous allasmes rendre visite, avec l'abbé de Chassan qui nous estoit venu voir le matin, au comte de Rochefort. Nostre couzin de la Platte avoit lié une estroicte amitié avec ce ieune seigneur à Rome et à Venise. Il est de la maison de Rohan et fils de madame de Montbazon (1), qui a passé pour la plus belle de toute la France. Le duc de Montbazon l'espousa sur ce que voyant que le prince de Guemené son fils n'avoit point d'enfant, il apprehendoit que sa maison restast sans heritier. Il en a eu deux filles et ce fils qui possede belles qualitez, et qui s'en sert fort à propos. Il nous fit de grandes civilitez et vouloit sçavoir à toute force nostre logis pour nous rendre visite. Il nous dit que la Cour estoit encore à Sedan, où elle tenoit conseil sur de nouveaux desseins, et qu'on disoit qu'on alloit assieger Dunkerque, pour satisfaire à ce dont on est convenu avec le Protecteur à qui elle doit estre; et pour cet effet on veut que la flotte d'Angleterre soit tout au long de la coste de Flandres, en estat d'y debarquer quinze à seize mille hommes, et de se tenir avec ses vaisseaux à la rade pour la bloquer par mer. Mais il y en a qui asseurent avec plus

(1) Marie de Bretagne, fille du marquis d'Avaugour, comte de Vertus, célèbre par ses aventures et par l'éclat d'une beauté que Tallemant a contestée. Née en 1612, mariée en 1628 à Hercules de Rohan, duc de Montbazon, morte en 1657.

d'apparence qu'on n'entreprendra que quelque petit siege, et que ce sera encore dans le Luxembourg ou aux environs; et ce qui le persuade est qu'on a fait venir à Sedan quantité de munitions.

De là nous allasmes rendre visite au S<sup>r</sup> de Harcourt que nous treuvasmes occuper à examiner une carte genealogique de M. le duc de Beurnonville (1) qui la luy avoit envoyée. Il s'attache fort à cet estude et aussi il y a si bien reûssi qu'il passe maintenant pour un des plus celebres et fameux herauts d'armes de toute la France. Il nous dit qu'il estoit gueri de l'estat de langueur auquel il estoit par les eaux de ce moine, dont nous avons parlé cy devant, qu'il loûe extrémement et qu'il boit encore tous les iours.

Le 16<sup>e</sup>, le S<sup>r</sup> d'Haucourt nous vint voir comme nous estions sur le poinct de monter en carrosse: il nous dit que monsieur le mareschal de Turenne avec toutes ses troupes, qu'il a trouvé de quinze à seize mille hommes effectifs, estoit en marche, mais qu'on ne sçavoit à quel dessein, dont il estoit fort aise, parce qu'elles luy ont bruslé toutes les maisons de la terre dont il porte le nom, et ruiné son moulin, si bien qu'il est fort incommodé et presque desolé par les armées. Il esperoit que les troupes du mareschal de la Ferté delogeroient aussi bientost de son voysinage,

(1) Il fut envoyé par la Cour, en 1652, à Paris, pour y ménager sa rentrée en nouant des intelligences avec les colonels et capitaines de la garnison. « C'estoit un Flamant dont on n'avoit guère entendu parler avant cela. » (Mémoires de la duchesse de Nemours, éd. Petitot, p. 588.)

pour aller ioindre celles de monsieur de Turenne,
car si elles restoient à incommoder ses paysans
ou la recolte, il craignoit de ne pas tirer un
sol de son bien. Il nous dit aussi qu'on avoit
donné le gouvernement de Montmedy à un nommé Vendy qui fait travailler nuict et iour à reparer les bresches et à remettre le plus viste qu'il
peut la place en defence. Par une lettre du S<sup>r</sup>
Stuppa, capitaine aux Gardes-Suisses, nous
apprismes qu'on avoit treuvé dans la ville douze
cents grenades, vingt-un milliers de plomb,
trente-un milliers de poudre, cent bombes, vingt-
six pieces de canon, quantité de mousquets, pic-
ques et autres munitions de guerre. On peut
iuger par là que la place ne se seroit pas renduë
si tost si le gouverneur n'eust esté tué. Des qu'il
fut parti, nous allasmes rendre une lettre du S<sup>r</sup> de
Sommelsdyck au S<sup>r</sup> de Molines. Nous treuvasmes
qu'il avoit changé de logis et nous eusmes de la
peine à le treuver, mais à la fin apres avoir
demandé et redemandé, on nous le monstra.
Nous y apprismes l'arrivée de Mademoiselle en
cette ville; elle loge au Luxembourg et y sera
quelques iours, apres quoy elle s'en ira aux eaux
de Forges et de là à Champigny, pour revenir
icy au commencement de l'hyver. On dit que
lorsqu'elle vist le Roy, S. M. luy dit : « Ma cou-
zine, i'ayme mieux vous voir icy qu'à la porte
Saint-Antoine, où vous animiez mes suiets contre
moy. » Sur quoy le Cardinal prit la parole et dit :
« Mademoiselle, Mademoiselle, le Roy se souvient

de loin, et S. M. a la memoire bonne. » Mais
cecy semble un peu fabuleux, d'autant qu'on ne
parle point de la response que fit Mademoiselle,
qui a la langue fort bien pendue, et qui n'auroit
pas manqué de repartie ; outre que ç'auroit esté
un mauvais compliment, pour la premiere entre-
vue, d'aller rompre si brusquement en visière à
une personne qui venoit se soumettre et qu'on a
eu tant de peine à ramener à son devoir. Le
Cardinal est trop sensé pour permettre que le
Roy luy eust fait un mauvais accueil, et bien
qu'il n'en eust pas esté l'autheur on l'en auroit
tousiours soupçonné : mais nous sommes en un
siecle où chacun fait parler les Grands à sa fan-
taisie. Ce ne sont pas les plus affectionnés à la
prosperité du Roy qui en usent ainsi, mais
quelques esprits inquiets et bourrus qui au lieu
d'esteindre le feu taschent de l'allumer.

De là nous fusmes chercher le S<sup>r</sup> de Gentillot
qui estoit revenu de la Cour, où le S<sup>r</sup> de Thou
l'avoit envoyé pour y obtenir la ratification (1).
Nous le treuvasmes qui iouoit avec son lieutenant

(1) Lieutenant colonel au service de Hollande, M. de Gentillot, qui
avait servi dans les Mousquetaires du roi, était de Bordeaux. C'était
un de ces agents sans caractère officiel comme Mazarin en employait
quelquefois, et il entretenait une correspondance d'informations avec
le cardinal, qui ne dédaignait pas de lui transmettre des directions.
M. de Gentillot avait eu quelque part au rétablissement des bonnes
relations entre la France et les Pays-Bas, et M. de Thou qui en
parle comme d'un « homme plein de chaleur et de zèle pour les
« intérêts de la France, » l'envoya à Paris, avec ses dépêches, pour
donner des renseignements et hâter la ratification de l'arrangement
qu'il venait de conclure avec le gouvernement des Etats.

au verkier, et comme il se fait feste des grands
employs et qu'il passionne de passer pour
homme d'estat, nous luy demandasmes d'abord
s'il nous apportoit la paix ou la guerre ; mais il
ne nous respondit rien, ce qui fit que nous insis-
tasmes, et qu'il nous dit que ce ne seroit pas
luy qui porteroit cette bonne nouvelle à Messieurs
les Estats, mais monsieur le Rhingrave, adioustant qu'il l'a mesme sollicité et prié de la leur
porter, le voyant sur le poinct de partir pour
Maestricht, et qu'il n'avoit pas voulu empescher
qu'on ne prist une voye si seure et plus prompte
que la sienne pour une despesche de si grande
consequence, puisqu'il estoit comme necessité de
de passer par icy pour une petite affaire qu'il y
avoit.

Nous sçavions desia qu'on en avoit chargé
monsieur le Rhingrave (1), qui y a beaucoup
plus contribué que le Sr de Gentillot qui n'en est
guere content ; mais pour ne pas le faire paroistre,
de peur qu'il ne fust mocqué d'avoir battu le
buisson pendant qu'un autre y prenoit le gibbier,
il allegua cette raison que nous avons dite. Nous
vismes bien neantmoins qu'il en estoit un peu

(1) La coopération officieuse du Rhingrave est également attestée
par la correspondance de M. de Thou et celle du cardinal. « Le sieur
de Gentillot m'a apporté vos despèches ; il m'a entretenu en destail
de toutes choses, comme a faict aussy tous ces iours M. le Rhingrave ;
et il ne m'a pas esté difficile de leur faire toucher au doigt que les
intentions du Roy estoient toutes sincères. » (Dépèche de Mazarin à
M. de Thou ; de Sedan, 8 août 1657. Arch. Aff. Etrang. Holl.,
vol. 56, fol. 380).

picqué, car il nous entretint froidement sur cette
matiere, disant qu'il avoit treuvé une tres bonne
disposition en l'esprit du Roy et de ses ministres
de bien vivre avec nous, mais qu'en nos quartiers
on cornoit la guerre et on se laissoit emporter à
troubler le repos naissant par les ordres qu'on
avoit donnés de ne point trafiquer en ce royaume.

Il nous demanda des nouvelles du S$^r$ d'Odÿk
et nous luy dismes qu'il estoit malade et dans un
tel estat qu'il n'avoit pas un sol pour avoir du
pain. Il advofia que c'estoit une grande cruauté
à un pere et une mere de laisser perir ainsi un
fils qui peut se repentir et valoir quelque chose,
bien qu'il ait le premier tort, adioustant qu'il
avoit parlé avant son depart à son pere et à sa
mere en sa faveur, mais que la mere est plus
inflexible et bien plus rude que le pere, car elle
n'en veut ouïr parler en aucune façon, si bien
qu'il n'a rien pu effectuër pour Odÿk qui garde
le lict depuis quinze iours et qui auroit grande-
ment besoin qu'on l'assistast. Il nous dit aussi
que les plus grands amis du S$^r$ de Beverweert (1)

_____

(1) On trouve dans un mémoire de M. Chanut les détails suivants
sur ce personnage, qui était fils naturel du prince Maurice de
Nassau.

« M. de Beverweert est une personne de beaucoup d'esprit, fort
estimé par les gens de guerre pour sçavoir fort bien les ordres et
s'en acquitter avec grande vigilance. Estant fils du prince Maurice,
il s'est attaché à la maison d'Orange et à la princesse Royalle qui se
gouverne en quelque chose par ses conseils. Il est ennemy déclaré de
madame la princesse douairière et du prince Guillaume son gendre.
(Mémoire secret de M. Chanut écrit en 1655, à son retour de Hollande. Arch. Aff. Etrang. Holl., vol. 256, fol. 56. Copie en fut
remise à M. de Thou, lorsqu'il partit comme ambassadeur pour

ont intercedé pour luy, mais qu'il leur iura qu'il
ne le reconnoissoit plus pour son fils, et qu'il ne
lui laissoit par son testament qu'une petite pension pour sa subsistance, parce qu'il ne mérite
pas qu'il le traitte comme ses autres enfants.
outre qu'il ne seroit pas capable de gouverner le
bien qu'il luy laisseroit. De là nous allasmes
chercher le Sr Brasset, que nous treuvasmes
avec le Sr des Champs qui se levoit pour s'en
aller comme nous entrions. Le Sr de Brasset nous
ayant fait asseoir nous dit qu'il alloit vendre tous
ses meubles et aussi son carrosse et ses chevaux.
d'autant qu'il estoit obligé de vivre avec plus de
mesnage, ayant fait un effort pour marier sa fille.
Il se plaignit à nous de ce que le Roy ne luy
payoist point ses arrerages bien loin de reconnoistre ses longs et bons services de quelque
gratification. Le bon homme nous parla avec
assez de confiance de ses petites affaires, et que
pour tant plus se resserrer il avoit loué deux
chambres chez un de ses amis: ses enfants luy
ont tousiours donné beaucoup de peine, et son
aisné qui s'estoit le mieux menagé commençoit à
luy estre le plus à charge, luy demandant de
l'argent pour l'employer à entretenir sa faineau-
tise, qu'il dit l'avoir empesché iusques icy de
rien faire dans le monde.

Hollande, le 9 mars 1657. Le titre complet est " Mémoire secret
de l'estat auquel se trouvoient les provinces des Pays-Bas, sur la fin
de l'année 1655, selon le compte que le Sr Chanut en rendit au Roy
au retour de son ambassade, donné au Sr de Thou son ambassadeur vers les Estats généraux. ")

Le 17ᵉ, ayants fait nos lettres de bonne heure pour aller ouïr le *Te Deum* de la prise de Montmedy, comme nous estions prests à sortir, madame de Longschamps nous envoya demander si nous avions envie de nous pourmener avec elle. Nous aimasmes mieux rompre nostre premier dessein que de perdre l'occasion de iouïr de son agreable compagnie, et l'allasmes aussi tost prendre en carrosse. Mais à peine y estions-nous montés que nostre cocher nous mit en hazard d'avoir bras et iambes cassés, et le carrosse d'estre brisé, car estant saoul et ne nous en estant pas apperceus il nous accrocha tellement aux roues d'une charrette chargée de grosses pierres de taille qu'il fallut plus de douze hommes pour nous en depetrer. Nous quittasmes aussi tost le carrosse, et nous estant mis à causer en une boutique nous fismes encore quelques petites emplettes avec madame de Longschamps pour son fils, et ainsi nous passasmes l'apres disnée.

Le 18ᵉ, ayants fait monter en nostre chambre nostre cocher, nous voulusmes luy donner son congé, mais nous venant prier à mains ioinctes de le vouloir retenir, nous promettant qu'il n'y retourneroit de sa vie, et que c'estoit ses parents qui luy avoient fait commettre cette faute, nous le luy pardonnasmes. Estants en l'academie, le Sʳ Herbert y eust un malheur par la bestise d'un nouveau palefrenier, qui ne sçavoit pas qu'entre les chevaux qu'il pansoit, il y en avoit un qui ne se laissoit monter que dans l'escurie, tellement

que l'ayant amené dehors, le S$^r$ Herbert tirant
ses bottes et ne prenant pas garde que l'autre le
luy avoit desia amené, en reçeust un grand coup
de pied à la cuisse qui le fit renverser et le ietta à
quatre pas de luy, sans qu'il en fust blessé et
qu'il eust autre mal que celuy d'un nerf foulé à
la main sur laquelle il tomba ; cette cheute l'altera
neantmoins de telle sorte qu'il en tomba en une
defaillance, ce qui luy obligea de se mettre sur
le lict de l'un de nos amis nommé le chevalier
de Grancé, pour reprendre ses esprits. Nous luy
donnasmes du vin pour le faire revenir. Il demeura une demy-heure en cet estat, au bout de
laquelle il vint monter ses trois chevaux. Il fust
heureux d'en avoir esté quitte à si bon marché,
car s'il eust esté plus eloigné du cheval il eust
couru risque d'avoir la cuisse fracassée.

L'apres disnée le sieur des Champs nous vint
voir qui nous entretint fort longtemps du sieur
de Gentillot, et entre autres d'une chose qui
luy estoit arrivée à la Cour. C'est que se treuvant
au disner du Roy, et comme tout estoit servy, il
se lava avec les autres qui devoient se mettre à
table avec S. M., qui ayant apperçeu son peu de
respect, en fut surprise et se retira : tout le monde
commença à s'entreregarder, voyant que le Roy
s'estoit ainsi retiré. Il le fit afin de donner temps
à Gentillot de reconnoistre sa faute et ne le point
faire rougir en presence de toute sa Cour, le
considerant comme une personne que son ambassadeur luy avoit envoyée pour solliciter la rati-

fication du traité qu'il avoit fait avec nostre Estat.
Partant il le fit advertir tout doucement que ce
n'estoit pas la coustume que l'on se mist à table
avec luy sans qu'il l'eust invité. En effet le Roy
estant en campagne mange souvent en compagnie, mais ce n'est que avec ceux à qui il fait
dire de se mettre à table avec luy, car il n'y est
pas comme simple general de son armée, et il
ne tient pas table à tous venants. Il fut fort surpris qu'il s'estoit oublié et que sa presomption
l'avoit trompé. Pour ne le pas faire esclatter, le
Sr de Gentillot se retira doucement de la foule.
Il nous dit aussi qu'on luy avoit escrit que le
credit de madame Stanhop et du Sr de Heemveliedt (1) aupres de madame la Princesse royale
estoit beaucoup ammoindry, et que dans peu de
temps on pourroit bien entendre qu'ils auroient
esté disgraciés.

Le 19e, nous employasmes toute la matinée à
lire un presche, parce que nous n'avions pu aller
à Charenton, d'autant qu'un de nos chevaux mor-
veux boitoit. Nous passasmes l'apres disnée avec
monsieur et madame de Longschamps, où apres
avoir un peu ioué, on nous presenta un grand
bassin rempli de bons et beaux fruicts, que la
marquise de Gourville leur parente leur avoit en-

(1) Polyander van den Kerkhoven, seigneur de Heenvliet. — On
lit dans une dépêche de M. Chanut du 11 décembre 1653 : « Le Sr
de Heemveliedt et M. de Beverweert sont tout le conseil de la Princesse royale. » *Arch. Aff. Etrang. Holl.* Vol. 52, fol. 64. M. de
Heenvliet était intendant de la maison de la princesse. — Lady
Stanhope était la femme de M. de Heenvliet.

voyés de sa maison de la campagne à sept lieues
d'icy; nous en mangeasmes nostre bonne part, et
beusmes de fort bon vin, pour en corriger la cru-
dité. Apres avoir collationné nous reprismes le
ieu, et le continuasmes jusques à huit heures,
sans grande perte ni d'un costé ni d'autre. A
nostre retour au logis, nous vismes une plaisante
farce par les fenestres de nostre chambre qui
regardent sur une petite rüe où on la ioüoit, mais
aux despens d'un pauvre miserable, qui reçeust
tant de coups de baston et sur la teste et par
tout le corps que c'est merveille s'il n'en est resté
estropié de quelque membre. Celuy qui les luy
donnoit estoit un homme de fort bonne mine, qui
avoit l'espée au costé et la plume sur le chapeau.
Apres avoir assouvi sa colere, il le laissa plus
mort que vif et se retira sans dire mot. Nous
fismes demander par un de nos laquays pourquoy
on l'avoit ainsi frotté, il nous vint dire qu'on disoit
que le battu avoit tiré un pistolet de sa poche et
luy en avoit voulu donner, et qu'il avoit faict faux
feu, et qu'on le croyoit filoux.

Le 20ͤ, nous fusmes au palais avec le Sʳ de
Brunel pour acheter quelques livres que nostre
couzin de la Platte luy a demandés, mais comme
on les tenoit trop chers, nous retournasmes au
logis sans avoir rien fait. Le Sʳ Herbert qui avoit
soupé ce soir là chez un de ses amis, nommé le
Sʳ Blanche, en se retirant heurta contre une grosse
pierre de taille qui le fist tresbucher au milieu de
la rüe, et pour surcroist de malheur il tomba sur

la mesme main qu'il portoit en escharpe de son coup de cheval. Il s'en releva fort crotté, et ce second accident altera de telle sorte sa santé qu'il en eust la fievre le lendemain.

Le 21<sup>e</sup>, nous apprismes par nos lettres le differend qui avoit esté entre les deux ambassadeurs de France et d'Espagne, qui s'estant rencontrés au Cours, avoient esté près de deux heures à disputer à qui reculeroit et se cederoit le pas. On y accourut de toutes parts, et par l'intervention de quelques-uns de nos Estats, et nommement des S<sup>rs</sup> de Beverweert, de Meroode (1), et du Pensionnaire de Witte (2), qui se pourmenoient au Voorhout, on convint qu'on en romproit la barriere, pour y donner l'entrée à celuy d'Espagne, qui en tenant la droitte, à la mode de son pays, creut avoir satisfait à l'honneur de son Roy. Celuy de France a suiet d'estre content, puisqu'il a gardé le rang de son maistre, en faisant faire place à celuy d'Espagne pour continuer son chemin (3).

(1) Jean de Mérode, seigneur de Rümmen, etc., membre de l'ordre Equestre de Hollande. Il épousa la sœur de l'amiral Obdam, Emilie, baronne de Wassenaer.

(2) Jean de Witt, grand pensionnaire de Hollande depuis juillet 1653. Né le 25 septembre 1625, il avait épousé, en février 1625, Wendela Bicker.

(3) M. de Thou n'avait pas seulement obéi, dans cette occasion, à un sentiment de susceptibilité personnelle; il s'était conformé aux instructions de son gouvernement. On attachait alors une importance extrême à ces questions de préséance, comme on peut en juger par ce passage des instructions données à M. Chanut, lors de son départ

On nous manda de plus qu'on avoit receu la ratification du traitté du Sʳ de Thou, et que monsieur le Rhingrave, gouverneur de Maestricht, l'avoit envoyée, et qu'elle s'estoit treuvée tout à fait en bonne forme, et avoit autant satisfait nostre Republique qu'elle l'avoit peu esté auparavant, parce qu'on avoit semblé la vouloir rompre. On adioustoit que le Sʳ de Thou l'avoit bien fait valoir en son audience, et qu'il ne reste plus qu'à monstrer son adresse au renouvellement d'alliance et au traitté de marine que l'on doit faire.

Le 23ᵉ, le Sʳ de Gentillot nous vint voir et nous dit que les Espagnols pour secourir Alexandrie avoient donné du costé de la Bormida, au quartier du duc de Modene, mais que le lieutenant general Bays avoit si bien soustenu l'attaque, que, apres y avoir esté tué, ses gens avoient repoussé vigoureusement les ennemis, qui se sont retirés apres avoir perdu huit à neuf cents hommes, et entre autres le lieutenant general Strozzi qui est demeuré percé de neuf coups d'espée. Apres cette tentative, qui leur a si mal reüssi, ils se sont campés à une lieüe des

---

pour la Haye : « La rencontre d'un ambassadeur d'Espagne au mesme lieu luy fera penser plus attentivement à la dignité de Sa Majesté, pour laquelle il n'y a point d'extrémités auxquelles il ne se doive exposer plustost que de souffrir que le ministre d'Espagne introduise aucune chose dont il puisse tirer l'avantage d'égalité de rang. »

M. de Thou rendit un compte très détaillé de toutes les circonstances de cette querelle d'étiquette (Voir son curieux rapport à l'*Appendice*, IV).

lignes, si bien qu'on croit qu'ils ont le dessein de
hazarder un second combat. Il n'y a eu que les
Allemands qu'a amenés le general Henckefort, qui
ayent donné à cette fois, et ils se plaignent
d'avoir esté tres-mal secondez des Espagnols et
des Italiens. Cependant ils ont fait glisser dans
la place ce fameux ingénieur Beretta qui a tant
taillé de la besogne aux François lorsqu'ils
assiegeoient Valence; et pour monstrer qu'il n'a
pas oublié son mestier, dès qu'il y a esté il a
fait faire une sortie en laquelle ceux de la ville
ont ruiné une bonne partie de la tranchée des
François, où le marquis Ville, qui la commandoit ce iour là et y fit tres bien, fut blessé à la
teste, et le lendemain on le transporta à Turin
pour l'y faire panser.

Comme il prenoit congé de nous, et que nous
le conduisions iusques à la porte, nous y treuvasmes le Sr d'Haucourt qui monta avec nous : il
nous apprist qu'un party de Rocroy avoit enlevé
trois procureurs : deux du Parlement et l'autre du
Chastelet. Ils estoient allés se pourmener avec
leurs femmes à Vincennes et ils rencontrerent
quelques cavaliers qui venants tout droit à eux,
les prirent et les mirent en crouppe. Leurs
femmes qui estoient au desespoir de voir ainsi
emmener leurs marys, offrirent de payer sur
l'heure 2 000 livres, mais ils n'en voulurent point,
disants que ce n'estoit pas pour l'argent qu'ils
les enlevoient et s'en allerent ainsi sans leur en
donner d'autres raisons. Ils n'eurent pas faict

deux cents pas qu'ils rencontrerent un gentilhomme qu'ils arresterent aussy prisonnier, mais
il leur dit d'abord : « Messieurs, ie suis un
pauvre gentilhomme et ie n'ay ni charge ni
employ ; vous ne tirerez rien de moy, ie ne suis
point de ces richards de Paris : vous vous ferez
decouvrir, car vous ne pouvez passer qu'à
un coup de mousquet de ma maison ou de
celles de mes amis et de mes parents, qui
d'abord monteront à cheval pour me recourre.
C'est pourquoy ie vous supplie de me laisser
aller. » Sur quoy le commandant du party dit :
« Monsieur, si nous vous laissons aller, vous
n'aurez pas fait cent pas que vous tomberez
entre les mains d'une autre troupe, mais pour
eviter qu'on ne vous tourmente plus, tenez, voilà
mon estuy que vous donnerez au commandant et
luy direz que c'est le marquis de la Frette qui
vous l'a donné et qui luy ordonne qu'on vous
laisse passer. » — Il congedia ainsi ce gentilhomme, qui n'eust pas fait cent pas qu'effectivement il tomba dans une embuscade, et l'estuy
du marquis de la Frette luy servit à s'en tirer.
Monsieur le Prince a fait prendre ces personnes
parce qu'on a pris quatre de ses cavaliers, qu'on
a roüés en Greve comme voleurs de grands chemins, ce qui l'a tellement picqué qu'on croit qu'il
fera le mesme traitement à ces pauvres procureurs pour venger par là la mort de ses cavaliers
qui se defendirent si bien qu'avant qu'on les pust
prendre ils coucherent par terre cinq ou six

archers. Il nous dit aussi qu'on a resolu au Conseil du Roy, pour empescher les courses des ennemis aux environs de Paris, de faire des redoutes sur toutes les advenües et d'y entretenir deux mille hommes.

Ce mesme iour, sur le soir, nous envoyasmes à la Charité l'un de nos laquays nommé Baspaulme, afin qu'il y fust pansé d'un mal presque incurable. On creust d'abord qu'il estoit travaillé des hemorrhoïdes, mais on reconnut enfin que c'estoit un abcès qu'on perça. On traite merveilleusement bien ces maux à la Charité, parce qu'on y a Janot qui est un tres-habile chirurgien.

Le 24e, nous escrivismes en Hollande, et comme la maladie du Sr Herbert augmentoit, on manda encore deux medecins, à sçavoir le Sr de Lemonom, medecin du duc de Longueville, et le Sr Meniot (1) pour consulter avec le Sr du Four qui l'avoit assisté dès le commencement de son mal. Ils furent d'advis qu'on eust recours à la saignée qu'il apprehendoit fort, craignant qu'elle luy diminuast ses forces; mais elle luy estoit necessaire pour abbattre le feu de la fievre, car ils craignoient qu'ayant passé le troisième iour sans s'estre reiglée, elle devint quarte, à cause de la constitution du malade, qui est tout à fait melancholique. Ils dirent aussi que

(1) Le médecin Menjot était protestant. Il était de la société de madame de Sablé qui l'avait mis en relations avec Pascal. (Voir la lettre de Pascal à madame de Sablé, tom. I, p. 56 des *Pensées, fragments et lettres de Blaise Pascal*, ed. P. Faugère. Paris, 1844 et 2e édition, p. 67 (1897).

toutes ces petites sueurs qu'il a eües dès le commencement, estoient des marques d'une longue et fascheuse maladie, et qu'il falloit par la seignée et des aposemes laxatifs et rafraichissants qu'ils luy ordonnèrent, tascher de diminüer ces grandes chaleurs, qui l'accabloient et l'empeschoient de dormir et presque de respirer. Cependant le Sr de Brunel recommença à faire ses lettres, d'autant que les medecins l'avoient asseuré; mais son repos fust bien tost troublé, car sur les dix à onze heures de la nuict luy faisant raccommoder son lict, et l'ayant enveloppé dans une couverte devant le feu, iusques à ce que tout fust adiusté, il ne voulut pas se coucher et commença à tenir des estranges discours, disant qu'il vouloit mourir et qu'on l'empeschoit, et mille autres propos de mauvais augure. Le voyant à ces termes, il envoya nostre laquays, qui attendoit les lettres, nous esveiller, et nous pria de venir en sa chambre parce qu'il ne sçavoit comment l'obliger à se recoucher. Nous nous levasmes d'abord et le treuvasmes devant le feu qui se tourmentoit d'une pensée qu'il avoit de ne pouvoir pas estre sauvé et qu'il devoit mourir sans qu'il pust subsister devant le jugement de Dieu. Nous taschasmes de luy faire perdre cette imagination et luy dismes qu'après l'avoir mis au lict il se treuveroit mieux. Il s'y laissa conduire moitié par raison moitié par force. car il nous le fallut prendre par les pieds et par la teste pour l'y mettre. Il n'y fust pas qu'il demanda son coffre, et nous pria de sortir de sa chambre, voulant parler en particulier au sieur de Brunel; nous n'en fusmes pas si tost sortis, qu'on nous vint rappeler et dire qu'il commençoit à entrer en resverie, et en effet nous lê vismes bien, car il ne tenoit point d'autres discours que ceux que nous avons dit et nous commandoit tousiours de prier.

Nous mandasmes d'abord le S<sup>r</sup> de Wicqueford, et le priasmes de nous assister. Nous envoyasmes ensuite deux laquais, l'un pour chercher les trois médecins et le chirurgien nommé Soubarant qui l'avoit tousiours servi, et l'autre pour aller querir l'un des ministres, nommé le S<sup>r</sup> Gache. Il refusa de venir, d'autant qu'il ne connoissoit point le laquays qu'on luy envoyoit. Pour ne le pas laisser sans la consolation d'avoir un ministre, le S<sup>r</sup> de Spÿk qui s'estoit habillé monta à cheval et le fut prier de venir. Il luy fit mille excuses de ce qu'il n'estoit pas venu avec le laquays, disant qu'on leur pourroit faire quelque frasque s'ils sortoient la nuict avec des personnes qu'ils ne connoissent pas bien, et qu'ils ne se hazardoient pas si à la légere. Le ministre estant donc venu, il commença à examiner le malade touchant les articles de sa foy dont il rendit fort bonne raison, et l'ayant un peu exhorté à songer que cette vie terrestre n'estoit rien au prix de celle du royaume des Cieux, qui lui estoit preparée, il fit une tres belle et tres devote prière. Apres qu'il l'eust achevée, voyant qu'il n'y avoit

plus rien à faire, il nous souhaitta le bon iour,
recommandant le pauvre malade à la misericorde
de Dieu.

Le 25e, à l'aube du iour, le ministre s'en
estant allé, le Sr Herbert ne nous demanda autre
chose que de faire continuellement des prières
pour luy, en quoy le Sr de Brunel le satisfit beaucoup, et luy en ayant fait une grande quantité,
il le supplia de vouloir un peu essayer de dormir,
le repos luy estant fort necessaire, n'en ayant eu
depuis trois iours. S'estant ainsi fort bien preparé
à la mort, la fievre commença à redoubler, et le
fit entrer en une frenesie si grande et si excessive, que comme il n'avoit auparavant parlé que
de Dieu, il ne parloit que du diable, criant qu'il
estoit damné, que la misericorde de Dieu s'estoit
retirée de luy, que l'enfer luy estoit preparé,
qu'une legion de diables estoit en son corps,
qui le tourmentoit et qui le trainoit par la
chambre. Il profera cent mille autres discours
qui faisoient fremir. Pour y remedier, on luy fit
la saignée au pied, qui avoit été ordonnée. Le
chirurgien pour mieux prendre son temps ne
l'avoit point quitté, et luy rasa aussi la teste,
afin de luy appliquer des poulets tous vifs coupés
en deux, pour attirer la grande chaleur du cer-
veau. On eust grande peine à le raser, car il ne
faisoit que se debattre des pieds et des mains
pour y resister, et ne vouloit point le souffrir,
croyant et mesme disant qu'on le vouloit tuër.
En suite, il nous supplioit, que comme il voyoit

bien qu'on le vouloit assassiner, on luy donnast une douce mort, en luy ouvrant une artere, et qu'on le laissast ainsi mourir, ou bien on luy mist une espée en main, et qu'il se tuëroit soy mesme. Nous en vinsmes pourtant à bout, et luy ayant rasé le sommet de la teste, on lui appliqua ces poulets qui firent un assez bon effet, mais pourtant pas si grand qu'on l'avoit souhaité; c'est pourquoy les medecins ordonnerent qu'on le saignast au bras, ce qui fut fait, et qu'on lui remist d'autres poulets : tout cela luy profitoit fort peu et ne faisoit aucunement cesser sa frenesie; ce qui fit qu'on luy deslia encore le bras auquel on l'avoit saigné, pour le mettre fort bas, et luy attirer tout ce sang boüillant qui luy envoyoit ces fumées à la teste. Mais comme on ne voyoit aucun amendement en son transport, on manda un ministre, le S⁺ Drelincourt, qui luy fit la prière. Sa frenesie ne laissa pas d'exceder iusques à un tel poinct, qu'il demanda ses habits et se voulust lever. Nous avions assez de peine à sept ou huit que nous estions de le tenir au lict pendant tous ces efforts.

Nous avons oublié de dire qu'en 24 heures de temps il n'avoit rien voulu prendre pour se nourrir, et avoit renversé, brisé et cassé tout ce qu'on luy avoit présenté. Les medecins estants revenus entre le soir, luy ordonnèrent des ventouses et le S⁺ Meniot accorda au S⁺ de Brunel de rester aupres de luy toute la nuict pour le veiller, et lui faire appliquer à propos les ventouses. Il fallut

luy tenir bras, iambes et tout le corps pour les
luy appliquer; mais on ne les luy eust pas appli-
quées qu'on en vist un bon effet, car sa fureur
cessa tout d'un coup et il commença à dormir.
On luy avoit tiré ce iour là pres de trente onces
de sang, et sans cela, parlant humainement, il
seroit mort. On le veilla toute la nuict, mais il
dormit paisiblement.

Le 26ᵉ, à la poincte du iour, il demanda à
boire et à manger, ce qui nous donna une assez
grande ioye, le croyants sauvé. Les medecins
mesmes nous dirent qu'ils avoient à present autant d'esperance et plus de sa santé, qu'ils avoient
eu de crainte, le iour precedent, de sa mort: la
fièvre neantmoins ne le quitta pas, mais au contraire s'augmenta: ce qui fit qu'on lui ordonna
encore une saignée et deux heures apres un
lavement, dont il se treuva fort bien. Il parla ce
iour là avec grande raison et n'extravagua plus.
Il se souvint de ce qu'il avoit blasphemé pendant
sa frenesie, dont il eust un si grand regret qu'il
nous dit que nous avions eu grand tort de ne luy
avoir point fermé la bouche, sçachant qu'il s'estoit si bien preparé à la mort, et nous tint un
discours qui nous mit les larmes aux yeux. Tout
ce qui le faschoit le plus estoit qu'il n'avoit pas
fait la Cene, disant que s'il pouvoit reschapper
de sa maladie, il ne manqueroit pas de la faire.
et de mener bien un autre train de vie qu'il
n'avoit fait cy devant, ayant une vraye repentance de ses pechés et en demandant pardon à

Dieu. Nous ne fusmes pas au presche pour ne le point abandonner, mais nous donnasmes un billet à un de nos amis, pour le faire recommander aux prières de l'Église. Il demanda continuellement à boire, se sentant le corps tout aride et bruslé des tourments du iour precedent. Le S$^r$ de Wicqueford a eu un soin particulier de luy et l'a assisté de tout ce qu'il avoit en sa maison, nous offrant de le veiller, dont nous le remerciasmes fort, ayants assez de monde. Il nous envoya pourtant son valet de chambre, et il vint luy mesme de tems en tems cinq ou six fois le iour demander des nouvelles de sa santé.

Le 27$^e$ et le 28$^e$, il demeura tousiours au mesme estat, et nous gardasmes ces deux iours le logis pour l'assister, bien que nous fussions invités à la tentative du S$^r$ de Gillier qui devoit se faire recevoir conseiller au Parlement.

Le 20$^e$, pendant que nous estions à l'academie, le S$^r$ de Mortaigne eust querelle avec le chevalier de la Frette; et faute d'espées ils se battirent à coups de gaules et à coups de poings, et se frotèrent de la bonne façon. Le S$^r$ del Campe y accourut, les separa à grands coups de chambrière, et envoya le dernier au cachot. A nostre retour nous receusmes nos lettres, que nous n'avions pu avoir le iour auparavant, par lesquelles on nous marquoit que l'ambassadeur de France, en reiouissance de la prise de Montmedy et de la ratification du traitté entre son roy et nos Estats, avoit invité à souper Messieurs les Estats

Generaux en corps et les avoit magnifiquement
et superbement traités. Il avoit fait ranger devant sa maison quantité de tonneaux poicés en
forme de pyramide, qu'on alluma sur le soir, pendant qu'au bruict du canon et des mousquetades,
des violons, des trompettes et des tymbales, on
beuvoit les santés de leurs Maiestés et de Messieurs les Estats (1).

Comme nous estions occupés à lire toutes ces
belles choses, on vint nous dire qu'il y avoit
deux prestres qui vouloient voir le Sr Herbert
sur un advis, qu'ils asseuroient qu'on leur avoit
donné, qu'il les avoit demandés. Nous le leur
niasmes fortement, et nous nous opposasmes à
leur dessein leur disant qu'il n'y avoit iamais
songé. Ils opiniastroient pourtant qu'il avoit dit
que s'il ne changeoit de religion, il seroit damné,
que celle qu'il avoit iusques ici professée ne valoit

(1) M. de Brienne, écrivant au chancelier pour lui demander de
tenir la main à l'exécution des édits qui levaient le sequestre mis sur
les navires et les marchandises des Pays-Bas, parle de cette fête et
y voit un motif de plus pour qu'une juste satisfaction soit accordée à
ce pays : « Certes, dit-il, les dernières lettres de M. de Thou nous
convyent d'avoir en consideration les subjects de Messieurs les Estats
dont les deputés ont assisté à un festin et à un feu de joye fait par
M. l'ambassadeur au sujet de la prise de Montmedy, et le peuple en
a temoigné beaucoup de rejouyssance, auquel il n'a pas deplu de boire
du vin que deux fontaines ont versé pendant plus de six heures. Je
ne vous aurois pas mandé cette particularité n'estoit qu'elle fait
quelque chose au sujet dont il est question; et il est certain qu'il
fault ou perdre pour tousiours les Estats ou adoucir les mecontente-
ments dont ils sont pleins. C'est une republique si opposée à nos
ennemis, et qui est l'ouvrage de cette monarchie, qu'elle semble ne
pouvoir estre ny negligée ny abandonnée. » (Dépêche du 3 septembre
1657.) Arch. Aff. Etrang. Holl. Vol. 56, fol. 292 v°.

rien, et qu'il vouloit mourir catholique romain; et
nous dirent mille faussetez de cette nature, et voulurent même nous pousser et entrer par force en
la chambre du malade. Le Sr de Brunel commença
à se fascher, et leur dit qu'ils estoient de mechantes
gens et des perturbateurs du repos de toute
l'Europe; et que tandis qu'il y auroit des prestres
et de telles sortes de gens qui ne cherchoient
que sedition, la chrestienté seroit en trouble, et
que devant Dieu ils n'en pourroient avoir pardon.
Pour flatter le Sr de Brunel, ils disoient qu'il
estoit un fort honneste homme, et qu'ils ne
croyoient pas qu'il eust cette opinion d'eux, tas-
chant tousiours d'entrer; ce qui fit que nous les
menaçasmes de les ietter du haut en bas des
degrez. S'appercevants que nous prenions feu et
que nous nous mettions en colere, ils s'en
allerent et advertirent le commissaire du quartier, et lui soufflerent cent faussetez aux oreilles;
ce qui fit qu'il nous vint voir à l'instant, nous
demandant ce que c'estoit; s'il estoit vray que
nous avions refusé et mesmement chassé les
prestres, le malade les ayant demandés. Nous
luy accordasmes le premier, mais pour l'autre
nous luy dismes que personne n'en avoit demandé, et que le pauvre affligé n'y avoit songé
de sa vie. Il pria le Sr de Brunel de vouloir aller
treuver le lieutenant civil, pour luy expliquer
toute l'affaire: ce qu'il fit et parla au dit lieutenant civil qui luy dit qu'il viendroit luy mesme
voir le malade, comme il fit: et luy ayant de-

mandé s'il estoit vray qu'il avoit demandé des
prestres pour se convertir, il respondit que non
et qu'il vouloit vivre et mourir en la religion
qu'il avoit tousiours professée, et qu'il n'avoit
eu iamais la moindre pensée de changer. Le
lieutenant civil lui dit : « Mais Monsieur, peut-
estre qu'on vous fait parler ainsi. — Non, ré-
pondit-il, Monsieur, ie ne pretends pas de changer de religion, ni d'admettre aucun prestre. »
Mᵉ le lieutenant civil donques se retira, et comme
il fut hors de la chambre, nous luy fismes une
petite harangue que nous nous estonnions fort
de l'insulte et de l'insolence de ces prestres ;
qu'on establissoit par là en France une espèce
d'inquisition, qu'en nostre pays nous laissions
mourir le monde en sa religion, qu'on ne les
venoit pas troubler lorsqu'ils estoient aux abbois,
et que nous nous estonnions que nous, qui ne
dependions pas du Roy estant estrangers, fussions inquietés de la sorte : mais que nous ne
manquerions pas d'en advertir Messieurs les
Estats, afin qu'on s'en plaignist au Roy. Il
haussa les espaules, et nous parla fort civilement disant que ces prestres avoient eu
advis qu'on les avoit demandés. Nous luy
dismes que nous voulions sçavoir ceux qui
avoient avancé une telle fausseté, et en tirer
iustice. Il nous dit que nous n'avions qu'à
faire faire une requeste, et qu'il ne manqueroit pas à y avoir esgard. Le Sʳ Drelincourt
fit encore à son depart la priere, voyant le ma-

lade bien bas et ne croyant pas qu'il passast la nuict.

Le 30ᵉ, le Sʳ Herbert expira sur le midy, treizieme iour de sa maladie, pieusement et fort resolu, recevant les bonnes exhortations et prieres du Sʳ Drelincourt et les nostres avec une ardeur et constance non pareilles. Il conserva le iugement iusques à un demi-quart d'heure avant sa mort ; il confirma ses legats de son propre mouvement, et ayant dit qu'il prioit ses tuteurs de reconnoistre le Sʳ de Brunel de quatre mille francs, son valet La Riviere de deux cents livres, etc., il adiousta qu'il donnoit cinq cent livres aux pauvres de cette eglise. Il les voulut mettre par escrit, mais le Sʳ de Brunel et nous tous l'en empeschasmes, afin qu'il ne se troublast point l'esprit, disants que le Sʳ de Wicqueford et quelques autres qui y estoient presents, serviroient avec nous de temoings, pour pouvoir rendre valide ce qu'il avoit voulu escrire, et nous luy promismes de faire sçavoir sa volonté à messieurs ses tuteurs et heritiers. Il se laissa ainsi contenter. On voit par là ce que c'est de l'homme, et qu'on ne doit pas se glorifier ni de ses forces, ni de sa ieunesse, car quand cette heure est venuë, il n'y a personne qui y puisse resister. Nous en sommes tellement touchés que nous ne le sçaurions estre davantage pour un de nos freres, aussi l'aimions-nous comme s'il l'eust esté, car il avoit des qualités qui nous y obligeoient, outre que nous avions esté eslevés

ensemble une bonne partie de notre bas aage au
college, où l'on contracte cette forte amitié qui
ne finit qu'avec la vie. Sa mort a pu mettre fin
aux devoirs de celle que nous luy portions, mais
elle n'en mettra jamais au souvenir que nous
aurons de sa vertu et de son merite.

Le 31°, nous le fismes enterrer sur les six
heures du soir, au cimetière de ceux de sa religion, du fauxbourg Saint-Germain. M' notre ambassadeur et tous nos amis y assistèrent, et il y
eust une assez belle compagnie.

Le 1er septembre, avant que d'aller à l'academie, nous fusmes dire adieu aux S" de Gentillot,
Keppel et Marbay qui partoient ce jour mesme
pour retourner en Hollande. L'apres disnée nous
rendismes visite au sieur de Wicqueford, pour le
remercier de la peine qu'il avoit prise de nous
assister pendant la maladie et iusques à la mort
du pauvre S' Herbert. Il nous dit que le siege
d'Alexandrie estoit levé, faute d'infanterie, et
que les François en quittant le camp y avoient
mis le feu. Nous apprismes aussi de luy, que
Saint-Venant s'estoit rendu à M. de Turenne, et
qu'en suite il avoit secouru Ardres; mais que
Boutteville avec quelques troupes de M' le
Prince, luy avoit pris 400 charrettes de bagage.
Le gouverneur de la Fere, nommé Cyron (1),
creature de M. le cardinal, à qui il avoit donné
le commandement du convoy, en luy defendant

(1) M. de Siron.

de faire aucune halte, fut cause de ce malheur : car n'estant qu'à une lieûe du camp de M. de Turenne, il fit halte et prit le devant avec les meilleures troupes du convoy, pour porter la nouvelle que tout estoit en seureté ; mais pendant qu'il la donnoit, il en vint une qui portoit que tout estoit perdu, et que les troupes de Boutteville, ayant eu le temps de ioindre le bagage, avoient donné dessus, pris ce qu'il y avoit de meilleur, et mis le feu au reste. Sur cet advis M⁰ de Turenne commanda en toute diligence à sa cavalerie de monter à cheval pour leur faire quitter la proye ; mais ce fust trop tard, car ils avoient desia gaigné le devant et il n'y avoit pas moyen de les atteindre. Il envoya incontinent apres Cyron prisonnier à la Cour, pour lui faire faire son procez, parce qu'il avoit contrevenu au commandement de son general. En quoy certes il luy fit service, car les officiers estoient si outrés contre luy, à cause de la perte qu'ils avoient faite que peut-estre ils lui auroient faict mauvais party, s'ils n'eussent veu qu'on le vouloit chastier. Il nous dit aussi que le mareschal de l'Hospital estoit parti pour Noyon, avec les nouveaux eschevins pour y prester serment de fidelité au Roy.

Le 2⁰, ayant esté le matin à Charenton, en fiacre que nous avions loüé pour toute la iournée, nous revinsmes disner à Paris, pour nous divertir l'apres disnée à la pourmenade. Comme nous estions à table, le cocher nous fit dire qu'il ne pouvoit

17

point mener, à cause que l'un de ses chevaux
estoit malade, en quoy il nous mentit ; mais parce
que c'estoit un iour de dimanche, et qu'il avoit
loüé son carrosse à quelqu'un il inventa cette defaite. La difficulté de treuver un autre carrosse,
à cause qu'aux iours de feste il y a peine d'en avoir,
fit que nous fusmes à pied chercher les S⁸ des
Champs, d'Alone et Moulines, mais ne les ayant
pas treuvés, nous revinsmes au logis où le Sr de
Mause vint nous tesmoigner la part qu'il prenoit
en notre affliction, et qu'il avoit esté fort surpris
de cette triste nouvelle, d'autant plus qu'il n'avoit
rien appris de la maladie du Sr Herbert. Il nous
raconta qu'il s'estoit passé depuis peu une vilaine action et tout à fait noire au fauxbourg Saint-
Germain : c'est que deux amis, aagés de 24 à 25
ans, dont l'un estoit fils d'un president de Bourdeaux, et l'autre d'un advocat au Parlement de
Paris, ayants ioüé une bonne partie de la nuict ensemble et le fils du president ayant retenu l'autre
à coucher avec luy, il se leva de grand matin, et
par frenesie ou par despit d'avoir perdu son
argent, prist son cousteau et en donna cinq ou
six grands coups au fils du président, qui se sentant ainsi traité cria deux ou trois fois au meurtre. A ce bruict ceux de la maison accoururent, et
le treuvant en un si pitoyable estat menerent
l'autre en prison : le fils du president mourut cinq
iours apres sa blessure, et on travaille à faire son
procez à cet enragé d'ami, et à resoudre de
quelle mort on doit le faire mourir, d'autant qu'il

a confessé d'avoir tué du monde de la mesme
façon.

Le 3 , les S<sup>rs</sup> de Moulines et de Brasset le fils
nous vinrent voir, et apres les premiers compliments de regrets, qu'ils nous firent sur la mort de
nostre amy, en changeant de matiere, ils nous
dirent que la Reyne d'Angleterre estoit partie
pour Bourbon afin d'y prendre les eaux pour recouvrer sa santé. Il y en a plusieurs qui l'y re-
gaignent plustost par la bonne compagnie, qui
s'y treuve en une saison fort agreable, que par
la qualité de l'eau, tellement que par le divertissement de l'une et l'imagination de l'autre, on se
fait plus que si l'on prenait toutes les medecines
du monde; outre que la diète et le bon regime
qu'on y observe, contribuent beaucoup à se bien
porter. Ils nous apprirent aussi que la Reyne
de Suede seroit en peu de iours icy, et que pour
y paroistre elle y avoit desia fait faire la plus
belle livrée du monde, et entre autres cent ca-
saques de gardes en broderie, dont chacune avec
l'habit cousteroit pres de mille francs. Du commencement elle les a voulus vert brun, disant
que de toutes les livrées il n'y en avoit point qui lui
eust plus agréé que celle de M<sup>r</sup> d'Espernon, qui
est de cette couleur. Mais par ce caprice qui luy
est si naturel, elle a desia changé d'advis et veut
une livrée violette et d'evesque. Je ne sçay si
c'est pour mieux faire icy sa cour à la mitre (1),

(1) Allusion au cardinal Mazarin.

et en obtenir une bonne pension et qui supplée
à ce où ne peut atteindre la sienne de Suede.

Le 4e, nous rendismes visite au Sr de Wicqueford, notre voisin. Il nous apprit que le Protecteur insistoit fort à ce que cette couronne fist
quelque siege par mer, et principalement celuy
de Dunquerque qui luy doit appartenir selon le
traité; et que la France voyant la faute qu'elle
avoit faite en le promettant, commence à avoir
horreur de cette entreprise, d'autant que donnant
ainsi pied aux Anglois au deça de la mer, elle
peut en recevoir un iour tres grand dommage.
Pour remedier à ce grand inconvénient, elle
court hazard de se brouiller avec l'Angleterre;
pourtant elle auroit fort envie de se bien reünir
avec la Hollande qui doit aussi apprehender un
tel voisinage.

Ce mesme iour le comte Charles, cadet de Mr
le Rhingrave, nous vint voir et dire adieu à mesme temps, car il n'estoit venu icy que pour quelques affaires, et estant arrivé le soir auparavant,
devoit partir le lendemain. C'est un gentilhomme
dont la seconde veüe ne fait point rabattre de la
bonne opinion qu'on en a conçeue en la premiere,
et il nous semble mesme qu'il acquiert tous les
iours et de l'esprit et de l'estime. Il nous raconta
forces nouvelles du siege de Montmedy, combien
on y avoit tué de monde, combien de peines et de
travaux on y avoit soufferts et comment ils
avoient estez tourmentez des mouches, tant en
leurs personnes, lorsque les viandes estoient sur

la table, qu'en leurs chevaux, lorsqu'ils estoient
en campagne. La vigoureuse defense des as-
siegés ne s'estant pas arrestée à ceux de la garnison, il nous dit qu'outre les paysants qui s'estoient iettés dedans, les femmes avoient fait des
merveilles, ayant paru sur les remparts avec des
mousquets pendant que les hommes dans les
tranchées estoient aux mains avec les assiegeants.
Il est fort bien auprès du mareschal de la Ferté,
et est de dessein de passer l'hyver en cette ville
où il fera sa cour sans doute de la belle maniere.

Sur le soir nous visitasmes notre ambassadeur,
et dans l'entretien il nous dit que Paris n'estoit
point si grand qu'on le dit communement, adioustant qu'il avoit eü la curiosité de faire mesurer
sa longueur, de la porte Saint-Martin iusques à
celle de Saint-Jacques, et qu'elle n'est que de
4554 communs pas; qu'il avoit fait compter les
ieux de paulme, et qu'il n'y en avoit que 114; et
quant aux habitants il croyoit qu'il en avoit environ 600,000 et 30,000 maisons, ce qui est fort
peu pour une si grande ville qu'est Paris. Le Sr
Gache, qui est l'un des ministres de Charenton
et qui avoit assisté le Sr Herbert, y estant survenu, nous changeasmes de discours, et lui racontasmes une drosleric qui nous estoit arrivée la
nuict passée. C'est que ceux de nostre haubergue, qui estoient tous catholiques, ayant esté
faschez de ce que nous n'avions pas voulu admettre ces prestres qui avoient voulu voir le Sr Herbert, comme nous avons dit cy-dessus, avoient

entrepris de nous faire peur, heurtants de nuict à nos portes et y faisants quelque bruict. Nous creusmes d'abord que c'estoient des voleurs : ce qui fit que nous estants levés, et ne sortants pourtant pas de nos chambres parce qu'il faisoit fort obscur, nous fermasmes nos portes à double tour. Dès que nous fusmes recouchés, on recommença à heurter, et bien que nous criassions : qui est là ? personne ne respondoit. Ce badinage dura iusques au iour.

Le 5e, le lendemain, sur ce que nous dismes à nostre hoste qu'il y avoit eû des voleurs la nuict, qui avoient voulu entrer de force en nos chambres en poussant les portes, il fit semblant d'en estre effrayé, et alla chercher par toute la maison, et n'ayant treuvé personne, dit qu'il croyoit que c'estoit l'ame du defunct qui estoit revenuë pour demander qu'on lui fist dire des messes ; qu'il estoit mort de leur religion, et que nous avions tres mal fait d'avoir chassé les prestres, et que son âme nous viendroit bien souvent tourmenter. Voyants que c'estoient des choses apostées, nous fismes semblant de le croire pour attraper cette ame, et pour voir si elle ne sentiroit pas les bons coups de baston que nous lui preparions. Mais ie crois qu'elle s'apperçeut de notre dessein, car nous estant couchés, et ayant mis auprès de nostre chevet de quoy la bien frotter, et laissé une chandelle allumée sous nostre cheminée pour voir quelle forme elle avoit, elle ne heurta qu'une fois à la porte : nous nous levasmes

aussitost, et nous tenants pres de la porte pour
la laisser heurter la seconde, soit qu'elle eust
apperçeu la lumière, soit qu'elle nous eust entendu lever, elle ne revint plus ; et, ainsi, sans faire
dire messe, nous l'avons chassée.

Nous fusmes chez monsieur le Premier qui
estoit arrivé icy le iour auparavant ; il nous tesmoigna qu'il avoit esté touché de la mort du
S⁺ Herbert, et qu'il en avoit esté fort surpris,
l'ayant apprise le iour mesme de son arrivée. Il
nous dit qu'il estoit venu en cette ville pour
quelque procez, et qu'il faisoit estat d'en partir
en peu de iours. Il nous pria d'asseurer nos
pere et mere de ses tres humbles services. En
sortant nous treuvasmes le S⁺ des Champs en
l'escurie voyant panser un cheval qui avoit mal
à la iambe. Il nous dit qu'il avoit mené ses chevaux anglois à la Cour, et que Sa Maiesté en
avoit choisi les meilleurs. Il nous apprit une
assez bonne nouvelle, en nous asseurant que le
S⁺ de Heemveliedt estoit sur le poinct d'estre disgracié et chassé de la cour de madame la princesse royale, par le moyen de la Reyne d'Angleterre, qui en faisoit de fortes instances, voyant
que c'est un fourbe qui ne merite pas d'estre
traité d'autre façon. Sur le midy nous receusmes
nos lettres par lesquelles nous apprismes que la
foudre estoit tombée à la Haye, et qu'elle avoit
abattu la tour de la maison de Maes où estoit
logé l'ambassadeur de France. On nous escrivit
aussi que madame de Dona la douairière estoit

morte, et que le S<sup>r</sup> d'Amerongen estoit de retour de son ambassade de Dannemarck.

L'apres disnée nous nous en allasmes pourmener avec le S<sup>r</sup> de Brunel au Luxembourg, pour nous divertir et prendre l'air de ce beau iardin. Apres y avoir fait quelques tours nous nous assismes sur un banc où quatre à cinq personnes que nous ne connoissions point vinrent aussitost se mettre auprès de nous, estants de differente religion, profession et nation. Car quant à la religion, il y avoit des huguenots et des catholiques. Pour la profession il s'y treuvoit un advocat, un agent des affaires des marchands d'Angleterre, et un horloger de Paris. Pour la nation on y voyoit des Anglois, des Hollandois et des François, si bien qu'on eust dit qu'on estoit en la barque de Delft, exceptez que ceux cy y parloient avec plus de iugement et de raison que ne font d'ordinaire nos petits bourgeois. L'Anglois nommé Muller estoit le plus sensé d'eux tous et qui avoit les plus grandes correspondances. Nous apprismes de luy que M<sup>r</sup> de Turenne, pour suppléer au besoing de l'argent qu'on ne luy pouvoit faire tenir seurement à Saint-Venant, avoit fait couper pour 30,000 livres de sa vaisselle d'argent, et qu'il en avoit fait marquer les pieces d'une fleur de lys, et qu'il y en avoit de 15, 30 et 60 sols, qui ont esté distribuées aux Anglois qui commençoient à se mutiner. Quand on aura recouvré de l'autre argent, on reprendra ces pieces. Il nous dit aussi que quatre ou cinq capitaines du

regiment des gardes estant allés aupres de M<sup>r</sup> le
cardinal pour avoir quelque recompense de ce
qu'ils s'estoient si bien acquités de leur devoir
dans le siege de Montmedy qu'ils en portoient
encore les marques, il leur avoit respondu avec
une mine serieuse, qu'il estoit plus que raisonnable que des personnes de leur condition et de
leur merite, reçeussent quelque recompense, et
que mettant la main à la poche, il avoit donné à
chacun un escu d'or, dont ils avoient esté si
honteux et si outrés qu'ils s'en estoient retour-
nés en pestant contre l'avarice du ministre.
Cependant la politique en est admirable, car par
là il sait que personne ne luy viendra plus rien
demander, de peur qu'il ne luy en arrive de
mesme. Il nous dit aussi qu'on faisoit courir le
bruict qu'il y avoit eû un combat entre les deux
armées aupres du Catelet, mais qu'il sçavoit fort
bien qu'il n'y avoit eû qu'une escarmouche entre
les troupes du comte de Grandpré et celles de
la garnison de Rocroy, dont il avoit defait et
taillé en pieces 800 chevaux, et que le S<sup>r</sup> de
Montalt, qui en est gouverneur, et qui commandoit le party, ayant esté blessé en cette rencontre, s'estoit retiré en desordre et en grande
haste dans la ville, et qu'il y avoit perdu beaucoup de ses officiers entre autres le chevalier de
Foix. Il nous dit de plus qu'il avoit nouvelle
d'Angleterre, que le Protecteur avoit donné
ordre à sa flotte de suivre et d'observer les
Hollandois, dès qu'ils seront en mer, et que au
cas qu'ils attentent quelque chose contre les

Portugais, où on croit qu'ils doivent aller, elle
les charge. Nous apprismes aussi de luy que la
Republique d'Angleterre estoit tres mal satisfaite
de cette Couronne, parce que M⁰ le cardinal voudroit bien se degager de ce qu'il a promis au
Protecteur, et s'exempter de faire un siege mari-
time pour satisfaire au traité qui est qu'au cas
qu'on prenne Dunquerque, il sera mis entre les
mains des Anglois et qu'à la premiere campagne
on s'attachera à Gravelines, ou à quelque autre
place d'importance, qui sera pour les François
suivant le convenu. L'ambassadeur Lockard presse
fort la Cour et parle assez haut. Il s'est mesme
laissé emporter à dire que son maistre ne
trompe personne et qu'il pretend aussi qu'on ne
le trompe pas, et que si on ne veut pas entreprendre ce siege, son maistre luy a commandé
de demander le remboursement des frais qu'on a
faits pour l'armement de la flotte depuis le
1ᵉʳ d'avril iusques au 1ᵉʳ de septembre à raison
de 25 000 escus par iour, et qu'au cas qu'on luy
refuse ce dedommagement, il treuvera bien
moyen de se faire iustice.

Le 6ᵉ, en revenant de chez madame de Longschamps, où nous avions passé l'apres disnée,
nous rencontrasmes le Sʳ Dalonne qui nous dit
qu'il avoit donné 40 pistoles au Sʳ d'Odÿk par
ordre du Sʳ de la Villomer (1), pour luy faire

_____

(1) Maurice de Maurier, seigneur de la Villaumaire, capitaine en
1660 et, en 1672, colonel d'infanterie au service des Etats généraux.
Il fut tué en 1672. Son père, Aubery de Maurier, fut ambassadeur
de France en Hollande.

faire des habits, et qu'il taschoit de luy en faire encore obtenir 100 autres de sa grand'mere pour payer icy quelques petites debtes, et s'en retourner en Hollande avec le reste, comme il le luy a promis : mais nous l'advertismes de ne luy faire rien toucher iusques à ce qu'il fust tout à faict prest à partir, qu'autrement il ne bougeroit pas d'icy, et y resteroit pour y manger l'argent qu'on luy auroit mis entre les mains. Il nous respondit qu'il s'en doutoit bien, mais que quand il auroit receu l'argent, il l'accompagneroit iusques à Dieppe où il le mettroit en un bon vaisseau, et qu'alors il lui donneroit ce qui resteroit de son argent, pensant que par ce moyen il l'empescheroit bien de iouër aucun tour de ses fripponneries ordinaires.

Le 7e, au retour de l'academie, le Sr de Lorme nous vint voir, et nous dit que le cardinal Anthoine (1) estoit parti en grande diligence pour Rome, afin d'y estre lorsqu'on taillera le Pape de la pierre, qui s'en treuvant fort incommodé est resolu de se faire tailler pour la

(1) Antonio Barberini, archevêque de Reims, neveu du pape Urbain VIII qui l'avait fait cardinal en 1627. Il avait laissé à Rome une assez mauvaise réputation. « C'est une chose bien digne de la legereté de la France, dit Olivier d'Ormesson (1615), de recevoir le cardinal Antoine auquel on enleva les armes de France avec ignominie il y a sept ou huit mois, comme à un traistre qui nonobstant qu'il en fust protecteur, en avoit abandonné les interests. » (Journal de d'Ormesson, publié par M. Chéruel, etc., t. Ier, p. 332.)
Le cardinal Antoine avait rempli à Rome les fonctions de Protecteur pour la France. (Voir dans l'Appendice, no V, en quoi consistoient ces fonctions.)

troisieme fois; et on croit que ce ne sera pas
sans courre risque de la vie, et ce cardinal ne
voudroit pas estre absent en une telle conioncture. Il nous dit de plus que trois galeres turques
ayant fait descente sur la coste de Marseille,
avoient pillé quelques villages et emmené une
galiotte.

Il nous leut aussi quelques vers qu'on a
faits sur la morale des Jesuites et sur la vie du
clergé; en voicy une copie :

### Rondeau sur la morale des Jésuites.

Retirez-vous, pechez : l'adresse sans seconde
De la fameuse troupe en Escobars feconde
Nous laisse vos douceurs sans leur mortel venin ;
On les gouste sans crime, et ce nouveau chemin
Mène sans peine au ciel, dans une paix profonde ;
L'Enfer y perd ses droicts, et si le diable en gronde
On n'aura qu'à luy dire : Allez, esprit immonde.
De par Boni, Sanchez, Castro, Gans, Tambourin,
    Retirez-vous.
Mais, ô Pères flatteurs, sot qui sur vous se fonde,
Car l'autheur incognu, qui par lettres vous fronde (1)
De vostre politique a decouvert le fin.
Vos probabilités sont proches de leur fin :
On en est revenu, cherchez un autre monde,
    Retirez-vous (2).

### Sur la vie du clergé.

Miramur cuius sint ordinis Prœlati: in administratione bonorum, agunt ut Laici, in perceptione decimarum

(1) Allusion aux *Lettres provinciales* de Pascal, qui achevaient alors de paraître, sans que le public sût à qui les attribuer.

(2) Ce rondeau se trouve imprimé en tête des premières éditions des *Provinciales*.

ut Clerici, in ornatu vestium ut Mulieres : et tamen non laborant ut Laici, non prædicant ut Clerici, non parturiunt ut Mulieres : quia igitur nullius sunt ordinis, ibunt ubi nullus est ordo, sed sempiternus horror inhabitat.

Il ne se fust pas si tost en allé, que le S$^r$ de Saint-Nicolas, qui a esté en Hollande avec le S$^r$ Servien, nous vint apporter un secret fort excellent et esprouvé pour la pesche des truittes, que nous l'avions prié de nous donner. Il nous le dicta et nous fit promettre de n'en donner copie à personne, parce que cela luy seroit quelque tort d'autant qu'on avoit donné un arrest en Dauphiné contre un gentilhomme, à qui il l'avoit donné, et qui là y avoit ruiné toute la pesche des truittes.

*Secret pour la pesche des truittes.* Il faut prendre musch 4 grains, civette 4 grains, ambre-gris 4 grains, et les bien incorporer ensemble, avec de la moëlle d'heron masle. Apres il faut prendre un quart d'once de la graisse du dit héron, tué en pleine lune, ou environ, parce qu'en ce temps-là il y a plus de moëlle dans les cuisses du dit héron, que lorsque la lune est foible. Plus il faut prendre un quart d'once de chat, un quart d'once de Mommie du Levant et un quart d'once de graisse humaine. Il faut incorporer le tout et y mesler une bonne pincée de sel bien menu, et garder cette paste ou mixtion dans une boîte bien fermée, sans qu'elle s'esvente, comme pourroit estre une boîte de plomb, et on la pourra garder trois ans ainsi sans qu'elle se gaste. Pour s'en servir, faites chercher des vers de terre en quelque lieu humide qui soyent mediocres, car les gros ne sont pas bons à cet usage : laissez-les purger de leur terre dans un sachet, et lorsqu'ils ont jetté leur terre, mettez-les dans un autre sachet où il y aura de la mousse bien nette et bien lavée, où ils acheveront de se purger ; et lorsqu'on voudra

pescher, il faudra avoir une petite boite de fer blanc et
la frotter par dedans de la composition susdite, afin
qu'elle en prenne bien l'odeur, et apres mettre dans la
ditte boite iusques à cinq ou six vers purgés, qui prendront cette odeur, puis en mettre un à l'hameçon et pescher selon l'art. Les truittes y viendront avec ardeur
pour prendre le dit hameçon, et pour estre prises. La
verge de la ligne doit estre de douze à treize pieds de
longueur et le filet de dix, qui doit estre de crin de
cheval, bien subtilement entortillé. Il faut faire les
hameçons des plus fines esguilles, et avant que les plier
les faire rougir au feu, autrement elles se casseroient,
et les plier apres avec des petites pincettes, puis leur
faire prendre la couleur violette affin qu'ils ne se cassent,
et qu'ils soient assez forts pour tirer toute truitte sans
s'ouvrir.

Le 8ᵉ, apres avoir esté à Charenton au caté-
chisme, parce que le iour auparavant nous n'a-
vions pas esté à la preparation de la sainte Cene,
à nostre retour nous fismes quelques tours au Palais-Royal avec le Sʳ Gauthier, advocat au Conseil,
que nous y treuvasmes. Nous nous y amusasmes
à regarder deux ou trois chiens qui nageoient
apres une cane qui, en se plongeant sous l'eau
lorsqu'ils estoient prests de la prendre, ioüa si souvent et les barbets et les spectateurs, que ceux-cy
se lasserent de voir le badinage et ceux-là de la
poursuivre.

Le 9ᵉ, nous allasmes de grand matin à Charenton,
pour y faire la sainte Cene. Le Sʳ de Spÿk y communia aussi pour la premiere fois; et afin que
nous peussions estre au second presche, nous y
fismes apprester le disner. Il fut tres mediocre,
bien que pour ce qu'il nous en cousta nous eus-

sions sans doute fait bonne chere à Paris. Nous
en revinsmes assez tard, et employasmes le reste
de la iournée à lire quelques chapitres de la Sainte-
Escriture.

Le 10°, nous demeurasmes toute la iournée au
logis pour l'amour de la pluye, et nous aydasmes
le S' de Brunel à faire revuë de ses livres, et à les
ranger sur des tablettes parce qu'il craignoit qu'ils
se gastassent dans le coffre où il les avoit laissés
enfermés depuis cinq ou six ans. Sur le soir le
S' de Routes nous vint voir, qui nous dit que le
matin on avoit pendu et ensuite bruslé un prestre
breton. Il avoit esté condamné à ce supplice parce
qu'il avoit eû de grandes privautez avec des religieuses. On nous dit de plus que pendant sa prison il n'avoit pas seulement confessé son crime,
mais qu'il y avoit adiousté qu'il n'avoit pas esté
seul à le commettre, que l'archevesque d'Auxerre
avoit esté de la partie.

Le 11°, le S' de Mortaigne nous vint voir, et nous
dit que le marquis de Hauterive (1) ayant eû
querelle chez madame de Marolles avec un de ses
galants, nommé le S' de Martigny, s'estoit battu
contre luy à cheval, et qu'il avoit eû de l'avantage
au commencement; car Martigny ayant tiré ses
pistolets et manqué son homme, en fut blessé de
deux balles. A mesme temps Hauterive se ietta sur
luy pour luy faire demander la vie ; mais Martigny
luy disant qu'il estoit trop brave pour l'y obliger,

(1) Probablement le fils de celuy dont il est question page 67.

et qu'il croyoit qu'il se battroit encore à pied contre luy, il fust si mal advisé que de tirer son autre pistolet en l'air et de mettre l'espée à la main. En cet estat il va à Martigny, mais la chance tourna, car celuy-ci ayant paré le coup qu'il luy portoit, il luy en donna un au petit ventre, dont on croit qu'il mourra, à cause que la lame de l'espée dont il a esté blessé est si estroitte qu'on n'a pu sonder la playe pour sçavoir s'il y a quelques parties nobles d'offensées. Ce sera dommage s'il n'en eschappe pas, car il est tout à fait bon et honneste garçon. Nous l'avons fort cogneu, d'autant qu'il a appris à monter à cheval en nostre academie. Il est de l'une des meilleures maison de Bourgogne, et des plus accommodées.

La dame, chez laquelle ils prirent querelle, est veufve de ce brave Sr de Marolles qui est mort gouverneur de Thionville. Il l'avoit espousée pour sa beauté. Elle n'est pas françoise, mais du pays de Limbourg, de la maison de Kronenburg. Ce fut un grand bonheur pour elle et toute sa famille que le dit Sr de Marolles en devint amoureux, car ayant partie de ses biens aux environs de Thionville, elle en a peu iouïr avec autant d'advantage que si cette place n'avoit pas chargé de maistre. Son mary en mourant luy a laissé un grand doüaire ; mais d'abord qu'il fut mort elle en usa mal en donnant carriere à son humeur coquette. Elle se retira à Metz, où elle vescut avec tant de privauté avec un sieur Sainte-Ange, fils d'un maistre d'armes de cette ville, que le mareschal de

Schomberg, qui estoit alors à Metz luy fit dire de s'eloigner ou qu'il le feroit mettre hors de la ville. Il en partit, mais s'estant rendûe icy, il l'y a gouvernée quelque temps fort insolemment et s'est enfin brouillé avec elle.

Nous receusmes le mesme soir nos lettres qui nous apprirent que le S<sup>r</sup> Houwaert, (1) escuyer de la Princesse Royale, estant allé à Bruxelles pour ses affaires, y a eû une mauvaise rencontre, car une Angloise, nommée Barlow, qui a esté la maistresse du Roy d'Angleterre, ayant sceu qu'il y estoit, aposta un garçon de seize à dix-sept ans pour le guetter par les rûes. Ce ieune homme, dès qu'il le vit, ne marchanda point et luy donna un grand coup de poignard par derrière ; sans doute c'est quelqu'un de ses galants dont elle a voulu se servir pour se venger de quelque affront qu'elle croit avoir receu de Houwaert : cependant la blessure en est si dangereuse que l'on desespère de sa vie. Elles nous apprirent de plus que le roy de Dannemarck demandoit un secours d'hommes et d'argent à Messieurs les Estats, en declarant que s'ils ne luy donnoient il ne pouvoit pas resister aux Suedois qui l'avoient desià si mal mené que toute son armée estoit à demy dissipée.

Le 12<sup>e</sup>, les S<sup>rs</sup> de Wicqueford et de Lorme nous vinrent voir pour apprendre quelques nouvelles de nous, d'autant que le premier n'en avoit point

_____
(1) Howard.

reçeu par cet ordinaire. Ils nous dirent que monsieur et madame de Saint-Geran avoient obtenu
un arrest par lequel on leur adiugeoit et declaroit pour fils légitime celuy que la Beaulieu disoit
estre sien (1), à laquelle pourtant la Cour enioi-
gnoit de ne point desemparer, et d'avoir sa maison pour prison, iusques à ce qu'on eust mis fin
à tout ce qui la concerne en cette affaire. Elle
pourroit bien luy estre fort peu favorable, parce
qu'on l'accuse de n'avoir pas seulement resserré
l'enfant mais mesme de se l'estre approprié.

Ils nous apprirent aussi que la Seigneurie de
Venise avoit remporté une grande victoire par
mer, tout près des Dardanelles, qu'elle avoit coulé à fond trente-trois galeres du Grand Seigneur,
et en avoit pris treize et delivré huit cents escla-
ves chrestiens. Ils nous dirent de plus que les
lettres d'Italie portoient qu'il estoit mort à Gennes
de la peste plus de cent mille âmes, mais qu'elle
commençoit à diminuer, parce qu'il y restoit si
peu de monde qu'elle n'avoit plus le moyen d'y
faire si grand ravage. N'y ayant pas assez de
monde pour enterrer les corps, on a esté obligé
de les charger en des vaisseaux qu'on a laissés
aller en mer au gré des vents iusques à ce que
des ressorts, disposés expres, en mettant le feu
à la pouldre qu'on avoit destinée pour cet effect,
les faisoient sauter en l'air et treuver à ces pauvres
corps leur sepulture en l'eau. Ils ne furent pas

(1) Voir plus haut, pages 65 et 66.

si tost partis que le S<sup>r</sup> d'Odÿk nous vint voir :
il nous dit qu'il avoit reçeu les mille francs dont
nous avons parlé cy dessus, et qu'il estoit prest
à partir d'icy pour la Haye, sans dire adieu à ses
creanciers, et qu'afin qu'ils ne se doutassent de
rien et ne le peussent poursuivre en tout cas il se
serviroit de chevaux de loüage iusques à la
seconde poste de Roüen, et en suite feroit toute
sorte de diligence pour gaigner Dieppe et s'y embarquer, avant qu'ils le peussent ioindre. Il
demeura à disner et soupa avec nous.

Le 13<sup>e</sup>, le S<sup>r</sup> de Haucourt nous vint voir et nous
apprismes de luy que la Cour estoit allée à Metz
pour s'approcher de l'Allemagne et y pouvoir
negotier plus puissamment. Nous parlasmes ensuite du bruict qui couroit que l'Electeur de Brandenbourg avoit accepté la neutralité avec le Roy
de Pologne, du consentement de celuy de Suede,
et que le S<sup>r</sup> Servien estoit parti pour la Cour, les
uns disants qu'il n'y avoit esté mandé que pour assister le premier ministre aux deliberations touchant les affaires d'Allemagne et aux despeches qu'il
faut qu'il fasse en ce pays là, les autres que c'est
afin qu'au passage de Pignoranda, que le Roy
d'Espagne envoye en Allemagne pour l'election
de l'Empereur, il laboure avec luy et reprenne
le traité de paix que le S<sup>r</sup> de Lionne avoit commencé à Madrid. L'apres disnée nous fusmes
occupés à faire monter deux garnitures de plumes de lict. Elles sont neufves et fort belles, et
si l'on n'y est present on ne fait point de scru-

pule de les changer. Nous les avons acheptées à
fort bon marché, car le plumassier nous offre,
pour les aigrettes seules, ce que les bouquets
ont cousté : c'est une rencontre que nous avions
faite, car autrement elles sont furieusement cheres.

Le 14ᵉ, apres avoir fait nos lettres de bonne
heure, nous allasmes faire de petites emplettes
pour le Sʳ d'Odÿk qui avait disné avec nous : car,
comme il s'estoit resolu de retourner en Hollande,
et qu'il avoit touché de l'argent, il ne vouloit pas
y retourner tout nud, en aussi mauvais equippage
qu'il est.

Le 15ᵉ, nous allasmes au marché aux chevaux
avec le Sʳ de Routes, pour tascher de nous defaire
de notre cavalle morveuse : on en offrit au cocher
qui y avoit esté avant nous une pistolle, mais
comme il ne l'osa donner sans nous en avoir parlé,
on ne la voulut plus prendre quand il y retourna.
Voyants donc qu'il n'y avoit plus rien à faire, nous
revinsmes au logis.

Le 16ᵉ, apres que le Sʳ d'Odÿk nous eust interrompu toute la matinée nostre devotion, et donné beaucoup de peine aux Sʳˢ de Brunel et Dalonne qui ont pris soin de le faire partir d'icy, et de
l'ayder à s'en tirer, il prit enfin congé de nous,
et nous luy prestames deux chevaux de selle pour
aller iusques à Saint-Denys, parce qu'il n'en avoit
peu treuver de loüage le iour auparavant. Mais
afin qu'il ne pust estre reconnu de ses creanciers,
nous le fismes monter à cheval à la porte de

derriere de nostre escurie, avec le S' de Routes,
que nous avions prié de le vouloir conduire iusques audit lieu, et de luy faire prendre la poste
pour Rouen. Ainsi partit Guillaume de Nassau (1),
apres avoir subsisté en France plus de dix-huit
moys, de sa propre industrie, sans avoir tiré un sol
de son pere.

L'apres disnee, le S' de Saint-Nicolas nous vint
voir et nous dit que le S' de Girardin (2), qui est
ce riche partisan que le S' Barbezieres-Chemeraut
avoit enlevé l'esté dernier et amené au prince de
Condé, étoit mort à Malines. On luy demandoit
100 000 livres pour sa rançon, et comme il estoit
sur le point de s'accommoder avec Barbezieres
de la somme qu'il devroit luy donner, celuy-cy
fut pris, lorsque monsieur le Prince ietta le secours dans Cambray (3), et mené icy à la Bastille. On voulut tout aussi tost l'eschanger contre
Girardin, mais monsieur le Prince fit response
qu'il esperoit d'avoir en peu de temps des prisonniers contre lesquels il l'eschangeroit, mais qu'il

(1) M. d'Odÿk était le petit-fils du prince Maurice de Nassau.

(2) Cet enlévement avait eu lieu près de Paris. On trouve de curieux
détails sur les suites de cette affaire dans les mémoires de M. de
Gourville (éd. Léon Lecestre, T. I, p. 137 et seq.), qui avait été
chargé par Mazarin de négocier avec Barbezières pour la fixation
de la somme à lui payer comme rançon de Girardin; celui-ci étant
mort, cette négociation n'eut pas de suite. Voir: *Appendice N° VI.*

(3) Turenne assiégeait alors Cambrai qu'occupaient les Espagnols,
et le prince de Condé parvint à introduire des secours dans la place
sans autre perte que celle de trois prisonniers parmi lesquels fut
Barbezières.

ne rendroit pas Girardin à si bon marché, qui
pouvoit luy payer une grosse rançon.

On nous communiqua à mesme temps un epigramme qu'on avoit fait durant la guerre civile
sur le cardinal Mazarin, et un rondeau qu'on
avoit fait sur la harangue que l'evesque de Montauban, choisi par le clergé pour cette belle
action, avoit fait à l'honneur de madame de
Manchini, sœur du cardinal, le iour des fune-
railles qui se firent aux Augustins. Voicy la copie
de l'un et de l'autre :

### Epigramme sur le cardinal Mazarin.

Il est soldat, prestre et marchant.
En toute qualité meschant,
Cent fois le iour il se deguise :
Il nous trouble comme soldat,
Comme marchand il vend l'Estat,
Et sans ordre il mange l'Église.

### Rondeau sur l'Oraison funèbre de Madame de Manchini, prononcée par l'Évesque de Montauban.

De verité son discours est charmant :
Jamais prescheur avec tant d'ornement
D'un tres passé ne prosna la memoire :
Par ses beaux dits il nous veut faire croire
Que les vertus sont dans le monument,
Bien que chacun sçait assez comme il ment.
Il nous le dit aussi naïvement,
Que s'il avoit à conter une histoire
          De verité.

Excusez-le, s'il ment si hardiment :
Ce qu'il en fait c'est par commandement ;

Sa contraincte est tout à fait meritoire,
Puisqu'en ce iour c'est chose bien notoire,
Qu'il n'estoit pas en chaire asseurement
                De verité.

Le Sr de Codure nous estant venu voir ce
mesme iour, nous apprit qu'on avoit presché en
françois chez l'ambassadeur do Hollande (1) et
qu'il y avoit eû deux missionnaires qui, pendant
qu'on communioit et qu'on faisoit la priere,
avoient tousiours esté teste nuë; mais lorsqu'on
chantoit le cantique de Simeon, ils avoient mis
leur chapeau. Tout le monde en estant scanda-
lisé on leur fit souvent signe qu'ils se decou-
vrissent, mais ils demeurerent tousiours en la
mesme posture, iusques à ce qu'un honneste
homme le leur vint oster, et leur dit : « Messieurs,
quand nous sommes en vos églises, nous n'y
apportons point de scandale; quand vous venez
aux nostres faites en de mesme. »

Le 17e, le Sr Blanche nous vint dire adieu,
estant sur le point d'entreprendre un voyage de
cinq ou six sepmaines, avec le Sr Choisival qui
le mène à Tours dans son carrosse. Il est de
dessein de parcourir en suite la pluspart des villes
qui sont le long de la riviere de Loire. Il ne fut
pas si tost sorty de chez nous que les creanciers
du comte de Nassau, autrement le Sr d'Odÿk,
nous vinrent demander de ses nouvelles. Il en a
un assez bon nombre et entre autres un baigneur,
qui est fort en vogue, nommé Frison; il a logé

(1) Voir plus loin pp. 283 et 284.

chez lui cinq ou six mois, et il nous conta sa
façon de vivre, et nous fusmes estonnés de ce
qu'il nous asseura qu'il devoit plus de 15000 livres,
et de ce qu'il a eû l'adresse de treuver tant de
credit. Il ne s'est pas seulement adressé aux
marchands, mais aussi aux personnes de condition, et entre autres au duc de Navailles de qui il a
eû des chevaux pour 200 pistoles. L'apres disnée nous fusmes avec le Sr de Brunel à l'academie du Sr d'Arnolfini, pour tascher de nous y
defaire de notre cavalle morveuse, en la luy
donnant en payement d'un mois, mais il ne la
voulut pas : ce qui fit que nous la vendismes
100 sols ce soir mesme à un escorcheur.

Le 18e, en revenant de la pourmenade des
Thuilleries, nous vismes arriver Mademoiselle :
le peuple tesmoigna tant de ioye de la revoir,
que lorsqu'elle passa sur le Pont-Neuf peu s'en
fallut qu'on ne l'accompagnast d'acclamations.
Aussi est-ce une princesse pour qui les Parisiens
ont une affection particuliere depuis les dernieres
guerres. Elle s'y mesnagea en vraye amazone du
parti, et avec cette humeur populaire qu'elle tient
de monsieur son père, elle fit autant que les
autres qui estoient le plus avant dans la ligue
contre la Cour. Elle vient de voir le Roy et de se
reconcilier avec leurs Maiestez. Elle est logée au
palais d'Orleans, et y sera dix ou douze iours à
prendre les bains, et elle s'en ira à Bloys voir
monsieur son père, en allant executer son arrest
pour Champigny. On croit qu'elle reviendra icy

passer l'hyver et augmenter les divertissements du carnaval.

Le 19e, avant que d'aller à l'academie nous receusmes nos lettres, parce qu'on ne les avoit pas distribuées le soir auparavant. Elles nous apprirent que monsieur et madame d'Ossenberg estoient encore à la Haye, et qu'ils n'en parti-roient pas si tost à cause que la peste s'estoit renforcée à Wesel qui n'est qu'à deux lieuës de leur maison. A nostre retour, le Sr Wicqueford nous vint voir pour nous prier de luy prester nostre carrosse, parce que le sien estoit chez le charron. Il nous dit que la iustice avoit mis les scellés chez Girardin, afin que ses heritiers ne fussent fraudés de rien de ce qu'il laissoit: et qu'on avoit eu advis de Turin, que le feu s'estant mis à la Vigne de madame de Savoye, n'avoit presque rien laissé de ce beau bastiment où elle se plaisoit tant à cause que l'air y est fort bon. Il est situé au delà du Po, sur un agreable costeau. L'apres disnée nous allasmes iouër à la paulme et y employasmes le reste de la iournée.

Le 20e, le Sr de Longschamps nous vint voir et demeura à disner avec nous. Pendant que nous estions à table, il survint un grand orage accom-pagné de tonnerre, d'esclairs et d'une furieuse pluye qui dura environ deux bonnes heures. Voyants donques qu'il n'y avoit pas moyen de sortir, nous nous mismes à iouër au berlan pour tuër le temps. Comme nous avions fait deux ou trois tours, le Sr de Manse qui nous vint rendre visite se mit de la partie. Il nous dit que monsieur de Turenne avoit pris la Motthe-aux-Bois, qui est un chasteau dans l'Artois qu'on a fortifié; il est à deux lieuës de Saint-Venant. Les François l'ont rasé dès qu'ils l'ont pris, pour estendre la contribution de la place et n'entretenir pas tant de garnisons. Le gouverneur en est sorti avec la garnison qui estoit de quatre-vingts hommes, avec armes et bagages; il a esté conduit à Aire. Il n'a defendu sa place que vingt-quatre heures, quoy qu'il l'eust pû tenir encore trois iours: aussi croit-on qu'il sera chastié aussi bien que celuy de Saint-Venant, nommé le S<sup>r</sup> de Lavergne à qui les Espagnols ont fait trancher la teste à Gand. Nous apprismes aussi de luy que le S<sup>r</sup> de Meule, officier de la Cour des Aydes, qui a un furieux dogue d'Angleterre, a esté en danger d'estre assommé et sa maison d'estre pillée, parce que ce chien s'estant ietté sur un porteur d'eau l'avoit à demy estranglé. Toute la ruë s'en estant esmuë se disposoit à le maltraiter, et pour se retirer de ce mauvais pas, il commanda luy mesme qu'on tuast son chien.

Le 21<sup>e</sup>, nous fismes dresser un acte à un notaire en forme d'attestation des legats que le fû S<sup>r</sup> Herbert avoit faits, que nous signasmes tous, aussi bien que ceux qui avoient esté presents en sa chambre lorsqu'il etoit aux aboys.

Le 22<sup>e</sup>, nous demeurasmes au logis et travaillasmes à nostre Journal, d'autant que nous n'y avions rien escrit depuis quelque temps.

Le 23°, nous leusmes un prescho, à quoy nous
employasmes toute la matinée. L'apres disnée,
ayant fait le dessein de ne point sortir, nous en
fusmes neantmoins empeschés par madame de
Longschamps qui nous envoya un laquays pour
nous demander si nous voulions y venir iouër
chez elle. Nous y allasmes d'abord, aymants mieux
passer le temps en bonne compagnie, que de
demeurer renfermés dans une chambre.

Le 24°, on nous dit que M' le chancellier avoit
envoyé prier l'ambassadeur de Hollande qu'il ne
fist plus prescher en françois dans sa maison,
d'autant que le concours de monde rendoit les
assemblées grandes, que le peuple en murmuroit
et disoit qu'on permettoit aux huguenots de faire
leurs devotions dans la ville mesme, et qu'il luy
conseilloit que, pour esviter le desordre qui pouvoit arriver, il ne fist prescher qu'en sa langue.
L'ambassadeur luy fit repondre qu'il le remercioit
fort du soing qu'il prenoit de sa personne, mais
qu'il trouvoit fort estrange qu'on le voulust empescher de prescher chez soy en telle langue qu'il
luy plairoit; et que si on vouloit limiter le droict
de son ambassade de ce costé là, il en advertiroit Messieurs les Estats ses maistres afin qu'ils
fissent la mesme defense à l'ambassade de France
et ne luy permissent pas de dire la messe en
latin (1).

(1) Ce que rapportent les voyageurs est confirmé par la correspondance diplomatique du temps. M. de Thou, sur l'ordre contenu
dans une lettre du roi du 27 septembre, porta plainte contre l'ambas-

Le 25<sup>e</sup>, apres avoir passé quelques heures à
faire des emplettes de quelques nippes que nous
voulions envoyer en Hollande avec les hardes du
S<sup>r</sup> de Mortaigne, nous reçeusmes visite du S<sup>r</sup> de
Gillier, qui nous dit que la reyne de Suede estoit
partie de Nevers pour se rendre en cette ville ; et
que l'ambassadeur Lockard estoit tres mal satisfait du chancellier qui n'avoit pas executé les
ordres de la Cour, qui portoient qu'on luy remettroit entre les mains le fils d'Insequia que des

sadeur de Hollande et demanda aux Etats généraux qu'il lui fût interdit de faire prêcher chez lui et dire des prières en français, et d'y
faire célébrer des mariages, pratique qui était contraire à l'usage observé par ses prédécesseurs, et avait l'inconvénient d'attirer la foule
et de provoquer des désordres. (Voir à la date du 20 septembre une
lettre de l'abbé Thoreau, agent général du clergé de France, expri-
mant ses plaintes à ce sujet. *Arch. Aff. Etrang. Holl.*, vol. 56,
fol. 101, et à celle du 21 une lettre du chancelier Seguier à
Brienne sur la même question. *Arch. Aff. Etrang. Holl.*, vol. 56,
fol. 103.)

Il résulte d'une dépêche de M. de Thou qu'il fut fait droit à sa réclamation : « Je vous diray que ces Messieurs icy ont escrit à Monsieur leur ambassadeur de se comporter dans l'exercice de la religion
qui se fait dans son logis de façon que Sa Majesté n'eust pas lieu de
s'en plaindre. Il a aussitôt mandé de par deçà un ministre hollandais
pour prescher en sa langue, de sorte que je pense qu'à cet esgard il
n'y aura plus aucun subject de plainte, et je pense qu'il a pu entrer
là dedans quelque zèle des Pères de la Mission qui peuvent un peu
exagérer les choses. Pour les catholiques qui sont dans ces provinces,
ils n'ont jamais joui d'une si grande liberté, et je les exhorte autant
que je puis d'en user avec retenue et discretion affin de se la conserver. (Dépêche à M. de Brienne du 20 décembre 1657. *Arch. Aff.
Etrang. Holl.*, vol. 58, fol. 95.)

Le gouvernement des Etats-Généraux interdisait, de son côté, aux
catholiques du pays d'aller au service divin chez les ministres étrangers accrédités à la Haye (voir dans l'*Appendice* n° VII l'extrait d'une
dépêche de M. Chanut, à ce sujet, et les instructions données à M. de
Thou pour la conduite qu'il devait observer à l'égard des catholiques
des Pays-Bas).

Religieux avoient enlevé de sa maison, où il s'estoit refugié du collège des Grassins où son pere l'a
mis depuis sa revolte, pour l'y faire instruire dans la
religion catholique romaine à laquelle il a une
repugnance entière (1). Les raisons que le chancellier apporte pour s'excuser de n'avoir pas suivi les ordres de la Cour, sont qu'il ne le peut qu'en
suivant les ordres de la justice, et que cette affaire
ayant esté mise en deliberation au Conseil du Roy,
on y avoit resolu que l'on ne l'y remettroit pas
purement et simplement, et que deux conseillers
y assisteroient pour ouyr la relation que feroit ce
ieune homme. Cependant il est à remarquer que
ce chancellier est de la famille des Seguiers, qui
a esté de tout temps fort contraire à ceux de la
religion, et que pour ne pas dementir ceux de sa
race en une si belle passion, il leur fait tout le
mal qu'il peut : et ayant la charge qu'il a il ne
manque ni de pouvoir ni d'occasion de leur nuire.

Nous apprismes ce mesme iour que le S<sup>r</sup> d'A-
vaugour, qui estoit ambassadeur de S. M. tres-
chrestienne auprès du Roy de Suede, estoit mort

(1) Cette affaire, que lord Lockard avait prise fort à cœur, causa
beaucoup d'ennui à Mazarin. Le comte d'Insequin, catholique, marié
à une protestante, en avait eu un fils qu'elle avait détourné et placé
dans l'hôtel même de l'ambassadeur d'Angleterre ; le père à son tour
avait enlevé son fils et l'avait confié au principal du collège des Grassins. Lord Lockard demanda que l'enfant lui fût rendu, menaçant de
rompre ses relations, s'il n'était fait droit à sa réclamation. M. Pierre
Clément donne sur cette affaire et la part qu'y prit Colbert, des détails intéressants dans son travail intitulé : *Colbert intendant de Mazarin*. — Voir la *Revue Européenne* du 15 mai 1861, tome XV,
page 270.

(Voir: *Appendice n° VIII*).

à Lubeck, ce qui sans doute retardera fort l'accommodement de ce Roy avec celuy de Dannemarck, parce qu'outre qu'il y devoit travailler
puissamment, en ayant ordre de cette Cour, il estoit fort sçavant dans tous les interests et les
desmeslés de ces deux princes.

Le 26ᵉ, avant que d'aller à l'academie, nous
receusmes nos lettres. Elles nous apprirent qu'il
avoit fait de si grandes pluyes en nos quartiers,
que le pauvre paysan ne pouvoit ni labourer sa
terre, ni faire ses semailles. On eust advis ce mesme iour que l'armée du mareschal de Turenne
s'estoit saisie de Bourbourg, et qu'on y avoit
laissé le Sʳ de Schomberg pour y commander et
en restablir les fortifications; et qu'au passage
de la Coline on n'avoit point trouvé de resistance,
les Espagnols ayant retiré leurs meilleures troupes
dans les villes maritimes qu'ils apprehendent
qu'on assiége avant la fin de la campagne. On
eust aussi nouvelles que les troupes du Roy de
Suede avoient taillé en pieces un party de 1,800
hommes, que la ville de Dantzick avoit envoyés
avec deux pieces de canon et quantité d'outils,
pour faire un logement sur la Vistule en dessein
de s'en rendre par là la navigation plus libre.
Cependant le Roy de Suede estant entré dans le
païs d'Holstein, et avancé iusques au païs de
Iutlandt, sans que les Danois luy ayent fait teste,
y avoit assiegé Frederiksort, que le Roy de Dannemarck avoit fait fortifier, il y a quatre ou cinq
ans, considerant que c'est un poste tres impor-

tant. On nous dit de plus ce mesme iour, que la
ville de Munster se defendoit tousiours tres bien
contre les troupes de son evesque et de ses alliés,
qui la tiennent assiegée, et qu'elle ne veut entendre à aucun traité qui preiudicie tant soit peu à
ses privilèges.

Le 27ᵉ, nous apprismes de l'abbé de Faget, qui
loge en mesme haubergue que nous, que Mʳ de
Turenne, apres avoir pris quelques petits forts
sur la rivière de l'Aa, a envoyé le Sʳ Talon en
Angleterre pour conferer avec le Protecteur touchant le siege de Dunquerque. Il nous dit de plus
qu'il avoit veu une lettre de Londres, qui marquoit qu'on y faisoit courir le bruict que les vaisseaux qui estoient sortys de la riviere de Tamise
devoient débarquer dix à douze mille Anglois entre
Mardik et Dunquerque, et qu'il en vouloient faire
le siege, demandant seulement que l'armée françoise tint la campagne pour les y favoriser, et
qu'on leur donnast de la cavalerie pour les y
ayder.

Le 28ᵉ, pendant que nous escrivions nos lettres,
le sieur de Lorme nous vint voir. Il nous dit qu'on
avoit puny les autheurs de la sedition qui estoit
arrivée à Chaalons, et qu'on avoit decouvert par
leur confession même, qu'ils y avoient esté
poussés par des riches marchands de la mesme
ville sous pretexte du nouvel impost qui consistoit à dix sols d'augmentation sur chaque pièce
de sarge, pour lever en deux ans 80 ou 100 mille
livres à l'acquit des debtes de la ville : où il est

à remarquer que ces marchands qui ne vouloient
rien payer seront obligés de deslier leur bourse,
puisqu'on en a pris huit dont quelques uns seront punis par corps, et les autres mis à une
amende qui pourra payer la meilleure partie de cette
somme. Il nous apprit aussi que les eaux estoient
tellement desbordées par les continuelles pluyes,
que la rivière de Loire avoit emporté quantité
de maisons et de bois, qui estoient sur ses bords,
depuis Roüanne iusqu'à Orleans, et mesme que
la ville de Monbrizon qui est la capitale du Forez
en avoit esté deux iours inondée. Il nous dit de
plus que le cardinal Anthoine avoit failly d'estre
noyé avec son carrosse et ses gens, auprès de
la Bresle (1), petite ville du Lyonnois, et qu'il n'en
fust pas eschappé s'il n'eust esté promptement
secouru des paysans.

Le 29ᵉ, nous receusmes une lettre de Londres
du Sʳ de Marbay qui est avec le Sʳ de Voorst.
Elle nous apprit que l'ambassadeur de Messieurs
les Estats leur avoit promis de leur faire voir le
milord Protecteur, et qu'après cela ils repassoyent
en Hollande, et fairoient le plus de diligence
qu'ils pourroient, à cause de l'indisposition du Sʳ
de Keppel, père de ce gentilhomme, qu'on leur
escrivoit estre en danger de ne vivre pas longtemps. Il nous marquoit de plus qu'on avoit faict
descendre la Tamise à une barque, tenduë de drap
noir avec force escussons et banderolles, où es-

(1) *L'Arbresle.*

toit le corps de l'admiral Blake (1) qu'on avoit
ensuite enterré magnifiquement dans la chapelle
de Henry VII (2), au bruict du canon et de l'es-
coppetterie, tant de vaisseaux qui y avoient
moillé l'ancre, que de la bourgeoisie et de
la milice qui estoient sous les armes ; que le
Protecteur avec tout son conseil et tous les deputez de la marine, outre quantité de personnes de
condition, avoit assisté à cette ceremonie, et que
tous generalement regrettoient fort la perte d'un
si brave homme, et qui s'estoit si genereusement
et avec tant de bonheur employé à agrandir cette
Republique et à en faire valoir la puissance par
mer.

L'apres disnée nous fusmes nous pourmener à
pied, et en passant devant la maison de cet homme
qui a treuvé le secret de raffiner si bien l'estain
qu'il puisse resister au feu, autant de temps que
l'argent ou les autres metaux les plus difficiles à
fondre, nous y entrasmes et treuvasmes que c'est
une merveille de voir que dans un plat de son estain il en fait fondre un d'argent. Voilà un beau
secret decouvert, et qui faict desia que les personnes de condition se servent de sa vaisselle, qui
couste moins et faict le mesme effet que celle d'argent, estant aussi belle, aussi legere et d'autant

(1) Né en 1599, mort le 17 août 1657. Improvisé chef d'escadre
en 1649, sans avoir jamais commandé que des troupes de terre, comme volontaire, il se plaça bientôt par ses talents et son intrépidité
parmi les plus célèbres des marins anglais.

(2) L'abbaye de Westminster.

d'esclat. Il la vend cent sols la livre, quand ce sont des pieces où il y a peu de façon ; celles qui en ont beaucoup il les vend plus cher. C'est un anglois qui est venu icy pour y debyter ce beau secret, et il ne faut pas douter qu'il ne s'y enrichisse dans peu de temps.

Le 30e, comme nous avions leu un presche, Forestier nous vint dire adieu, estant sur son depart pour la Hollande. Il nous dit qu'en passant devant Nostre-Dame, il avoit veu dans le carrosse des gentilshommes de Mademoiselle le Sr du Bret, (1) beau frère du Sr de Wimmenūm, et qu'il en avoit esté fort estonné : et qu'ayant quelque petite affaire avec luy, il avoit suivy le carrosse iusques au Luxembourg où il avoit appris par un garde de cette princesse, qu'elle l'avoit gratifié de la charge de son escuyer ; et ce par un assez ioly caprice, parce que ne voulant plus avoir de domestiques qui dependent de la Cour, ou du duc d'Orleans son pere, elle creut que celuy-cy, qui luy avoit dit à Forges qu'il avoit tousiours servy en Hollande et ne connoissoit que trois personnes à Paris estoit un de ceux qu'il luy falloit.

Ce mesme iour, pour tenir parole à madame de Longschamps, à qui nous avions promis de faire voir Meudon, qui est ce beau bastiment que le Sr Servien fait faire à trois lieuēs de cette ville, nous fismes loûer deux chevaux de carrosse l'apres

(1) M. Gailly de Bret épousa Marguerite van den Boekhorst, sœur du très riche et puissant premier noble de Hollande, Amelis van den Boekhorst, Seigneur de Wimmenūm, grand forestier de Hollande, etc.

disnée, qui estoient les plus belles happelourdes
du monde, car estants venus au pied du costeau
où est cette belle maison, ils ne nous y purent
pas monter, si bien que nous fusmes obligés de
sortir du carrosse et d'aller tout doucement à pied.
Nous arrivasmes enfin à la terrasse qui a pour le
moins cinq ou six cents pas en quarré. Elle n'est
pas encore achevée, mais il y fait travailler continuellement quantité de monde pour applanir et
abattre le reste de l'eminence qui l'empeschoit
d'avoir une grande basse court et une belle avenüe.
Elle est soustenüe du costé de Paris d'une tres
haute muraille qui s'esleve d'un lieu si bas et si
enfoncé qu'il semble un precipice. De cette terrasse on a une veüe qui n'en a point d'egale pour
sa beauté ni pour sa diversité qui est la mieux
meslée qu'on se la puisse imaginer, car on voit
la Seine serpenter en une agreable et riche plaine,
une quantité incroyable de belles maisons et de
grands villages, les uns dans des vallées, les autres sur de petits tertres, et le tout si bien placé
qu'il semble qu'on ait devant les yeux un tableau
fait à plaisir. Mais ce qui est le plus advantageux
est qu'on en contemple à plein la plus vaste, la
plus riche et la plus magnifique ville de la chrestienté.

Cette place sert d'avant-court, et au bout on
trouve le corps de logis qu'on fait rabiller et
rebastir à la moderne. Messieurs de Guyse, de
qui le Sr Servien l'a achetée, l'ont creue une piece
assez achevée pour eux, mais elle ne l'a pas esté

pour un surintendant, qui en change toute l'ordon-
nance, et du rond fait le quarré, et du haut le bas,
et de l'eslevé l'applani. On y entre par une basse
court qui a sur la droicte et la gauche deux belles
galeries voutées par des pilliers de pierre de taille,
qui servent de passage pour aller aux deux pavillons, ayant leur veuë sur la porte de l'entrée qui
est au milieu d'un demi-croissant qui forme cette
basse court. Apres l'avoir traversée, on rencontre au milieu du corps de logis une seconde grande
porte sous un bastiment neuf, fait en forme de
dome percé, où il y a un beau vestibule et aux
deux costés le grand degré de la maison : en le
traversant on passe en un parterre. Quand ce
degré sera achevé, il pourra passer pour un chef-
d'œuvre de l'art, parce qu'il est soustenu en l'air
sans noyau. C'est un ouvrage aussi hardy qu'on
en puisse voir, et qui ne peut manquer d'estre
merveilleux quand il sera achevé.

Au bout du parterre on trouve une statuë de
bronze qui représente le rapt de Panthée par Mercure. La reine de Suede en a fait present au Sᵗ
Servien (1), et affin que personne ne l'ignorast, il
y a sur le piedestal, qui est de marbre blanc et
noir, escrit en lettres dorées le nom de celle qui
l'a donnée, ses tiltres et tout ce qu'une si belle liberalité peut produire d'eloges et de loüanges : aussi

(1) Cette statue avait été apportée à la fin de 1653, sur un vaisseau qui transportait en France ce que la reine avait de plus précieux,
S. M. ayant déjà arrêté sa résolution d'abdiquer et de quitter la Suède. (Voir dans l'*Appendice*, n° IX, une curieuse dépêche de M. Cha-
nût sur ce sujet.)

la statuë est à estimer, car elle est tres bien faite,
quoy qu'elle ne soit pas antique ni de celles à qui les
années donnent le prix parmi les curieux, bien
qu'elles n'en vaillent pas mieux en elles-mesmes.

Un peu plus bas que ce parterre on en rencontre
un autre plus enfoncé, et à costé quelques pavillons
imparfaits que le cardinal de Lorraine avoit fait
bastir pour une retraite plus particuliere. Il y a
une belle grotte qui a esté ruinée par les guerres
civiles : on travaille à la reparer, et elle le sera
plutost qu'on ne luy pourra donner de l'eau ; on
la doit tirer du grand bassin qui est au milieu du
grand parterre, mais ce sera là la peine d'en treuver, car on n'a que celle d'une mare. De cet endroit on a la veuë sur le village, sur une vallée et
sur un tres-beau costeau, tellement que l'on diroit que la nature a rassemblé icy tout ce que la
diversité des situations et des obiects peut faire
voir de plus beau et de mieux agencé. Sur la
droicte de tout ce bastiment que nous venons de
representer, il y a un grand bois auquel on monte
par un degré d'environ une vingtaine de marches
qui donnent assez à cognoistre qu'il est beaucoup
plus eslevé que la maison. Il est tout contourné de
murailles, et il s'en forme un beau parc où l'on
voit quantité de longues et larges allées. On y en
fait quelques nouvelles depuis qu'il est au S$^r$ Servien ; et comme tout est trop petit pour les im-
menses richesses d'un surintendant, il a fait
agrandir cet enclos d'environ une demi lieuë de
pays. Comme il a fait de grandes acquisitions et

passé d'un costeau à l'autre, il a eu la commodité
de faire deux beaux estangs en un vallon qu'y
forment ces deux petites eminences. A la pente du
premier parterre qui regarde le village, il fait bastir de nouvelles orangeries, ne s'estant pas contenté des premieres ; elles sont fort longues et
couvertes de plomb, et iustement exposées au
soleil levant. On nous dit qu'il avoit dessein de
bastir au bout un petit pavillon pour sa retraite,
quand il voudra estre tout à fait en son particulier, et que le dessus de l'orangerie luy servira de
galerie. Enfin il a si fort augmenté l'estenduë de
cette terre, qu'elle est à present de 20,000 livres
de rente, et a tellement changé le bastiment et
toutes ses dependances qu'on peut dire qu'il a
enchery pardessus toute la magnificence de la
maison de Guyse.

Ayant ainsi parcouru ce qu'il y avoit à voir,
nous retournasmes au carrosse, qui pendant tout
ce temps avoit eû le loisir de monter : mais comme nous vismes que la descente estoit un peu
rude, pour ne pas trop charger les chevaux qui
l'estoient assez des femmes et de ceux qui leur
tenoient compagnie, nous la descendismes à pied
avec le Sr de Longschamps et gaignasmes ainsi
le devant, en esperance de les rencontrer en chemin. Nous passasmes au travers de quelques
vignes pour tascher d'y treuver quelques restes de raisin. Nous pensasmes plus à doubler
le pas pour les atteindre qu'à poursuivre nostre
chasse ; mais ne treuvants pas le carrosse, nous

fusmes contraincts de retourner à pied à Paris,
où nous arrivasmes sur les huit heures. Nous
allasmes avec le S<sup>r</sup> de Longschamps nous reposer
chez luy, et il nous y fit allumer quelques fagots,
car il faisoit un aussi grand froid que si l'on eust
esté en hyver. Cependant il estoit nuict close, et nous
ne voyions point arriver le carrosse, ce qui nous
mit en grande peine, car comme nous perdions
patience et que nous estions prests à souper
d'une espaule de mouton rostie, avec une estuvée
de concombres et de champignons, nous entendismes le bruict d'un carrosse qui venoit de loin,
et ayant mis le nez à la fenestre, nous vismes
que c'estoit le nostre qui revenoit avec tout son
monde, les trois laquays marchoient devant avec
une vieille lanterne et deux torches de paille qui
leur servoient de flambeau. Ils nous racontèrent
leurs aventures : que le carrosse avoit esté em-
bourbé longtemps dans un chemin creux où les
chevaux qui ne valoient pas grande chose pour
l'en tirer, cassèrent le timon, et que pour le faire
raccommoder, ils avoient esté obligés d'aller à
pied jusques au village de Meudon. Ils s'estoient
divisez en deux bandes, car le S<sup>r</sup> de Spÿk et madame de Longschamps voyants le carrosse em-
bourbé, avoient pris le devant, et le S<sup>r</sup> de Brunel
et mademoiselle le Tellier estoient restés à mettre ordre au debris. L'ayant fait et ne sçachant
où nous reioindre, ils treuverent en passant par
Issi madame de Longschamps et le S<sup>r</sup> de Spÿk,
qui avoient fait apprester une fricassée de pou-

lets pour les attendre avec plus de patience. Apres
qu'ils leur eurent aydé à manger, on parla des
moyens de gaigner Paris, et comme la clarté estoit necessaire, on prit une lanterne d'un homme
qui en demanda d'abord trente sols, mais à la
fin il la donna à quinze, à condition qu'il la viendroit reprendre le lendemain. Ils se mirent ainsi
en chemin avec cette lanterne et une botte de
paille dont ils firent des torches, qui les esclaire-
rent depuis ce village iusqu'à Paris, c'est-à-dire
durant deux bonne lieuës, et de plus il en resta
assez pour nous conduire au logis, où nous
retournasmes sur les onze heures, apres avoir
pris congé de monsieur et de madame de Longschamps qui devoit partir le lendemain par la voye
du coche de Diion, y voulant faire ses couches
aupres de madame sa mere. Comme nous estions
aupres de la porte Dauphine à attendre qu'on nous
l'ouvrist, il y eust quelqu'un d'une maison voisine qui s'estant levé pour verser son pot de chambre, nous le ietta à demi sur la teste, car nous
estions à la portiere et iustement du costé qu'il
falloit pour en estre un peu arrousés.

Le 1er d'octobre, à l'issuë du disner, le Sr de
Lorme nous vint voir, et nous dit qu'il avoit sçeu
que le Sr d'Odÿk avoit esté au Havre, et qu'il y
avoit touché les 125 livres dont on lui avoit faict
donner une lettre de change, et qu'au lieu de retourner en Hollande, il s'estoit embarqué pour
l'Angleterre. Il nous apprist de plus qu'il avoit
parlé au Sr du Bret et qu'il luy avoit conté de

quelle façon Mademoiselle l'avoit pris pour son
escuyer : c'est qu'estant à Forges, lorsque cette
princesse y estoit, il luy fut faire la reverence, et
continua deux ou trois iours à luy faire sa cour.

Elle luy demanda un iour s'il avoit quelque attachement, et si sa famille ou quelque employ
qu'il eust le retenoit en sa province? Il respondit
que ni l'un ni l'autre ne l'empeschoit point de s'en
absenter; mais qu'il avoit toujours esté en Hollande, et ne connoissoit que peu de monde en
France, et qu'à Paris il n'avoit que deux ou trois
habitudes. Ce discours pleust si fort à Mademoiselle, qu'ayant dessein de changer son train, et
d'avoir du monde qui ne dependist ni de la Cour,
ni de Monsieur son pere, elle lui dit : vous avez
à choisir, ou de vous attacher à ma Cour, et ie
vous donneray pension, ou de traiter avec le S<sup>r</sup>
de la Tour de la charge de mon escuyer. Le S<sup>r</sup>
du Bret ne voulant pas estre à elle par une simple pension, ni debourser une grosse somme
pour estre son escuyer, fut si heureux que Mademoiselle ordonna qu'il donneroit au S<sup>r</sup> de la
Tour 10,000 escus; et pour ayder du Bret à treuver une telle somme, elle promit d'en payer 10,000
livres. C'est ainsi qu'il s'est acquis cette belle
charge, qui luy vaut 10 à 12,000 livres de rente,
car il y a 2,000 escus d'appointement, et les entrées des pages ne luy valent guere moins; un
carrosse à son commandement, la disposition
entière de l'escurie, bouche en Cour, pour luy et
ses valets sont aussi des advantages fort consi-

derables ; ioinct qu'estant bien dans l'esprit de
cette princesse, il est en passe de faire fortune,
et de mettre sa femme auprès d'elle en qualité
de dame d'honneur.

Apres qu'il fut party, nous nous allasmes
pourmener pour voir le nouvel appartement d'esté
qu'on faict pour la Reyne, consistant en cinq ou
six chambres de plein pied, les lambris, y sont
en voute tous parsemés d'or et enrichis de quantité de beaux tableaux. Il respond sur le parterre qui
a un beau iect d'eau au milieu et quantité d'oran-
gers tout autour. Tout au long du costé de la
riviere est cette belle terrasse, pavée de pierre
de taille blanche, que la Reyne a fait achever et
continuer depuis peu.

De là, nous allasmes à la galerie d'en bas,
qui est d'environ sept cent pas et aussi grande que
celle d'en haut. Les plus excellents artisans de
l'Europe y travaillent, et c'est le Roy qui les y
loge. Henry IV l'avoit destinée pour des Flamands
et Hollandois qu'il y vouloit attirer, à cause
qu'ils sont d'ordinaire plus propres et plus indus-
trieux que ceux des autres nations. Devant chaque
porte, il y a un escriteau du nom du maistre qui
y demeure. Ayant rencontré celle d'un homme
qui s'appelle Du Pont, nous y entrasmes pour
voir une espece de tapisserie qu'il nomme façon
de Turquie, parce qu'elle en approche fort, mais
est bien plus belle : les figures y sont si bien
représentées, et les couleurs si bien couchées que
le pinceau d'un excellent peintre ne sçauroit

mieux faire. Il nous montra quelques pourtraits qu'il avoit faicts, entre autres ceux des trois Roys qui vinrent saluer nostre Seigneur, deux ou trois paysages et un bouquet à fleurs. Nous les prismes de prim'abord pour des tableaux de veritable peinture, et fusmes longtemps en cette imagination; mais nous en estants approchés de plus pres, nous vismes enfin que tout estoit fait de laine. Le pere de cet excellent ouvrier en apporta le secret de Perse, où il avoit passé quelques années, et ce fut luy qui en establit la facture de la Savonnerie (1), où quantité de petits enfants sont entretenus avec un insigne advantage du public, parce qu'outre qu'on les empesche de gueuser, on faict fleurir un art qui n'est guere connu en l'Europe qu'en cet endroict. Ce maistre pourtant s'en est reservé la délicatesse et la perfection, et il a faict les plus belles pieces. Quand nous y fusmes il avoit deux apprentis qui travailloient à un tapis de pied : ils avoient une toile penduë en long, et le patron du dessin au-dessus de leur teste : ils regardent tousiours à ce patron, et avec des bobilles où il y a des laines de toutes les couleurs qu'il leur en faut, ils forment les figures de ce qu'ils veulent representer. Dès qu'ils ont fait une centaine de

(1) Sur le quai de Billy, au bas de Chaillot. C'était une « manufacture royale d'ouvrages façon de Perse et à la turque. » Elle fut établie en 1604 par Pierre du Pont, à qui Henri IV en avait concédé le privilège. Du Pont et son successeur, Simon Lourdet, obtinrent des lettres de noblesse de Louis XIII, en récompense de leurs travaux.

poincts, ils prennent un fer denté, avec lequel ils serrent leur ouvrage; après ils le tondent pour le rendre égal, et ils font cela d'une vitesse incroyable.

De là, nous allasmes à l'imprimerie royale, fondée par Louys XIII, (1) qui est aussi dans la galerie du Louvre. Il y a cinq grandes salles voutées de plein pied, dans l'une desquelles il y a cinq presses où l'on imprime les livres ; les autres ne servent qu'à faire seicher les feuilles, et à garder les livres imprimés. Il y a de plus la chambre de composition, qui est au-dessus de celle de l'imprimerie. On n'y travailloit pas comme en celle d'en bas où les presses rouloient sur quelques feuilles de l'Histoire Bysantine (2). Cette impression passe pour la plus grosse et la plus belle de toute la France. M' le chancellier en est le directeur, et c'est par sa permission que les livres s'y impriment. Les Cramoisys (3) ont le soing de faire les achapts des papiers, et les avances des autres frais, et de debiter les exemplaires dont il faut qu'ils rendent compte au

(1) Louis XIII établit l'Imprimerie Royale au Louvre en 1640, mais elle avait été fondée plus d'un siècle auparavant par François Ier qui en 1539 institua des imprimeurs royaux, au nombre desquels fut Robert Estienne.

(2) *Corpus scriptorum historiæ Bysantinæ.* Cette vaste collection des historiens byzantins forme 36 volumes in-fo, qui furent imprimés de 1644 à 1711.

(3) Les frères Sébastien et Claude Cramoisy, imprimeurs et libraires renommés de ce temps.

bout de l'an ; et leurs profits distraits, le reste
est pour l'entretien de l'imprimerie.

Le 2e, nous employasmes l'apres disnée à sortir
nos habits d'hyver du coffre et à les faire raiuster,
parce qu'il avoit si fort gelé les nuicts prece-
dentes, que nous estions obligés de faire du feu
le matin et le soir pour nous garantir du froid,
qui surprit bien du monde en une saison qu'on
est encore habillé à la legere.

Le 3e, nous fusmes iouer à la paume, et à
nostre retour au logis nous y treuvasmes les Srs
Stoupa et de l'Isle avec le Sr de Brunel. Le premier venoit de l'armée pour quelque petite affaire,
qu'il a icy, et est de dessein d'y retourner bientost. Le second y est arrivé en poste du païs de
Vaux pour des interests de famille. Il nous apprit
que le comte de Dona (1), gouverneur d'Orange,
avoit achepté la baronie de Coppet et la terre
de Prangau, prés de Geneve, et que Messieurs
de Berne, de qui elle releve ne luy ont fait grace
des los et vente, mais l'ont fort caressé et traité
d'Excellence, et lui ont donné la droicte au festin
qu'ils luy ont fait. Ces deux terres lui coustent
200.000 livres, et l'on tient que le Sr de Ferra-
cieres, son beau-pere, luy en a fourni 100.000,
et madame la douairière les 100.000 autres. Leur
situation est tres belle, et elles valent 8 à 9.000
livres de rente. Le Sr de Balthasar en avait offert

(1) Le comte de Dona était neveu de la princesse douairière d'Orange.
La principauté d'Orange, dans le Comtat-Venaissin, appartenait alors
à la maison de Nassau, elle fut réunie au Dauphiné en 1714.

10.000 livres de plus; mais dès qu'il sçeut qu'il
avoit encheri sur le marché du S<sup>r</sup> de Dona qui
est son amy, il ne voulut pas passer plus avant,
et retira la parole qu'il en avoit fait porter au
au baron de Coppet.

Nous receusmes ce même iour nos lettres, par
lesquelles on nous advertissoit de l'embarquement
de nos chevaux, et que le S<sup>r</sup> de Scrooskercken
estoit de retour au païs; elles nous apprirent de
plus que M. et madame d'Ossenberg estoient
partis de la Haye et que mademoiselle de Spÿk.
avoit eû permission de les accompagner et de
demeurer un mois avec eux. On nous marquoit
aussi que Messieurs des Estats de Hollande avoient
resolu d'envoyer des desputez à l'evesque de
Munster pour tascher de l'accommoder avec cette
ville qu'il tenoit assiegée; et que pour donner
plus de poids à leur entremise, ils avoient fait
avancer de ce costé là trente cornettes de cavalerie et quelque infanterie, et envoyé ordre au
Rhingrave de les aller commander.

Le 4<sup>e</sup>, l'abbé de Chassan nous vint voir et nous
dit que la Cour avoit envoyé ordre au lieutenant
criminel de transporter de la Bastille au Chastelet
le S<sup>r</sup> de Barbezieres et de lui faire ensuite son
procez, d'où l'on iugeoit qu'il estoit perdu, et
qu'en. le punissant de sa derniere action, on
alloit mettre en execution l'arrest qui le condamne
à la mort pour l'enlevement de la sœur du S<sup>r</sup> de
la Basiniere (1).

(1) Il est parlé plus haut du S<sup>r</sup> de la Basinière, page 61. « Il avait

Le 5ᵉ, après avoir fait nos lettres, le Sʳ de
Codure nous apprit que François Barbezieres
Chemerant, prevenu et deferé en iustice pour
plusieurs crimes enormes par luy commis, en
ayant esté deuëment atteint et convaincu mesme
d'avoir, depuis qu'il estoit prisonnier au chasteau
de la Bastille, escrit une lettre à monsieur le
Prince, qui a esté interceptée par laquelle il luy
donnoit advis de ne pas relascher Girardin pour
les 40.000 livres qu'il avoit offerts, parce qu'il
en tireroit 60.000 escus de Mʳ le cardinal desirant
la liberté de cet homme, pour s'en servir en
quelques affaires de consequence, avoit esté
condamné par sentence du lieutenant criminel et
presidial du Chastelet, à avoir la teste tranchée
en Greve : ce qui fut exécuté ce mesme iour sur
les quatre heures. Le bourreau n'ayant sçeu luy
trancher la teste du premier coup, et luy en
ayant donné plus de seize, fut enfin contrainct de
se servir de ses valets qui avoient des haches
pour l'achever. Le peuple murmura longtemps
de le voir aussi souffrir, et n'eust esté la garde
de deux cents mousquetaires de la Bastille qu'on
avoit mise autour de l'eschaffaut, outre les archers,

---

épousé, dit Saint-Simon, mademoiselle de Barbesières-Chémerault,
fille d'honneur de la reine. » (Voir Tallemant des Réaux, *Historiettes*,
t. VI, p. 121 et seq.). Barbezières, ayant enlevé mademoiselle
de la Basinière, l'avait emmenée à Stenay, dit Gourville, et l'avait
épousée. On lui fit un premier procès de ce chef après l'avoir pris à
Cambrai et ramené à Paris. (*Mémoires*, ed. Léon Lecestre, t. I,
p. 110 sq. Cf. D. de Cosnac. *Mémoires*, t. I, p. 165-167 et Tallemant des Réaux, *Historiettes*, t. VI, p. 121-122).

le bourreau eust couru risque d'estre maltraité.
Apres l'execution ses gens prirent le corps et
l'ayant enveloppé dans un drap blanc avec du
sable et du son, le mirent dans un carrosse qui
l'emmena escorté de quelques soldats pour empescher le desordre, car la foule estoit tres grande,
et quantité de personnes de condition assisterent
à ce triste spectacle.

Le 6e, le Sr Dalone nous apprit que Mr de Turenne, apres avoir laissé quelques troupes à
Bourbourg sous le Sr de Schomberg, pour travailler à ses fortifications, estoit parti le 28e du
mois passé du camp de Wate, ayant fait prendre
à chaque fantassin une fascine, et s'estoit rendu
devant Mardick où il avoit en même temps fait
planter les palissades et commencer les lignes,
et qu'on avoit ouvert la tranchée dès le lendemain,
pendant que les Anglois qui estoient en mer
taschoient d'entrer dans le canal, et n'attendoient
que le vent et la marée. Ceux de la garnison
avoient mis le feu au bas fort, de crainte que les
François y fissent quelque logement advantageux,
et paroissoient d'autant plus resolus à se defendre
qu'outre que le fort est tres bien muni de gens
et de toutes les choses necessaires à soustenir
un siege, l'armée espagnole estoit aux environs
de Dunquerque, et à la veüe de celle des François,
n'y ayant qu'un canal entre deux, de façon qu'elles
se canonnoient l'une et l'autre.

Le 7e, apres avoir fait nostre devotion au
logis, l'abbé Fagel nous donna à lire une lettre

qu'un gentilhomme avoit escrite de Rome à un
sien amy, sur les affaires de la Diete de Francfort, par où il monstroit que, parce que l'on ne
devoit pas elire un empereur de la maison
d'Autriche et que ceux qui pretendoient à cette
dignité n'estoient pas capables de s'y faire bien
valoir, on devoit choisir le Roy de France.
Ensuite il s'estend sur toutes les qualitez de ce
grand monarque, et dit qu'il semble d'estre ce
prince parfait dont toute l'antiquité ne nous a
tracé que l'idée: car sa taille est belle et bien
formée, sa beauté n'a rien de la mollesse, ni de
l'affectation; sa presence est maiestueuse et
agreable; sa façon de s'habiller est noble, et
tout ce qu'il porte le pare; sa santé est forte et
robuste; il souffre la fatigue; il aime les exercices du corps; il est plus sage et plus arresté
que ne le porte son aage; il n'a que de tres
bonnes habitudes et de tres raisonnables sentiments; il est capable et intelligent, mais qui ne
presume de son sens, ni ne s'obstine à le defendre; au contraire, il se rend volontiers à la
raison; il reçoit aisement conseil; il escoute avec
plaisir, et il ne parle qu'à propos; il n'est ni
cruël ni altier, mais humain et tres sociable; il
n'a d'inclination que pour le bien, et naturellement il abhorre le mal; il est liberal sans prodi-
galité; il est brave et courageux sans ostentation,
et son genie le porte asseurement aux armes,
mais sans ferocité, puisque d'ailleurs il ayme
quand il est temps le bal, la musique, les come-

dies, et les autres honnestes divertissements, les prenant par principe de generosité et de gloire, et pour un ornement de la grandeur royale, laquelle il sçait bien faire principalement consister à pouvoir et sçavoir defendre son royaume de ses ennemis et à secourir ses alliés.

Le 8ᵉ, estants sortis avec le marquis de Cadillac, et le Sʳ d'Escouville, pour leur ayder à achepter des bouquets de plumes noires, nous apprismes d'eux que Mardick estoit pris, et que 800 soldats s'y estoient rendus à discretion, et avoient esté faits prisonniers de guerre, mais que le gouverneur avec 200 officiers reformés avoit fait composition. Ils nous dirent de plus que les lettres du Sʳ de Comminges marquoient qu'il avoit enfin conclu le traité avec le Portugal, et qu'il porte qu'il donnera dix millions au Roy son maistre pour les troupes qu'il luy doit envoyer pour resister aux Castillans; qu'il en payera 15,000 livres contents, et de trois mois en trois mois 600,000, iusques à ce que la somme soit entierement acquittée. Mais peut estre qu'il ne voudra pas executer ce traité à present qu'il se treuve moins pressé, car le Sʳ de Reede de Renswoude (1), gentilhomme envoyé de la part de Messieurs les Estats aupres du roy d'Espagne, à Madrid, nous marque par une des siennes, qu'on s'y resout de ne plus faire le principal

(1) Henri van Reede de Renswoude, ambassadeur en Espagne en 1656 et en 1667, membre de l'ordre équestre d'Utrecht; mort en septembre 1669.

effort du costé du Portugal, et qu'on en tire
toutes les troupes pour les faire marcher en Catalogne où les François estoient en posture, bien
qu'ils n'y ayent qu'une armée tres faible, d'emporter quelque place de consideration; les Cata-
lans, qui ont encore le cœur françois, estants
disposés à les favoriser, si l'on n'y envoyoit plus
de monde pour les tenir en crainte et les en
empescher.

Le 9e, estants demeurés au logis, nous apprismes du Sr de Brunel que l'ambassadeur Lockard
estoit parti en grande diligence pour l'Angleterre.
Les uns disent que c'est pour representer au
Protecteur les raisons des François pour s'excuser du siege de Dunquerque; les autres que c'est
pour faire gouster à son maistre la proposition
qu'il leur a faite, qui est qu'il veut entreprendre
ce siege avec les 6,000 Anglois qui sont de l'armée de Flandres, pourveu que les François luy
donnent 4,000 chevaux, et s'obligent à garder
la campagne pour battre l'estrade, et empescher
le secours; et de payer tous les despens, au cas
qu'il n'y reüssisse pas. Il nous monstra de plus
une lettre qu'il avoit reçeuë d'Espagne, qui marquoit qu'à l'imitation de cette Cour, on y avoit
defendu toutes les sortes d'estoffes d'or et d'argent, comme aussi les dentelles et les passements de la mesme matiere, aussi bien que celles
de soye noire; toutefois avec cette reserve qu'il
seroit permis aux femmes seules d'en porter à
leurs mantelines. Sur le soir arriva l'escoutette

de Spÿk : il avoit laissé les chevaux à Beaumont avec un homme de Gorcum, qui estoit venu avec luy de Hollande pour voir le païs. Il l'avoit chargé de les conduire jusques à Saint-Denys, pendant qu'il prenoit le devant pour nous en donner la nouvelle et chercher nostre logis, dont il avoit perdu l'adresse. Par bonheur il rencontra en chemin le marquis de Chasteauneuf, fils du Sr de Hauterive, qui revenoit de l'armée avec les Srs du Fayant et Backx qui parlants flamand luy enseignerent nostre haubergue: sans cette heureuse rencontre, il se seroit trouvé fort embarrassé dans cette grande ville, ne sçachant pas la langue, et s'en venant ainsi au hazard chercher nostre logis.

Le 10e, l'un de nous monta de grand matin à cheval avec l'escoutette pour aller à Saint-Denys, où les chevaux avoient couchés. Nous revinsmes sur les onze heures et les fismes passer en revuë en nostre court, et les treuvasmes en si bon estat qu'on n'auroit pas dit qu'ils eussent esté cinq jours sur mer dans un petit batteau de 25 tonneaux, où ils avoient esté fort pressés. A nostre retour nous treuvasmes nos lettres. Elles nous apprirent que la bande des comediens du fü S. A. le prince d'Orange, avoit obtenu permission de la cour de Hollande, de divertir tout cet hyver le beau monde de la Haye. Et que Messieurs les Estats avoient envoyé des patentes à 32 compagnies de cavalerie, avec ordre à Mr le Rhingrave, gouverneur de Mastricht, de les aller

commander, et à autant d'infanterie avec un
pareil ordre au Sr de Winberge (1), colonnel et
gouverneur de Bois-le-Duc, pour marcher vers la
frontière de Juliers afin d'y appuyer la deputation qu'ils avoient faite à l'evesque de Munster,
pour le disposer à un accommodement avec la
ville qu'il tenoit assiegée, et qu'au cas qu'il refu-
sast d'accepter les Estats pour arbitres du differend, ils estoient resolus de la prendre en leur
protection et d'y envoyer ces troupes pour la
secourir.

Le 11e, apres avoir esté en ville à pied avec
le Sr de Brunel pour y faire quelques emplettes,
nous rencontrasmes sur le Pont-Neuf, en revenant au logis, le Sr Gautier, qui nous dit qu'il
avoit veu une lettre de Londres, qui portoit que
le Protecteur y avoit fait tuër et saler 3,000
boeufs pour les envoyer aux troupes qu'il a en
Flandres, et qu'il avoit fait embarquer 4,000
fantassins et quantité de canons, d'outils, et
d'autres munitions de guerre ; d'où l'on juge
qu'il veut à toute force entreprendre le siege de
Dunquerque, et qu'il le pourra d'autant plus facilement que les François luy ont cedé Mardick,
avec les 14 pieces de canons de fonte qu'ils y
ont treuvées. Il nous dit aussi qu'on avoit envoyé à la Bastille et à Vincennes quantité d'officiers qu'on avoit fait prisonniers au combat de

(1) Le colonel, baron van Wynbergen, avait succédé en 1655 au
feld-maréchal de Brederode, comme gouverneur de Bois-le-Duc.

Silleri pres de Rocroy, et que la Cour avoit depesché icy un courrier pour luy apporter les
pieces du procez de Barbezieres-Chemeraut, afin
qu'elle pust faire voir à Dom Juan d'Autriche qu'il
avoit esté condamné à mort avec toute sorte de
iustice, et qu'il n'estoit pas vray prisonnier de
guerre. Nous apprismes de plus qu'on avoit
transporté de la Bastille au Chastelet le S' de
Marolles, et qu'on luy faisoit son procez pour
avoir favorisé et donné retraite aux coureurs de
Rocroy en sa maison de campagne.

Le 14e, apres avoir leu le matin quelques
chapitres du Nouveau Testament, nous allasmes
voir le S' de Ryswick, et apres y avoir esté une
grosse heure nous revinsmes au logis où nous
apprismes que le fils du S' de Vieux-Maison,
nommé Sapponnet, avec lequel nous avions logé
quelque temps en l'hostel de Montpellier, estoit
mort des blessures qu'il avoit receuës devant
Montmedy. Le pere en aura esté fort affligé, car
outre qu'il luy voulait faire espouser une sienne
niepce, nommée mademoiselle de Sainte-Colombe
qui a 20,000 livres de rentes, c'estoit un ieune
gentilhomme tres bien fait, sage, posé, et qui
avoit de fort belles qualitez pour se faire valoir
et pousser sa fortune.

Le 15e, le S' de Lorme nous envoya demander
par son laquays si nous voulions iouër au piquet,
et qu'il viendroit passer l'apres disnée avec nous.
Comme il faisoit fort mauvais temps, et qu'il
n'estoit pas possible d'aller rendre visite à quel-

qu'un, nous respondismes que nous en estions
tres aise et que nous l'attendions de pied ferme.

Le 16ᵉ, en revenants de chez le plumassier, où
nous avions fait monter nos bouquets de plumes,
nous fusmes obligés de demeurer au bout du
Pont-Neuf, parce qu'il y avoit une grande foule de
monde qui y estoit accouruë pour voir pendre un
voleur qui avoit derobé pour 10,000 livres en
vaisselle d'argent chez Mʳ de Vendosme, et qui
avoit fait encore plusieurs autres vols dans Paris.
Il nous estoit impossible de la pouvoir fendre, si
bien que ce fust presque par contrainte que nous
vismes ce triste spectacle.

Le 17ᵉ, avant que d'aller à l'academie, nous
receusmes nos lettres ; elles nous apprirent
l'arrivée des Sʳˢ d'Odyk et de Voorst. On nous
marquoit aussi que les Estats de Hollande s'estoient separez, et avoient resolu trois choses :
l'une de rappeler l'infanterie qui est à Dantzick ;
l'autre de prester 300,000 livres à cette ville ; et
la troisième de subvenir par un prest de 600,000
livres au roy de Dannemarck, et que la ville
d'Amsterdam feroit les advances des deniers, à
quoy elle tesmoignoit n'avoir pas grande disposition. On nous marquoit de plus que le roy de
Suede (1) s'estoit embarqué sur sa flotte pour
aller combattre celle du roy de Dannemarck (2),

_____

(1) Charles-Gustave, cousin de la reine Christine, qui monta sur le
trône en 1654, par suite de l'abdication de cette reine.

(2) Frédéric III, né en 1609, mort en 1670. Il fut assiégé dans
Copenhague, en 1658, par le roi de Suède.

ou pour mettre pied à terre en quelque isle de ce
royaume là.

Le 18e, nous allasmes dire adieu au Sr Felix,
tresorier en la generalité de Marseille, que nous
apprismes avoir esté à nostre logis pour prendre
congé de nous. C'est un homme qui a de belles
lumieres et qui est tres obligeant, car lorsque
nostre couzin de la Platte passa par sa ville (1),
il luy fit toutes les civilitez imaginables.

Le 20e, nous allasmes au Palais pour y achepter
des drolles : ce sont de certains collets qui ont
pardevant une cravate, faite comme celles des
hommes, et qu'on lie avec un ruban de couleur de
feu. Les femmes les portent avec leurs justeau-
corps-à-la-Christine et leurs tocques de plumes.
On nous monstra de plus des assortiments
entiers pour femme, de crespon iaune; et on s'en
sert de mesme que de la gaze blanche et de la
toile de soye.

Le 21e, ayant cherché les Srs de Hauterive,
Chanut, Brasset, de Manse et Beringhen, que nous
ne treuvasmes pas, nous allasmes faire un tour
aux Thuileries, afin de laisser un peu reposer nos
chevaux neufs. De là nous allasmes au Cours où
il n'y avoit pas grand monde, si bien que nous
nous retirasmes de bonne heure, et allasmes
repasser devant le logis du Sr Brasset pour luy
souhaiter toute sorte de bonheur en son nouvel
establissement. Il nous dit que le Sr Chanut l'avoit

(1) En se rendant d'Italie en Espagne, en 1651.

fait prier d'assister à la ceremonie de la profession de sa fille qui se rendoit religieuse au couvent des sœurs Cordelieres.

A nostre retour au logis, nous apprismes qu'un petit batteau revenant de Charenton rempli de monde avoit esté renversé par un cable que le battelier n'avoit pas evité, le brouillard l'ayant empesché de le voir, et que deux ou trois personnes s'estoient noyées, et qu'on avoit repesché une femme auprès du Pont-Marie, qui toute morte qu'elle estoit tenoit ses pseaumes à la main (1).

On nous dit de plus que le Sr de Boutteville, ayant esté adverti que quelques officiers anglois avoient accoustumer de se pourmener sur le sable devant Mardick, s'estoit meslé parmi eux et ayant chargé l'escharpe blanche, avoit esté pris pour un officier de Mr de Turenne. Sur ce preiugé il les mena peu à peu en s'entretenant avec eux, jusques au lieu où estoit l'embuscade, et les avoit faits prisonniers et conduits à Dunquerque.

Le 22e, nous sortismes avec le Sr de Rodet, pour rendre visite à madame de la Grange, femme

(1) Tallemant des Réaux parle de cet accident à propos d'un sermon du ministre Drelincourt : « Il y a quelques années, dit-il, qu'un batteau plein de fidèles périt auprès du moulin de Charenton. Le petit bonhomme, qui se trouva le premier à prescher, prit exprès le texte de la tour de Siloé et dit, entre autres belles choses, que ce malheur estoit plus grand que l'incendie du temple qui fust bruslé à la mort de M. du Maine (*); car en cette aventure plusieurs *temples* du Seigneur avoient esté détruits. Pour plaire aux parents des defuncts, il fit imprimer ce sermon avec une lettre au marquis de Panbaillan dont les deux fils, parce que le carrosse s'estoit rompu, s'estoient mis dans ce bateau et y avoient esté noyez. » (*Historiettes*, t. VIII, p. 213).

(*) Henry de Lorraine, duc de Mayenne, tué devant Montauban, en 1621.

d'un president aux requestes du Palais; mais elle
estoit encore à la campagne. Il avoit fait cette
cognoissance à Bourbon, et il nous la vouloir
donner, d'autant que c'est une femme d'esprit,
ieune et tres bien faite. De là, nous allasmes voir
madame Roger qui nous dit que M^r le procureur
general avoit fait dresser une histoire particulière
de la Lorraine par un chanoine de Verdun, qui y
adiouste une recherche tres exacte de la genea-
logie de toutes les bonnes maisons de ce païs là
et de leurs alliances. Ce qui l'a obligé de
travailler à cet ouvrage, est comme il sçait qu'il
est arrivé en ce duché beaucoup de choses
remarquables et qui meritent d'estre mises en
lumiere, et que ceux du païs ont esté assez
negligents, et s'en sont rapportés aux auteurs
qui en ont fait mention par cy par là en leurs
histoires de France.

Ayants ainsi fini la conversation, nous fusmes
demander madame de Messi, qui est une dame
de fort bonne condition, et où l'on voit les meilleures compagnies de tout Paris : ce n'est pas
tant pour l'amour d'elle qui est fort aagée qu'elles
s'y treuvent, que pour sa fille, la comtesse de
Concressant (1), qui est une dame tres bien faite.
et qui loge avec sa mere. Nous fusmes si malheureux que de ne l'y treuver pas, car elle estoit
à la campagne. Cette bonne dame nous fit mille
civilitez et caresses dès que le S^r de Rodet nous

(1) Femme de Joseph d'Angennes, marquis de Poigny, comte de
Concressant.

eust fait connoistre. Elle nous dit qu'elle n'estoit
pas en bonne intelligence avec le marquis de
Poigny qui a espousé sa cadette, et qu'il vouloit
luy faire rendre compte des biens de fû son mari,
dont elle avoit eû l'administration depuis son
decez. Par où l'on voit que d'ordinaire les plus
grandes maisons et les plus accommodées sont
celles où il y a le moins d'union, surtout quand
il s'agit du mien et du tien qui sont la vraye
pomme de discorde de ce monde. De là, en revenant au logis nous fusmes demander le Sᵣ du
Boys, conseiller de la Grand'Chambre, pour le
prier de differer de deux iours le rapport du procez d'un de nos amis, le Sᵣ des Routes; ce qu'il
nous accorda honnestement et de fort bonne
grace.

Le 23ᵉ, nous prismes le Sᵣ du Breuil pour
nostre maistre de danse. Il enseigne bien, prend
peine, et nous promit de nous donner leçon cinq
fois la sepmaine, bien que les autres ne veulent
la donner que trois. Nous fusmes ensuite à la
maison de madame Coutturier, mais nous apprismes qu'elle n'estoit pas encore de retour de
Bourbon. De là nous fusmes rendre visite à madame Polfour, qui a une fort iolie fille, mais elle
estoit à la campagne avec sa tante, ce qui fit que
nous n'y demeurasmes pas longtemps. A la sortie
nous fusmes voir madame la marquise de Belleval.
Elle s'est retirée en un couvent nommé Nostre-
Dame-de-Bon-Secours, parce qu'elle est tres mal
avec madame sa mere et avec son mari, à qui

on a tranché la teste en effigie pour s'estre batu
en duël, et dont on a confisqué son bien qui
valoit plus de 25,000 livres de rente. Nous luy
parlasmes au travers des grilles, car bien qu'elle
ne soit pas religieuse, parce qu'elle est dans
un couvent elle est obligée de faire comme
les autres. C'est une des plus belles et spirituelles
femmes qui soient à Paris, outre qu'elle est de
tres bonne maison. Nous y demeurasmes le reste
de la iournée iusques à ce qu'une religieuse luy
vint dire de la part de l'abbesse, qu'elle se devoit
retirer.

Ce mesme soir nous receusmes nos lettres qui
nous apprirent que mesdames les princesses d'O-
range sont en mesintelligence touchant le deuil
de la princesse de Landtsbergue (1), sœur du fu
prince Frederic-Henry. La *Royale* (2) veut que le
prince son fils en prenne le deuil, et la *Donairière* (3) dit qu'il est trop ieune et qu'il n'est
besoin de l'habiller d'une couleur si triste. Elle
en use de la sorte pour se venger de ce que la
Royale bien loin de prendre le noir et de le faire
prendre au prince apres la mort de madame de

(1) Emilie Secundi, fille de Guillaume le Taciturne et de sa troisième
femme Charlotte de Bourbon-Conté. Elle avait épousé Frédéric-
Casimir, prince palatin de Deux-Ponts, duc de Lansberg.

(2) La *Royale* était Marie d'Angleterre, veuve de Guillaume II,
mère de Guillaume III.

(3) La *Donairière*, Amélie de Solms-Braünfels, était veuve de
Frédéric-Henri d'Orange.

Dona (1), sœur de la princesse douairière, la vint
voir avec son fils en habits de couleurs fort
gayes et qu'on eut dit qu'elle avoit choisis
exprès.

Le 25e, nous fusmes rendre visite à madame de
de Longuet, femme d'un tresorier de l'extraordinaire des guerres. Elle a esté autrefois belle, bien
qu'elle ne soit pas d'un aage fort avancé. C'est
une dame qui possede de belles qualitez, car elle
est fort obligeante et civile; outre qu'elle est
d'une taille fort advantageuse, elle a la voix
ravissante, et on voit souvent chez elle Lambert,
ce fameux musicien (2). Sa maison est richement
meublée et des plus propres que l'on voye: car le
plancher qui est de marquetterie y est si luisant
qu'on a de la peine à s'y tenir. Nous y vismes
aussi quantité de belles peintures des plus
excellents maistres de ce siecle.

De là, nous fusmes voir madame l'Advocat qui
est la femme d'un maistre aux Comptes: nous la
treuvasmes sur son lict où elle s'estoit mise pour
recevoir ses visites avec moins de contrainte,

(1) Elles étaient toutes deux filles de Jean Albert, comte de Solms-
Braunfels, maréchal de la cour de la reine de Bohême, mort à la
Haye, le 4 mai 1623, et de Agnès de Wittgenstein, morte en 1617.
Amélie était le 5e enfant, né de ce mariage, Ursule le second; elle
avait épousé Chretien, comte de Dohna.

(2) Michel Lambert, né à Vivonne près de Poitiers, en 1610, mort
à Paris en 1696; beau-père du célèbre Lulli. C'était un excellent
homme qui promettait à tout le monde, mais qui ne venait jamais.
Boileau a immortalisé son nom en le citant dans sa troisième satire:

« Nous n'avons, m'a-t-il dit, ni Lambert, ni Molière;
Mais puisque je vous vois, je me tiens trop content. »

autant que pour se mieux delasser des fatigues
du voyage de Bourbon, dont il y avoit fort peu
qu'elle estoit de retour. C'est une dame qui fournit
bien à la conversation et qui reçoit le monde de
fort bonne grace. Elle a deux grandes filles qui,
sans hyperbole, sont les plus belles personnes
que nous ayons encore veuës, et les mieux esle-
vées. Et comme c'est dans l'ordre qu'à la première
visite on s'adresse tousiours à la mere, et que
d'ordinaire l'on s'attache rarement aux filles,
nous ne les entretinsmes point; mais nous
eusmes bien de la peine à nous en empescher,
et à ne pas contrevenir à la coustume, estants
aupres de deux si belles personnes. Par bonheur
nous fusmes delivrés de cette contrainte par une
dame du quartier, qui vint donner la bienvenuë
à sa voisine. Pendant qu'elles se firent des compliments de part et d'autre, nous nous glissasmes
vers ses filles, laissants les femmes avec le Sr de
Rodet à la ruëlle, qui raconterent tout ce qui
leur estoit arrivé pendant leur voyage, et se
demanderent des nouvelles de ceux qui avoient
esté à Bourbon du temps qu'ils y estoient. Nous
ne perdismes rien au change, et vismes bien que
la premiere naissance n'avoit pas mal esté aidée
de la seconde, car elles ne sont pas moins
advantagées d'esprit que de corps : si bien que
nous eusmes une conversation fort agreable que
nous fusmes contraincts de quitter pour ne point
passer pour des personnes qui ne cognoissoient
pas quand elles ont esté assez longtemps en un lieu.

Nous estants donc retirés d'une si belle compagnie, nous fusmes chez madame Cotentin, qui est la femme d'un conseiller au grand conseil: c'est une dame qui entretient fort bien la compagnie qui la vient voir, mais sa grossesse l'empesche d'y employer tout son esprit; elle l'incommode si fort qu'elle est obligée d'en garder le liet. Après que nous lui eusmes fait notre compliment, son mari survint, qui est tout à fait honneste homme. Il nous receust fort bien, et comme il aime la chasse et a equipage de chevaux et de chiens, il nous promit de nous faire advertir de la premiere qu'il feroit pour en vouloir estre, et de nous pourvoir de chevaux.

Ce mesme soir, apres souper, nous allasmes veiller chez madame de Leschot qui est une dame de nostre voisinage tres bien faite, et qui a infiniment d'esprit et fort propre a faire le bec à un ieune homme. Elle est fort coquette, et aime fort qu'on la cagiole. Elle fait mesme quelques fois les advances, quand elle voit qu'on tombe sur d'autres discours qui s'esloignent de la galanterie. Enfin c'est une dame qui par son humeur enioüée, et par sa conversation qui est fort raffinée, rasseureroit les plus timides de tous les hommes, car elle fournit assez de matiere à un chacun selon son talent.

Le 26°, apres avoir fait nos lettres de bonne heure, nous allasmes voir madame de Belleval. Il y avoit deux ou trois iours que nous luy avions promis de la venir prendre pour la pourme-

nade. Mais son abbesse ne luy avoit pas voulu
donner la permission de sortir; si bien que nous
fusmes obligés de passer avec elle l'apres disnée
au parloir. Elle nous pria fort de nous enquerir
s'il n'y auroit pas quelque dame de condition et
de bonne reputation, qui la voulust prendre en
pension chez elle, parce que outre que ce
couvent est trop esloigné de son homme d'affaires,
elle a trop de peine à obtenir la permission de
sortir, ce qui nuit souvent à ses affaires, car elle
demande par provision qu'on luy assigne deux
mille livres de pension sur le bien de son mari,
en attendant qu'elle ait obtenu que nonobstant
la confiscation on la laisse iouïr de tout son bien.

Le 27ᵉ, nous fusmes au marché avec le Sʳ de
Rodet qui y vouloit acheter deux chevaux pour
son voyage, mais nous n'y treuvasmes rien qui
luy pust servir, et en nous retirant, ce qui fut
fort tard, nous allasmes rendre visite à Mʳ et à
madame Maselary, qui sont deux bonnes personnes et de nostre religion; le mari est secretaire
du Roy. Ils nous firent beaucoup de caresses et
nous y passasmes le reste de la iournée, car il
estoit trop tard pour faire d'autres visites.

Le 28ᵉ nous allasmes à Charenton à six chevaux,
ce qui reüssit assez bien pour la premiere fois
que nous mismes tout nostre attelage ensemble.
Le Sʳ Daillé nous fit un fort beau presche et de grande edification. A nostre retour, nous treuvasmes
que le Sʳ de Rodet, qui estoit resté à Paris pour
quelques petites affaires, y avoit fait une partie

de pourmenade pour l'apres disnée, avec mesdames de Leschot et de Fougeray. Nous leur
donnasmes la collation, mais elle ne nous cousta
que trente sols, car passant devant un patissier,
l'envie leur prist de manger des patés de requeste
et des petits choux, qui est une espece de frian-
dise semblable à nos *olikoecken*.

Le 29e, nous fusmes demander mesdames
Coutturier, Saint-Albin, Montauban et la marquise
de Rosambo, mais ne les ayants pas treuvées,
nous allasmes rendre visite à la marquise de
Bellangreville; c'est une dame du Dauphiné qui
est icy pour un procez; son mari est un homme
d'esprit, et qui nous fit beaucoup de caresses.

Le 30e, nous fusmes rendre visite à madame
de Lorme; elle s'estoit fait saigner ce iour-là, à
cause d'une douleur de teste dont elle estoit
attaquée, depuis son retour de la campagne.
Elle estoit au coin de son feu avec madame de
Saint-Albin qui l'estoit venuë voir pour la divertir:
certes c'est une femme qui a l'esprit vif et agreable; elle a esté mariée au fils du president
Pourroy, de Grenoble. Il luy fit longtemps l'amour,
et apres de grandes recherches l'espousa sans
en donner advis à ses plus proches et en eust
un enfant. Le pere l'ayant appris en fust fort
fasché, intenta procez à la fille et à ses parents
et tascha de persuader à son fils de l'abandonner.
De prim'abord il refusa de le faire, d'autant
qu'il en estoit fort amoureux, mais à la fin
s'estant laissé fleschir par les raisons et par les

menaces de son pere, il se ioinct à luy et playde
contre sa femme. Enfin contre tout droit il obtient
un arrest au Parlement de Toulouse, par lequel
le mariage est declaré nul, et Pourroy condamné
à luy donner dix mille livres pour tous dommages
et interests et pour l'entretien de sa fille. Aussitost apres cet arrest le pere va à Lyon, y marie
son fils à une fille du S⁺ Vidau et par là oste
tout moyen au S⁺ le Sage de se pourvoir au
conseil et de demander un autre Parlement;
parce qu'on luy dit que si en un autre Parlement
on declaroit le mariage de sa fille bon, il falloit
couper la teste à Saint-Albin qui se trouveroit
avoir deux femmes.

Nous fusmes sur le soir chez le S⁺ de Wicquefort et y apprismes que Messieurs les Estats
avoient augmenté les gages à l'ambassadeur de
Hollande de 5,000 livres, et qu'ils luy en donnoient
20,000, qui en feront environ 25,000 ou 26,000
de cette monnoye et que mesme pour plus grande
gratification, ils luy avoient accordé le payement
de son voyage de Bourdeaux selon la teneur de
ses comptes.

Le 31ᵉ, nous reçusmes nos lettres qui nous
apprirent que le S⁺ de Sommelsdyck et plusieurs
autres hauts officiers ont eû ordre de Messieurs
les Estats de se treuver avec leurs compagnies
à Grol, qui est le rendez-vous general des troupes
qu'ils envoyent au secours de la ville de Munster,
qui est encore assiegée par son evesque; mais
on croit ou qu'il levera le siege, ou qu'il s'accom-

modera avant qu'elles y arrivent, et qu'elles ne
serviront que d'espouvantail à un prestre. On a
donné le commandement de ce petit camp à
M. le Rhingrave, sur ce qu'on a recognu que le
prince Guilleaume, gouverneur de Frise, ne se
soucioit guere de cet employ. Ce secours est
composé de 50 compagnies de cavalerie et de
89 d'infanterie, et a 12 pieces d'artillerie.

Nous allasmes l'apres disnée voir madame
Roger qui nous apprit que la sœur de madame
de Messi estoit aux abbois. Elle nous dit de plus,
qu'il couroit un bruict que le prince Ferdinand,
fils du prince François (1), estoit promis avec
la segnora Hortenzia, niepce du cardinal, et que
le prince de Salm qui est fort proche parent de
la maison de Lorraine, avoit esté invité aux
nopces qui se doivent celebrer icy cet hyver. En
nous retirant, la roüe du devant du carrosse se
rompit, et nous eusmes grand peine à regaigner
le logis, en estants fort eloignés : un mareschal
nous voyant en cette perplexité, et ayant oüy la
bestise d'un charron, qui ne nous vouloit pas
loüer une roüe mais la vendre bien cher, nous
fit la faveur de nous prester des cordes et d'aider nostre cocher à relever le carrosse, à tourner
la roüe et à la lier, si bien que nous arrivasmes
à sauveté au logis, apres avoir esté plus d'une
heure et demi à attendre qu'on remediast à
nostre malheur. Nous y treuvasmes le Sr de

(1) François II, duc de Lorraine. Hortense Mancini épousa, en
1661, le duc de la Meilleraye.

Lorme qui iouoit au piquet avec le Sʳ Spÿk, et nous estants mis de la partie, nous l'obligeasmes à souper avec nous et le fismes remmener en carrosse à son logis.

Le 1ᵉʳ de novembre, nous fusmes rendre visite à la veufve du Sʳ d'Osson, qui est de la maison de Haucourt, tante de la fille du fù Sʳ de Haucourt dit d'Aumale (1), qui est avec elle : c'est une demoiselle qui est belle, bien faite et fort spirituelle : avec tous ces advantages, elle a celuy que l'on prise le plus en ce temps, car on la tient riche de 50,000 escus en fonds de terre. Elle est desia promise avec son cousin, fils de madame d'Osson, qui a sceu fort bien mesnager cette affaire pour ne pas laisser sortir le bien de la maison. On nous y fit beaucoup de caresses, et surtout lorsqu'ils apprirent du Sʳ de Rodet que, outre que le Sʳ d'Haucourt d'à present a espousé une de nos parentes, nous estions nepveux du Sʳ de Sommelsdyck, (2) de qui le Sʳ de Villarnoul (3)

(1) Daniel d'Aumale, sieur d'Haucourt, ancien sous-gouverneur du prince de Condé. Il était mort en 1651, laissant deux filles à qui madame de Longueville faisait une pension. Celle dont il est ici question et qu'on appelait mademoiselle d'Aumale, était une *précieuse* des plus distinguées. Elle épousa plus tard le maréchal de Schomberg.

(2) Corneille van Aerssen, Sʳ de Sommelsdyck, gouverneur de Nimègue, père des Sʳˢ de Spÿk et de la Platte, était l'oncle maternel de nos voyageurs. Sa sœur Adrienne avait en effet épousé Alexandre, Sʳ de Villers.

(3) En 1730 Philippe de Jaucourt, marquis de Villarnoul, fils de Jean Philippe et de Marie Gazeau, épousa Anna Margaretha van Aerssen (née le 9 août 1713); c'était la petite fille du Sʳ de Spÿk, qui devint plus tard gouverneur de Surinam.

qui est cousin germain de cette dame, fait profession d'estre fort serviteur et ami. Nous passasmes le reste de notre apres disnée chez madame
d'Arnolphini, qui a trois grandes filles assez bien
faites. C'est la femme d'un escuyer qui a le haras
du Roy. Il a mesme enseigné Sa Maiesté à monter
à cheval. Sa femme a esté une grande despensiere
et ioueuse, et qui a mis ses affaires fort en arriere,
outre que le malheur les a tousiours persécutés,
Il y a quelque temps qu'un mal contagieux se
mit en son escurie, et qu'il perdit plus de cent
mille escus en chevaux, si bien que presentement
ils sont chargés d'une prodigieuse quantité d'enfants et accablés de beaucoup de debtes. Nous
y apprismes qu'on avoit mis en prison cinq ou
dix gentilshommes qui s'estoient battus en la ruë,
parce que, comme on les vouloit separer, ils
s'estoient iettés sur les bourgeois et en avoient
blessé quelques-uns.

Le 2ᵉ, apres avoir achevé nos lettres, nous
allasmes rendre visite à Madame Polfour sous
l'espérance d'y rencontrer sa fille qui a infiniment
d'esprit; mais nous apprismes de sa mere qu'elle
estoit encore à la campagne avec sa tante. Son
pere nous dit que la princesse de Conti (1) estoit
arrivée en cette ville, et sans la bonne escorte
qu'elle avoit, elle auroit couru risque d'être
emmenée prisonniere à Bruxelles ou à Anvers; car

(1) Une nièce de Mazarin, qui avait épousé le prince de Conti,
frère puiné du grand Condé.

on luy avoit dressé trois ou quatre embuscades, et mesme le prince de Condé, son beau-frère, avoit donné ordre à la garnison de Rocroy d'envoyer plusieurs sur le chemin par où elle devoit passer. De là nous allasmes voir madame de Belleval, où après avoir demeuré jusqu'à la brune nous nous retirasmes de peur d'estre volés, d'autant qu'elle demeure dans un lieu fort escarté où logent d'ordinaire les filoux. Estants revenus au logis, nous allasmes encore causer chez madame de Leschot, iusques à l'heure de souper. Nous y treuvasmes l'abbé le Geay, bastard du fû président le Geay, (2) qui se rend assidu auprès d'elle pour gaigner ses bonnes grâces pendant l'absence du mari qui est allé à Lyon pour quelques affaires. Il nous dit que les François faisoient travailler à un canal d'Ardres à Bourbourg, et qu'ils restablissoient le vieux canal de Bourbourg à Mardick que les Espagnols avoient destruict, afin qu'ils puissent plus commodement pourvoir en tout temps ces deux places de toutes sortes de vivres et munitions de guerre.

Le 3e, ayant appris du Sr Brasset qui nous estoit venu visiter que nostre ambassadeur estoit fort malade, et que depuis trois ou quatre sepmaines en ça il avoit été fort incommodé d'une defluxion qui luy estoit tombée sur les espaules et sur l'espine du dos, si aspre et si corrosive qu'elle avoit fait escuarre en quelques endroits,

(2) Ce nom s'écrit habituellement *Le Jay*.

nous fusmes tesmoigner à son fils la part que nous prenions en son affliction. Il nous dit dans l'entretien que le laquays du Sr d'Odÿk estant arrivé avec son maistre à Rotterdam, luy avoit volé quarante livres et un habit que madame de Mecheler (1) luy avoit envoyé, affin qu'il ne parust pas à la Haye si mal en ordre qu'il estoit parti d'icy : par où l'on voit qu'ayant appris avec ce bon maistre à filouter, il luy a voulu monstrer qu'il n'avoit pas mal profité ; il s'en estoit revenu icy se faire soldat aux gardes.

Le 5e, le Sr de Riswick nous vint voir, et nous prier de l'aider à acheter un chappeau et des plumes de la couleur de la garniture qu'il avoit fait mettre à son habit. Il nous dit que le duc de Simmern (2) s'estoit logé dans l'academie du Sr d'Arnolfini, où il est ; mais qu'il ne cherche guere sa compagnie, parce que la moindre frequentation avec ce ieune seigneur est la meilleure pour ceux qui veulent profiter, puisque, outre qu'il est fort adonné au vin et qu'il se saoule souvent, il aime tellement le ieu qu'il y passe des nuicts entieres sans se lasser. Il veut passer pour simple comte, mais il est trop connu des Allemands qui se rendent en foule dans cette academie, et qui croiroient

(1) Marguerite van Mechelen (Malines), fille de Cornelis et de Barbara de Nassau-Corroy. Elle était catholique et l'on dit que ce fut pour cette raison qu'elle ne se maria pas avec le Prince Maurice d'Orange, dont elle eut deux fils, ou tout au moins que leur mariage fut tenu secret.

(2) Il se maria plus tard à Marie de Nassau.

luy faire grand tort en ne le traitant pas d'altesse.
Le train qu'il a n'est pas excessif, mais assez
ioly, consistant en un gouverneur, un gentilhomme,
deux pages, un valet de chambre et deux laquays.

Le Roy et toute sa cour revint sur le soir en
cette ville, apres avoir passé tout l'esté et une
partie de l'automne à aller partout où le besoin
de ses affaires le portoit. Ainsi il passa de la
Fere à Sedan et à Stenay pour donner chaleur au
siege de Montmedy; et dès que cette place eust
capitulé, il vint à Peronne pour faire reûssir
celuy de Saint-Venant, et comme il vist son
armée en estat de ne rien craindre de l'ennemie,
il s'en retourna du costé de la Lorraine, et a esté
quelque temps à Metz à donner ordre à ce qui
est de cette frontiere, à bien asseurer le gouvernement de Metz à Mr le cardinal, et à negotier du
costé de l'Allemagne en cette belle conioncture
où elle doit s'élire un chef. Voilà donc ce ieune
monarque de retour en sa capitale, tout triomphant
et glorieux, ayant pris deux assez bonnes places
en Flandres : Montmedy et Saint-Venant, et enlevé
Mardick aux Espagnols, et fait fortifier Bourbourg.

Ce mesme iour mourut le fils unique du fû duc
de Chastillon : par où cette illustre branche de
la maison de Coligny a fini au monde peu de
temps apres qu'elle avoit fini d'estre de la vraye
Eglise par la revolte du pere de celuy qui vient
d'expirer, qui fust tué assez malheureusement et
ma là propos à l'attaque de Charenton, et à la veuë
du temple où les vérités de Dieu luy avoient esté

si souvent preschées avec si peu de profit, puisqu'il en avoit abandonné la profession par des
considerations mondaines. La comtesse de la
Suze (1), sa sœur, s'est aussi revoltée depuis
peu, mais elle mene une vie si descriée, qu'il ne
faut pas s'estonner si l'esprit de Dieu l'a abandonnée. Elle doit estre heritiere de tous les biens
de cette maison avec la duchesse de Montbelliard
son autre sœur, qui en recueillera toute la succession puisque la comtesse de la Suze n'a point
d'enfants : les biens pourtant n'en sont pas fort
grands, puisque c'est une maison qui a tousiours
esté plus riche en honneurs qu'en revenus.
Ainsi il n'y a plus icy de descendants de ce
grand admiral de Chastillon (2), la terreur de ses
ennemis, que l'envie et la faction firent perir, et
que tous les siècles compteront parmi les heros
du passé.

(1) Henriette de Coligny, comtesse de la Suze, née à Paris en 1618,
était fille de Gaspard de Coligny, duc de Chatillon, maréchal de
France, qui fut tué devant Charenton en 1640. Elle épousa en secondes noces le comte de la Suze, de la maison des comtes de Champagne.
Son mari était fort jaloux, elle belle et fort mondaine : elle mit tout
en œuvre pour se séparer de lui, et commença par abjurer le protes-
tantisme, ce qui fit dire à la reine Christine : « qu'elle avait quitté sa
religion pour ne voir son mari ni dans ce monde ni dans l'autre. »
Plus tard elle obtint l'annulation de son mariage par arrêt du Parlement. — Madame de la Suze comptait parmi ses amies la célèbre
Ninor de Lenclos, et fut vantée par la plupart des poëtes de son
temps ; elle a composé elle-même des poésies qui ne manquent ni de
grâce ni de sentiment. Elle mourut en 1673.

(2) Gaspard de Chatillon, sire de Coligny, né en 1517, fils du
maréchal de France du même nom. Fait amiral par Henri II, en 1552.
Élevé dans la religion catholique, il avait embrassé la réforme protestante ; il périt dans le massacre de la Saint-Barthélemy en 1572.

Le 6ᵉ, nous fusmes rendre visite à madame
Coutturier. C'est une petite femme qui a le bout
du nez rouge, mais qui est autrement fort bien
faite et d'une iolie taille. Elle est de fort bonne
humeur et d'un entretien agreable. Elle nous dit
que Mʳ le prince de Harcourt, qui avoit esté aux
eaux de Bourbon, estoit si bas, que tous les medecins desesperoient de sa vie.

De là nous allasmes chercher le Sʳ de Champ-
fleury : c'est un gentilhomme de Dauphiné de fort
bonne maison. Il a esté lieutenant du Roy dans
Porto-Longone, et l'a defendu en dernier lieu
contre les Espagnols ; mais enfin ayant esté obligé par diverses raisons de rendre la ville, il se
retira en sa province, où le duc de l'Esdiguieres,
qui en est gouverneur, le considerant de merite
et de naissance, le choisit pour gouverneur de ses
deux fils. Nous apprismes de luy que le duc d'Elbeuf
estoit mort, et que ces iours passés on avoit
ioüé un ioly trait à un riche banquier : au milieu
de la rüe en plein iour et à la veuë de tout le
monde, il fut enlevé par des gens contrefaisants
les archers, qui luy dirent qu'il falloit qu'il allast
en prison au Chastelet. On creut qu'on l'y trainoit pour ses debtes, et personne ne s'en esmeut.
Ainsi estant sous le pouvoir de ces faux archers,
ils le lient, et le menent au fauxbourg Saint-Anthoine où ils luy disent, que s'il ne leur faisoit
compter sur-le-champ 50,000 francs, ils le mene-
roient à Rocroy. La dessus il leur dit : « Messieurs, ie vous donneray un billet pour les aller

recevoir chez moy, si quelqu'un qui vous soit affidé veut aller les prendre de ma femme. » Il y
en eust un assez hardy pour se charger de la
commission. Il y va, et la femme d'abord se met
en estat de treuver cet argent; mais pendant
qu'elle y travaille, l'espouvante prend ce gaillard
qui se iette à ses pieds, luy demande pardon et
lui declare le tout. La dessus elle mande de veritables archers qui vont prendre ces faux, deli-
vrent son mary, et menent ces canailles au
Chastelet, où on leur fait leur procez et d'où
ils ne sortiront que pour estre conduits au
gibet.

Le 7e, nous reçeusmes nos lettres qui nous apprirent que le Sr de Thou avoit acheté la maison
du prince Guillaume qui est au Poote, en ayant
payé 22,000 livres. On nous marquoit de plus que
le siege de la ville de Munster avoit esté levé par
accommodement, et que son evesque luy avoit accordé des conditions fort advantageuses, voyant
que nos troupes se mettoient en campagne pour la
secourir et la maintenir dans ses privileges. Cependant on peut dire que ç'a esté au seul bruict
de nos armes qu'il s'est radouci, puisque les
provinces et les villes particulieres, et surtout
Overyssel et Gueldre avoient si mal obéi aux ordres de l'Estat, qu'elles n'avoient pas laissé sortir les garnisons, alleguants qu'elles estoient bien
adverties que ce ne seroit qu'une courvée inutile
et que l'evesque s'accommoderoit: par où l'on
voit l'effect d'un vray libertinage où l'on exami-

ne les commandements des superieurs avant que
de les executer.

L'apres disnée nous fusmes rendre visite à madame de Lorme. Nous y treuvasmes madame
Saint-Albin et les S⁰ de Turcan et Linieres (1)
qui est ce bel esprit qui escrit contre les academies. Nous y apprismes que les ennemis ayants
assemblé toutes leurs troupes, avoient, la nuict
du 2 au 3, donné un assaut general à Mardick,
et s'estoient d'abord rendus maistres de la con-
trescarpe, nonobstant la bonne resistance de
ceux du dedans; mais sur un faux bruict que
l'armée de M⁰ de Turenne estoit en marche pour
leur couper le chemin, ils se retirerent fort con-
fusement dans les villes circonvoisines, laissants
beaucoup de morts sur la place, et abandonnants
toutes leurs grenades, eschelles, fascines, et
autres outils propres et servants à une escalade.
En cette rencontre les Anglois se sont acquis
beaucoup d'honneur et de reputation, car ce sont
eux qui ont soustenu l'attaque, qui a duré huit
heures avec une opiniastreté qui peut-estre seroit
venuë à bout de son dessein, si le iour et le
bruict de l'aproche du secours ne l'eust empeschée
de le poursuivre. Le roy d'Angleterre et le duc
d'Yorck son frere, ont esté les principaux chefs
de cette entreprise. Monsieur le Prince ne s'y

(1) François Payot de Linières, poëte satirique, né à Paris en 1628.
Très désordonné dans sa vie, il mourut dans la misère, en 1704, à
Senlis où il s'était retiré. On l'avait surnommé l'athée et l'Idiot de
Senlis, à cause de son impiété.

est pas treuvé; les uns disent qu'il n'a pas voulu
se risquer si legerement, prevoyant qu'il avoit
une armée victorieuse et tres puissante sur les
bras; les autres, que c'a esté pour ne point faire
ombre à la vaillance de ce roy et de son frere;
mais il est tres constant qu'il est l'autheur de
l'entreprise et qu'il l'a conseillée, et que pour en
couvrir le dessein, il avoit fait mettre dans toutes
les gazettes qu'il estoit fort malade et qu'on
l'avoit transporté dans un brancard de Dunquerque
à Bruxelles.

Le 8ᵉ, ne pouvants pas sortir en carrosse, parce
que nostre cocher avoit cassé le timon le iour
auparavant, nous allasmes passer nostre soirée
chez madame de Wicqueford. Elle nous dit que
tous les gros et riches marchands de Paris
avoient establi une banque de tout ce que l'on
peut imaginer, et que chacun y avoit quelque
chose de sa marchandise. On dit qu'il y en a pour
trois millions: chaque billet couste un escu, et
afin qu'il n'y ait point de fraude, le lieutenant
civil assisté de douze des plus principaux bourgeois
de cette ville, a une clef du lieu où on les a mis
et d'où on les tire.

Le 10ᵉ, nous fusmes voir le Sʳ Cotantin, qui
ayant fait dessein d'aller au marché aux chevaux
pour y acheter quelques coureurs, nous pria de
l'y vouloir mener, ce que nous fismes, mais nous
n'y en treuvasmes pas un qui luy pleust; aussy
faisoit-il si mauvais temps qu'on n'y avoit pas
amené les plus beaux.

Le 11e, estants à Charenton, il y eust une femme, qui un peu avant le presche, vint dire au Sr
de Spÿk de la part de madame des Reaux qu'elle
le prioit de vouloir presenter un enfant au baptesme avec mademoiselle de Letan (1) sa niepce,
ce qu'il accepta, mais comme elle ne lui avoit pas
dit pour quand ce seroit, ou que peut-estre il ne
l'avoit ouï, estant un peu surpris de ce qu'on ne
l'en avoit pas adverty le iour auparavant, il fut
chercher madame des Reaux à la sortie du temple, pour estre mieux esclaircy de cette affaire.
Il ne la rencontra pas, et l'on nous dit qu'on
croyait quelle s'en estoit allée à Rully, ce qui nous
obligea d'y passer, mais ne l'y ayant pas treuvée,
nous revinsmes tout droit à Paris, et laissasmes
un laquays audit Rully pour sçavoir au iuste ce
qu'elle luy avoit fait dire au presche. Apres y
avoir attendu quelque temps, la sœur de madame des Reaux y arriva, avec une partie de la
famille, et luy dit que le père de l'enfant en viendroit prier le Sr de Spÿk l'apres disnée; ce qu'il
fit, et luy apprit que c'estoit pour jeudi au matin; tellement qu'il sera parrain à cette fois, bien
qu'une autre il s'en soit excusé au suisse de l'ambassadeur, qui le vint prier de tenir son enfant
au baptesme avec la fille du dit ambassadeur.

Sur le soir le Rhingrave nous vint voir, estant
arrivé le iour auparavant de l'armée, qu'il avoit
laissé campée à Rumingen entre Ardres et Bour-

(1) Le vrai nom souvent donné par Tallemant des Réaux est
Mlle de Lestang.

bourg. Il nous dit qu'il avoit esté ce iour là à
Vincennes prendre congé du Roy, et qu'il en re-
noit faire de mesme de nous autres, devant
partir le lendemain pour Mastricht, et y passer
cinq ou six semaines aupres de ses pere et mere,
et ensuite retourner icy le plus viste qu'il luy
seroit possible pour y iouïr des divertissements
du carnaval. Il a fait une assez heureuse campagne, et a eû un assez ioli employ, M<sup>r</sup> de
Turenne luy ayant donné à commander 400 hommes, pour les ietter dans Landrecy sur l'advis
qu'on avoit eû que les ennemis avoient dessein
de l'assieger.

Le lendemain 12<sup>e</sup>, apres estre revenus de l'a-
cademie, nous fusmes rendre visite à M<sup>r</sup> le Rhingrave, et le voyant occupé à faire quelques
petites emplettes, nous ne la fismes pas longue,
et luy dismes adieu, esperants de le revoir bientost en cette ville. L'apres disnée nous allasmes
voir le S<sup>r</sup> Gleser (1) en l'academie de du Plessis;
il nous dit que le S<sup>r</sup> des Loges s'estoit battu le
iour auparavant en duël contre un gascon, mais
qu'il avoit eû l'advantage et luy avoit donné deux
grands coups d'espée au ventre; et qu'ils avoient
conceu une telle haine l'un contre l'autre, que si
on ne les eust separés, ils se seroient tuëz tous
deux. Nous fusmes ensuite chercher le S<sup>r</sup> de
Riswick en son academie, et nous y apprismes

(1) Fils du colonel Gleser qui commandait le régiment des gardes
à la Haÿe.

que le pauvre S$^r$ d'Arnolfini (1) venoit d'expirer, ce
qui mettra toute sa maison à la besasse, car il
laisse treize enfants, peu de biens et beaucoup de
debtes. Il estoit natif de Lucques en Italie, et
avoit succedé au S$^r$ de Beniamin en l'hostel d'O,
où il tenoit academie. Sa fortune a esté diverse
et fort agitée par l'envie des austres escuyers. Il
estoit en estat de faire quelque chose à present
qu'il avoit enseigné le Roy, et qu'il estoit protegé
par le cardinal Mazarin qui vouloit le favoriser
du haras du Roy, qui luy auroit valu 10,000
livres de rente.

Le 13$^e$, nous fusmes rendre visite à madame
de Saint-Armant. Nous apprismes que le 10$^e$ du
courant, la reyne de Suede (2) ayant fait venir
dans sa chambre le comte de Monaldeschi, natif
d'Orvieto, en Italie, qui luy servoit d'intendant
de sa maison, elle luy monstra une lettre, et luy
demanda s'il ne cognoissoit point cette escriture;
il respondit qu'ouï et que c'estoit la sienne. Pour
mal mettre dans son esprit le comte de Santinelli,
natif de Pesaro, au duché d'Urbin, il avoit escrit
et supposé diverses lettres, adressées à la reyne,
comme si elles luy estoient escrites par des personnes amies de la reputation de cette Maiesté
vagabonde. On y circonstantioit certains faits que
personne ne pouvoit sçavoir qu'elle et Santinelli.

(1) Voir plus haut p. 45.

(2) Christine, reine de Suède, née le 8 décembre 1626, avait ab-
diqué en 1654. Elle mourut à Rome, le 19 avril 1689, à l'âge de
63 ans.

Cette fourberie pensa faire disgracier Santinelli qui protestant et iurant qu'il n'en avoit iamais rien dit à personne, espia si bien Monaldeschi, son competiteur, qu'il descouvrit que c'estoit luy qui luy ioûoit ce mauvais tour. Il en advertit la reyne, et l'asseura que ces lettres estoient de son invention et de sa main. Elle le fit venir en sa chambre, et luy ayant fait lire la lettre interceptée, et voyant qu'il blesmissoit, elle luy dit : « Certes ie vois que vous ne vous portez pas bien, car vous palissez trop, et vous pourriez bien mourir. » Elle le fit ensuite entrer dans la galerie des Cerfs du palais de Fontainebleau, l'y enferma, et s'estant saisie de tous les papiers qui estoient dans ses cassettes, elle envoya Santinelli luy dire qu'il n'eust qu'à se preparer à la mort, et qu'elle ne luy bailloit qu'une heure pour se confesser.

Monaldeschi fut fort estonné d'entendre une si brieve sentence et demanda qu'on luy donnast au moins un iour pour se preparer à bien mourir ; mais il ne put l'obtenir, et le confesseur luy dit : « ne songez qu'à vostre conscience, car le temps s'escoule desia ; » et apres qu'il se fut confessé, Santinelli son ennemi vint le percer de coups, et fit la plus lasche action qui se soit iamais faite ; et ainsi un Italien expedia l'autre par ordre d'une forcenée, et dont la lubricité, qui est mere de tous les desordres, fait connoistre qu'elle n'a iamais eû de veritable vertu, ni de beaux sentiments puisque par cette action elle a

22

tesmoigné qu'ayant fait faux bon à Dieu, elle ne
se soucioit guere de le faire à son honneur. Apres
avoir quitté les François qui l'avoient gouvernée
en Suede, avant qu'on l'eust obligée à quitter sa
couronne, elle se donna aux Espagnols, et ses
amours pour ceux cy finirent des qu'elle fut en
Italie : elles luy ont duré iusques à ce qu'elle a
esté en France, où elle vient de s'en defaire avec
eclat, et ie ne sçay si à present elle ne medite
point de sçavoir combien valent les Escossois, les
Anglois et mesme les Arminiens.

Comme nous en sommes icy, l'on nous communique une relation italienne de cette belle action,
que Marco-Antonio Conti, romain, grand amy d'Ondedeï (1) qui fut envoyé à cette reine aussitost
qu'elle eust donné advis à la Cour de la tragedie
qu'elle venoit de iouër, a composée sur le recit
mesme qu'Ondedeï luy en a fait. Bien qu'il traite
ce suiet avec la souplesse ordinaire à ceux de sa
nation, il est aisé de voir qu'il le depeint assez
vivement, bien qu'avec paroles de respect. Voicy
copie de la dite relation.

### Relation de Marco Antonio Conti touchant la mort de Monaldeschi (2).

La Regina di Suecia, ammirabile in questo secolo e per
le virtù dell'animo, delle quali dalla natura è stata con

(1) Zongo Ondedeï, évêque de Fréjus, parent du cardinal Mazarin.

(2) *Traduction de la relation de Marco-Antonio Conti, touchant la mort de Monaldeschi.*

La reine de Suède, admirable en ce siècle et par les qualités de

larga mano arrichita, e per le scienze con incessanti fa-
tighe acquistate, delle quali si è sì ben servita ch'ha
saputo cangiare un caduco regno terreno col celeste
eterno, se ne passò già due anni sono da Fiandra, dove
per qualche tempo era dimorata, in Italia per dover
rinovare, si come fece, la professione della fede catto-
lica alli piedi del sommo Pontefice in Roma, con una
numerosa corte composta quasi tutta de Spagnuoli, dei
quali il principale che la reggeva, era il Duca della
Cueva col titolo di Maggiordomo Maggiore, e la Duchessa
sua moglie con quello di prima Dama, tralasciando il
Conte Pimentelli che l'accompagnava in qualità d'ambas-
ciatore del Re Cattolico, o più tosto per spiare i di lei
andamenti. Avvedutasi la saggia Regina ch'i Spagnuoli
esercitando la lor natura non men superba che avida,
arrogandosi maggior autorità di quella che le conveniva,
e nel comando, e nell' amministrazione degl' effetti reali
de quali con ingordigia e rapacità, a lor voglia dispone-
vano, per liberarsene cominciò a introdurre al suo servig-
gio Italiani, de quali a poco a poco rinovò la sua corte;

l'âme dont la nature l'a enrichie à pleines mains, et par les sciences
dont elle avait acquis la connaissance par des travaux incessants,
vertus et sciences dont elle s'est si bien servie qu'elle a su changer
la royauté fragile de la terre, contre l'empire éternel du ciel, se rendit,
il y a déjà deux ans, de Flandre, où elle était restée quelque temps,
en Italie pour renouveler, comme elle l'a fait, la profession de la foi
catholique, aux pieds du Souverain-Pontife à Rome. Elle était accompagnée d'une cour nombreuse composée presque toute d'Espagnols,
dont le premier et le directeur était le duc de la Cueva, avec le titre
de majordome ; la duchesse sa femme avait celui de première dame.
Le comte Pimentel l'accompagnait en qualité d'ambassadeur du roi
catholique, ou plutôt pour surveiller ses démarches. La prudente reine
ayant vu que les Espagnols, suivant leur caractère non moins superbe
qu'avide, s'arrogeaient une autorité plus grande qu'il ne convenait,
et dans le commandement et dans l'administration de ses biens royaux
dont ils disposaient à leur volonté avec avidité et rapacité, commença
pour s'en délivrer à faire entrer à son service des Italiens avec lesquels
peu à peu elle renouvela sa cour. Parmi ceux-ci étaient le comte
Santinelli et le marquis Monaldeschi, l'un et l'autre sujets de l'Église.
Le premier, de la ville de Pesaro, dans l'État d'Urbino, et l'autre de

fra questi vi fu il Conte Santinelli e il Marchese Monaldeschi, l'uno e l'altro sudditi della Chiesa. Il primo della
città di Pesaro, nel Stato d'Urbino, e l'altro di quella
d'Orvieto, nella Provincia detta del Patrimonio; ambe-
due, e per antica nobiltà e per proprie qualità virtuose,
degni di servire una tal Regina. Al Monaldeschi fu data
l'incumbenza dell' amministrazione della casa, e per le di
lui mani passava tutt' il danaro; e al Santinelli quella di
Mastro di Camera, con apparenza d'esser il più favorito

Fra questi due Cavallieri nacque grandissima emulatione, e cominciarono a perseguitarsi entrambo; mà il
Santinelli per molte parti che lo rendevano amabile,
pervenne in qualche grado di gratia maggiore appresso
la Regina; e era anche più amato nella di lei corte, e per
il contrario odiato il Monaldeschi dalla maggior parte.
mentre tutte le sfere inferiori regolano il lor moto dal
primo mobile :il che accresceva maggiormente nel petto
del Monaldeschi l'odio e l'emulatione verso il Santinelli.
e deve ben credersi che se l'uno vegliava, l'altro non
dormiva; ma molto più il Monaldeschi che scorgeva il

celle d'Orvieto, dans la province dite du patrimoine; tous deux, et
par leur ancienne noblesse et par leurs belles qualités personnelles,
dignes de servir une telle reine. La charge de l'administration de la
maison fut donnée à Monaldeschi, et tout l'argent passait par ses
mains; et à Santinelli celle de premier chambellan, étant en apparence
le favori préféré.

Une très grande jalousie naquit entre ces deux cavaliers et ils ne
tardèrent pas à se persécuter l'un l'autre. Mais Santinelli, par beaucoup de raisons qui le rendaient aimable, parvint à un degré de faveur
plus grand auprès de la reine; il était aussi plus aimé à la cour, et
au contraire Monaldeschi était détesté par le plus grand nombre, tous
les inférieurs réglant leurs sentiments sur celui d'en haut, ce qui
augmentait dans le cœur de Monaldeschi la haine et la jalousie envers
Santinelli; et on doit bien penser que si l'un veillait, l'autre ne
dormait pas : mais surtout Monaldeschi qui voyait son rival s'avancer
de plus en plus dans la faveur de la souveraine; il songeait donc
continuellement au moyen de le supplanter, ne perdant aucune
occasion pour arriver à son but, qui devait le conduire à la fin à une
mort malheureuse.

Il avait eu connaissance, on ne sait comment, de plusieurs choses

suo emulo assai avanzato e sempre più avanzarsi nella
gratia della Patrona ; e però andava continuamente
pensando al modo di scavalcarlo non tralasciando mezzi
per arrivar a questo suo intento, che doveva al fine con-
durlo ad un infelice morte.

Haveva havuto notitia non si sa in che modo, d'alcune
cose molto secrete e pregiuditiali o alla fama o all' inte-
teresse di Stato della Regina, che questa poteva pensare
non esser note que al Conte, e che quando mai se fossero
sapute altri. la Regina non havria potuto incolparne che
il Conte e in tal modo pigliarlo in odio. Dell' opportunità di
questo mezzo pensò servirsi il Monaldeschi per far
cadere il suo competitore. Onde finse e fece scrivere
alcune lettere, figurando che venissero da Roma e
d'altre parti d'Italia alla Regina medesima, alla quale da
persone supposte, e però incognite, con finto zelo verso
di quella, era avvertita della notizia che si haveva delle
cose secrete ; e la Regina pensando, che solo il Conte
l'haveva potuto rivelare, e che questo non fosse stato
fedele e secreto, l'havesse disgratiato : come con effetto

très-secrètes et préjudiciables ou à la réputation de la reine ou à
l'intérêt d'État, et que S. M. pouvait penser n'être connues que du
comte, en sorte que si elles étaient jamais sues par d'autres, la reine
n'aurait pu en accuser que le comte et ainsi le prendre en haine.
Monaldeschi pensa à mettre à profit cette circonstance pour faire
tomber son compétiteur. En conséquence, il imagina et fit écrire
plusieurs lettres qui étaient adressées de Rome et d'autres parties de
l'Italie à la reine elle-même par des personnes supposées et inconnues
où avec un zèle simulé envers elle, elle était avertie de la connaissance
qu'on avait de ces choses secrètes ; et la reine pensant que le comte
seul avait pu les révéler, et qu'il n'avait été ni fidèle ni discret,
l'aurait disgracié. Mais elle conçut des doutes, et lui communiqua,
dit-on, quelques passages de cette correspondance ; et celui-ci sachant
bien ne pas être l'auteur de cette divulgation, en donna l'assurance à
la reine indignée, dans les termes les plus chaleureux et les plus
nets, et il retrouva son crédit après être rentré en grâce. On jugea
que cette manœuvre pouvait avoir été ourdie par Monaldeschi, pour
faire tomber le comte, et on chercha le moyen de découvrir la vérité,
d'autant plus que l'on savait non-seulement la haine intérieure que
celui-ci nourrissait contre Santinelli, mais qu'ayant presque perdu le

dubitò e per quanto dicono ne fece qualche passaggio
sensato seco. Ma questo sapendo di certo non esser stato
egli autore d'haverle publicate, ne accertò con caldis-
sime e ferme attestationi la sdegnata Regina appresso
la quale trovò credito, si come per avanti vi haveva
ritrovata gratia, e fù giudicato che que sta potesse esser
stata opera del Monaldeschi per far cadere il Conte, e
fù applicato il modo di scoprirne il vero, tanto più che
si sapeva non solo l'odio intestino che questo nudriva
contro il Santinelli, ma che havendo quasi perso il dovuto
rispetto verso la Patrona scioglieva ben spesso la lingua
in non dovuti accenti ; essendosi fatte l'altre diligenze
con chi aveva havuto parte in far capitare le supposte
lettere alla Regina, questo confessò non venir altrimenti
d'Italia, ma esser opera del Monaldeschi.

Si era havuto di ciò qualche sentore da un suo confi-
dente, e prese ad avertirlo, persuadendolo che se conte-
nisse e che lasciasse libero l'arbitrio della Regina agra-
dir chi più gl'andasse a genio, essendo il favor dei Prin-
cipi momentaneo, chi non sta sempre collocato nell'

respect dû à la souveraine, il se laissait aller à tenir des propos
inconvenants. Ayant fait des démarches auprès de celui qui avait fait
parvenir les prétendues lettres adressées à la reine, celui-ci confessa
qu'elles ne venaient pas d'Italie, mais qu'elles étaient l'œuvre de
Monaldeschi.

Un sien confident avait eu connaissance de ses projets et il tenta
de lui persuader de se contenir, et de laisser toute liberté à la reine
d'agréer celui qui lui conviendrait le mieux ; la faveur des princes
étant passagère et n'étant pas toujours fixée sur le même objet, ce
qui pouvait surtout être vrai du sexe féminin, car bien que parfois il
y en ait qui, par un effort de la nature, aient quelque chose du
masculin, cette nature cependant ne les transforme pas si complètement
qu'elles ne restent femmes ; qu'ainsi avec de la modération et de
la prudence Monaldeschi pouvait espérer, ou bien quitter le service
de la reine pour s'affranchir de cette passion. Il essaya en outre de
le persuader de pénétrer dans une chambre où il y avait divers
papiers et lettres, de les brûler, ou de les enlever, ou les lui confier
pour les placer en un lieu où ils ne seraient jamais trouvés. Mais le
malheureux qui ne pouvait pas prêter confiance aux sages avis de cet
ami, fut forcé bien malgré lui à ajouter foi au messager funeste de

istesso soggetto, il che poteva maggiormente credersi
nel sesso femineo, che quantunque alle volte per sforzo
di natura alcune habbia del maschile, ad ogni modo la
medesima natura non le trasforma del tutto che non
sian donne, come con la flemma e prudenza havria potuto
sperare il Monaldeschi, o pure lasciar il servitio per libe-
rarsi affatto da questa passione ; persuadendoli anco che
havendo penetrato che in camera havesse diverse scritture e lettere che l'havesse o abbrugiate, o levate, o con-
segnatele a lui perche l'havria portate in luogo dove non
sariano state trovate. Ma l'infelice che non volse prestar
fede a i saggi ricordi dell' amico fù forzato à suo mal-
grado credere ad un infelice nuntio dell' inimico ch'andò
a denuntiarli l'inevitabil morte, che poco apresso andò
a presentarli col ferro ignudo.

Dimora la Regina doppo il suo ritorno in Francia nel
Real Palazzo di Fontanableo 12 leghe lungi da Pareggi.
In questo medesimo sabbato, mattina dieci del corrente,
si fece chiamar in camera Monaldeschi, quale intrato se
lo chiuse, e con maestà regale, e con concetti pieni di

son ennemi, venant lui annoncer la mort inévitable qui bientôt après
se présenta à lui l'épée nue.

La reine demeurait depuis son retour en France, au Palais-Royal
de Fontainebleau, à douze lieues de Paris. Ce samedi même, au matin,
10 courant, elle fit appeler dans sa chambre Monaldeschi. Quand il
fut entré elle l'enferma, et avec une majesté royale et dans un discours
plein d'habileté, se montrant informée de tous ses manèges et artifices
pour renverser Santinelli, le pressa tellement, que le malheureux ou
ne sut ou ne voulut pas nier, et confessa tout. On ne sait pas si la
reine ne l'y avait pas engagé par une promesse de pardon sous la
parole royale.

Après cela et dans le même instant, le faisant entrer de la chambre
dans la galerie dite des Cerfs, où elle l'enferma de sa main, elle s'en
alla incontinent dans les appartements de Monaldeschi, où elle prit
tous les papiers et les lettres par lesquels se trouva vérifié ce que
Monaldeschi avait confessé lui-même, et en outre ce que peut faire
supposer ce qui suivit immédiatement, mais sans grand examen. En
effet, dans la même galerie où peu de temps avant avait été enfermé
Monaldeschi, Santinelli avait été envoyé avec ses gens, mais non
comme des gentilshommes pour lui donner un démenti de ce qu'il

sapere mostrandosi informata di tutti i suoi maneggi e artificii per giettar à terra il Santinelli, lo strinse si ch'il meschino o non seppe o non volse negarli, il tutto confessando; non si sà però se la Regina à ciò l'havesse indotto con promessa di perdono sotto la real parola.

Doppo di che e nel medesimo instante facendo, dalla stanza entrarlo nella galeria detta dei Cervi, dove di sua mano serratolo sen'andò incontinenti alle di lui stanze. dove si piglio tutte le scritture e le lettere dalle quali non e dubio, che trovasse verificato quanto dal Monaldeschi gl'era stato spontaneamente confessato, e davantaggio il che si crede da quello che immediatamente, mà con poca consideratione segul: poichè nella medesima galeria nella quale poco di anzi haveva ferrato il Monaldeschi, fù mandato il Santinelli, col sua camerata, non in forma di cavalieri, per farlo mentire di quanto falsamente haveva detto, scritto, e operato; mà più tosto di sicarii: questi fattiseli avanti gli disse il Conte che pensasse all'anima sua, perche fra un hora doveva morire. Ognun puo da se stesso considerare quanto li fosse duro tal nuntio, appor-

avait faussement dit, écrit et fait ; mais plutôt comme des assassins. Il dit au comte de penser à son âme, parce que dans une heure il devait mourir. Chacun peut de soi-même comprendre combien lui fut cruelle une telle nouvelle apportée par son ennemi. Cependant faisant de la nécessité vertu, il s'abaissa à lui demander en grâce qu'il lui accordât toute la nuit, pour pouvoir se mieux résigner à la volonté de Dieu ; Santinelli lui répondit qu'il n'aurait pas d'autre temps qu'une heure, et que s'il voulait se confesser, le confesseur lui serait envoyé ; et comme Monaldeschi s'étendait en paroles pour prolonger sa vie, les autres impatients ne pouvant souffrir un plus long délai, commencèrent à le frapper de coups mortels, auxquels Monaldeschi ne fit aucune résistance et se borna à demander le confesseur. On introduisit le chapelain du Palais (*), et il fit la confession sacramentelle ; à peine était-elle terminée qu'ils achevèrent de le tuer avec des poignards, sans que l'infortuné fit aucun signe de ressentiment. On ne sait pas si la reine fut témoin d'un si horrible spectacle, ou si elle resta dans la chambre où peu de temps avant elle l'avait interrogé, et d'où elle l'avait fait entrer dans sa galerie.

(*) Le père Le Bel, auteur d'une relation de la mort de Monaldeschi. (Voir la note de la page 318).

tatoli dal suo inimico. Ad ogni modo facendo della necessità virtù, si ridusse in chiederlo in gratia, che gl'havesse dato tempo tutta la notte per potersi meglio rassignarsi à Dio : li fù replicato dal Santinelli non esservi altro tempo ch'un hora, e che si voleva confessarsi. li saria stato mandato il confessore. E perche il Monaldeschi si diffundeva in parole per prolongar vita, gl' altri impatienti non puotendo soffrir più lungo indugio cominciorno à ferirlo di colpi mortali, à quali il Monaldeschi non fece atto alcuno di resistenza e si ridusse à chiedersi il confessore ; e introdottoli il capellano del Palazzo e fatta la confessione sacramentale ed apena finita, lo finirono d'occidere con stoccate, senza ch' il meschino facesse alcun segno di resentimento. Non si sà se la Regina fosse à vista di si horrendo spettacolo o pure stasse dentro la stanza dove poco d'anzi l'haveva sentito, e da quella fatto l'entrar nella galeria.

Il giorn'appresso, chi fù la domenica, la Regina mando un suo cavaliere à darne parte alle Maestà del Rè e Regina e à Sua Eminenza acciò questa havesse la giusta

Le lendemain, qui était dimanche, la reine envoya un de ses gentilshommes pour donner connaissance de ce qui s'était passé à Leurs Majestés le roi et la reine, et au Cardinal afin que Son Eminence sùt la juste cause qui l'y avait poussée, et pour empêcher que Leurs Majestés n'apprissent d'une manière fàcheuse cet acte accompli dans leur royaume et dans leur palais royal.

Le Cardinal envoya le lundi à la reine un de ses plus intimes, pour lui annoncer qu'il n'avait pas osé en informer Sa Majesté, ne sachant comment s'y prendre pour le faire. En quoi on remarque beaucoup la prudence et l'habileté du Cardinal qui, bien qu'il n'y a pas de doute que le roi avait tout su, voulut faire croire qu'il n'en avait pas eu connaissance, pour ne pas l'obliger à s'en trouver offensé et à ne pas se montrer blessé du peu de respect qu'on lui avait porté, faisant assassiner dans les appartements de son royal palais un gentilhomme, quand même il eût mérité cent fois la mort, et d'une façon si cavalière ; que comme son serviteur, il lui conseillait de rejeter toute la faute sur Santinelli et son entourage, et de dire qu'ils avaient commis cet assassinat sans sa participation, et que la reine, pour le mieux prouver, les avait de suite renvoyés, et qu'ainsi il ferait en sorte que Sa Majesté fût satisfaite de cette déclaration ; autrement elle ne pouvait pas

causa ch'à ciò l'haveva mossa e resone capaci le Maestà
loro, perche non havessero appresa sinistramente quest'
attione attentata nel loro regno e palazzo reale.

Il Cardinale spedi un suo più intrinseco il lunedi alla
Regina facendoli dire che non haveva ardito di dirlo à
Sua Maestà, non sapendo come fosse stato per appren-
derlo. In che si nota molto la prudenza e destrezza del
Cardinale, che se bene non e dubio ch'il Rè l'habbi saputo
ad ogni modo vuol farlo professare di non haverne havuto
notitia per non obligarlo à sentirsene offeso, o pure di non
curarsi del poco rispetto portatoli con essersi fatto assas-
sinare dentro le stanze del suo palazzo reale un cavaliere
quantunque fosse stato meritevole di cento morti, e con
modo tanto imperioso; che come suo servitore li consi-
gliava ch'addossasse tutta la colpa al Santinelli e sua camerata e che havessero commesso questo occesso senza
sua participazione, e che la Regina per maggiormente
testimoniarlo gl'havesse subito mandati via; perchè
havria procurato d'oprare che Sua Maestà si fosse appa-
gata di questa dechiarazione, altrimenti non havesse

espérer que le roi vînt à Fontainebleau la voir, comme il l'avait résolu
auparavant.

La personne envoyée par Son Eminence arriva à Fontainebleau le
mardi, et s'acquitta de sa mission auprès de la reine. Celle-ci répondit
qu'elle avait tout ordonné, et exposa les raisons très urgentes qui l'y
avaient poussée; mais que cependant puisque le roi l'ordonnait ainsi,
considérant le conseil donné par le Cardinal comme un ordre royal,
elle allait les renvoyer; et en effet, peu de temps après ils montèrent
sur des chevaux de poste et partirent.

On ne doit pas se permettre de juger l'action d'une reine de tant
de savoir, ni si elle a fait bien ou mal, ou manqué dans la manière,
dans le temps, dans le lieu, et si d'avoir fermé la bouche par une mort
méritée à un menteur qui a faussement parlé, peut causer un préjudice
à sa réputation connue de tout le monde et même des siècles futurs:
car si pour justifier cette action, elle voulait faire un procès extraju-
diciaire contre un défunt, qui ne sait que des procès de cette espèce,
faits après la mort d'un accusé, quoique coupable de crimes énormes,
ne retrouvent plus de créance auprès de la généralité des hommes.
Mais que Santinelli, d'ailleurs gentilhomme et distingué par la naissance
et par la valeur et par un grand mérite, et très-estimé, n'ait pas fait

aspettato ch'il Rè fosse andato in Fontanableo à vederla come già haveva risoluto.

La persona mandata da Sua Eminenza giunse in Fontanableo il martedi e fatto l'imbasciata alla Regina. Questa disse haverlo ella ordinato e giustificò le cause molto urgenti ch'à ciò l'havevano mossa, ma ch'ad ogni modo perche cosi comandava il Rè, tenendo ch'il consiglio dato dal Cardinale fosse ordine reale, gl' havria mandati via : sicome d'indi à nol molto montati sù le poste partirono.

Non si deve dare l'arbitrio in giudicare l'attione d'una Regina di tanto sapere, ne se si habbi fatto bene o male, o ecceduto nel modo, nel tempo, nel luogo, e se col chiuder bocca con la meritata morte ad un mendace ch'ha falsamente parlato, possa haverla in pregiuditio della sua fama aperta al mondo tutto, anco per i futuri secoli, perche se per giustificar l'attione vorra farli un processo estragiuditiale contro un defunto, chi non sà che simil sorte di processi fatti dopo morte d'un incolpato, quantunque ne diffamato di enormi delitti, non ritrovano fede appresso l'universalità. Ma chi il Santinelli per altro cavaliere, e per nascità, e par valore. e per virtù qualificato, e di molta stima, non habbi fatto in ciò attione

en cela une action digne de sa position, c'est facile à juger, parce que quand même il eût été non-seulement sous la protection, mais sous l'autorité absolue de la juridiction de cette reine dans son royaume, et qu'elle-même lui eût expressément ordonné, il devait lui obéir, mais non en qualité d'assassin et de brigand ; et comme un gentilhomme, prendre par la main Monaldeschi son égal par l'ancienneté de la noblesse et d'autres qualités, et l'entraîner hors du palais, lui démentir ce qu'il avait faussement dit, et avec l'épée en main et avec courage lui prouver son mensonge, établissant de cette façon la vérité, sans se couvrir d'infamie ; et le monde n'aurait rien à dire contre lui, et encore bien moins contre la reine à laquelle, du reste, n'auraient pas manqué des moyens plus proportionnés à sa grande prudence et à son habileté, et qu'elle aurait réglés elle-même, pouvant ainsi châtier l'infamie d'autrui sans obscurcir sa propre réputation. Celle de Santinelli s'accroît de la lâcheté qu'il a montrée dans cet événement, parce qu'il a manifesté qu'il ne lui suffisait pas d'exécuter le commandement de la reine d'une manière chevaleresque, mais qu'il a voulu assimiler sa vie à celle d'un assassin, et d'une manière si blâmable.

degna della sua professione, è facile à giudicarlo perche
quand' anche fosse stato, non solo sotto la Patronanza,
ma sotto l'assoluto dominio e giurisdittione di questa
Regina nel suo regno, e che dalla medesima li fosse
stato espressamente commandato, egli doveva ben si
obedirla, mà non in qualità di sicario e masnadiere, ma
di cavaliere, con pigliarsi al Monaldeschi non inferiore
à lui di antica nobiltà e d'altro per la mano e diratoselo
in disparte fuor del palazzo, e mentirlo di quanto haveva
falsamente detto, e con la spada in mano, e col valore
confermarli la mentita giustificando in tal modo la verità
senza nota d'infamia; e il mondo non havria che dire
contro di lui, e molto meno contro la Regina, alla quale
anche non sariano mancati modi più proportionati alla
sua somma prudenza e sapere, quando da se stessa
gl'havesse regolati, potendosi castigar l'infamia altrui
senz' ombreggiar la propria reputatione. Accresce quella
del Santinelli la codardia ch'in ciò ha mostrata perche
ha manifestato non bastarli l'animo eseguir il comman-
damento della Regina con forma cavalieresca, mentre
ha voluto associare la sua vita con quella di assassino
con modo tanto biasmevole (1).

(1) Cette relation complète sur plusieurs points, notamment sur ce
qui se passa entre la reine Christine et Mazarin, après l'événement,
le récit du Père Le Bel, supérieur du couvent des Mathurins de
Fontainebleau, qui avait été obligé d'assister à ce drame affreux. Ce
récit, qui a pour titre: *Relation de la mort du marquis de
Monaldeschi, grand écuyer de la reine Christine*, se trouve imprimé
dans le Tome IV des *Pièces intéressantes et peu connues*, et aussi
dans le Tome I<sup>er</sup> de la *Description de Fontainebleau*, par l'abbé
Guilbert, 1731. 2 vol. in-12.

Monaldeschi fut enterré dans l'église d'Avon; à l'entrée, au pied
du bénitier, se trouve une petite pierre noire sur laquelle sont gravés
ces mots :

CY-GIT

MONADES-

XI.

Une autre pierre, moins ancienne, porte l'épitaphe suivante:
*Le samedi 10 novembre 1657, à 5 h. 3,4 du soir, ont été déposés
près du bénitier, les restes du marquis de Monaldeschi, grand écuyer*

Aux considerations de cet Italien, sur la lascheté d'un homme de sa nation, on peut adiouster qu'il falloit en estre pour se laisser employer à une si infame action qu'a commise le Santinelli. Aussi, remarque-t-on, que lorsque Henri III voulut se defaire du duc de Guyse, il commanda au S<sup>r</sup> de Crillon de le tuër. Il l'avoit choisi pour cette execution parce qu'il sçavoit que le duc de Guyse luy avoit donné quelque suiet de n'estre pas son serviteur; mais Crillon refusa d'accepter une telle commission, et dit au Roy que si Sa Maiesté vouloit il appelleroit le duc de Guyse en duël et feroit son possible pour l'y faire perir, mais que de l'assassiner il ne pouvoit s'y resoudre.

Son procedé fut loué de tout le monde, bien que ce fust le commandement d'un souverain à son subiect et pour le rendre executeur de ses ordres contre un autre sien subiect : au lieu qu'icy c'est un domestique qui, pour plaire à sa maistresse, se porte à commettre un assassinat, et fait pis que le bourreau en executant un homme à qui on n'a point fait le procez, et que sa partie condamne à la mort dans la chaleur de sa passion, ce qui n'est pas mesme permis aux souverains puisque les loix veulent qu'ils fassent accuser pardevant des juges ceux qu'ils croyent

de la reine Christine de Suède, mis à mort dans la galerie des Cerfs du château de Fontainebleau à 3 h. 3/4 du soir.

Non loin de cette tombe de sinistre mémoire se trouvent celles de Bezout et de Daubenton, dont le souvenir ramène le visiteur à des impressions plus calmes.

criminels, pour les avoir offensés, et s'en estre pris, ou à leur personne ou à leur Estat. Mais depuis que cette reyne a quitté Dieu et la religion dans laquelle elle est née, la pluspart de ses actions n'ont esté que des devoyements de prudence et des contraires de tout ce que l'on avoit dit d'elle de merveilleux et de grand.

Le 14e, nous apprismes par nos lettres que les Suedois avoient reçeu quelque eschec, mais peu considerable, en l'isle de Schoonen, et qu'en revanche ils achevoient de se rendre maistres du païs de Iutlandt et de Holstein pendant que leur Roy faisoit son possible en Pomeranie pour y assembler des forces capables de s'opposer aux Polonois qui y vouloient entrer pour faire une diversion advantageuse aux Danois.

Nous fusmes voir l'apres disnée mademoiselle de Senonville, fille d'esprit, et qui a esté de tout temps fort attachée à la maison de Lorraine. Elle nous dit que le mariage du prince Ferdinand avec la Segnora Ortensia (1) ne se fairoit point qu'on n'eust rendu à ce prince la Lorraine; et que c'estoit par où son pere vouloit que l'on commençast.

Le 15, le sieur de Spÿk nous mena voir madame des Reaux que nous n'avions pas encore saluée. Il faut advouër que c'est une personne fort agréable, qui reçoit civilement le monde, et leur

(1) Hortense Mancini, la quatrième nièce de Mazarin, qui épousa en 1661 le duc de La Meilleraye (voir page 55). Elle mourut à Londres en 1699.

fait fort bon accueil. Il ne faut pas s'estonner que
nostre couzin de la Platte eust tant d'estime pour
elle, car elle la merite fort bien, et la soustient avec
esprit : elle en a beaucoup et est sans doute fort
propre à ayder un ieune homme à former le sien,
ayant toute la vivacité et toute la douceur qu'on peut
souhaiter en une personne de sa sorte. Nous y
passames une couple d'heures, pendant lesquelles
mesdames Tallemant (1) et de la Sablière (2) y
survinrent : la dernière est fort bien faite et elle
est d'une humeur fort eniouëe. Nous fusmes ensuite rendre visite à madame de Saint-Pont : c'est
une dame de nostre voysinage, dont la beauté
fait tout l'agrement, car on ne treuve pas en sa
conversation cet esprit delicat et adroict qui se
rencontrant ioinct à cet advantage de la nature,
en rehausse le prix et en rend les charmes plus
puissants. Elle a pourtant esté si heureuse que
d'avoir donné dans la veuë d'un homme de
condition qui l'a espousée et qui, ayant sceu
qu'elle avoit esté un peu coquette, l'eclaire de si
pres qu'il ne luy laisse que la volonté de vivre
de la maniere qu'elle vivoit avant qu'il fust son

(1) Peut-être la femme de Pierre Tallemant, sieur de Boisneau,
maître d'hôtel du roi, demi-frère de Tallemant des Réaux, et plus
probablement celle de l'intendant, maître des requêtes, Gédéon Tallemant ; elle était cousine germaine de Tallemant des Réaux et tenait
fort grande place dans la bonne société parisienne.

(2) Madame Rambouillet de la Sablière, une des femmes les plus
distinguées du XVIIe siècle, dont le nom est devenu inséparable de
celui de La Fontaine, son ami, qui reçut chez elle l'hospitalité pendant
vingt années.

mari; et afin qu'elle ne treuve pas cette contraincte rude, il luy permet de iouer tout autant
qu'elle veut. Elle aime fort le ieu, et ayant moyen
de satisfaire cette passion, elle est moins emportée
pour la galanterie.

Le 17ᵉ, nous allasmes voir madame de Belleval,
pour luy rendre quelques papiers qu'elle avoit
baillés au Sʳ de Rodet, qui nous en avoit priés.
Elle nous dit que madame la comtesse de Caravas
estoit arrivée en cette ville, et qu'elle s'estoit
logée chez M. de Sourdis son oncle, en dessein
d'y passer une bonne partie de l'hyver. Nous
apprismes ce mesmo iour que l'aisné du fû duc
de Bouillon avoit donné 930.000 livres de la
charge de grand chambellan, que Mʳ le duc de
Guyse exerçoit depuis la mort du duc de Ioyeuse
son frere; et que parce qu'on pretend qu'il
epousera une des niepces de Mʳ le cardinal (1), il
a esté preferé au duc de Longueville qui en offroit
un million pour son fils.

Le 18ᵉ, nous allasmes à Charenton, où le Sʳ de
Spÿk presenta un enfant au baptesme avec
mademoiselle de Letan. L'apres disnée nous
fusmes voir madame de Wicqueford, où nous
passasmes toute nostre soirée. Elle nous dit que
le Sʳ de Benserade (2) estant venu voir la reyne

(1) Le duc de Bouillon épousa en effet, en 1662, Marie-Anne
Mancini, nièce de Mazarin, née en 1649.

(2) Isaac de Benserade, né en 1612, à Lyons-la-Forêt, en
Normandie, membre de l'Académie française, poëte célèbre de son temps.

NOVEMBRE 1657.            353

de Suede avec une mine triste et serieuse, elle
luy avoit demandé ce qu'il avoit le voyant ainsi
hors de sa belle humeur, et le prenant par la main
l'avoit mené au mesme lieu où elle avoit fait tuer
Monaldeschi, et luy avoit raconté toute cette
belle action : apres en avoir achevé l'histoire,
elle luy dit : « N'avez vous pas peur que ie ne
vous traite de mesme ! » Sur quoy haussant les
espaules, il se retira assez confus et surpris de
ce narré et de ce compliment.

Le 19e, nous fusmes rendre visite à madame
Coutturier, que nous treuvasmes occupée à faire
tendre toutes ses chambres de meubles d'hyver,
comme font ordinairement les bonnes mesnageres,
pour conserver leurs beaux ameublements, à
cause que le feu les gaste. Comme nous vinsmes
à parler de la lotherie et des belles choses qu'on
y estale, elle nous dit qu'elle n'y avoit pas trouvé
cette beauté qu'on publie, et qu'il n'y avoit que
les poincts qui luy pleussent, car quant aux
pierreries, qu'elle en avoit de bien plus belles, et
apres en avoir ouvert un petit cabinet, qui estoit
au chevet de son lict, elle en tira une layette, où
il y avoit pour environ 80,000 livres en bijous
qu'elle nous monstra. Elle avoit raison de le dire,
car en effet nous y vismes un beau collier de
perles de 20,000 livres, avec une paire de pendants
d'oreilles avec les boucles, qui ne valoient guere
moins, et encore quelques pieces de prix. De là
nous allasmes voir madame de Lorme, qui nous
dit que madame la comtesse de Mailly ayant

surpris un billet doux du comte de la Serre à mademoiselle de Caravas sa fille, dont il estoit devenu amoureux, l'avoit maltraitée, et que la fille despitée de la rigueur de sa mere, avoit fait venir un beau matin une chaise, et s'en estoit allée à son insçeu, sans qu'elle ait pù decouvrir où elle est. On fait courir le bruict qu'elle s'est retirée chez une madame de Barneville, (1) qui mene une vie fort infame et scandaleuse quoy qu'elle soit parente de monsieur le Premier.

Le 20ᵉ, le sieur de Lemonom ayant esté en nostre logis nous demander, et tesmoigné qu'il avoit quelque chose à nous dire, nous le fusmes voir, et dans l'entretien nous apprismes de luy, que le Roy avait commandé à ses mousquetaires de se pourvoir de chevaux gris, voulant que toute la compagnie en fust montée, et qu'ils eussent la queuë longue. Il nous parla ensuite de quelques terres bien basties et de bon revenu qu'on pouvoit avoir à assez bon marché, entre autres de la Fresnaye auprès d'Estampes, qui est en beaux droicts et qu'on pourroit avoir pour 100,000 livres. bien qu'elle vaille plus de 5,000 francs de rente.

Le 21ᵉ, nous fusmes rendre visite à madame d'Osson, où nous treuvasmes madame de Ruvigny, femme du deputé de ceux de la religion reformée. Elles nous dirent qu'elles avoient appris d'un Augustin, qui ne faisoit que de sortir, qu'il avoit esté en Suede en habit de seculier, et que la

(1) Mᵐᵉ de Barneville fut la mère de la célèbre comtesse d'Aulnoy.

reyne Christine y avoit de ce temps là changé en
secret de religion, et qu'il l'avoit confessée :
lorsqu'elle fut à Rome en faire profession au
pied du pape, il la rebaptisa et lui donna le nom
d'Alexandra, et par l'action qu'elle vient de commettre, elle a monstré qu'elle ne veut pas seulement ressembler de nom à ce grand roy de
Macedoine, dont est tiré le sien, et que s'il sçeust
faire mourir Clitus, elle a sçeu faire egorger
Monaldeschi, enyvrée de sa colere aussi bien que
l'autre estoit *vino tortus et ira* (1).

Le 22e, nous fusmes voir monsieur et madame
de Caravas, qui estoient de retour en cette ville
depuis cinq ou six iours, aussi gays et aussi
ioyeux que iamais. Il nous dirent que partout où
ils avoient esté, ils avoient eû de la satisfaction
en leurs affaires et principalement en celles de
la baronie de Saint-Loup, et que pour s'en mettre
en possession, ils en alloient prendre le bail
iudiciaire. Ils passeront icy l'hyver, et ont louë la
maison du comte de Montresor, au Marais, à la
rue neufve Saint-Louys, et cherchent partout des
meubles à acheter. Ils se veulent absolument
ruïner, au moins en prennent-ils le chemin, s'ils
ne sont icy que pour leur plaisir, où les riches
s'incommodent, s'ils n'ont point d'autre but. Ils
reçeurent pendant que nous y estions mille escus

(1) *En proie à l'ivresse et à la colère.* Cette citation est empruntée
à ces vers d'Horace :

... Arcanum neque tu scrutaberis illius unquam,
Commissumque teges, et vino tortus et ira.

(*Epist. ad Lollium*)

de madame de Saint-Loup (1), et nous dirent
qu'elle leur en devoit bien davantage, et qu'ils
estoient si heureux que de ne devoir rien à personne.
Si cela est et qu'il dure, les voyla bien et cette
petite femme sera fort satisfaicte de son tiltre de
comtesse. Elle va faire parade de la parenté de
son mari, qui l'oblige à prendre le deuil de la
mort du duc d'Elbeuf.

Le Roy partit ce iour mesme d'icy, pour aller
coucher à Villeroy en dessein d'aller voir le
lendemain la reyne de Suede à Fontainebleau.
On dit qu'il ne lui parlera de rien et que la visite
ne sera que d'une petite demi heure.

Le 24ᵉ, n'ayants pas treuvé mesdames de Caravas et des Reaux au logis, nous fusmes passer
toute nostre apres disnée chez Mᵐᵉ de Saint-
Armant, où nous eusmes une assez belle et
agreable conversation. On se mit à faire des
contes de la reyne de Suede, et il y eust un abbé
qui parmy les extravagances de cette princesse
nous en raconta une qui est tout à fait bigearre :
c'est qu'en une ville d'Italie elle demanda ce qu'il
y avait de plus beau et de plus remarquable à
voir; on lui dit que c'estoit un lion qui estoit
epouventablement grand, et qu'on ne le pouvoit

---

(1) On trouve dans les Mémoires de Gourville des détails assez
piquants sur cette dame, qui offrait un singulier mélange de dévotion
et d'intrigue. (T. I. p. 130-136 ed. Léon Lecestre). Elle était en
son nom Diane Chasteignier de la Rocheposay. Elle avait épousé le
traitant Le Page et s'était fait appeler Mᵐᵉ de Saint-Loup du nom
d'une terre achetée en Poitou. Cf. Tallemant des Réaux : *Historiettes*,
T. VIII. pp. 87-92.

voir que de haut en bas, tant il estoit furieux.
Elle y alla, et y estant menée par beaucoup de personnes de qualité, et entre autres un
homme qui luy avoit tesmoigné beaucoup d'attachement, elle luy demanda son chappeau qu'il
luy présenta avec beaucoup de civilité; elle le
prend, le iette dans la caverne du lion, et luy dit
qu'elle avait tant ouy parler de sa bravoure et
de son courage, qu'elle luy donnoit le moyen d'en
donner des preuves. Le gentilhomme, tout estonné
de ce procédé, alla trouver le gardeur du lion,
et luy demanda comment il pourroit approcher
cette beste. — Il luy respondit qu'il vestit une
robe de toile blanche, et tinst un morceau de
viande d'une main et de l'autre une dague, et
que si le lion le caressoit, il lui presentast le
premier, et s'il rugissoit, il se servit du dernier.
Le gentilhomme alla en cet equipage dans la
caverne, treuva le lion de bonne humeur, et luy
presentant la chair, reprit son chappeau et s'en
alla à cette inhumaine reyne, et luy dit qu'il avoit
executé son commandement, et qu'il ne demandoit plus rien que la permission de se retirer
d'auprès d'elle, après luy avoir tesmoigné qu'il
avoit esté assez téméraire que de hazarder sa vie
pour luy plaire, et que si sa hardiesse avoit
egalé son caprice, il ne desiroit plus d'estre
reduit à la necessité de luy donner de si sottes
marques d'un courage qu'il devoit mieux mesnager, puisqu'elle l'exposoit à si bon marché.

Voila comme un chacun debite tout ce qu'il

sçait de cette Reyne que le Roy vient de visiter
à Fontainebleau, car on s'est enfin resolu à la
cour de dissimuler cette execution qu'elle y a
fait faire : en quoy l'on voit que les princes ne
sont pas comme le reste des hommes ; ils appreu-
vent les actions les uns des autres en public, bien
que souvent ils les condamnent en particulier. On
ne sçait pas bien ce qui s'est passé en cette
entrevuë. Ce qu'on en publie, est qu'elle n'a duré
qu'une heure, que la reyne vint recevoir le Roy dans
la court du chasteau, et qu'apres les premiers
compliments, elle se mit à oxagerer les avantages
que S. M. avoit remportés cette campagne en
Flandres. On adiouste, mais ie croys qu'on le
veut deviner, que dans une conversation secrete
cette reyne dit au Roy, qu'elle estoit fort faschée
de ce qui s'estoit passé en sa maison, mais qu'elle
avoit eu de iustes causes de se defaire de Monaldeschi, et que si elle avoit failly, elle estoit preste
de se ietter à ses pieds pour luy en demander
pardon. On veut que le Roy luy ait repondu
qu'il ne doutoit point qu'elle n'en eust iuste
raison. La response estant ambiguë donne suiet
au monde de la rapporter à l'action ou au pardon.

Le 25ᵉ, à nostre retour de Charenton, nous
fusmes visiter le Sᵉ de Moulines, qui avoit fait
reproche à un de nos laquays de ce qu'il avoit
esté bien malade, et que nous n'avions point
envoyé sçavoir de ses nouvelles. Nous le treuvasmes delivré de sa goutte, et dans l'entretien

entre autres contes qu'il nous fit du S<sup>r</sup> d'Aubigné (1) qui avoit esté à Henry IIII, il nous dit qu'un jour ayant reçeu pour present de ce prince un tableau, il en fit ce quatrain :

Ce prince est d'estrange nature ;
Je ne sçay quel diable l'a fait,
Pour qu'il recompense en peinture
Ceux qui le servent en effet.

Le 26<sup>e</sup>, nous fusmes voir madame de Saint-Armant ; nous y apprismes qu'on avait pourveu le comte de Soissons de la charge de colonel general des Suisses, et que les officiers de ce corps l'en estoient allés complimenter et luy rendre leurs premiers devoirs. Cet employ est l'un des plus beaux de la couronne et qui donne un grand credit à celuy qui en est pourveu ; car il commande generalement à tous ceux de cette nation qui sont au service du Roy, pourvoit à toutes les charges ; et du temps qu'il y en avoit plus de 30,000, il estoit encore d'une plus grande estenduë. A present il n'y en a que deux regiments : celuy des gardes et le regiment de Pfeiffer ; mais le revenu de la charge n'en est pas diminué et va tousiours à 80 ou 100 mille francs.

Le 27<sup>e</sup>, nous fusmes rendre visite à madame de Belleval, qui nous demanda des nouvelles du monde et ce qu'on y faisoit. Elle est dans un

(1) Théodore Agrippa d'Aubigné, né en 1550, favori d'Henri IV et dévoué à sa cause ; il demeura cependant zélé calviniste, et se retira à Genève où il mourut en 1630. Il avait un esprit caustique et original. On sait qu'il fut le grand-père de madame de Maintenon.

couvent si reculé, et où l'on voit si peu de
personnes, qu'elle est tres aise d'en apprendre
quelque chose dès qu'elle reçoit des visites de
ceux qui sçavent ce qui s'y passe. Nous voulusmes d'abord luy conter l'histoire de mademoiselle
de Caravas, comme une piece extraordinaire
et de la plus fraische date. Nous ne l'eusmes pas
commencée, qu'elle nous fit signe du doigt de
ne pas parler si haut, en disant tout bas : elle
est icy, mais ie vous prie, ne laissez pas de me
dire de quelle manière on en parle. Nous la luy
racontasmes de la façon que nous l'avons couchée
cy dessus. Elle nous respondit : on lui faict tort,
car dès qu'elle a quitté sa mère elle s'est retirée
icy, et quant au billet dont on parle, c'est une
lettre que quelqu'une de ses amies luy avoit
escritte, et l'ayant laissée sur sa table, le comte
de la Serre la treuva, l'ouvrit, et y voyant quatre
ou cinq doigts de papier vuide au bas, le remplit
d'un compliment et recacheta la lettre. La mere
qui est ialouse de sa fille, d'autant qu'elle ayme
cet homme, et craint que sa fille ne luy fasse
prendre le change, prend la lettre, la lit, et à
demy enragée, va tout droit à sa fille, qui revenoit de la ville, et commence à la battre, à luy
donner cent coups de pieds et à luy deschirer sa
coiffe en l'eschevelant. Mesdames de Barneville
et de Saint-Simon, qui estoient presentes à cette
comedie, taschoient de ramener la mere à la
raison et d'appaiser la fille, qui toute desolée fit
son pacquet le lendemain de grand matin et

se vint refugier dans ce couvent, d'où la mere,
se repentart de ce qu'elle en a si mal usé, tasche
de la retirer par belles paroles.

Nous la vismes un moment apres au parloir.
Elle a beaucoup d'esprit, danse fort bien, et a la
taille fort avantageuse; de beauté elle n'en a que
fort peu et autant qu'il en faut pour faire que
l'agreement qui luy vient d'ailleurs n'ait rien de
choquant.

Le 28e, nous receusmes nos lettres, et on nous
y marquoit un grand advantage que nostre Estat
venoit de recevoir, et qu'il sembloit que Dieu luy
eust envoyé pour chastier l'orgueil et la trahison
des Portugais en nostre endroict. Car en suite de
la conference pour l'aiustement des affaires du
Brasil, que nous avions envoyé rechercher dans
Lisbonne mesme par les commissaires que nostre
admiral y avoit mis à terre, nosdits commissaires
suivant l'ordre de l'Estat, voyant qu'on ne pouvoit
point s'accommoder, avoient declaré la guerre aux
Portugais, et estoient revenus au bord de nostre
admiral. Là il fut déliberé ce que l'on auroit à
faire, et s'il falloit attendre la flotte du Brasil, qu'on
avoit appris devoir arriver dans le mois par un
batteau d'advis qu'on avoit intercepté, ou s'en
retourner au païs, les provisions commençant à
manquer. Au conseil de guerre, qui en fut tenu
apres que nostre admiral s'estoit eloigné de trente
lieuës de la riviere de Lisbonne, il fut conclu qu'on
s'en retourneroit au païs; et comme on estoit sur
le poinct de se mettre à la voile pour en prendre

la route, on vit paroistre la flotte portugaise : on
luy alla à la rencontre, on la chargea, et sans
beaucoup de difficulté on en prist ou on en dissipa
la pluspart des vaisseaux : ce n'en estoit pourtant qu'une esquadre composée de trente six vaisseaux, et celuy qui commande les cinq prises qui
sont arrivées au Texel, et qui en ont apporté la
nouvelle, rapporte que l'on attendoit l'autre escadre qui est composée de 44 vaisseaux. Il ne doutoit
point qu'elle ne tombast entre les mains de nos
gens, parcequ'elle ne sçavoit point qu'ils l'atten-
dissent.

On tient que toute cette flotte porte près de
20 millions, tant en 50,000 caisses de sucre dont
elle est chargée, qu'en autres denrées. Voilà ce
qu'on en a sceu par ce commandant, qui ayant
esté separé du gros par le mauvais temps, et contrainct de relascher au païs, ne pouvoit rien dire
de plus touchant cette rencontre dont on attend le
detail par quelque envoyé de la part de l'admiral.

L'apres disnée de ce mesme jour M. le cardinal
partit d'icy, pour aller recevoir la reine de Suede
en une belle maison, nommée Petit-Bourg (1), où

(1) On lit dans une lettre de l'ambassadeur de Hollande à Paris,
en date du 7 décembre 1657 :

« La reyne Christine de Suede a esté visitée de M. le Cardinal, et
le Roy lui a faict un present de 12,000 pistoles. On tient que la dite
reyne ne viendra pas icy à Paris, mais qu'elle ira à Bourges jusques
à ce que les eaues qui sont débordées presque partout le royaume
seront diminuées, pour poursuivre alors son voyage de Provence.
Son Éminence a traité fort magnifiquement la reyne à Petit-Bourg à
la maison de l'evesque de Langres. » (*Arch. Aff. Etrang. Holl. vol.
58. fol. 76 v°*).

il la doit traiter et resoudre avec elle si elle viendra icy ou si elle ira ailleurs. On fait bien toutes les demonstrations de l'y vouloir recevoir, mais en effet on n'a guere d'envie qu'elle y vienne. M. le cardinal a bien fait preparer sa maison pour l'y loger, mais selon le bruict commun il luy est allé au-devant pour la dissuader d'y venir. Comme il ne manque pas d'adresse, il pourra aisement luy protester qu'il le passionneroit et qu'il s'estoit preparé à lui faire le meilleur accueil qu'il auroit pû, mais que pour diverses raisons il ne sçavoit pas si elle ne devroit point prendre une autre resolution. Quoy qu'il en soit de l'intention qu'il a, la mine qu'il fait de la vouloir loger nous a donné occasion de voir tous ses beaux meubles qui sont richement estallez en son palais (1). Tout le bas apartement est presque orné de statuës si bien choisies et si excellentes, que l'on diroit qu'il ne leur manque que la parole ; aussi sont elles de grand prix, et on nous en monstra une qui represente la Clemence en une femme qui serre son petit enfant entre ses bras, qui est inestimable, bien qu'elle n'ait cousté que 10 mille escus. Toutes les autres sont aussi de prix. Celuy d'en haut est tendu des plus belles et des plus fines tapisseries et brocards d'or et d'argent que l'on sçauroit voir ; outre quantité de cabinets de toute sorte de matière, et autres raretez que la vanité fait estimer parmi

_____

(1) Ce palais, qui était l'ancien hôtel Tubeuf, est aujourd'hui, comme on sait, la *Bibliothèque nationale*.

les grands. Il y a une table de marbre au milieu
d'une sale, qui est la plus belle chose du monde,
enchassée d'or et de pierres precieuses; elle est
si polie, si egale et si luisante, qu'elle pourroit
servir de miroir au besoin. Il y en a encore une
autre de la mesme étoffe, où les fleurs sont si
artistement representées avec leurs vrayes couleurs toutes de marbre, qu'un peintre ne les
sçauroit mieux contrefaire avec son pinceau.

Nous vismes ensuite une galerie où toutes les
raretez des Indes sont estallées; elle est tendue
d'un brocard verd d'or et d'argent. Il y a deux
tapis de pied dont chacun est presque une fois
aussi long que la grande galerie du sieur de
Sommelsdyck. Pour la conclusion de toutes ces
merveilles, on nous mena dans une chambre où
de prim'abord on ne sçait ce que l'on voit, la
veuë se treuvant toute offusquée des grandes
richesses qu'on a mises au iour pour recevoir
l'incomparable Christine, ce grand prodige du
siecle, et qui l'est encore depuis sa dernière action,
cette magnanime et legale façon de se defaire
de ses domestiques. On n'y voit qu'or et argent,
et c'est une chose d'assez dure digestion aux
bons François de voir que ce ministre a tiré toutes
les plus belles nippes du Louvre en sa maison;
car il se sert du lict sur lequel la Reine accoucha
du Roy, qui est de veloux cramoisi, doublé de
brocard si plein de broderie que l'on n'en voit pas
le fond; le dais, les sieges et les tapis de table sont
de mesme. Il a cousté pour le moins 60,000 livres.

Le 1er decembre, il arriva icy un courrier qui apporta une lettre du duc d'Enghien, fils unique du prince de Condé, au sieur Guenaud, medecin de ce prince. Il luy marquoit que son pere se treuvant à l'extremité, il le supplioit de se rendre en diligence à Gand pour l'assister (1). Guenaud fut chez M. le Tellier, pour demander un passe-port; mais avant que de le lui accorder il en voulut donner advis à M. le cardinal qui estant entré en la chambre du Roy, luy dit que M. le Prince se treuvant dangereusement malade, avoit mandé son medecin, et que s'il plaisoit à S. M., il iroit promptement aupres de luy pour l'assister. Le Roy hesista et dit que puisque le Prince s'estoit si longtemps passé de ce medecin, il pourroit bien s'en passer en cette rencontre, qu'il est rebelle et a les armes à la main contre son Souverain. Là-dessus M. le cardinal vit occasion de faire un acte de generosité, et dit au Roy que M. le Prince ayant l'honneur de luy appartenir, luy devoit estre cher et considerable, et qu'il ne devoit pas s'arrester à ce qu'il estoit hors de son devoir, puisqu'en cette urgente necessité, il falloit tout oublier pour conserver un si grand homme; adioustant, dit-on, qu'il estoit necessaire à l'Estat, et que mesme si S. M. pouvoit se passer de son

(1) On lit dans une lettre adressée de Paris, le 7 décembre, au gouvernement des Pays-Bas : « M. le duc de Longueville a envoyé en diligence à Ghent quelques médecins et maistres bien experts en la chirurgie, à cause que M. le prince de Condé s'y trouve extremement malade : ce sont les personnes qui avoient accoustumé de traitter Son Altesse icy en France. » (Arch. Aff. Etrang. Holl. Vol. 58. fol. 76.)

premier medecin, il auroit treuvé bon qu'on le luy
envoyast. On expedia ensuite le passeport, et on
ne permit pas seulement au medecin d'y aller,
mais on voulut que Dalencé, chirurgien ordinaire
du Roy, l'accompagnast.

Le lendemain 2<sup>e</sup>, il arriva un autre courrier qui
assura que ce Prince estoit aux abois; mais on
eust bientost nouvelle apres que Guenaud s'estoit
rendu aupres de luy, qu'il luy avoit appliqué des
remedes et qu'il esperoit de le guerir. Comme on
a permis à MM. les prince de Conty et duc de
Longueville d'y envoyer tous les iours des courriers et d'en recevoir, on sçait tout ce qu'il a dit
pendant son grand mal; il manda d'abord la
princesse sa femme et le duc d'Enghien son fils,
les exhorta de retourner en France, de se soumettre au Roy, recommandant à son fils de ne
iamais rien faire d'indigne de son rang, et de ne
prendre iamais les armes contre son Souverain.
On adiouste qu'il tinst le mesme langage aux
François qui estoient dans sa chambre. Les
Espagnols ont sçeu son repentir, et n'en sont
guere contents; non plus que de la declaration
que firent les gouverneurs de Rocroy et du Catelet,
lorsque Don Juan les fit sommer de reconnoistre
ses ordres, car ils protesterent que s'il venoit
faute de M<sup>r</sup> le prince de Condé, ils ne reconnois-
troient que ceux du duc d'Enghien.

Ce mesme iour nous fusmes au presche chez
nostre ambassadeur à cause du mauvais temps.
Le fils de Lotius qui est nouvellement arrivé de

Hollande, y fit son premier sermon. Il estoit assez estudié, mais il ne le recita guere bien et il estoit aisé à voir que c'en estoit un de son pere, qu'il avoit appris par cœur, car il hesitoit parfois et cherchoit la suite de ses periodes et s'y mesprenoit souvent. L'apres disnée nous fusmes pour faire quelques visites, mais nous ne treuvasmes personne : aussi n'avions nous pas sçeu que c'estoit le premier dimanche de l'Advent, que les papistes ont en une particuliere consideration et ne manquent guere ni le sermon, ni les vespres.

Le 3e, on nous dit que le cardinal estoit revenu le iour auparavant de Petit-Bourg, et qu'il avoit esté si content de sa negotiation avec la reine Christine, qu'apres qu'elle l'eust quitté pour retourner à Fontainebleau, il monta à cheval et s'en vint icy au galop. Il ne fut pas arrivé au Louvre, que montant à son apartement, et y rencontrant Ondedei, il luy dit : *Habbiamo guadagnato la battaglia, la regina non ci verra* (1). En effet il en livra presque une pour la persuader de n'y point venir. Il luy representa que Paris est une grande ville où il n'y a ni ordre, ni moyen d'y en mettre; que cette grande diversité de personnes de toutes conditions faisoit qu'on n'y respectoit presque personne : que le Roy et luy apprehendoient, qu'elle n'y auroit pas la satisfaction qu'ils souhaitoient; et notamment après l'action qu'elle venoit de commettre, qui avoit

(1) « Nous avons gagné la bataille; la reine ne nous viendra pas. »

ouvert la bouche à tant de monde, et qui sans
doute l'exposeroit au mespris et à la haine de la
pluspart des consciencieux qui blasmoient et
detestoient ce procedé; que partant il estoit obligé
de la prier de se vouloir plus de bien à soy mesme
que de se commettre à l'indiscretion commune
de ce grand peuple, et d'espargner au Roy la
peine qu'il tireroit de ne la pouvoir pas faire res-
pecter, comme il sçait qu'il y est obligé à cause
de sa qualité et de ses merites.

Toutes ses belles raisons ne persuaderent pas
la reyne qu'elle ne deust pas venir icy, mais la
rebuterent, voyant bien qu'on ne l'y vouloit pas;
et elle tesmoigna qu'elle s'appercevoit bien de
l'intention de la cour et du premier ministre.
Mesme on dit qu'elle s'escria plusieurs fois:
« Quoy! l'on souffrira bien à Paris plus de deux
mille Allemands, et on fera difficulté d'y recevoir
une ancienne alliée! »

La Reyne Mere qui a des aversions pour tout ce
qui choque le cardinal, tesmoigna plusieurs fois
qu'on fist ce que l'on pourroit pour l'empescher
de venir icy, et que si elle y venoit, elle ne la
verroit point, ayant de l'horreur pour sa personne
et pour sa façon de vivre depuis l'assassinat
qu'elle avoit fait faire dans la maison du Roy. Ce
discours donne suiet de parler aux medisants, et
de dire qu'elle avoit raison de vouloir du mal à
Christine, puisqu'elle avoit plus osé en ce royaume
qu'elle qui y a esté regente et mere du Souverain,
et qui n'a iamais fait mourir aucun de ceux qui

ont mal parlé d'elle : aussi si elle l'eust voulu faire, elle auroit estendu sa vengeance sur une bonne partie de cette ville et de ce royaume, où pendant sa regence et mesme apres on a escrit et chanté d'estranges choses d'elle et du cardinal.

Le 4ᵉ, on nous dit que le 2ᵉ du courant on avoit fait partir 80 mousquetaires du Roy, et autant de gardes de Mʳ. le cardinal pour s'aller ietter dans Mardick sur l'apprehension que l'on avoit que les ennemis ne l'attaquassent une seconde fois ; tous les advis de Flandres, portants que Don Juan et les autres chefs d'Espagne estoient à Ypre avec les deputés des quatre membres de Flandres, pour y adviser aux moyens de reprendre cette place. Il leur sera pourtant difficile d'y reüssir parce qu'elle est en si bon estat, et si bien munie, qu'ils seroient obligés d'y faire un siege formel, ce qui ruinero' 'eur armée; outre que celle de France qui est v  la frontiere y accourra incontinent, et les cbage... d'en deloger lorsqu'ils s'y seront engagés. Le Sʳ de Bats, gouverneur du Sʳ de Manchini et lieutenant desdits mousquetaires, y avoit esté envoyé pour les commander.

Le 5ᵉ, nous apprismes que l'on avoit preparé icy un ioly escrit pour en regaler la reyne Christine, si elle y fust venuë. Il devoit porter pour tiltre : *La Metempsycose de la reyne Christine.* On y eust veu quantité de iolies choses et entre autres belles ames qu'elle avoit euës on luy donnoit celle de Semiramis, qui se traves-

24

tissoit si bien, et qui tantost homme, tantost
femme ioûoit tousiours des siennes et surtout
lorsque faisant appeler iusques à des simples
soldats pour coucher avec elle, elle les faisoit
poignarder au relever, de peur qu'ils ne s'en
vantassent. La derniere ame qu'on lui donne est
celle de Mathurine, cette gentille folle de la vieille
cour (1). Mais à present qu'elle ne viendra point,
cet escrit sera supprimé, M' le cardinal ayant
fait dire à l'autheur de la laisser aller en paix. Si
elle fust venuë on l'auroit publié pour l'obliger à
quitter un lieu où on la depeignoit de ses plus
vives couleurs.

Le 6e, nous reçeusmes nos lettres, où l'on nous
confirmoit bien que nostre admiral avoit rencontré
la flotte portugaise, mais qu'il n'en avoit pris que
quelques vaisseaux, les plus grands et plus richement chargés s'estant sauvés et ayant gaigné les
ports de Portugal. Cependant tout ce que l'on en
dit ne se fonde que sur le bruict, et on attend
d'en sçavoir la verité au retour de nostre admiral
qui a ordre d'estre au pays au 15e de ce mois.

Le 9e, on nous dit que la comtesse de Mondeieu,
femme du gouverneur d'Arras, qui pour quelque
mauvais traictement qu'elle pretendoit avoir reçu
de son mari, l'avoit abandonné, avoit esté condamnée à l'aller reioindre. L'occasion de cet arrest

(1) La cour de Marie de Médicis. « Cette Mathurine, dit Tallemant
des Réaux, avoit esté folle, puis guérie, mais non pas parfaittement.
Elle gaigna du bien et laissa un fils qui a esté un admirable ioueur
de luth; on l'appeloit Blanc-Rocher. » (Historiettes, T. I. p. 195,.

fut que la Cour, ayant fait solliciter ce comte de quelque chose qu'elle desiroit de luy, il s'en estoit excusé sur ce qu'on luy retenoit sa femme. Pour l'y obliger, le Roy ordonna à son Conseil de revoir le procez; ce qui fut fait, et l'arrest du Parlement qui luy donnoit la permission de se separer de son mari de corps et de biens, fut cassé, et ordonné qu'elle l'iroit reioindre; et pour l'y obliger sans delay, on adiousta que 80 archers l'y escorteroient et qu'elle y seroit menée pieds et poings liés: ce qui a esté fait auiourd'huy, et dans peu de temps nous sçaurons que son mari, qui est un maistre homme, luy aura fait une reception toute telle qu'elle la merite.

Le 10e, on fit partir d'icy le reste des mousquetaires pour se rendre à Calais sur le soupçon qu'on avoit que les Espagnols avoient dessein d'attaquer Mardick. Mesme afin que Son Eminence fist voir qu'elle n'y vouloit espargner personne, elle voulut que son nepveu de Manchini, qui en est capitaine, les allast commander: et afin que cette compagnie, qu'on veut estre une pepinière de braves, soit plus forte et plus considerée, le Roy l'augmenta de dix, et l'a mise à 130 hommes.

Le 11e, on eust ici advis que la reyne d'Espagne (1) estoit accouchée d'un fils, et que le roy en avoit escrit à la Reyne sa sœur (2), luy ayant

(1) Marie-Anne d'Autriche, fille unique de l'empereur Ferdinand III, mariée à son oncle Philippe IV, roi d'Espagne, en 1649.

(2) Anne d'Autriche.

despesché un Allemand qui après avoir été régalé
en cette Cour d'un beau diamant, avoit passé
outre pour porter une si bonne nouvelle en
Flandres et en Allemagne. La naissance de ce
prince tant attendu et tant desiré, arrestera toutes
les esperances et les visées des grands d'Espagne, qui regardoient desia ce royaume comme la
peau du lyon, qu'ils se devoient partager; et au
sens de plusieurs, il sera l'alcyon qui calmera
ces grandes tempestes de guerre qui regnent
depuis si longtemps entre ces deux couronnes.
Le Sr de Reede nous marquoit aussi, par sa
dernière de Madrid, que don Luis de Haro (1),
favori du roi et premier ministre, avoit marié sa
fille avec le duc de la Niebla, fils du duc de
Medina Sidonia. Par cette alliance, ce seigneur
aura la liberté de sortir de Valladolid où il avoit
esté renfermé depuis le soulevement des Portugais, à cause que la reyne de Portugal est sa
sœur, et qu'on le soupçonnoit d'intelligence avec
elle.

Le 12e, on nous vola un manteau de pluye que
nous avions quitté dans nostre chambre à nostre
retour de l'academie, sans que nous ayons pû
descouvrir qui ç'a esté.

Le 13e, monsieur de Turenne retourna de sa
campagne, qu'il avoit finie par la prise de Mardick,
qu'il avoit appris estre en si bon estat qu'il n'y
avoit rien à craindre.

(1) Neveu du duc d'Olivarès. Né en 1598, mort en 1661.

Le 15ᵉ, on nous dit que la duchesse de Roquelaure estoit morte, après estre accouchée d'une
fille qui ne l'a survescuë que de deux heures. C'est
grand dommage de cette dame, car elle passoit
pour la plus belle de la Cour. Elle estoit fille du
comte de Lude, qui avoit esté gouverneur de M.
le duc d'Orléans. M. de Roquelaure l'avoit espousée autant pour sa beauté que pour ses biens, et
en estoit si ialoux qu'il lui avoit presque interdit
de voir le monde.

Le 16ᵉ, la comtesse de Soissons, l'une des Manchini et niepce du cardinal, accoucha d'un fils, et
on en tesmoigna une ioye extraordinaire à la
Cour; et afin que celle de l'accouchée ne fust
troublée que de la douleur qu'elle en sentoit, on
luy cela la mort de la duchesse de Roquelaure,
sa bonne amie. Mais, comme si ce mois estoit
fatal aux belles de la Cour, on nous dit que la
comtesse d'Olone estoit en danger de perdre une
iambe pour une fluxion qui s'y est iettée et où l'on
apprehendoit la gangrene.

Le 17ᵉ, sur l'advis qu'on eust icy que les Espagnols marchoient du costé de Mardick en intention de l'assieger, nonobstant la rigueur de la
saison et que la place est tres bien munie de
monde et de toutes sortes de provisions, on
manda M. de Turenne au Louvre, où le Roy luy
fit connoistre qu'il estoit necessaire qu'il retournast sur la frontière, et qu'il y ramassast toute
l'armée pour marcher au secours de la place. Il
est parti à ce matin pour cet effect. Cependant

on ne croit pas qu'elle soit en danger, et que les
ennemis reüssissent en leur dessein: parce qu'on
asseure que, outre que les fortifications y sont en
bon estat et qu'il y a pres de 3,000 hommes en
garnison, les Anglois ont dans le canal vingt
vaisseaux, sur lesquels il y a 2,000 soldats des
vieilles bandes du Protecteur, qui aussitost se
ietteront dans la place; ioinct que le mareschal
d'Aumont, gouverneur de Boulogne, s'est rendu
dans la place pour donner ordre à tout, et que
les Anglois, qui sont au Fort-de-Bois, incommo-
deront fort les assiegeants qui, d'autre costé,
dans ce païs de sable, n'ayant que peu de mate-
riaux pour hutter et presque point de fourrage
pour leur cavalerie, auront beaucoup à pastir en
cette saison. Aussi croit-on qu'ils n'entreprennent
ce siege que pour contenter les quatre membres
de Flandres, et les obliger à fournir l'argent qu'ils
offrent pour l'armée, si on l'employe à reprendre
cette place.

Le 18⁰, nous sceusmes que madame de Mondeieu
estoit arrivée à Arras et qu'elle y avoit esté
mieux reçeuë et traictée qu'elle ne l'avoit esperé.

Le 19⁰, le Roy fut au palais, pour y faire enregistrer la declaration contre les Jansenistes et
accepter la bulle du Pape qui les condamne. On
parle fort diversement de cette action, et on la
treuve si hors d'exemple qu'on croit que la passion particuliere du ministre en a esté le principal
motif. On soupçonne qu'il l'a fait pour deux considerations: la premiere pour se bien maintenir à

Rome et gaigner l'esprit du Pape qui souhaitoit
avec ardeur que l'on fist valoir sa bulle ; la seconde
pour ruiner le Port-Royal et tous ceux qui sont
du sentiment de ceux qui s'y sont retirez, et qu'on
nomme Jansenistes. Ce qui fait qu'on leur en
veut, est qu'ils sont fort amis du cardinal de
Retz, et qu'on croit que c'est une faction qu'il a
dedans l'Estat : iusques là qu'on soupçonne que
pendant l'assemblée du clergé, ce sont eux qui
ont escrit en sa faveur, qui ont fait tenir de ses
lettres et quelquesfois si fraisches qu'on a presque esté persuadé à la Cour qu'il estoit à Paris
caché parmi eux. Voilà ce qu'on croit estre la
cause secrete et interieure de cette affaire. Il ne
faut point douter que les Jesuites n'ayent esté
l'exterieure, et qu'ils n'ayent sollicité avec vigueur
l'enregistrement de la bulle et de la declaration.
Le Père Annat, qui est de leur ordre et qui est
confesseur du Roy, y a employé toute sa ruse et
toute celle de son ordre.

Avant que le Roy se rendist au palais, pour y
tenir son lict de justice à une si belle occasion,
selon la coustume ses gardes se saisirent de
toutes les avenuës de l'Isle. On en voyoit tout le
long des quays, dès le milieu du Pont-Neuf
iusques au palais ; les cent-suisses et les gardes
du corps estoient dans le palais mesme aux
portes et aux degrez, et le capitaine des gardes
s'en estoit, dès le grand matin, fait donner toutes
les clefs. Le Roy y vint sur les six heures et fut
reçeu à l'accoustumée. Tous les grands de la

Cour, le duc d'Aniou et Son Eminence l'accom-
pagnoient. M. le chancelier fut celuy qui parla à
la compagnie, et il chancela se treuvant embarrassé dans sa harangue. M. de Nesmond (1), qui
est le chef du parlement en attendant qu'on luy
donne un premier president, le releva et prit la
parole : et comme il tasche de suivre tous les
mouvements de la Cour, parce qu'il pretend à la
charge, il conclud à tout ce que souhaitoit le
Roy. Il fut suivi de tous ceux qui parlerent et il
n'y en eust pas un qui ne prist bien garde à ce
qu'il disoit de peur d'estre couché sur le papier
rouge, s'il s'efforçoit de garder en presence du
Roy la liberté des suffrages. Il y eut pourtant un
president qui parla un peu hardiment et qui eust
esté suivi si le Roy n'y eust esté present. On
verra ce qui se fera apres ces festes, et si ces
Messieurs se contenteront d'enregistrer purement et simplement cette déclaration et cette
bulle, sans faire des remonstrances.

Le 20°, après avoir assez cherché à nous
defaire de nos chevaux surnumeraires nous en
conclusmes enfin le marché à 680 livres de la
couple : ce fut le fils du S^r Poncet, maistre des
requestes, qui les acheta. Le courtier qui nous
les fit vendre le trompa et nous aussi, car il luy
fit accroire qu'ils coustoient 730 livres, et en mit
dans sa bourse 50.

(1) F. Th. Guillaume de Nesmond, sieur de Comberau, fait conseiller au Parlement en 1649, puis président à mortier. Mort en 1683.

Le 21ᵉ, nous reçeusmes nos lettres, et y
apprismes le retour de nostre admiral, et que les
quinze prises, qu'il avoit faites sur les Portugais, n'estoient estimées qu'à un million et
demi, ce qui n'est pas capable de payer les frais
de nostre armement qui nous revient pres de
3,500,000 livres. On nous marquoit de plus, que
le landtgrave de Hesse estant à la chasse et
rampant apres un sanglier, avoit esté pris à la
noirceur de son chapeau pour la beste mesme
par un arquebusier qui avoit fait une decharge
sur luy, et l'avoit blessé tout au long de l'espaule
mais que le coup n'estoit pas dangereux, et qu'on
esperoit qu'il en seroit bientost gueri.

Le 22ᵉ, nous apprismes qu'enfin la reyne Christine partoit de Fontainebleau et qu'ayant dressé
un leste train de douze gentilshommes, seize
pages, vingt valets de pied, vingt-quatre suisses,
elle devoit prendre le chemin de Bourges (1).
Elle aura de la peine à se bien divertir en une
ville champestre comme celle-là, si elle ne fait
ce que Mʳ d'Orléans entreprend à Blois : qui est,
que ne pouvant avoir favorables les influences de
cette Cour, il s'en va chercher celles du ciel. Il
fait dresser une butte, tertre ou montagne,
comme on voudra l'appeler, au plus haut de son

(1) On lit dans une dépêche de l'ambassadeur des Pays-Bas :
« Le 20 décembre 1657, partit de Fontainebleau la reine Christine de Suede pour passer ces festes à Bourges. Elle avoit tout
richement paré selon sa condition, avec un train de douze gentilshommes, seize pages, vingt valets de pied, vingt-quatre suisses de
ses gardes. »

jardin; il veut la mettre à quarante toises de
hauteur, et quand ce bel ouvrage sera achevé,
il veut de ce lieu (plus eslevé que la Tour de la
Magie de l'Hostel de Soissons et mesme que celle
de Babel) contempler les astres, estudier leurs
aspects, et voir s'ils ne luy promettent rien de
plus favorable à l'advenir, que n'a esté iusques
icy le cours de sa vie. En quoy il faut s'estonner
de l'inclination de ce prince, qui après avoir si
longtemps rampé sur la terre à la recherche de
ses simples, change tout d'un coup, et ne veut
plus connoistre d'autres tulipes, ni d'autres ane-
mones que les estoiles et ces beaux corps lumi-
neux, qu'il nomme des fleurs d'or et dont le
lustre ne s'efface point. Il a à Blois un grand
astrologue qu'il a pris auprès de soy, et s'il ne
peut pas travailler à corriger le gouvernement, il
il va au moins corriger les almanacs et les ephe-
merides, et l'on le nomme desia icy le Iustinien
de l'astrologie.

Le 23ᵉ, on nous dit en une conversation, qu'on
ne preparoit point de ballet à la Cour, et qu'on
croyoit que c'estoit par mesnage qu'on s'y sevroit
de ce divertissement, Mʳ le cardinal voulant que
tout ce que l'on employoit en musiciens et en
baladins, se mette à faire un fond pour achever
le bastiment du Louvre. En effet on assure que
l'on a desia tant ramassé de ces petites espargnes
que l'on treuve que l'on en pourra faire un fond
de 300,000 livres tous les ans, qui serviront à un
si beau dessein. On en destine 100,000 liv. pour

les officiers et 200,000 liv. pour les ouvriers et architectes, tellement qu'en peu de temps on n'entrera plus par cette vilaine porte qui fit dire un gros mot à un ambassadeur, lorsqu'estant entré dans la court, et ayant admiré la belle façade du grand corps de logis, il se tourna et voyant la déformité qui luy estoit opposée, il s'en mocqua et dit : « Zest d'une telle entrée! elle seroit meilleure pour une prison que pour la maison d'un si grand prince. »

Le 24ᵉ, il vint icy advis qu'il estoit arrivé un grand malheur à Bourdeaux, et qui avoit ruiné une partie de la ville. C'est que comme un homme passoit par un grand vent sur le pont du fossé de la ville avec un rechaut à la main, il fut porté quelques bluëttes de feu dans le magazin aux poudres qui tout aussitost sauterent et enleverent toute la maison de Ville, les jurats et quelques echevins qui y estoient assemblés. On dit que ce malheur est grand et que, outre quantité de personnes qui y sont peries, il y a plus de 80 maisons toutes fracassées: celle des Jesuites et leur college ont esté de la partie, et apres deux sieges consecutifs qu'a soufferts cette ville pendant les dernieres guerres, elle n'avoit point besoin de ce mauvais coup dont elle aura peine de se relever.

Le Sᵣ de Wicquefort nous donna au matin à desieuner, et nous fit manger des huistres, du fromage et du beurre de Hollande, et boire du vin blanc si fort et si insolent qu'il donne à la

teste aussitost qu'il est dans l'estomac. Le iour
d'auparavant il avoit disné avec nous chez le
S$^r$ del Campo nostre escuyer qui nous traita
splendidement.

Le 25$^e$, nous fusmes à Charenton : c'estoit le
iour de Noël, et il fit si beau, et le temps estoit
si pur et si peu froid, que l'on eust creu d'estre
au mois de may, si l'on n'eust veu les arbres sans
feuilles et la campagne sans verdure.

Le 26$^e$, on nous dit que la royne de Suede
alloit tout droict en Provence. Un bruiet court
qu'elle sera à Toulon iusques à ce que l'armement qu'on y fait soit prest, et qu'elle doit aller
en Italie pour y conquerir le royaume de Naples.
Le chevalier Paul est parti d'icy avec ordre de
faire promptement equipper 8 vaisseaux. Les
Anglois en fourniront quelques-uns pour cette
entreprise, et M. de Guyse y sera employé en
qualité de lieutenant-general de cette royne. Il
partit hier pour Fontainebleau, où il luy est allé
dire adieu et tesmoigner qu'il tient à honneur de
combattre sous une si grande amazone, et pour
laquelle il souhaiteroit d'estre un Alexandre.
Certes s'il estoit un Jason, elle pourrait estre sa
Médée, mais il est à craindre qu'entre eux deux
ils ne prendront iamais de toison d'or, et que ce
seront de pauvres Argonautes, s'ils s'embarquent
pour cette grande expedition. Cependant il est
vray et tout asseuré qu'il y a de grands mescon-
tentemens en tout ce païs-là; que la noblesse et
le peuple sont unis; et que ces bandits dont on

parle sont appuyés et doivent estre la mesche de
la revolte qu'on tient estre sur le point de s'y
allumer.

Le 27ᵉ, l'abbé de Manchini, nepveu de Son
Eminence, eust un accident assez drosle, et qui
luy pourroit bien couster la vie. En badinant et
iouant avec de ieunes seigneurs, qui sont au college de Clermont, ils commencèrent à se berner,
et en bernant ce pauvre abbé, le bout de la couverture eschappant à l'un, il tomba par terre, et il
en a une si grande blessure à la teste, que quand
il renifle, le sang luy sort par le haut. Il l'a fallu
trepaner et l'on ne sçait s'il en eschappera. M. le
Cardinal en est fort affligé, car il l'aime tendrement, à cause qu'il promet beaucoup et a de la
vivacité et de l'esprit. On dit que ce fut le fils du
comte d'Harcourt qui lascha la couverture; et
comme son père n'est guère bien avec ce premier ministre, si ame si ieune estoit capable
d'un dessein de vengeance, on pourroit croire
qu'il y en auroit eu en cette rencontre.

Le 28ᵉ, le Roy estant à Vincennes, Monsʳ le
Cardinal voulut gager avec luy qu'en cinq heures
de temps il ne tuëroit pas 100 lapins; ce qui luy
donna de l'exercice, car l'ayant entrepris, il fit
tant qu'il en tua 112.

Le 29ᵉ, le Sʳ de Saint-Pont nous apprit que
dans un entretien au Louvre, où quelques seigneurs se railloient, il y en avoit un qui estoit
demeuré court, ce qui avoit obligé l'autre de
respondre pour luy, et de dire ce qu'il eust deu

repliquer. Celuy-là reprit qu'il le trouvoit fort
éveillé, et celuy-cy qu'il le iugeoit fort endormi.
De là il se forma une cabale des *Eveillés*
et des *Endormis*. Toute la ieunesse de la Cour
prit parti, et s'enrolla sous ces deux noms.
Le prince de Marsillac (1), bien que fort eveillé
et fort gentil, se fit chef des Endormis, et
le comte de Soissons (2), qui ne l'est guère, prit
le parti des Eveillés. La cabale en estoit venuë
à ce point, qu'un homme n'y osoit plus parler,
s'il n'estoit ou Eveillé ou Endormi : car dès qu'il
n'estoit d'aucune de ces deux bandes, il estoit
drappé de toutes les deux, et quand il avoit pris
parti, il estoit incessamment contrepointé du parti
contraire, mais avoit cet advantage qu'il estoit
appuyé de sa cabale. Pour empescher une plus
grande division, le Roy a esté obligé de defendre
qu'on ne parlast plus de ces noms factieux et de
cabales sous de grieves peines. Et pour tesmoigner au prince de Marsillac combien peu il estoit
content de ce qu'il s'estoit rendu chef de parti,
il ne le prist point dans son carrosse un iour
qu'il se presentoit pour y entrer.

Le 30ᵉ, nous fusmes à Charenton et y partici-

(1) Fils du duc de la Rochefoucauld, l'auteur des *Maximes.*

(2) On a vu plus haut (pages 51 et 81) qu'il avait épousé la
deuxième nièce du cardinal Mazarin. Il fut colonel-général des
Suisses, gouverneur de Champagne et lieutenant-général. Fils de
Thomas-François de Savoie, il tenait le titre de comte de Soissons du
chef de sa mère Marie de Bourbon, fille et héritière de Charles de
Bourbon, comte de Soissons, prince du sang, plus jeune fils de
Louis I, prince de Condé. Né à Chambéry en 1633, il mourut en 1673.

pasmes à la Sainte-Cene. On n'y fit ce jour-là qu'une action, à cause que cette eglise n'a que trois pasteurs qui sont fort surchargés, l'embarras de la vocation du S<sup>r</sup> Morus (1) qu'on ne sçait encore si l'on aura ou s'il ne viendra pas, faisant qu'on n'en a pas un quatrième.

A nostre retour, nous treuvasmes qu'on avoit icy nouvelles que M. le Prince se portoit mieux, qu'il se disposoit à aller à Bruxelles pour changer d'air, et que madame la princesse estoit retournée à Malines. De plus on nous communiqua ce sonnet, qui avoit esté fait sur la maladie de ce prince, et sur la generosité que M. le Cardinal avoit tesmoignée en cette rencontre :

> Quoy ! ce Prince dont la valeur
> Parut tant de fois triomphante,

(1) Il a déjà été parlé de M. Morus, page 153. On voit par la correspondance de M. de Thou qu'il fut retenu en Hollande par ordre du roi : « J'ay esté extrêmement surpris d'avoir trouvé le S<sup>r</sup> Morus, professeur et ministre, sur le point de s'en retourner en France engagé par de grandes promesses de ceux de Charenton pour aller prescher en leur église. Je luy ay dit qu'il ne debvoit point s'en retourner en France sans un ordre et une permission particulière de Sa Majesté, et que j'avois escrit à la Court qu'il pouvoit servir le Roy dans la ville d'Amsterdam. Je ne croyois point qu'on eust agréable qu'il retournast en France. C'est pourquoy je vous prie de dire à M. de Ravigny qu'il advertisse ces Messieurs de Charenton qu'ils ne sollicitent point le S<sup>r</sup> Morus pour aller chez eux et que le Roy pour ses considérations particulières désire qu'il demeure où il est... » (Dépêche à M. de Brienne, du 7 février 1658). (Arch. Aff. Etrang. Holl. vol. 58. fol. 196).

Il résulte d'une autre dépêche du 21 mars 1658, que M. Morus avait été alors employé par M. de Thou dans une mission secrète.

« En cette occasion, comme en toutes autres, dit l'ambassadeur, il a tesmoigné le zèle et l'affection qu'il a pour sa patrie et pour son Roy. » (Arch. Aff. Etrang. Holl. vol. 58. fol. 278 r°).

Et par qui l'Espagne tremblante
Retarde son dernier malheur,

Sous une mortelle douleur
Fait voir sa vertu languissante,
Et de la parque menaçante,
Attend l'incertaine fureur !

Jule (1), à cette triste nouvelle,
Ton ame si grande et si belle
Plaint cet ennemi valeureux !

Ainsi Jule (2) de qui l'espée
Sousmit l'univers à ses vœux,
Pleuroit le destin de Pompée.

Le 31e, nous apprismes que M. de Turenne, suivant l'ordre qu'il en avoit receu de la Cour, avoit cassé tous les capitaines qui ne s'estoient pas presentés pour l'assister, lorsque les ennemis menaçoient Mardick, et que leurs troupes ont esté incorporées aux vieux régiments : s'ils veulent servir la campagne prochaine, il faudra qu'ils lèvent des compagnies à leurs despens.

Le 1er de janvier 1658, il arriva un courrier à M. le Cardinal qui luy fit rapport de l'estat auquel estoit Mardick, et qui luy dit franchement qu'on n'avoit point travaillé aux fortifications de la sorte qu'il le croyait, et qu'il y avoit des endroicts tout à fait ouverts et qu'on ne pouvoit esperer de defendre cette place que par la forte garnison de 3,000 hommes qui y est. Cela a fait qu'on a

(1) Prénom de Mazarin.

(2) Jules-César.

envoyé ordre au mareschal de Turenne de faire
avancer toute la cavalerie entre Bourbourg et
Mardick, pour eviter quelque surprise pendant
cette gelée.

Le 2°, on ne parloit en la plupart des compagnies que d'une lotterie que le duc d'Aniou, la
comtesse de Soissons et mademoiselle de Villeroy ont dressée à l'imitation de la grande. On
dit qu'elle est composée de beaux bijoux et de
riches pierreries, qui donnent envie à plusieurs
de la Cour d'y mettre leur argent. On adiouste
que M. d'Aniou n'y a mis que 15,000 livres, et
que M. le Cardinal en a fourni 50,000. Ce qui a
fait dire en riant à la Reine que Son Eminence
estoit plus riche que son fils.

Le 3°, nous receusmes nos lettres, par lesquelles
nous apprismes que la princesse Louyse (1), fille de
la reyne de Boheme, la nuict du 20° de decembre,
s'en estoit fuite de la maison de sa mère, sans

(1) Louise Hollandina, fille de l'électeur Palatin Frédéric V, roi de
Bohême, et d'Elizabeth d'Angleterre. Le roi de Bohême mourut en
1632; la reine demeurait à la Haye depuis 1621 et y resta jusq'en
1661. La princesse Louise qui aimait fort la peinture était une bonne
élève du célèbre peintre Houthorst. Dans les Mémoires de Du Maurier,
il est fait mention de la princesse Louise à propos d'un meurtre commis par son frère Philippe. L'édition de ces mémoires publiée à Londres
en 1754 par Amelot de la Houssaye contient la note suivante (T. I,
p. 265): « H. Philippe assassina à la Haye (20 juin 1646) un gentilhomme
françois, nommé de l'Epinay, que l'on soupçonnoit d'avoir commercé
avec la Reine de Bohème et avec la princesse Louyse sa fille en 1646. »
Du Maurier ajoute (T. I, p. 268): « La mort de l'Epinay fut cause de sa
conversion. Sa cousine, Charlotte-Elisabeth d'Orléans, raconte que
Louise menait vie joyeuse comme abbesse de Maubuisson et qu'elle
se vantait du grand nombre de ses enfants illégitimes. »

en avoir emporté ni ses pierreries, ni ses habits,
ni amené aucune de ses filles. Cet accident trou-
bla toute cette Cour, et apres avoir bien cherché
dans sa chambre on y treuva une lettre par
laquelle elle demandoit pardon à la Reine, et
que sa conscience l'obligeant d'embrasser la
religion romaine, elle avoit esté contrainte de se
retirer de la sorte. La princesse d'Oxolder (1) l'a
beaucoup aydée à venir à bout de ce dessein, qui
apparemment a eu un tout autre mouvement que
celui d'un pur zèle, car on sçait de quelle façon
elle a autrefois vescu, et l'on soupçonne que la
Rocque, cy-devant capitaine des Gardes du prince
de Condé, avoit eu quelques entretiens fort
secrets avec cette princesse et qu'il estoit parti
de la Haye le iour d'auparavant sa fuite (2).

(1) Marie Elizabeth comtesse van den Berg ou de St Heerenberg.
Depuis 1633 elle était aussi marquise de Bergen-op-Zoom. Elle avait
épousé Eitel Frederic, prince de Hohenzollern-Hechingen. Sa grand'
mère Marie de Nassau était la sœur du Taciturne.

(2) Le départ de cette princesse et sa conversion au catholicisme
firent beaucoup de bruit à La Haye; les ministres protestants en prirent occasion pour réclamer contre la tolérance dont jouissaient les
catholiques en Hollande, et le gouvernement des Pays-Bas s'en moutra
lui-même fort ému. M. de Thou en parle tout au long dans sa corres-
dance : « Messieurs les Estats, écrit-il, prennent cette affaire à cœur.
ils ont ce matin arresté un gentilhomme françois, nommé de Bocage, qui
est cousin du sieur de la Roque qui a esté cy-devant capitaine des gardes
de M. le Prince, pour ce qu'avant hyer au soir qui estoit la veille de
la retraitte de la princesse, on prétend qu'il lui porta une lettre, et le
dit Sr de la Roque qui estoit depuis peu revenu de France estoit party
la veille de ce lieu sans que l'on sache où il est allé.
« ..... L'on me donna hier advis que de chez l'ambassadeur
d'Espagne l'on avoit fait publier dans le peuple que c'estoit moy qui
avois mesnagé cette conversion.....; mais je pense que je n'auray pas

L'apres disnée nous fusmes voir la bibliothèque
de M. le Cardinal, qui est fort belle, bien qu'elle
ait ressenty le malheur de la guerre civile, et que
sa cruauté n'ait pas mesme epargné ce temple
des muses, puisque pour la vente qu'on en fit
publiquement, il y a quantité d'exemplaires qui
en ont esté eclipsés(1). Il est vray que par les soins
du S^r de la Potterie qui en est à present le biblio-
théquaire, on en a recouvré une bonne partie, et

de peine à le destromper de ce bruict, pour ce qu'il n'est pas vray et
que je n'ai pas esté assez heureux d'avoir part à ce bon œuvre. —
... Ce qui est bien veritable est que depuis deux moys l'on a recognu
en elle une profonde et secrete melancholie, comme d'une personne
qui a quelque combat dans l'esprit et qui medite quelque resolution
extraordinaire. L'on m'a dist aussy que Monsieur Chanut avoit dans
son sejour icy recognu des dispositions portées au dessein qu'elle vient
d'exécuter. » (Dépèche de M. de Thou à M. de Brienne, du 20 décembre 1657.) *Arch. Aff. Etrang. Holl.* Vol. 58, fol. 96.

(1) Un arrêt du Parlement du 29 décembre 1651 avait déclaré
Mazarin et ses adhérents criminels de lèse-majesté, mis la tête du
cardinal à prix, ordonné la vente de tous ses biens, et statué que sur
le produit de cette vente, et par préférence, il serait prélevé une
somme de 150,000 livres pour récompenser ceux qui le livreraient à
la justice mort ou vif. C'est en vertu de cet arrêt et de celui qui fut
rendu le 21 juillet 1652, que la bibliothèque de Mazarin fut vendue
en détail, le Parlement n'ayant pas voulu qu'elle le fût en bloc, de
crainte que le cardinal ne la fit racheter par un prête-nom.
Cette bibliothèque était la plus complète qu'il y eût alors en
Europe. Ce fut la première qui fut rendue publique. Par son testament du 6 mars 1651, Mazarin en régla le service à perpétuité en y
affectant une rente considérable. Quelques années plus tard le cardinal eut la pensée de fonder un collège destiné aux jeunes gens des
pays récemment annexés à la France, et où sa bibliothèque serait
déposée (Voir sur ce sujet, dans l'appendice n° x, une lettre de M. de
Thou du 7 mars 1658). *Arch. Aff. Etrang. Hollande* vol. 58 fol.
251. — Ce collège, dit des *Quatre-Nations*, est aujourd'hui le palais
de l'Institut, où se trouve, comme chacun sait, la *Bibliothèque
Mazarine.*

il travaille encore tous les iours à la rendre plus
complète. Elle est dans une grande galerie, qui
a pour le moins 150 pas de longueur et qui est
bien esclairée. Il nous dit qu'il y avoit plus de
cent mille differents autheurs, qui sont rangés
par ordre selon leurs facultez, sur des tablettes
qui sont faites en forme d'armoires, soustenuës
par des piliers de charpenterie, canelés et fort
bien taillés. On voit à droite tous les imprimés;
et à gauche quantité de manuscripts grecs,
hebreux, chaldeens, syriaques, latins et de beaucoup d'autres langues. La reyne de Suede en
avoit eu une bonne partie, mais apres le retour
de Son Eminence et son restablissement, elle les
luy a rendus (1). Tous ces livres ne sont pas des
mieux reliés, parce que comme il y manque
quantité de tosmes des œuvres des autheurs qui
y sont, on tasche de les retrouver, pour les faire
ensuite tous relier d'une mesme façon. Le dessein en est fort beau, et certainement si l'on le
poursuit, on en fera la plus belle bibliothèque de
toute l'Europe. On nous y monstra un livre de

(1) On lit dans une lettre de M. Chanut au cardinal, datée de la
Haye, le 8 octobre 1651:
« La reine de Suède me dit qu'elle se tenoit fort obligée de la
manière dont elle sçait que Votre Éminence traitte sa personne en
toutes occasions, et elle me pria d'excuser le retardement arrivé à la
délivrance des manuscripts qu'elle a destiné de faire remettre à Votre
Éminence. » (Arch. Aff. Etrang. Holl. Vol. 52. fol. 316 v°).
Voir aussi dans l'Appendice n° IX, la lettre de M. Chanut au
Cardinal, du 11 décembre 1653. (Arch. Aff. Etrang. Hollande. Vol.
52, fol. 60).

parchemin de deux doigts d'espaisseur, dans lequel on a peint en mignature les plus rares poissons de riviere et de mer et une bonne quantité de coquilles. On l'estime mille pistoles, et effectivement le peintre qui y a travaillé les avoit bien méritées, car tout y est representé au vif et au naturel, et à mesme temps qu'on y iette les yeux, on admire son ouvrage.

En nous retirant nous allasmes voir l'escurie. Elle est au-dessous de la bibliothèque, bien voûtée de plus de 300 pas de longueur. Tout y est fort propre et bien entretenu. Elle peut passer pour une des plus belles de tout le royaume, mais elle n'est pas des mieux garnies, et on voit bien que celuy a qui elle est ne se pique pas de cavalcade, de tournois ny de combats.

Le 4e, nous escrivismes nos lettres le matin, et l'apresdinée nous allasmes voir la marquise de la Fayette (1), qui est logée dans nostre voisinage chez le Sr de Saint-Pont, son oncle : c'est une femme de grand esprit et de grande reputation, où une fois du iour on voit la pluspart des polis et des biendisants de cette ville. Elle a esté fort estimée, lorsqu'elle estoit fille, et qu'on la nommoit mademoiselle de la Vergne, et elle ne l'est pas moins à present qu'elle est mariée. Enfin

(1) Magdeleine Pioche de la Vergne, née en 1634, avait été mariée en 1655 à François Motier, comte de La Fayette. Son père avait été maréchal de camp et gouverneur du Havre. Auteur de nombreux romans et d'une Histoire d'Henriette d'Angleterre, madame de La Fayette occupe un des premiers rangs parmi les femmes illustres du xviie siècle. Morte en 1693.

c'est une des *pretieuses* du plus haut rang et de la plus grande volée.

Le 5ᵉ, nous fusmes voir l'appartement de M. le cardinal, qui est au Louvre. Il n'est pas fort grand ni richement meublé. Tout ce qu'il y a de plus beau sont deux petits cabinets, qui sont à la chambre où il couche. Nous y entrasmes par le moyen du Sʳ Marco Antonio Conty, qui connoissoit le valet de la garderobbe de Son Éminence, qui est aussi italien. Nous y vismes de fort beaux tableaux et entre autres choses rares il nous monstra une grande coupe de nacre, d'un grand prix, et richement enchassée en or, et fort artistement ouvragée. De là nous passasmes par une galerie où nous vismes le pourtrait de l'Infante de Portugal, que le peintre Nocret (1), que l'on y avoit envoyé exprès, en a rapporté. Il est certainement beau, et si l'original est de mesme, on peut asseurer qu'il est capable de donner de l'amour à un grand monarque et à le bien divertir. C'est une belle brune et on nous dit qu'on le fit voir au Roy auprès de celuy de l'Infante d'Espagne qui

(1) M. de Thou, dépêche adressée de la Haye, le 7 mars 1658, à M. de Brienne, cite Nocret en même temps que Le Brun, comme devant être chargé de faire le portrait du roi.

« Je vous supplie aussy de vous souvenir du portraict de Sa Majesté dont on fera icy bien des copies, et comme il n'y a que des mains les plus sçavantes qui doibvent travailler à cet ouvrage, il faudroit qu'il fust de la main des Sieurs Le Brun ou Nocret, et qu'ensuitte on en fist graver quelque belle taille-douce par Nanteuil, qui est admirable pour la ressemblance. Je vous prie aussy de vous ressouvenir de la médaille de Sa Majesté. » *Arch. Aff. Etrang. Holl.* Vol. 58 fol. 258 vᵒ.

est blonde, et que Bautru (1) luy dit que celle-cy n'avoit que les cheveux dorés, mais que l'autre avoit tout le corps farcy de millions. Nous y vismes de plus ses deux freres et la reyne regente leur mere, comme aussi beaucoup d'autres pourtraits de personnes illustres.

Le 6e, nous fusmes à Charenton où Mr de Turenne qui estoit nouvellement revenu de sa campagne, fit aussi sa devotion. Nous y apprismes que la mort de l'abbé de Manchini avoit si fort touché Mr le cardinal, qu'il s'en estoit retiré à Vincennes pour ne pas se treuver dans son affliction à la feste des Roys. Le Roy l'y fut voir et le consoler. On dit que Son Eminence regrette si fort ce nepveu, sur lequel il fondoit toute son esperance, qu'il en reçeut tres-mal les Jesuites en la visite qu'ils luy rendirent, leur disant qu'il ne les pouvoit voir de bon œil depuis que leur ayant fié tout ce qu'il avoit de plus cher au monde, ils le luy avoient si mal gardé (2).

---

(1) Né à Angers en 1588, mort en 1665, ambassadeur en Espagne et en Angleterre. Bel esprit et diseur de bons mots, il fut un des premiers membres de l'Académie française.

(2) Le roi de Suède adressa ses compliments de condoléance au cardinal au sujet de la mort de l'abbé Mancini. « Vous rendrez, écrit Mazarin au chevalier de Terlon, très humbles grâces de ma part au Roy de Suède de celle qu'il me fait l'honneur de prendre en la perte que j'ay faite de mon neveu. Vous luy ferez connoistre combien je suis confus de tant de marques obligeantes que je reçois tous les jours de sa bonté dont j'ay toute la reconnoissance possible. (Letttre du 15 février 1658). » Lettres de Mazarin publiées par G. d'Avenel. T.

Le 7ᵉ, il arriva icy une plaisante affaire. Un homme de condition s'estant fait chartreux, apres avoir esté dans le monde iusques à l'aage de 35 à 40 ans, mesme apres y avoir porté les armes et avoir esté capitaine de cavalerie, se reduisit à cette vie austere, et y vescut deux ans dans une severité si grande, que le Pere prefect l'en reprenoit souvent et luy disoit qu'il en faisoit trop et plus que ne portoit leur Ordre; mais il soustenoit tousiours qu'il n'en faisoit pas assez, et qu'ayant esté si grand pecheur, il falloit qu'il rachetast le temps perdu et qu'il travaillast à son salut. Ayant ainsi gaigné l'opinion de tout le couvent qui le croyoit un beat, il s'est advisé depuis quelques iours de le fourber. Il feignit une lettre d'un sien frere qui luy marquoit que se devant marier, il le supplioit de luy acheter des ioyaux et des

VIII, p. 314, d'après *Bibl. Nat. Mélanges Colbert.* T. 52, fol 67 vᵒ.
Voici encore deux pièces relatives à cet accident qui affecta profondément Mazarin.

De Paris, le 5 janvier 1658.

*Mazarin à M. de Fabert.*

Monsieur,

J'avais résolu de vous escrire sur diverses provisions qu'il y a à faire et de vous prier d'en prendre le soin; mais je suis sy touché de la perte que je fais de mon neveu qui estoit aux Jesuistes lequel meurt par le plus estrange et le plus malheureux accident du monde que cela me fait remettre à vous entretenir au long une autre fois. C'est un jeune garçon qui promettoit beaucoup, et pour lequel je vous advoue que j'avois bien de la tendresse, ce qui vous obligera sans doute estant autant de mes amis que vous en estes à compatir encor davantage à mon affliction. Je me resjouis de tout mon cœur avec vous que Madame la marquise de Fabert se porte mieux. Je luy ren-

estoffes de prix. Il porte la lettre au prefect, et
luy dit qu'estant entierement sequestré des affaires de ce monde il ne pouvoit se mesler de ces
emplettes. Le Pere luy respondit que la religion
n'esteignoit pas les offices de bon parent, mais
les recommandoit, et luy fit prendre resolution
de s'y laisser employer et tascher à contenter
son frere. Il fait venir au couvent tout ce qu'il y
avoit de plus rare chez Bidal, et de plus pretieux
chez les orfevres; et ayant ramassé pour 30 ou
40 mille francs en bijoux, sous pretexte de les
faire voir à des personnes qui s'y entendissent,
il s'est evadé avec un homme qui le venoit voir
souvent en carrosse, sans que l'on sçache ce
qu'il est devenu. Cependant Bidal et les autres ont
attaqué le couvent et le plaident, disants que c'est

deray icy tous les services qui dépendront de moy; et vous priant de
faire tenir le pacquet cy-joint à Monsieur le comte de Wagnée, je
demeure... (*Ibid.*, T. VIII, p. 314 d'après *Bibl. Nat. Mélanges Colbert*
T. 51 A. fol. 115 v°).

### *Nouvelles ordinaires du 5ᵉ janvier 1658.*

De Paris le 12 janvier 1658. Le 5 du courant Alphonse de Mancini,
neveu de Son Eminence, mourut ici d'une blessure qu'il s'estoit faite
à la teste, pour laquelle on avait esté obligé de le trepaner, ayant en
cette rencontre, montré une constance autant au-dessus de la force de
son âge, seulement de 14 ans, que l'estoyent son esprit et toutes ses
belles qualitez, qui avoyent tellement devancé le temps qu'on n'en
pouvoit espérer que de grandes choses: ce qui ne l'a pas aussi fait
moins regretter de toute cette Cour que de la Compagnie qui avoit le
soin de son éducation au collège de Clermont, à qui sa perte a esté
d'autant plus sensible, qu'elle esperoit voir sortir de chez Elle, en la
personne de ce jeune seigneur, l'un des plus beaux génies du siècle.
Le 7, son corps fut porté en l'Eglise de Sainte Marie pour y estre
inhumé auprès de celui de la dame de Mancini sa mère.

à la consideration de l'Ordre qu'ils y ont laissé
leurs marchandises et que c'est à luy à les leur
payer. Cette fripponnerie est d'autant plus remarquable qu'elle est arrivée à un Ordre qui s'est
tousiours si bien maintenu en son entier qu'il n'a
point eu besoin de reforme, et n'a point fait parler de soy comme les autres.

On dit de plus, qu'il y a quelques iours qu'il
s'est sauvé un autre moine de ce mesme couvent,
qu'on nomme le docteur Baillet; mais par un
autre mouvement, car on tient qu'il est allé à
Geneve se faire de nostre religion, et que c'est
par un principe purement bon, et par une vraye
connoissance des erreurs de l'Église romaine.

Le 8e, nous fusmes voir le Sr d'Hauterive, qui
de iour à autre devient plus sourd et plus caduc.
Pendant qu'on lui parle, il est comme assoupi et
abattu de sommeil. Il ne laisse pas d'aller souvent se pourmener en sa maison de campagne
qui s'appelle Montrouge, et d'y faire bastir.
C'estoit cy devant un vieux chasteau tout ruiné
et peu logeable; mais depuis qu'il y a fait travailler et ioindre deux pavillons à ce grand corps
irregulier, il l'a si bien accommodé et si aggrandi
qu'un roy y pourroit à present loger à son aise.
Il a ce bastiment si fort à cœur, que pour le
faire advancer, et donner à entendre aux entre-
preneurs de la façon qu'il le veut, il y a passé
presque tout l'esté dernier. Il nous dit qu'il est
reduit à se faire porter en siege, et qu'il a perdu
en six semaines ou deux mois vingt chevaux, qui

ny sont morts d'une maladie qui regne fort en
cette ville et qu'on nomme *mal de teste;* et bien
qu'il ne soit pas si communicatif, ni si contagieux que la morve, il ne laisse pas d'estre fort
dangereux, et l'on voit d'ordinaire que ceux qui
en sont atteints n'en eschappent guere. Pendant
le peu de seiour que le Roy fit l'esté dernier à
Metz, il y en mourut de ce mesme mal plus de
300. En nostre particulier, nous avons ressenti
des effects de ce mesme malheur, car de ceux
que l'on nous a envoyés de Hollande, il y en a
un qui en est mort en quinze iours, bien qu'on y
ait apporté tous les soins et tous les remedes
imaginables pour l'en sauver.

Le 9ᵉ, il nous vint des visites de trois ou quatre
provinces de nos quartiers, de Gueldre, de Hollande et de Zeelande, par le moyen des Sʳˢ Blanche,
Gleser et Reygersberghe (1). On eust dit qu'ils
s'estoient donné le mot pour se treuver tous ensemble chez nous : et afin que nous *flamandi-
sassions* plus amplement, le Sʳ Lamire y survint
aussy. Ennuyés d'avoir si mal employé une partie de l'apresdinée, nous en fusmes profiter
l'autre chez madame de Saint-Armant; nous y
passasmes notre soirée, tant la compagnie de
mademoiselle sa fille est agreable et divertissante; nous nous en retirasmes sur les 7 heures,
et en chemin faisant il y eut un fer qui com-

---

(1) La famille van Reygersbergen, originaire de Zélande, a joué un
grand rôle. La femme du célèbre Grotius se nommait Maria van
Reygersbergen.

mença à clocher à l'un de nos chevaux. Le cocher
s'en estant apperçeu descendit et y remit deux
ou trois clous, mais comme il voulut remonter,
les chevaux prirent l'espouvante, s'enfuirent à
toute bride, et fracasserent quelques bancs et
sieges qui estoient devant une boutique, où pour
s'en faire payer, l'on retint le manteau de nostre
cocher. Il y eut un de nos laquays renversé et
qui l'eschappa belle, mais cet accident servira à
luy apprendre à saisir la bride des chevaux des
que le cocher descend, comme cent fois on le
leur a commandé.

Le 10ᵉ, il arriva icy une action assez tragique.
Les heritiers de Hoeuft (1) ont recueilly cette
succession avec assez de mesintelligence, et ont
plaidé longtemps. Il y en a eu un, nommé Beck,
qui s'est tousiours plaint de ce qu'on ne luy
donnoit pas la part qu'il en devoit avoir. Enfin
ils se sont accommodés; mais comme les Sʳˢ de
La Croix, Heilsbergh et Fabrice estoient venus
visiter ce Beck, on ne sçait sur quoy ni comment
Beck empoignant un pillon, en donna un si furieux coup à La Croix, qu'il luy en fracassa la
teste. Il traita de mesme Heilsbergh, et tous
deux tomberent à ses pieds à demi morts.
Fabrice à ce beau traitement prend la fuite et les
abandonne. L'hoste des *Trois Mores,* où tout

(1) Jean Hoeuft, conseiller du Roi de France, commissaire des
Etats-Généraux en France. Il laissa une très grande fortune. Sa succession donna lieu à de nombreux procès : la liquidation n'en était
pas encore terminée en 1681.

cecy s'est passé, y accourt, et Beck luy porte
un coup qui le iette par terre et luy oste le moyen
de secourir les autres. D'autre monde y accourt,
et Beck ayant esté poussé dans une petite
chambre à costé de la cuisine, où il avoit si bien
ioüé du pillon, se tüe soy-mesme en se donnant
un coup de cousteau au ventre et en s'esgor-
geant. La iustice fust aussitost appelée ; on fait
des informations, le corps est porté au Chastelet,
et les biens de Beck ont esté confisqués. Le Roy
en a gratifié le chevalier de Gramont. La Croix
est en danger de vie, et il l'a fallu trepaner.
Ferrand, qui est l'hoste, n'est en de guere meilleurs termes, et s'ils meurent la iustice et leurs
vefves emporteront une bonne partie du bien.

Tout cecy donne assez de peine à Mr l'ambassadeur, qui demande le corps de Beck (1). On dit
à present au Louvre, qu'il ne faut que deux ou
trois Hollandois pour destruire tout le genre
humain, et qu'avec un pillon ils feroient autant
d'exécutions que Samson avec la machoire
d'asne. Ce Beck estoit un yvrogne et un lasche,
et avoit donné un coup d'espée en traitre au
Sr Blanche de Nimmeghen, pour une dispute
touchant l'heritage. Enfin depuis la mort du bon
homme Hoeuft, ce grand bien qu'il avoit amassé
n'a causé que de la division, et il semble que
c'est une pomme de discorde pour tous ses
proches.

(1) Voir dans l'*Appendice*, n° xi, des extraits de la correspondance
diplomatique qui eut lieu à ce sujet.

Le 11ᵉ, nous sçeumes que l'electeur de Saxe
avoit icy deux envoyés qui luy font faire un bel
esquipage, pour paroistre à la Diëtte de Francfort, qu'on lui brode vingt gonfanons de trompettes, qu'on luy fait faire vingt trompettes d'argent, qu'on luy a acheté des chappeaux et des
plumes pour 40,000 livres, et qu'on luy fait un
carosse de 18,000 livres.

Ce mesme iour le prince Edouard (1) partit
d'icy pour aller au-devant de la princesse Louyse
sa sœur, qui estoit arrivée à Peronne. Elle doit
se retirer à Chaillot, au couvent que la reine
d'Angleterre y a fondé (2). La reyne de France
luy donnera une pension de 2,000 escus. Là elle
estudiera la vie du couvent, et si elle s'y peut
accommoder, on la pourra avec le temps pourvoir
de quelque bonne abbaye (3).

Le 12ᵉ, il se forma divers raisonnements sur
l'advis qu'on eut que les Electeurs de Saxe et de
Brandenbourg avoient resolu en leur entreveüe
de presser l'election d'un Empereur, et qu'ils tesmoignoient d'estre entierement portez de continuer cette dignité à la maison d'Autriche. Les

(1) Edouard, comte Palatin, troisième fils du roi de Bohême. Il
résidait en France où il avait épousé Anne de Gonzague.

(2) Henriette de France, fille de Henri IV et veuve de Charles Iᵉʳ,
roi d'Angleterre, acquit la terre de Chaillot en 1651, et y fonda le
couvent de la Visitation de Sainte-Marie. C'est dans l'église de ce
couvent que Bossuet prononça son oraison funèbre en 1669. La
princesse Louise était sa nièce.

(3) Elle ne tarda pas en effet à recevoir l'abbaye de Maubuisson.

plus speculatifs, en examinant ce que la France faisoit et pour la paix entre les deux couronnes et pour le demeslé de l'Empire, tomboient dans ce sentiment que ni l'un ni l'autre n'estoient ni du but, ni de la passion du Conseil, et qu'il estoit rempli de trop habiles gens pour ne pas faire tousiours semblant de souhaiter avec ardeur le premier, pendant qu'ils ont un moyen infaillyble de n'y point parvenir, en l'alliance faite avec Cromwel ; et qu'ils n'ont pour l'autre que la simple demonstration et les offices qu'ils sçavent bien n'estre que l'intermède de la piece, à laquelle il faut d'autres parties et d'autres actes pour estre representée avec succes. En effet, on n'oublie rien quant à l'exterieur pour faire croire que l'on veut la paix, mais on n'avance rien au dedans et dans le particulier, de tout ce qui peut la faire naistre. C'est un traict de la politique du premier ministre que d'avoir fait ligue avec l'Angleterre ; car par là il a arresté toutes les pensées qu'on pouvoit avoir dans le Conseil de la traitter tout de bon : des qu'on y en parle, on a peur que le Protecteur ne le sçache, et que s'en appercevant, il ne donne du change et ne dise aux Espagnols : ne la faites pas, et ie me ioindray à vous. Tellement qu'on iuge que tout ira bien entre le Protecteur et le Cardinal, parce qu'ils sont dans les mesmes interests. On veut qu'ils soient aussi dans les mesmes sentimens pour ce qui est de l'election d'un Empereur qui ne soit pas de la maison d'Autriche : on fera tant d'offices que l'on pourra pour faire croire qu'on le veut empescher, mais on n'employera que faiblement le seul et unique moyen d'en faire choisir un autre, qui est de donner de l'argent, estant très-certain qu'avec quatre millions on auroit la voix de quatre Electeurs. Mais on seroit fort fasché que ce pretexte manquast en Allemagne, et qu'on n'y eust pas touiours moyen de mettre de la division entre le chef et les membres de cette vaste province, en faisant peur à ceux-cy du pouvoir de celuy-là, ce qui leur manqueroit si l'Empire passoit à une autre maison : tellement que c'est icy une opinion assés commune, qu'en apparence l'on y fait tout ce que l'on peut pour la paix que l'on ne veut pas, et qu'en effet les Espagnols la voudroient sans en faire semblant. Aussi bien qu'en apparence on veut les eloigner de l'Empire, qu'on souhaite qu'ils retiennent afin qu'ils servent touiours d'espouvantail à ceux qui autrement pourroient nuire.

Le 13ᵉ, il courut un bruict qu'on avoit fait un traitté avec l'Electeur Palatin (1), par lequel on lui donnoit le gouvernement de l'Alsace avec 200,000 escus de pension, et qu'on le faisoit general de l'armée qu'on veut entretenir en Allemagne ce printemps, et que moyennant cela il doit recevoir garnison françoise dans Frankenthal et

---

(1) Charles Louis, Electeur Palatin, frère de Louise, avait repris possession du Palatinat en 1649. Il se maria le 12 février 1650 à Charlotte de Hesse, fille du Landgrave Guillaume V. Le maréchal de Grammont parle beaucoup de lui dans ses mémoires.

donner sa voix à l'Electeur de Bavière qui luy
rendra le premier Electorat qu'il luy a enlevé. On
adioustoit qu'en consequence et conformité de ce
traitté, M. de Gramont estoit allé en Baviere pour
traitter avec cet Electeur de luy faire escheoir la
dignité imperiale, et qu'on croyoit d'y reüssir,
d'autant que sa femme qui est de la maison de
Savoye l'y avoit disposé : mais qu'on l'a treuvé
tout changé, et que par les conseils de sa mere et
du comte de Curtz, il a tesmoigné qu'il aimoit
mieux estre riche Electeur que pauvre empereur.
On assure qu'il en arriva hier un courrier à M. le
Cardinal, et on veut qu'il en ait fait partir un à
ce matin avec de nouveaux ordres.

Le 14e, on continuoit de parler de l'affaire de
Naples avec plus de particularitez que iamais.
Nous avons un italien à nostre table qui, sans
que nous luy ayons donné la torture, nous en a
confessé quelque chose. On ne sçauroit croire
combien il se plaint de l'esprit evaporé et peu
secret de cette nation. Le Cardinal, avec tout
son artifice et son adresse, n'y peut apporter du
remede : tout luy eschappe dès qu'il s'ouvre à
quelqu'un, et il tient pour une chose fatale au
bonheur de cette entreprise, que le duc de Guyse
se soit iamais meslé des affaires de ces pauvres
peuples. Il ne sçait d'où il peut venir qu'il le rencontre en tout ce qu'il traitte sur ce suiet. La reine
Christine y est aussy meslée bien avant, et on veut
qu'elle ait 1,200 [mille] (1) escus à y employer :

(1) Le mot " mille " manque dans le texte de la première édition,
mais il semble nécessaire de le rétablir.        26

les uns disent qu'elle les prend à Venise des trois millions qu'elle y avoit remis pour ce grand coup avant son abdication de la couronne : les autres que la France les luy fournira, et que le roy de Suede les comptera sur ce qu'on luy fournit de par deça. Toutes les coniectures qu'on a de ce dessein sont appuyées par les grands apprests qu'elle fait faire icy de riches nippes, et d'un grand equipage, et de ce que l'on a mandé en haste le duc de Casientovo, napolitain de la maison des Caraffes, de Normandie où il estoit en une terre nommée Chasteauvilain, que le Roy luy a donnée. Il est bien allé à Fon-tainebleau sous pretexte d'y estre grand maistre d'hostel de la reine Christine ; mais on sçait qu'en effet il n'y est allé que pour y conferer avec elle, et qu'ensuite il revient icy faire son rapport et donner ses avis.

Le 15ᵉ, le pape s'eschauffoit fort pour la liberté des deux evesques que le comte de Castriglio. vice-roy de Naples, avoit fait prisonniers sous pretexte d'intelligence avec les bandits et avec les François. On apprit de plus que l'armée d'Italie estoit dans le Modenois, et qu'au commencement du printemps il en devoit passer deux mille chevaux à Naples, et qu'elle estoit sur le point d'entrer dans le Mantuan, si le duc de Mantouë ne fournissoit pas les 1,200 mille livres que celuy de Modene luy demandoit pour qu'il ne pille pas son païs. Mais on croit que pour eviter ce malheur, le Mantüan renvoyera icy son argent pour traitter avec cette Cour.

Le 16ᵉ, il passa icy un espagnol de la maison de Liganés, nommé Mexia, qui s'en va en Flandres pour y estre intendant des finances. Sa femme vist la Reine qui l'entretint longtemps de l'Espagne, de la paix et de Madrit.

Le 17ᵉ, l'accident qui estoit arrivé à un marchand qui s'en retournoit chez soy apres avoir vendu de la marchandise en cette ville, servit d'entretien en la plupart des compagnies que nous vismes. Un peu au delà du bois de Boulogne il rencontra des voleurs qui le despouillèrent et qui furent tentés de le tuër; mais à force de prières, il en obtint la vie; et ils s'advisèrent d'un assez ioly moyen pour avoir temps de se sauver avant qu'il peust les deferer et les faire suivre : c'est qu'ayants eventré le cheval qu'il montoit, ils l'y enfermerent en reioignant les peaux et les sanglant si bien, qu'il ne pouvoit s'en tirer. En ce pitoyable estat, il eust recours aux plaintes et aux cris, et un courrier en passant par là fut effrayé d'entendre cette lamentable voix et de ne pouvoir descouvrir d'où elle venoit : s'estant enfin approché de ce cheval, son estonnement redoubla d'entendre qu'elle en sortoit. Il fit aussitost mettre pied à terre à son postillon, et apres qu'ils eurent lasché les sangles qui lioient le ventre du cheval, ils en virent sortir ce pauvre homme tout nud et en plus mauvais desarroy que ceux qui sortirent de celui de Troye. Il leur raconta son malheur, et le postillon l'ayant accommodé de son caleçon et de son man-

teau, ils le menèrent à Saint-Cloud et furent si
heureux qu'ils allerent descendre au logis où estoient ces voleurs; et le courrier ayant prié l'hostesse de luy faire treuver quelque meschant habit
pour ramener à Paris ce pauvre homme qui y en
acheteroit un autre, elle luy dit qu'il y avoit en
une chambre haute des messieurs qui en avoient
un à vendre. Là dessus elle le leur va demander
et l'apporte au courrier. Le marchand reconnut
tout aussi tost que c'estoit le sien, ce qui fit que
le courrier envoya son postillon en cette ville
pour en advertir le prevost de l'Isle, et cependant
fit investir l'hostellerie; et quand le prevost fut
arrivé, on prit deux de ces voleurs, les autres
s'estant fait tuër en se defendant. Ils sont en
prison et dans peu de iours on les executera.

Le 18ᵉ, nous fismes responses aux lettres que
nous avions reçuës de Hollande par lesquelles
nous avions appris: que le Sʳ des Minières (1).
cy-devant maior en la garnison de Philipsbourg.
et qui est à present au roy de Suede, estoit parti
de La Haye, pour s'en aller à Paris où il est
envoyé de la part de son maistre: c'est un
homme d'esprit et de iugement, et qui l'y servira
bien dans la negotiation dont il est chargé; qu'on

(1) On voit dans la correspondance de M. Chanut que le cardinal
l'avait envoyé en Suède en 1655 : « M. des Minières a passé icy
cette semaine allant en Suède, où il m'a fait entendre sans me le
dire ouvertement qu'il est envoyé par Votre Eminence. J'ai tasché de
luy rendre les offices et luy donner les meilleurs advis que je pouvois
pour son voyage. » (La Haye, 18 mars 1655). (*Arch. Aff. Etrang.
Hollande.* Vol. 55, fol. 170).

ne doutoit presque plus que l'Empire ne retombast en la maison d'Autriche, parce qu'on ne treuvoit pas un prince dans tout l'Empire qui voulust accepter et qui fust propre à soustenir cette dignité, et que les Electeurs de Saxe et de Brandenbourg, pour s'exempter des ravages de la guerre, avoient fait ligue, et qu'on croyoit qu'elle tendoit à ayder le roy de Hongrie de leur voix et empescher les Suedois d'entreprendre avec succes quelque chose en Allemagne; que les Espagnols estoient plus en peine de bien pourvoir les villes de Gravelines et de Saint-Omer, que de se preparer à reprendre Mardick, qu'ils sçavent être si bien muni qu'ils ne pourroient l'attaquer qu'avec une grande perte de monde et sans esperance d'y reüssir; que les Estats-Generaux avoient osté à la princesse d'Oxolder le pouvoir de faire le magistrat en sa ville de Bergue sur le Soom, pour la chastier des mauvais conseils qu'il paroist par ses lettres qu'elle a donnés à la princesse Louyse, et de son ingratitude tant envers la reine de Boheme qu'envers la maison d'Orange, à laquelle elle a intenté un procez sur de legers fondements; que le S$^r$ de Nieupoort (1) avoit fait le rapport de sa negotiation en Angleterre, et qu'à mesme temps les ambassadeurs qui y conclurent nostre honteuse paix, avoient pris cette occasion d'y livrer leur iournal, afin de se mettre hors de reproche par

_____

(1) Ambassadeur de Hollande auprès de Cromwell.

un agrement et par un remerciement de l'Assemblée; mais que l'opposition de la Zelande, Frise et Groningue, avoient empesché qu'ils ne s'en estoient pû descharger comme ils l'avoient minuté.

Le 19e, il y eust grand regal, grand bal et belle comedie chez le duc de l'Esdiguieres (1). Il traita six belles dames et entre autres la vefve du marquis de Sevigny (2), à qui l'on dit qu'il en veut. La salle estoit éclairée de 36 lustres de cristal de 12 bougies chacun, et toutes les chambres tres proprement et richement ornées. Le Roy fut à l'heure du bal, masqué à la portugaise, aussi bien que Monsieur, et quelques autres seigneurs de la Cour. S. M. menoit mademoiselle d'Argencourt, et Monsieur, la petite et gentille Riviere Bonœil. Les autres furent les chevaliers d'honneur de mesdames de Navailles, de Comminges et de la fameuse mademoiselle du Fouilloux (3). Au sortir du Louvre on delibera où l'on iroit auparavant faire monstre des habits, et Monsieur dit qu'il falloit aller chez Mademoiselle; mais le Roy voulust qu'on allast chez la comtesse de Soissons, disant qu'il ne vouloit point passer le pont: ce qui fust aussi tost remarqué. Mr de

(1) François-Emmanuel de Bonne, comte de Sault, puis de Crequy, duc de Lesdiguières, gouverneur du Dauphiné. Né en 1600, il mourut en 1677.

(2) Madame de Sévigné, l'auteur des *Lettres*. On disait indifféremment *Sérigny* ou *Sérigné*.

(3) Bénigne de Meaux du Fouilloux était fille d'honneur, et renommée pour sa beauté. Elle devint marquise d'Alluye (Escoubleau).

l'Esdiguieres reçeut fort bien cette belle bande portugaise, qui ne sentoit point du tout la synagogue, et lui donna une superbe collation. Elle ne fust pas finie, et le roy estoit à peine sorti qu'on commença à iouër des mains et à piller tout, iusques là que l'on asseure qu'il fallust remettre quatre ou cinq fois de la bougie aux lustres, et qu'il en cousta pour ce seul article plus de 100 pistoles à M. de l'Esdiguieres.

Le 20ᵉ, le Sʳ de Brunel reçeut trois lettres à la fois du Sʳ de Reede qui est à Madrid, par lesquelles il luy marquoit que le 13ᵉ de decembre on y avoit baptisé le prince; et que le roy ayant fait distribuër les bassins de ceremonie entre les ducs de Medina, de Las Torres et d'Alba, l'Amirauté de Castille et le duc de Vejar, et ce dernier ne s'y estant pas rendu à temps, S. M. commanda au connestable de Castille de prendre sa place, mais il respondit qu'il n'estoit pas homme à estre employé *por falta de otros* (1). Sur le champ le roy commanda qu'il s'en retournast en exil, d'où il avoit esté rappellé à cause de la naissance du prince, et il enioignist à deux alcades, de ne le point abandonner qu'il ne fust à quelques lieuës de la ville. Pour achever la ceremonie, on commanda au comte d'Ognate de suppleer à l'absence dudit duc de Vejar, ce qu'il fit en disant : *Quando el Rey manda, varrer y fregar* (2). Le prince

(1) *A défaut des autres.*

(2) *Il faudrait balayer et écurer, si le roi l'ordonnait.*

fut ensuite baptisé par le cardinal de Toledo, et
eust toute cette kyrielle de noms: Philippo,
Prospero, Joseph, Francesco, Ignacio, Antonio,
Miguel, Luis, Isidoro, Idelphonso, Buenaventura,
Domingo, Ramon, Diego, Victor.

Le 21ᵉ, on nous communiqua ce sixain qui a
esté fait sur la mort de l'abbé de Manchini. On l'a
trouvé assez ioli et plein d'esprit, bien qu'un peu
picquant.

*Epigramme*

Quand Dieu nous veut faire sçavoir,
Secrettement nostre devoir,
Les enfants ont part au mystère :
Aussi des marmots sans aveu
Ont berné nostre ministère,
Dans la personne d'un nepveu.

Le 22ᵉ, le Sʳ de Longchamps, escuyer de Mʳ le
duc d'Anjou, nous raconta de quelle façon Fromanteau s'est bien mis aupres de madame de
Beauvais (1), a gaigné ses bonnes graces et
est devenu son galant. Comme il ne sçavoit où
donner de la teste, il fit connoissance avec un
abbé qui gouvernoit cette dame ; il s'attascha à
luy et fit si bien que par son moyen mesme il
entreprit sur sa conqueste ; car apres qu'il l'eust
produit et qu'il luy eust donné acces aupres de
Margot (c'est ainsi qu'on nomme cette femme de
chambre de la Reine), il travailla si heureusement

(1) Premiére femme de chambre de la reine Anne d'Autriche. Ces
détails sont confirmés par les Mémoires de Saint-Simon : voir tome 1ᵉʳ
p. 290 sq., éd. de Boislisle.

à s'en faire aimer, qu'il y reüssit, et l'a enfin emporté par dessus le pauvre abbé, qui une autre fois sera plus advisé que de se fier à aucun ami en fait d'amour et de galanterie d'interest. Depuis alors on voit Fromenteau chez le Roy, chez la Reyne, et chez Mr le Cardinal aussi avant et aussi bien veu que la plupart de ceux qui y sont des premiers et de la plus secrette intrigue. Mesme il est en esperance d'avoir un regiment de cavalerie, la campagne prochaine; et afin qu'il y puisse mieux parvenir, et qu'on ne dise pas hautement que c'est la seule Beauvais qui l'y a porté et qui le luy a fait donner, il est allé se ietter dans Mardick avec tous les volontaires et tous les braves de la Cour. Il est vray qu'il en peut estre de retour, puisqu'on asseure qu'entre Calais et icy l'on a treuvé des relais pour luy, que cette bonne dame y a envoyez. Elle luy entretient un carrosse à quatre chevaux et trois laquays.

Le 23e, nous vismes un fort beau ioyau et de grand prix que la reyne d'Espagne fait faire icy. Il est en forme de boite de diamant et a au milieu un Jesus et une Vierge. On dit que c'est pour en faire present à Nostre-Dame-de-Lorette, en reconnoissance de son heureux accouchement qu'elle croit avoir obtenu par les prières de cette reyne du ciel. Nous sceusmes ce mesme iour, qu'enfin le Parlement avoit donné un arrest en faveur du Corps des marchands de cette ville, par lequel la grande lotterie estoit defendüe, et

ordonné à ceux qui l'avoient entrepris de rendre
l'argent aux particuliers sans leur en retenir un
sol. Aussi a-t-on afflché auiourd'huy que tous
ceux qui y ont mis quelque chose ayent à se
presenter entre cy et le mois de febvrier pour le
retirer.

Nous apprismes de plus que le corps de Beck
avoit esté salé et qu'on le gardoit au Chastelet
pour en faire iustice exemplaire, et le trainer
par la ville au cas qu'il soit bien averé qu'il se
soit tüé soi-mesme, comme il n'en faut point
douter. Le pauvre La Croix, nepveu du fü
Hoeuft, est mort du coup de pillon qu'il lui avoit
donné, ce qui diminüera les biens de la contis-
cation qui a esté donnée au chevalier de Gramont,
car il faudra dedommager la vefve, et la justice
en mangera une bonne partie et les parents en
cacheront le plus qu'ils en pourront. On publie,
mais avec peu de vraisemblance, que sur ce que
le chevalier de Gramont se plaignit au Roy de ce
que l'ambassadeur de Hollande faisoit son
possible pour l'empescher de iouir de la dite
conflscation, S. M. dit qu'elle s'estonnoit fort
qu'il s'en meslat et qu'elle entendoit qu'il ne
traittast que ce qui estoit de sa charge, sans
s'amuser à luy disputer ses droicts.

Le 24e, nous apprismes qu'il y avoit quelques
iours qu'on avoit ioüé un assez ioli tour à l'un des
plus habiles chirurgiens de cette ville. Une dame
l'estant allé voir, luy dit qu'elle n'avoit qu'un fils,
qui luy estoit extremement cher et qu'elle souhai-

toit fort de conserver, et que cependant ce malheureux menoit une vie qui la tenoit en de continuelles apprehensions de le perdre : qu'il estoit
iour et nuict avec des femmes de ioye, que
mesme elle croyoit qu'il estoit desia atteint de
quelque galanterie, qu'elle avoit fait son possible
pour le descouvrir et l'en faire guerir, mais que
ce debauché en reiettoit le discours et nioit tout;
qu'elle avoit une grace a luy demander, à sçavoir
qu'il voulust bien examiner ce garçon et tirer de
luy confession de son incommodité, afin qu'il le
pust guerir. Le chirurgien lui promit d'y travailler,
et qu'elle le luy envoyast le lendemain au matin
sur les 9 à 10 heures, et qu'il l'attendroit et l'exa-
mineroit de la bonne façon. Le iour de l'assignation venu, cette femme se leve de bon matin, et
s'en va chez un marchand de la rüe aux Fers,
qu'elle sçavoit estre des intimes amis de ce
chirurgien, et luy dit qu'il se marioit, et qu'il luy
avoit donné ordre de luy choisir les plus belles
estoffes qu'il eust pour des meubles et pour des
habits. Le marchand dit que ce seroit avec ioye
qu'il luy feroit voir ce qu'il avoit de plus beau et de
plus propre. Elle choisit, et enfin leve des estoffes
pour pres de 500 écus. Quand cela fut fait, elle
dit au marchand qu'elle n'avoit pas l'argent sur
soy, mais que s'il luy plaisoit de luy donner un de
ses valets, il recevroit le payement de Mr le chirurgien, et aideroit à sa servante à porter les estoffes.
Il s'y accorde et comme ils arrivent à la maison du
chirurgien, la dame demande aux compagnons de

boutique, si le maistre y est; ils respondent qu'ouy, et qu'il estoit à sa chambre à l'attendre, sur quoy elle fait laisser dans la boutique les estoffes au valet du marchand et luy dit de monter en haut. Pendant qu'il y monte elle et sa servante reprennent lesdites estoffes et s'en vont.

Le valet ne fut pas en la chambre du chirurgien, que ce bon homme, apres avoir reçeu son salut, commence à le regarder et à luy dire qu'il luy treuvoit mauvaise couleur, qu'asseurement il avoit quelque chose, et qu'avec luy qui estoit du mestier il ne devoit pas faire le fin. Le courtaut s'excuse, et dit que Dieu merci il se portoit bien, et qu'il ne venoit pas pour se faire traitter, mais pour avoir de l'argent. Le chirurgien le presse plus fortement et le veut amener à confession; le courtaut s'en defend, et luy explique mieux pourquoy il estoit là. Le chirurgien luy dit qu'il se railloit, et luy demande s'il n'estoit pas le fils unique d'une mère à laquelle il causoit beaucoup d'ennuis par ses debauches. Enfin ils s'esclaircissent l'un l'autre, et le chirurgien connaissant que cet homme estoit effectivement valet du marchand son ami, ils descendent en bas avec vitesse pour treuver ces femmes, mais elles avoient desemparé avec la marchandise. Le chirurgien nie qu'il se marie, et qu'il ait donné ordre qu'on lui achete des estoffes, mais le marchand ne s'en contente pas, et dit qu'il ne les a pas seulement livrées sous son nom, mais que de plus elles ont esté portées en sa maison et mises dans sa boutique. Il s'intente procez, et il y a eu arrest qui les condamne à porter chacun sa part de la fripponnerie; tellement que le marchand y est pour ses 70 pistoles aussi bien que le chirurgien, qui est un bon vieux bon homme, qui n'a point de pensée de se marier.

Le 25<sup>e</sup>, ceux qui avoient reçeu des lettres d'Italie nous asseurerent que les divisions qui sont au Milanais entre les principaux chefs avoient faict que l'armée françoise avoit gaigné le Modenois, sans que les Espagnols luy ayent disputé aucun passage; que Trotti et Boromée qui sont les deux plus braves capitaines qu'ils ayent, estoient mescontents et avoient quitté leurs charges; et qu'on attendoit le comte d'Ognate pour remedier à tous ces desordres, mais le S<sup>r</sup> de Reede, fils du S<sup>r</sup> de Renswoude, escrit de Madrid qu'il ne veut point partir qu'il n'ait un million en main, en de bonnes lettres de change, afin qu'il ne s'y treuve sans argent et en estat d'y perdre sa reputation, sans y restablir les affaires de son roy, qui sont assez delabrées et qui le seront encore plus si le duc de Mantouë est obligé de traitter et de s'accommoder, comme on croit qu'il en est en termes. Au moins sçait-on que l'armée françoise est arrivée tout aupres du Mantüan, qu'elle y doit prendre ses quartiers d'hyver, et que, bien qu'elle ne soit forte que de 5 à 6 mille hommes, elle donne l'espouvante à tout le païs, estant composée de gens d'eslite.

Le 26<sup>e</sup>, on tint divers discours touchant le des-

sein de Naples. Ceux qui s'en mesloient, faisoient
leur possible pour faire croire le contraire de ce
qu'on en publioit. On sceut pourtant qu'on avoit
mandé le duc de Mercœur (1) pour en conferer,
qu'il seroit icy dans peu de iours, et que l'on
travailloit le plus que l'on pouvoit à ce que M^r de
Guyse ne s'en meslast point. On apprit de plus
qu'on y vouloit employer le comte de La Serre,
en qualité de lieutenant-general, et que le chevalier Paul avoit esté envoyé en tous les ports de
Normandie et de Bretagne, pour y assembler
autant de vaisseaux qu'il y en trouveroit de
propres pour servir à l'armement proietté, qui
doit estre de 30 vaisseaux et de 7 galeres. Il se
rencontroit pourtant des personnes bien sensées
et instruictes des affaires, qui asseuroient que
l'on n'en vouloit point à Naples, et que l'on en
faisoit courre le bruict pour mieux couvrir le
dessein qu'on a d'attaquer Barcelone ou quelque
place dans le destroict.

Ce mesme iour il vint advis que le duc de
Candale revenoit de Catalogne avec une tres
belle escorte; car sur ce que le marquis de
Monrevert estoit en campagne pour venger la
mort du chevalier son frere, une partie de la
noblesse d'Auvergne, quantité d'officiers, et bon
nombre de ses amis l'accompagnent, et on dit
qu'ils sont bien près de 400, ce qui ne lui cous-

(1) Fils de M. de Vendôme et mari de l'aînée des nièces de
Mazarin.

tera pas peu, puisqu'apparemment il sera obligé
de defrayer tout ce monde (1).

Le 27ᵉ, le mariage du comte de Guiche avec
mademoiselle de Sully fut enfin consommé mercredy dernier. Le mardy il pensa se rompre sur
ce que Mʳ le chancelier ne vouloit y consentir,
que la commission de maistre de camp des gardes
ne fust remplie de son nom. On la luy avoit bien
fait expédier, mais par une ruse on avoit laissé
le nom en blanc. Sur cette difficulté le comte qui
est fort hardy alla droit s'en plaindre au Roy,
qui d'abord, sans consulter Son Eminence, luy
accorda qu'on y mist son nom en belle et bonne
forme. Quand Mʳ le cardinal le sçeust, il en fit
de grandes remonstrances au Roy, en luy représentant que promettant ainsi si librement, il se
mettoit en hazard d'estre surpris, et qu'accordant
purement et simplement cette charge au comte
qui est fort ieune, on couroit risque de la voir
remplir à une personne qui y sera peut-estre peu
propre. Le Roy, dit-on, reconnust sa faute et
promit de n'aller point si viste à l'advenir: et
des le lendemain on l'amena à Vincennes, où il
est encore et d'où l'on croit qu'il reviendra bien
catéchisé, et pour cette rencontre et pour ses
amours avec la petite Argencourt (2).

(1) On lit dans la *Gazette*, nᵒ 8, que le duc de Candale était parti
au commencement de janvier, se dirigeant vers Paris, par Montpellier
et Nîmes.

(2) Mademoiselle de Lamothe-Argencourt était de Montpellier.

Ce comte de Guiche est un ioli esprit, mais malicieux et le plus corrompu de la Cour. On dit que dernièrement en un bal il prit le manchon d'une dame, et s'amusa à y..... La courante finie, comme elle revinst et reprit son manchon, et qu'elle y mist les mains elle fut toute honteuse et décontenancée d'y treuver..... On adiouste que la Reyne a sçeu cette malice, et qu'elle en veut grand mal au comte, et travaille puissamment à

Admise parmi les filles de la reine en 1657, elle fut bientôt remarquée par sa beauté, que Loret a célébrée dans sa *Muse historique* :

Argencourt, autrement Lamothe,
Pour qui maint amoureux sanglotte,
Incomparable en agrément,
Et qui danse fort joliment.
           (*Muse du* 23 février 1658).

« Elle n'avait, dit madame de Motteville, ni une éclatante beauté, ni un esprit fort extraordinaire, mais toute sa personne était aimable. La peau n'était ni fort délicate, ni fort blanche, mais ses yeux bleus et ses cheveux blonds avec la noirceur de ses sourcils et le brun de son teint faisaient un mélange de douceur et de vivacité si agréable qu'il étoit difficile de se défendre de ses charmes. Sitôt qu'elle fut admise à un petit jeu où le roi se divertissoit quelquefois les soirs, il sentit une si violente passion pour elle que le ministre en fut inquiet. Le Roy un jour parla à mademoiselle de la Mothe comme un homme amoureux qui n'était plus sage; il lui offrit même si elle vouloit l'aimer, qu'il résisteroit à la Reyne, sa mère, et au cardinal; mais elle, n'ayant point voulu ou n'ayant osé entrer dans ses propositions, refusa tout ce qui était contre son devoir. Le Roy gémit, soupira, mais enfin il vainquit (*). »

Pour mademoiselle d'Argencourt, qui avait le cœur déjà pris par un autre attachement, sa mère obtint de la Reine la permission de la mettre au couvent des Filles Sainte-Marie de Chaillot. Entrée sans vocation, mais non sans douleur dans cette maison, elle finit par se résigner, et devint une religieuse accomplie : cette touchante destinée ne semble-t-elle pas annoncer celle de mademoiselle de la Vallière, cette héroïne de tendresse et de la pénitence, qui bien des années plus tard vint chercher un asile dans la même communauté, en attendant qu'elle cachât sa vie sous l'habit plus austère des Carmélites ?

(*) *Mémoires* (éd. Petitot), tome IV, p. 401 et seq.

le mettre mal dans l'esprit du Roy où il est fort bien et encore mieux en celuy du duc d'Aniou.

Le 28ᵉ, le comte de Roye nous vint voir et nous apprit que Chamarande, premier valet de chambre du Roy, avoit eu ordre de se retirer, et qu'on le luy avoit fait pressentir d'une assez iolie façon. On iouoit au Louvre à un ieu nommé le *Conseil*, qui est qu'à l'oreille on dit à son voisin le conseil que l'on donne à quelqu'un de la compagnie. Celuy à qui on l'a dit, le recite tout haut à la fin du ieu, et souvent il fait rire la compagnie, et celuy s'y treuve l'obiect de la raillerie de la satyre secrette, qu'il y pense le moins. En ce ieu on donna conseil à Chamarande d'en user autrement, de se retirer, et d'aller faire un tour chez soy, et voir sa femme. Aussitost il souhaita de sçavoir qui luy donnoit ce bon conseil; et comme on luy eust dit que c'estoit le Roy, il demanda dès le soir mesme son congé, prist le lendemain la poste pour gaigner sa maison. On ne sçait pas encore le mouvement secret de cet eloignement, mais il faut qu'il y ait anguille sous roche, et qu'il ait parlé trop librement au Roy, ou qu'il l'ait favorisé en ses amourettes avec l'Argencourt, et que la Reyne et Son Eminence l'ayent ainsi voulu eloigner. Il y en a qui croyent que madame de Beauvais, qui l'a porté à cette charge, luy a ioüé ce mauvais tour, pour y porter le Sʳ de Fromanteau; mais il y a fort peu d'apparence.

Le 29ᵉ, le Sʳ de St-Romain nous vint voir, et

dans l'entretien nous sçeusmes qu'on a fait des
almanachs en Flandres, où Messieurs Fouquet
et Servien sont representez à une table servie
de pistoles, de louys et de quart d'escus, et M^r
le cardinal au haut bout, qui empesche le monde
d'y manger et d'y toucher, l'envoyant à l'hospital. M^r Le Tellier (1) tourne la broche, et tire
de temps en temps quelques lardons d'or qu'il
donne au Roy.

Le 30^e, par nos lettres de Hollande nous apprismes que la religion avoit servi de pretexte à la
fuite de la princesse Louyse et qu'effectivement
elle ne s'estoit retirée que pour cacher ce qu'elle
aprehendoit que le monde sçeust. La princesse
d'Oxoller estoit arrivée à la Haye pour y descouvrir tout ce mystere, afin d'empescher qu'on la
privast du pouvoir d'eslire les consuls de Bergue
sur le Soom. Elle avoit voulu parler à la reyne,
mais n'avoit pu obtenir audience; et on croyoit
qu'elle seroit obligée de demander des commissaires aux Estats pour leur declarer le tout et se
iustifier.

Ce mesme iour il fust donné arrest au Chastelet, par lequel il fut ordonné que le corps de
Beck seroit trainé par la ville, pour estre ensuite
attasché au gibbet. On a longtemps disputé avant
de prononcer cette sentence, et les juges ont

(1) Michel Le Tellier, qui fut successivement conseiller au grand
conseil, maître des requêtes, secrétaire d'État pour la guerre, chancelier et garde des Sceaux. Né en 1603, mort en 1685. Bossuet fit
son oraison funèbre.

esté assemblés plus de dix à douze heures de
suite à examiner l'enqueste. Il y a au reste de
quoy s'estonner que trois grands corps comme
estoient la Croix, Heyleusbergh et Fabrice, n'ayent
pas arresté ce furieux, apres le premier coup, et
il faut qu'il y ait eu et bien de la timidité, et
bien de la lourdise en des personnes qui autrement ne passent pas pour impertinentes. Cependant ils observent le mesme ordre à mourir, qu'il
observa à les frapper; car la Croix est mort le
premier, comme celui qui avoit reçeu le premier
et le plus rude coup; et Heyleusbergh, qui avoit
esté frappé ensuite, vient d'estre enterré, et
Werrer, qu'on nomme icy Ferrand, a esté condamné et abandonné des médecins. Cet accident
est extraordinaire, et n'en a guere de pareil dans
l'histoire, et si le bonhomme Hœuft eut laissé
beaucoup d'heritiers comme Beck, il n'en auroit
bientost aucun, puisqu'ils se destruisent ainsi les
uns les autres. Heyleusbergh estoit du païs de
Cleve, et passoit pour fort honneste homme : en
mourant il a legué 10,000 livres à la femme et
aux enfants de Werrer, pour les dedommager en
partie de la perte qu'il voyait qu'ils alloient faire
de leur pere, qui devoit bientost le suivre.

Le 31ᵉ, les mousquetaires revindrent de Mardick,
en cette ville, ce qu'on prend pour une marque
asseurée, que l'on n'apprehende plus que les Espagnols l'attaquent.

Le 1. de fevrier, la mort du duc de Candale
ietta la plus part de la Cour dans une tres grande

affliction. Mais personne n'en a esté plus touché
que M<sup>r</sup> le Duc d'Anjou. Il l'aimoit tendrement, et
dès que la nouvelle arriva qu'il ne vivoit plus, il
se retira dans sa chambre et le pleura, disant
qu'il avoit perdu le meilleur ami qu'il eust. Il en
a pris le deuil, et fut hier voir le duc d'Espernon
et monsieur de Metz. Il mourut à Lyon, dimanche
dernier, d'un flux hepatique, accompagné d'une
fièvre assez violente. Il laisse 700,000 livres de
debtes, et a si bien ordonné qu'on ne fist rien
perdre à ses creanciers, qu'on croit qu'ils auront
tous contentement du pere, dès qu'il pourra agir
et se r'avoir de sa grande affliction. Voilà cette
illustre maison apparemment finie, car le pere est
marié à une femme de qui il ne peut avoir des
enfants. On parle de retirer sa fille du couvent,
mais on doubte si on le pourra, parcequ'elle a
pris l'habit et fait son dernier vœu. S'il se veut
resoudre à luy faire espouser le nepveu de
l'Eminence, on croit que le Roy employera tout
son pouvoir à Rome, afin que le Pape luy per-
mette de se remettre au monde : et on parle desia
que M<sup>r</sup> le cardinal consentira à ce qu'il prenne
les noms et armes de la maison d'Espernon. Mais
on croit que le pere le porte trop haut, pour vouloir perpetuër sa maison par un moyen si bas.
Les Nanons seront sans doute celles qui profi-
teront le plus de ce malheur ; et ce bon seigneur,
qui les aime si tendrement, va verser à pleines
mains ses richesses dans leur maison. Il avoit
desia commencé à leur en faire bonne part dès

le vivant de son fils, car ayant mis en vente
Plassac, l'une de ses meilleures Seigneuries et
'une de ses plus belles maisons, il a fait que
Saint-Quentin, capitaine de ses gardes, qui en a
espousé une, l'a acheté pour la somme de 400,000
livres; et afin que son fils ne s'en formalisast
point, il fit treuver de l'argent au dit Saint-Quentin,
sous sa caution. Il y a quelque temps que cette
adresse fut descouverte à l'occasion de la compagnie colonelle des gardes, qui luy appartenoit,
à cause de la mort du S<sup>r</sup> de Veine qui en estoit
lieutenant colonel : aussitost il la donna à Saint-
Quentin, quoy qu'on luy en eust recommandé
plusieurs autres. La Reyne luy en parla, et luy
dit qu'on s'estonnoit de ce qu'il faisoit tant pour
Saint-Quentin. Il luy respondit : « Il m'a bien
servi, Madame, et bien que ie sois le plus pauvre
gentilhomme de France, si ie ne le rendois riche
de quarante mille livres de rente avant ma mort,
ie mourrois avec regret. »

Le 2<sup>e</sup>, en une visite qu'on rendit à M<sup>r</sup> le Duc
de l'Esdiguieres, on sceust qu'à la Cour on avoit
encheri par dessus la façon ordinaire de faire des
loteries, et qu'on y en avoit fait où il n'y avoit
pas un billet blanc, tous estans remplis de
quelque chose, tellement que ce traffic se rendra
asseuré et sans aucune tromperie. Chaque billet
couste cinq pistoles, et on court risque d'en tirer
de cent et de deux cents, mais aussi on est en
hazard de n'en tirer que d'une, que de deux, que
de trois, et ainsi des autres. Ce commerce fait

qu'il y a tousiours grand monde chez le Roy et chez la Reyne.

Il y a quelque temps qu'à l'apartement de celle cy, madame d'Olonne eust une envie qui luy a causé beaucoup d'ennuy, et autant que soufflet qu'elle ait eu de sa vie. On croira d'abord qu'on parle de quelque chose de semblable à cette application de main, dont l'honora son mari aux eaux de Bourbon, mais ce n'est rien moins que cela. C'est qu'estant à la chambre de la Reyne, elle y devint amoureuse d'un beau soufflet d'ebeine, qu'elle y avoit aupres de son feu, garni d'argent, et d'une peau d'Espagne ou de la frangipane si bonne, que la chambre en estoit toute parfumée, dès qu'on commençoit à souffler le feu. Elle ne parloit que de ce soufflet, elle n'avoit bonne contenance que lorsqu'elle le tenoit, et elle ne se chauffoit bien que lorsqu'elle s'en pouvoit servir pour faire flamber le feu. On la nommoit la souffleuse de la Reyne et la soufflettée de son mari, et chacun s'esgayoit sur cette fascheuse rencontre de Bourbon, et sur cette agreable inclination pour le royal soufflet. Elle la porta à former le dessein de l'enlever; et sans aprehender le crime de lese Maiesté, elle en rechercha les moyens. Elle en parla au marquis de Vardes (1) qui tout

(1) François René du Bec, marquis de Vardes, comte du Moret, un des jeunes Seigneurs les plus brillants et les plus dissipés de la Cour. Louis XIV, dont il avait été le favori, l'exila de la cour à cause de ses intrigues. Il mourut peu de temps après être rentré en grâce, en 1688.

aussitost se chargea d'en faire le rapt. Il en
espie l'occasion, et un soir que la Reyne estoit
fort attaschée à son ieu, il mist adroictement
le soufflet sous son manteau, sortit de la
chambre, et le porta à madame d'Olonne qui
le reçeut avec ioye et avec transport. Mais il
ne luy dura pas beaucoup, car elle sceust dans
peu de temps qu'il y avoit grand bruict pour le
soufflet, et que la Reyne le vouloit ravoir. On
vint mesme le luy demander de sa part quelques
iours après, sur ce qu'elle avoit eu advis qu'il luy
avoit esté enlevé en sa faveur. Elle nia de l'avoir,
mais sur ce que l'on persista à le demander, elle
fut conseillée de le renvoyer; ce qu'elle a fait;
et voilà l'histoire du soufflet, qui fait qu'on la
nomme la femme au soufflet; et Vardes, le marquis qui ne vaut pas un clou à soufflet, en fait
de larrecin.

Le 3ᵉ, on enterra Ferrand, hoste de la *Ville
d'Anvers*, par où le trio de ceux que ce deses-
peré de Beck avoit si mal marqués fut malheureusement achevé. Ce mesme iour Mʳ le Premier
prist la peine de nous rendre visite, et de nous
faire offre de nous advertir quand le Roy danseroit son ballet, de nous y faire entrer, et de nous
y faire donner place.

Le 4ᵉ, on sceust icy que l'armée d'Italie avoit
establi ses quartiers d'hyver dans le Cremonois
et dans le Mantüan, et que le secretaire du duc
de Mantouë, nommé Bellissani, (I) y estoit arrivé

(1) Le véritable nom du personnage est Bellinzani.

pour traitter à ce que l'on croit, de l'accommodement de son maistre, bien que l'on publie que
c'est pour vendre à M<sup>r</sup> le cardinal le duché de
Nevers. On commença aussi de s'apercevoir par
les discours de ceux qui se meslent des affaires
de Naples qu'elles n'estoient plus guere en vigueur que dans l'imagination de la reyne de
Suede et celle de M<sup>r</sup> de Guyse (1) : l'application de cette Cour en estant une assez bonne
preuve, puisqu'elle est toute du costé de l'Allemagne et aux affaires du nord : estant certain
qu'entre les autres causes de la retraitte à Vincennes, la deliberation des ordres que l'on en-
voyeroit aux ambassadeurs à Francfort, a esté
l'une des plus apparentes, puisqu'apres qu'on y
eust tenu conseil, on envoya icy le comte de
Brienne, pour leur expedier un courrier avec de
nouveaux ordres. Et comme l'on veut deviner
sur tout, il y en a qui asseurent qu'à cause qu'on
a iugé qu'en cette rencontre la connexité des
interets de la Pologne avec ceux du roy de Hongrie, estoit trop grande pour pouvoir esperer de
les separer, il n'estoit pas à propos d'y envoyer,
à sçavoir en Pologne, M<sup>r</sup> de Gramont.

On veut de plus qu'au conseil de guerre, qui y

(1) On lit dans une dépèche de l'ambassadeur de Hollande, Paris,
25 janvier 1658 : « M. le mareschal de Turenne a esté visiter, par
ordre de la Cour, la reine Christine de Suède qui demeure toujours à
Fontainebleau ; et après son retour, on y a envoyé M. Chanut pour
conférer sur l'instruction de la Cour avec la dite reine, au lieu de
M. le duc de Guise qui autrement avoit esté destiné. » *Arch. Aff.
Etrang. Hollande*, vol. 58, fol. 169.

fut tenu en suite, et où M' de Turenne fut appelé,
il fut resolu d'armer puissamment du costé du
Rhin, et qu'il ne falloit pas que le roy de Hongrie
y parust avec des troupes pour intimider les alliés, sans que de ce costé l'on ne fist monstre d'une
armée capable pour les rasseurer. Sur ce fonde-
ment on parle de restablir tous les capitaines des
vieux corps, qui avoient estés cassés, de faire
4,000 dragons, et de faire partir le plus promptement qu'il se pourra le duc de Wurtemberg. Il
vist hier le Roy et ensuite M' le cardinal, qui le
doit traitter, et luy faire toucher les sommes
qu'on luy a promises pour ses apoinctements,
afin qu'il puisse paroistre en general d'armée. On
publie de plus que le Palatin leve, et que Cologne
est dans les interests de la France. Il se voit des
lettres qui portent qu'à Munick, M' de Gramont
dit à l'electrice de Baviere que si S. M. n'avoit
pu la faire reyne, elle vouloit travailler à la faire
imperatrice; et qu'elle respondit que si elle en
avoit la couronne, elle la mettroit aux pieds du
Roy, et cent vies, si elle les avoit. Quoy qu'il en
soit de tous ces bruicts, il est tres certain que
les meilleures testes de ce royaume ne furent
iamais plus longtemps ensemble, qu'elles le sont
depuis trois ou quatre iours.

M' Servien disne fort souvent avec Son Eminence, et ensuite ils sont enfermés deux ou trois
heures dans son cabinet. Avant hier comme ils
etoient ensemble, ils donnerent ordre qu'on leur
amenast un courrier qui ne faisoit que d'arriver.

Besemeau, capitaine des gardes de S. M., le fut
querir et l'amena en une estrange posture. Il
n'avoit que des pantouffles aux pieds, un pantalon
de chamois, et une chemisette de deux couleurs,
blanche et rouge. En cet equipage il traversa
toutes les chambres de Mᵣ le cardinal pour arriver à son cabinet, et en passant au travers du
monde, pour n'estre pas reconnu, il enfonçoit
son chappeau, et en abaissoit les bords. Nous ne
croirions pas cette drollerie, n'estoit que le Sᵣ des
Minieres nous a asseuré qu'elle est tres vraye, et
qu'il estoit à l'antichambre de Son Eminence
lorsqu'on amena cet homme, et qu'il ne se peut
imaginer qui il estoit, ni d'où il venoit.

Le 5ᵉ, le comte de Guiche fut reçeu mestre de
camp du regiment des gardes. La ceremonie se
fit hors de la ville, derriere les Incurables, où le
régiment estant rangé en trois bataillons, le marquis de Fourrilles, lieutenant de la colonelle,
representant le duc d'Espernon, qui depuis l'affliction de la mort de son fils tient le lict, prit le
comte de Guiche par la main et le mit à la teste
dudit regiment, commandant aux soldats de le
recognoistre pour leur mestre de camp, et de luy
obeir en tout ce qu'il leur commanderoit. Ils res-
pondirent tous avec des voix d'acclamation et de
vival. Ce comte portoit ce iour là un iustaucorps
de veloux noir si riche, que iamais on n'en a veu
de plus beau; la broderie dont il estoit tout couvert, n'estoit que d'or et d'argent traict; les boutons estoient de mesme que ceux que l'on nomme

icy à ferlusche ; il y avoit pourtant cette difference
que ceux cy ne sont pas de soye, et que les
autres sont d'or massif, mais si bien travaillés et
ouvragés, que la main d'un peintre n'eut sçeu
mieux reüssir avec son pinceau, que l'aiguille du
brodeur l'a fait sur cette casaque : aussi a-t-elle
cousté deux mille escus.

Le 6ᵉ, nous reçeusmes nos lettres, par lesquelles on nous marquoit que l'ambassadeur
d'Espagne avoit fait de grandes reiouissances
pour la naissance du prince d'Espagne. Outre ce
que l'on a accoustumé en ces occasions, qui est
de traitter les plus apparents de l'Estat, de faire
des feux de ioye, et de donner à boire au peuple
par du vin que l'on fait couler en forme de fontaines, il y adiousta la liberalité de ietter de
l'argent au peuple. Mais il fut si malheureux en
cette rencontre, que celuy qu'il fit ietter se treuva faux, et que le monde en murmura, disant
qu'il ne falloit non plus se fier à l'argent des Espagnols qu'à leurs paroles (1). Il s'en excusa sur

(1) Ce fait qui est mentionné dans *la Gazette*, n° 17, sous la ru-
brique de la Haye, l'est également dans la correspondance de M. de
Thou. « J'envoye à Votre Éminence, écrit-il à Mazarin, une inscription latine qui a esté faite par un homme qui est présentement dans
ces provinces, et dont je fais mention dans la despeche de M. de
Brienne (*), sur cette distribution de monnoye fausse que M. de
Gamara a faite, ou à dessein ou par la faute de ses gens, le jour de
son feu de joye. Je l'ay jugée digne de luy pouvoir estre envoyée, et
je m'assure que M. de Bautru dans la severité de son jugement ne la
rebuttera pas. » (Dépêche du 7 février 1658.) *Arch. Aff. Etrang.
Hollande*, vol. 58, fol. 199.

(*) M. Morus, dont il est question plus haut, pages 153 et 383.

celuy qui l'avoit faict battre, mais il y a pourtant de sa faute, de n'avoir pas eu un homme affidé en une occasion si importante.

Le 7e, nous apprismes par les lettres que le Sr de Reede avoit escrites de Madrid au Sr de Brunel, que le prince d'Espagne ne se portoit guere bien et que la ioye qu'on avoit euë de sa naissance, pourroit bien estre courte, puisque l'on craint qu'il ne vive pas longtemps ; que la premiere sortie que la reyne avoit faite apres ses couches, avoit esté pour entendre messe, et que là elle avoit consacré son fils à Dieu. Nous ne sçavons quelle est cette ceremonie, ni comment tout s'y est passé, mais elle pourroit bien estre exaucée, et perdre en offrant, ce qu'elle souhaite tant de garder.

Le 8e, il y eust grand bal chez le maréchal de l'Hospital, où le Roy et Monsieur vinrent en masque (1). Mademoiselle y parut aussi en ce mesme estat, avec quatre ou cinq femmes ou filles de sa suite. Les suisses du Roy qui estoient à la porte, n'ont iamais esté si insolents qu'ils le furent ce soir là ; sur ce que Carnavalet s'estoit mis en colere contre eux de ce qu'ils laissoient entrer trop de monde, ils refuserent la porte à tous ceux qui se presentoient. Il y eut mesme des dames parées et invitées, qui furent obligées de s'en retourner. Cette confusion fit que nous

(1) *La Gazette* de France met ce bal à la date du 5, et celui du Chancelier à la date du 6.

nous retirasmes avec quantité d'autres personnes, qui estant entrées ressortirent, voyant que la sale n'estoit pas assez grande pour tant de monde, et qu'on n'y pouvoit estre qu'avec beaucoup d'incommodité, et sans aucun plaisir. Cependant on dit qu'il y fut magnifique pour le Roy et pour la Cour, car au milieu du bal on lui donna une superbe collation qui sous ce nom eut tout ce que peut avoir un beau et grand souper. Il y avoit des plats qui revenoient à quatre cents escus, et s'il faut ayder l'hyperbole et suivre le bruict commun, il en cousta ce soir là à M$^r$ de l'Hospital, pour une si belle·feste, dix ou douze mille escus.

Le lendemain 9$^e$, M$^r$ le chancelier encherit sur toute cette profusion. Il donna un bal, où pour la quantité de lustres qu'il y avoit en sa sale, en sa galerie et en toutes ses chambres, on eust dit qu'il avoit voulu monstrer qu'il y avoit moyen de produire icy bas une lumière qui au milieu de la nuict pouvoit faire voir une clarté aussi grande que celle du soleil. Avant que le Roy y arrivast, il recevoit lui-mème les dames, les faisoit passer de la sale du bal en sa galerie, et de là en ses chambres, et à chacune en un endroict il faisoit presenter des limons doux, en un autre des bassins où dans de beaux vases de porcelaine il y avoit de toutes sortes de confitures et de fruicts exquis, aussi bien que dans les bouteilles de tous les breuvages les plus agreables. Apres qu'il eust ainsi receu toutes les invitées, et qu'il leur eust

fait parcourir sa maison pour leur en faire voir
toute la magnificence (1), le bal se commença à
l'arrivée du Roy. Sa Maiesté, comme de raison,
dansa la première avec la princesse d'Angleterre,
et ensuite Monsieur avec Mademoiselle. Tout y
estoit extremement paré; on n'y vist presque
point de canons, la plupart des hommes de la
Cour estoient en iartieres, et portoient des habits
de veloux noir plein. Celuy de Monsieur esblouïs-
soit la veuë, il estoit tout couvert de perles et de
diamants assemblés en forme de boutons à ferluche ou en broderie. Le marquis de Vardes
estoit gentiment accommodé; il avoit un pourpoint de satin couleur de chair, chargé d'une
dentelle d'un gris si blanc qu'on eut dit qu'elle
estoit d'argent: les chausses estoient d'un veloux
noir plein, et chamarrées de la mesme dentelle
sous laquelle il y avoit du satin de la couleur du
pourpoint. Tout cecy faisoit un assez bel effet et
on iugea cet adiustement assez mignon, aussi
bien que celuy du nouveau marié, le comte de
Guiche : il estoit aussi de veloux noir plein
comme les autres, mais l'adiustement estoit tout

(1) L'hôtel du chancelier Séguier était situé entre les rues du Bouloi
et de Grenelle-Saint-Honoré ; il porta successivement les noms d'hôtel
de Condé, de Soissons et de Montpensier. Pierre Séguier en devint
propriétaire en 1633 et y fit des agrandissements considérables. On
y remarquait, dit M. Chéruel (*), une riche bibliothèque, une chapelle
et des galeries que Simon Vouet avait ornées de peintures. Au
xvii° siècle, il prit le nom d'*Hôtel des Fermes* sous lequel il est encore
connu aujourd'hui.

(*) Introduction au *Journal d'Ollivier d'Ormesson*, page 113.

de perles au milieu d'une broderie de jés blanc,
et de loin il s'en formoit un tres bel esclat. A
tous ces habits il y avoit de grandes iartières,
qui en façon et en dentelles coustoient plus de
cent escus; et ce qui fut le plus surprenant, est
que la pluspart des hommes avoient des gants
garnis dedans et dehors, à la façon des femmes,
et chargés de perles et de diamants cousus au
ruban, pour ceux qui en avoient sur leurs habits.

Les femmes y parurent aussi dans un esclat
extraordinaire; mais celles qui estoient purement
de la ville et des gens de robbe, y estoient aisement remarquées par la difference qu'il paroissoit aux yeux les moins delicats, qu'il y avoit
entre elles et celles de la Cour. On eust dit à leur
port et à leur air qu'elles n'en estoient que les
filles de chambre. La femme du marquis de
Vardes, qui est fille du president Nicolaï (1), fut
de celles qu'on remarqua n'avoir pas encore
acquis ce ie ne sçay quoy de grace et d'entre-
gent que donne la Cour et le grand monde.

On prit garde que pendant qu'on dansoit, le
Roy entretint touiours la comtesse de Soissons,
qui estoit aupres de luy. Cela pourtant n'empescha pas que la petite Argencourt ne luy fist un
petit souris, toutes les fois qu'elle dansoit et
qu'elle faisoit une reverence à Sa Maiesté; mais
ce grand prince n'y correspondit iamais par le

(1)Antoine Nicolaï, seigneur de Goussainville et d'Ivor, premier
président de la Chambre des comptes de Paris, mort le 1er mars 1656.

moindre mouvement de visage un peu favorable;
ce qui fait iuger qu'à present que la comtesse de
Soissons est relevée de couches, et plus grasse
que iamais (car pour belle, elle ne l'est aucunement), elle retient et possède toutes ses affec-
tions. Pendant tout ce bal, Monsieur parut peu
gay; il estoit entre Mademoiselle et la Princesse
d'Angleterre, et ne se peina guere à les entretenir:
ce qui fit remarquer qu'il n'estoit pas dans son
element, et que s'il eust esté aupres de madame
de Comminges, ou de quelque fille de la Reyne,
il en auroit usé autrement. Au milieu du bal, on
donna au Roy une magnifique collation de celles
qu'on nomme ambiguës et qui peuvent passer
pour des festins, où il ne manque rien, bien qu'ils
ne soient qu'à un service. En cette rencontre la
feste fust un peu troublée, car le marquis de
Coaslin, petit fils du chancelier (1), voulut disputer au comte de Guiche l'honneur de donner la
serviette au Roi; il se fondoit sur ce qu'il estoit
comme fils de la maison, et que l'autre n'y estoit
qu'allié. Le comte de Guiche l'emporta pourtant
sur ce que c'estoit pour luy que se faisoit la
feste, et que sans faire tort au marquis de
Coaslin, il est en une autre consideration que luy
tant à cause des merites et grands services du
mareschal de Gramont, son pere, que pour ce

(1) Né de Pierre-César du Cambout, marquis de Coaslin, colonel-
général des Suisses, et de Madeleine Séguier qui épousa en secondes
noces, en 1655, le chevalier de Boisdauphin, un des fils de la marquise de Sablé.

qu'il vient d'estre reçeu à une charge qui luy donne rang à la Cour.

Le 10ᵉ, nous fusmes à la foire, et y vismes Monsieur, Mademoiselle et la comtesse de Soissons, qui y iouërent trois cents pistoles en bagatelles.

Le 11ᵉ, les advis de Flandres portoient de grandes plaintes contre les troupes de Mʳ le prince de Condé, qui ont pillé et ravagé quantité de villages du Brabant où on les avoit logées en quartier d'hyver.

Le 12ᵉ, l'Italien que nous avons à nostre table, et qui est le deputé de ceux avec lesquels cette Couronne a intelligence au royaume de Naples, s'en expliqua d'une façon qui fit iuger que le dessein n'en estoit guere moins qu'avorté. Il se plaignit de l'imprudence de ses confreres, mesme de la trahison de quelques uns qui en ont tant escrit et tant parlé, qu'ils ont donné moyen aux Espagnols d'en descouvrir la mine avant qu'elle fust preste à iouër. On ne laisse pas de continuer l'armement de Toulon, et d'asseurer que quelques vaisseaux Anglois le doivent ioindre. Le duc de Mercœur, qui doit venir en Cour pour s'y mieux instruire de ce que l'on veut faire de cette flotte, a eu ordre d'aller auparavant à Nismes pour y chastier les seditieux; mais on croit que l'affaire sera accommodée avant qu'il ait assemblé assez de troupes pour leur faire du mal.

Le 13ᵉ, le Sʳ des Minieres nous vint voir, et nous dit qu'il partiroit bientost pour la Hollande.

Il a enfin eu ses expeditions, et s'en va en Moscovie pour les interests des couronnes de France et de Suede. Bien que les ministres de celle cy veuillent faire aprehender à ceux de celle là, que le roy de Suede se treuvera obligé de traitter avec la maison d'Austriche si l'on ne l'assiste puissamment et promptement, et qu'ils publient que Slippenbach a esté envoyé au comte Curtz, chancelier de l'Empereur, pour conferer avec luy, on n'en veut rien croire icy et l'on tient tout ce discours pour une feinte.

Le 14ᵉ, le baron de Su, bearnois, brave, beau et riche gentilhomme, fut tué pour un assez maigre suiet. Il logeoit avec une personne de condition, et se treuvant dans une sale commune, l'un voulust qu'on y fist du feu, et l'autre ne le voulust pas. Le feu y ayant pourtant esté allumé, ils s'y chauffoient tous deux, et comme l'un voulust y ietter un fagot, l'autre ne le voulust pas, et là dessus ils se querelerent, sortirent, se rencontrerent aupres de l'hostel de Soissons et s'y battirent. Le baron y fut tué, ayant reçeu un coup au travers du gosier et un autre tout au travers du cœur. Son corps fut porté par ordre de la justice au Chastelet.

Le 16ᵉ, nous sceusmes de bonne part que l'armement de Toulon reprenoit feu, et qu'on y avoit envoyé le chevalier de Folleville, avec ordre de le presser; ce qui fait d'autant mieux croire que le dessein sur Naples n'est pas tout à fait eschoüé, puisqu'on y employe cet homme qui a esté l'un des principaux chefs de la dernière tentative qu'y fit le duc de Guyse (1).

Le 17e, le parlement donna arrest par lequel il fut ordonné que, suivant la rigueur des edicts, le corps du baron de Su seroit trainé par les ruës, sur une claye. Par où l'on voit qu'on ne pardonne plus en cette sorte de crimes; et si l'on en use tousiours de mesme, on pourra esperer qu'un mal qui avoit esté creu sans remede, sous tant de grands et sages rois, en aura treuvé un dans la ferme resolution qu'a prise celuy cy de punir sans exception tout ce qui aura la moindre apparence de duël.

Le 18e, le sieur de Saponnet, qu'on nous avoit asseuré avoir esté tué devant Montmedy, nous vint voir. Nous ne pusmes d'abord nous imaginer que c'estoit luy, et peu s'en fallut que nous le prissions pour quelque fantosme qui se venoit presenter à nos yeux; mais il nous tira bientost de doute, en nous disant que s'il n'estoit pas mort, il en avoit couru grand risque, puisqu'il avoit esté si dangereusement blessé que les chirurgiens l'avoient abandonné, et que sur ce preiugé, on l'avoit fait passer pour mort.

Le 19e, on resolut icy de faire partir la plus-

(1) Le duc de Guise, en 1647, avait pris une grande part à la révolte des Napolitains contre l'Espagne, et avait été mis à la tête de l'insurrection; après avoir d'abord défait les troupes de Don Juan, il fut fait prisonnier et conduit en Espagne d'où il ne revint qu'en 1652.

En octobre et novembre 1654, il fit une seconde expédition contre Naples; c'est très probablement de celle-là que nos voyageurs veulent parler.

part des compagnies des gardes, François et
Suisses, pour les ietter dans Mardick et autres
villes frontières, pour prendre la place de celles
qui y sont et que l'on veut en tirer, afin qu'elles
ayent temps et lieu de se rafraischir. Dans le
dessein qu'on a de mettre en campagne de bonne
heure une belle et puissante armée, on parle de
donner de l'argent aux officiers pour faire leurs
recruës; mais afin de les obliger à avoir tout
leur monde effectif, on s'advise d'un assez ioli
moyen et tout à fait de chicane, qui est d'obliger
les officiers, par corps et devant notaire, d'avoir
50 hommes pour l'infanterie, et 30 pour la cavalerie.

Le 20ᵉ, le temps commença à se radoucir,
après qu'une quinzaine de iours il avoit fait un si
grand froid que de memoire d'homme on n'en
avoit senti un pareil. Aussi la Seine en a esté
prise en trois ou quatre iours, et on a veu du
monde qui l'a traversée d'un bord à l'autre en
passant dessus la glace qui avait arresté son
agreable cours. Les lettres d'Avignon portent
que le Rhosne y a aussi esté pris, et que le
Vice-legat en avoit passé le premier bras en
carrosse. On escrit d'Amiens que les neiges y
ont esté de la hauteur d'un homme; qu'il y estoit tombé de la gresle d'une si horrible grosseur
que ceux qui en avoient esté frappés estoient morts; que quantité de personnes,
s'estant retirées dans une maison pour se
sauver du grand debordement des eaux, y
avoient esté noyées; et qu'on y avoit veu de si

espouvantables esclairs et ouï un si effroyable bruict de tonnerre, qu'il sembloit qu'on fust à la fin du monde. Cependant ce froid n'a pas esté seulement extrême, mais il a esté aussi malfaisant et mortel. Outre quantité de courriers qui en sont morts, on a nouvelles qu'un officier aux Gardes revenant de Mardick sur un brancard, dont son indisposition l'avoit obligé de se servir, estoit mort de froid en chemin où il fut abandonné par ses porteurs qui prirent l'espouvante de quelques cavaliers qu'ils croyoient estre un parti des ennemis. Il se nommoit Trassi, et est nepveu de celuy qui a servi de lieutenant-général.

Le 21e, Mr le Premier, pour s'acquiter de la promesse qu'il nous avoit faite de nous faire entrer et placer au grand ballet du Louvre, nous envoya le Sr des Champs pour nous en renouveler l'offre dès le matin, et nous donner le rendez-vous au Petit-Bourbon sur les quatre heures du soir. Il est impossible de croire combien il y avoit d'embarras et de foule. Apres avoir passé diverses portes, toutes gardées, nous entrasmes enfin à la sale où on danse. Il nous fallut attendre pres de trois heures, et c'est asseurement un assez maigre divertissement pour qui en a veu de pareils. Aussi est-il assez surprenant que le Roy y en treuve un si grand à le danser si souvent, car il semble qu'il s'en devroit lasser. (1)

(1) On lit dans la *Gazette*, no 19 : Le 11, fut dansé au Louvre, pour la première fois, en présence de la Reyne, Monsieur, Mademoi-

Il y a quelques entrées qui sont assez belles, mais il y en a aussi de fort mauvaises. Celle des Geants et des Nains est l'une des plus sottes ; et des bonnes il n'y en a que celle des Baladins ridicules, qui véritablement par le grotesque des postures est tout à fait divertissante. Celle des quarante mousquetaires, dont vingt entrent les premiers, font l'exercice et ensuite attaquent une barricade, se battent contre vingt autres, et accordent leurs tambours, leurs fifres et le cliquetis de leurs armes avec l'harmonie des violons, est sans doute l'une des meilleures. Celle des Maures et de la Princesse de Mauritanie est merveilleuse. On y voit cette Princesse qui est la fille de Verpré, que nous avons eue en Hollande, y faire admirer son adresse par une chacone (1) qu'elle y danse si justement qu'on diroit qu'elle est allée l'aprendre en Afrique, où elle a estée inventée. C'est la dernière entrée, et où il y a grand concert de voix et d'instruments de toutes sortes, et on peut dire qu'on l'a rangée ainsi à la fin pour qu'on se retire sur un si bon mets et qu'on oublie tous les mauvais qu'on a servis.

selle et de toute la Cour, le Balet d'Alcidiane, divisé en trois parties, chacune de sept Entrées, si bien concertées et si pompeuses, qu'au jugement de tous les spectateurs on ne pouvoit rien choisir qui fust plus digne de servir, en cette saison, au divertissement d'un Roy, qui n'en cherche que de conformes à la noble inclination qu'il a pour les actions héroïques et qui conduisent à la gloire : ce grand monarque, dont la grâce le fait tousjours aisément remarquer entre les autres, n'y représentant aussi que les passions d'un Prince des plus belliqueux et des plus conquérans.

(1) La chacone était une danse empruntée aux Espagnols.

Le lendemain 22e, il y eust grand bal chez Monsieur et grande collation. On y vist quantité d'habits de veloux noir plein. Celuy du marquis de Vardes fut le plus appreuvé; il estoit d'un pourpoint de moire aurore tout couvert de dentelles noires fort claires, et sur les chausses il y avoit des bandes aurores au costé et de la dentelle au-dessus. Le comte de Moret y parut aiusté d'une manière qui n'agrea pas. Il avoit un habit avec une dentelle grise, couleur de feu et noir, et le manteau doublé de panne couleur de feu. Cette bigarrure fut tout à fait condamnée et passa pour ridicule et rude. La pluspart des autres habits estoient ou de beau drap gris, avec des boutons à ferluche et de la guippure, ou de belles venitiennes. On en a à present d'une nouvelle façon et tout à fait admirable.

Le 23e, on donna audience aux deputez de nostre religion (1). Le Sr des Fontaines, gentil-

(1) On lit dans une dépêche de l'ambassadeur de Hollande, datée de Paris le 8 mars 1658 :

« Les députéz des Esglises reformées de toutes les provinces de France ont enfin apres une longue attente en cette ville obtenu du Roy leur audience, ou estant admis ils ont faict leur harangue et presenté leur cahyer qui consiste en quantité de plaintes de l'inobservance et contravention de l'Édit de Nantes. S. M. les a bien receus et leur a faict promettre par la bouche de M. le chancelier l'observance du dit Edict et qu'il leur en feroit rendre justice, louant en outre leur fidélité qu'ils ont montré durant les inconveniens du royaume et les admonestant d'y continuer et d'accroistre. La moderation et sage conduite de Mr le cardinal y a beaucoup contribué, et on l'estime fort. Les Estats de Languedoc estants presentement assemblés ont icy envoyés des députéz extraordinaires avec ordre de se joindre à ceux de Nismes et de Lunel pour obtenir conjointement vne

homme de Poictou, porta la parole. Le Roy les
ouït à huis clos, afin qu'il ne semblast pas qu'ils
eussent droit de deputation et qu'ils fissent un
corps à part dans l'Estat. S. M. reçeut leurs
cahiers et dit qu'elle entendoit que l'Edict de
Nantes fust observé (1). On les a donnés à examiner au chancelier M<sup>r</sup> Seguier, et nonobstant
sa haine inveterée contre les Reformés, il y
verra qu'ils n'ont rien innové, et qu'on a faussement
supposé qu'ils ayent fait bastir des temples qui
ne soyent dans l'Edict, puisque si on le suivoit,
il en faudroit restablir une bonne quantité de
ceux qu'on a demolis pendant la vie du feu Roy.

Le 24<sup>e</sup>, il n'y avoit presque compagnie où l'on
ne parlast de l'arrivée de la reine de Suede en
cette ville (2), mais si diversement, que quelques-

amnistie generale de ce qui s'est naguère passé es dites villes touchant
l'élection des consuls suivant les coustumes anciennes, et qu'estant
accordé cela donnera beaucoup de repos tant à eux qu'aux autres
provinces voisines. » (*Archives Aff. Etrang. Hollande.* Vol. 58,
fol. 259 v°).

(1) Cet édit fut révoqué le 17 octobre 1685. On sait qu'il avait
été rendu par Henri IV en 1598, et qu'il reconnaissait aux protestants
la liberté de leur culte et l'égalité des droits civils et politiques.

(2) On lit dans la correspondance de l'ambassadeur de Hollande,
Paris, 1<sup>er</sup> mars 1658 :

« La reyne Christine de Suede arriva enfin de Fontainebleau en
cette ville dimanche dernier et logea au Louvre, dans une grande
partye de l'appartement de M<sup>r</sup> le cardinal. Le ballet du Roy fust
remis pour cela jusques au lundy 25<sup>e</sup> et mercredy ensuite fust encore
donné un autre bal exprez chez M<sup>r</sup> de la Basignière, trésorier de l'espargne, ou le Roy, Monsieur, Mademoiselle et touts les autres grands

uns, qui ne penetrent pas fort avant dans les
affaires de l'Estat, vouloient qu'elle n'y fust venuë
que pour voir le ballet du Roy, la foire et la
grande Comedie italienne que la bande de cette
nation a préparée, et où l'on verra ce qu'elle
sçait faire en cette sorte de recreation, tant pour
les machines que pour la musique. Mais ceux
qui vont au sens mystique asseurent que le ballet,
la foire et la comedie ne sont que le pretexte de
la veritable raison qui l'amène icy, et que tout
va à une conference finale et de toute la cabale
touchant l'entreprise de Naples; et nous ose-
rions en croire quelque chose, parce qu'on en
remarque une espèce de preuve aux discours de
nostre Italien, qui est le chef de l'intrigue estant
deputé de la part de ceux qui gemissent en ce
royaume-là sous le ioug de l'Espagne. Il est
certain que l'on ne sçait comment adiuster les

le la court y vindrent en masque. La reyne Christine prend plaisir
de voir les comedyes, elle attend maintenant que la foire Saint-Germain
soit finye. Elle fust lundy dernier en une longue conférence avec Son
Eminence. » (*Archives Aff. Etrang. Hollande.* Vol. 68, fol. 211).

On lit sur le même sujet dans la Gazette nº 21 page 175 : "Le 25,
la Reyne de Suéde, qui estoit arrivée le jour précédent de Fontainebleau, et logée comme elle l'est encore, au Louvre, en l'appartement
de Son Eminence, y fut visitée par Leurs Majestez, Monsieur et toute
la Cour : et sur le soir s'estant rendue chez la Reyne au Cercle qui
estoit ce jour-là des plus brillans par la présence des Dames parées
pour le bal et de quantité d'autres qui ne l'estoient pas moins, elle
assista au Ballet d'Alcidiane qui n'ayant rien perdu de ses beautés,
après avoir esté déjà dansé tant de fois, lui parut un tres digne divertissement d'un grand Monarque. Sa Majesté Suédoise l'ayant trouvé
parfaitement bien concerté et des plus agréables aussi bien que le bal
que le Roy commença avec la Princesse d'Angleterre. "

ducs de Guyse et de Mercœur pour cet employ,
chacun d'eux pretendant d'y avoir droict; et bien
que Son Eminence fasse tout son possible pour
en exclure le premier, elle ne peut en venir à bout.
On fait des levées en toutes les villes du royaume,
et l'on veut mettre les regiments de cavalerie à
dix compagnies, afin qu'ils puissent former de
bons escadrons.

Le 25ᵉ, nous vismes rouër à la Croix-du-Tiroir
deux de cette maudite race de Sarasins, qu'on
nomme icy communement *bohemes*. Ils estoient
douze qui voloient hardiment autour de cette
ville, qui deroboient les petits enfants, qui enlevoient les calices des eglises et qui faisoient mille
maux de cette nature. On les a enfin pris, et
apres en avoir executé les plus coupables, on
doit envoyer les autres aux galeres.

Le 26ᵉ, madame Fabert (1) fit voir icy une
lettre de son mari qui portoit que durant douze
heures on avoit veu à Sedan, à Metz, à Verdun
et en quantité de places de la Lorraine, des
cometes de diverses formes : les unes represen-
toient des canons ardants et bruyants, les autres
des tambours battans, quelques-unes des dragons,
des verges et des fouëts, le tout accompagné
d'esclairs et de tonnerre. Le 7ᵉ du courant il a
aussi fait icy de grands esclairs que plusieurs
personnes asseurent d'avoir veu, et d'avoir oüy

(1) Fabert, fait maréchal de France en 1651, et mort en 1662
étoit gouverneur de Sedan.

tonner en plein midy. La prognostique ordinaire de tous ces fascheux signes n'est iamais advantageuse aux Estats, puisque *nunquam impune micuit divus cometa.*

Le 27ᵉ. Par le degel il se forma icy un grand deluge, et la riviere deborda de telle façon que nos plus belles rues, les plus grandes et les plus frequentées, comme sont celles de Saint-Martin, Saint-Denis, Saint-Antoine et plusieurs autres, furent remplies d'eau en beaucoup d'endroicts. On n'y peut aborder la pluspart des maisons qu'en bateau, et au lieu d'entrer par la porte, on est souvent obligé de passer par les fenestres.

Mais cette incommodité vient d'estre suivie d'un fort grand malheur, puisque la violence de l'eau enleva cette nuict une partie du Pont-Marie (1). Il servoit de passage à l'isle Nostre-Dame, et avoit sur les deux costez de belles maisons où demeuroient quantité d'artisans. Quelques arches se sont fenduës en deux et sont tombées de telle façon et si nettement qu'on diroit qu'on a apporté

(1) La nuit passée, 22 maisons sont chûtes sur le pont Marie dans la Seine, à minuit précisément, avec perte d'environ trente personnes et de beaucoup de bien; néanmoins la rivière a diminué depuis hier au soir de trois pieds. Voilà des malheurs publics qui nous menacent, disent les bonnes gens, d'autres calamités. On ne laisse pas de faire ici des bals, des ballets, et de belles collations. La Reine de Suède admire tout et les autres prennent tout. On dit que Rouen est à moitié dans l'eau et qu'il y a de grandes pertes de marchandises à cause qu'elle est entrée dans les magasins. (Extrait des lettres de Guy Patin; de Paris, 1ᵉʳ mars 1658). Lettres choisies de feu M. Gui Patin. La Haye, 1715, t. I, p. 302.

de l'art à faire cette separation: 22 maisons en sont peries et abismées dans l'eau avec un tel fracas et un tel bruict, que toute l'isle et tous les lieux circonvoisins en ont esté alarmés et croyoient estre enveloppés dans la ruïne. Elle a surpris une partie de ceux qui habitent ce pont, et on tient qu'il y a eu pres de 120 personnes de submergées; et comme dans les malheurs il arrive souvent quelque chose qui occupe ceux qui cherchent plus à s'en divertir qu'à s'en affliger, on raconte qu'il y eust un gros clerc de notaire logé au bout du pont, dont la maison se fendit en deux et le lict où il couchoit fut ietté dans la ruë sans qu'il en sentist rien tant il dormoit profondement, qui fut tout estonné de se treuver à son reveil ainsi couché au milieu de la ruë et de tant de ruïnes et de debris. L'accident du nouveau marié est plus moral, puisqu'il a ioinct en un mesme temps ce que cet ancien treuvoit de bon au mariage, le premier et le dernier iour. Il n'y avoit que deux ou trois heures qu'il estoit couché avec son epouse, et il fut obligé de se lever au bransle de son lict et de toute sa maison et de se sauver en chemise: sa chere moitié y est perie et il s'est treuvé vef et marié en moins d'une nuict.

Un carrosse de masques qui y passoit à l'heure de cette ruïne, et qui peut-estre l'avança de quelque moment, y est peri; et, s'il faut en croire tout ce que l'on en dit, un autre carrosse qui le suivoit y treuva sepulture lorsqu'il cherchoit

quelque bal pour son divertissement. Cet accident
a tellement estonné tous les surpontins, que ceux
qui habitent le pont au Change ont tous desem-
parés. Le Sʳ Bouïlly nous a dit cette apres disnée,
en une visite qu'il nous a rendüe, qu'un carrosse
s'est abismé en la rue Saint-Denys, une cave qui
estoit sous la rüe s'estant enfoncée.

Le 28ᵉ, on fit voir pour la seconde fois le grand
ballet à la reyne de Suede en toute sa pompe,
c'est-à-dire qu'il y eut ensuite grand bal et bonne
collation. Elle estoit assise à la droite de la
Reyne, et à chaque fois que le Roy dansoit elle
faisoit des exclamations et disoit tout haut qu'il
ne se pouvoit rien de mieux. Elle loge au Louvre
à l'apartement de Mʳ le Cardinal, qui s'est retiré
en une chambre qu'il a au bout de sa galerie,
c'est-à-dire fort à l'estroit, afin qu'elle ait suiet
de croire qu'on s'attend à ce qu'elle ne fasse icy
grand seiour. Cependant elle s'y plaist fort et
tesmoigne d'estre fort satisfaite des divertissemens
de nostre carnaval.

Le 2ᵉ de mars, la mort du marquis de Bellebrune, gouverneur de Hesdin (1), l'une des
meilleures places de l'Artois, et à la prise de

_____

(1) On lit dans la Gazette nᵒ 22, p. 163 : « Le 16 du mois de
février, le marquis de Bellebrune, gouverneur de Hesdin, mourut en
cette ville, en sa soixante et dixième année, fort regretté de tous ceux
qui connoissoient ses bonnes qualitez, et principalement le zèle avec
lequel il s'estoit toujours porté au service du roy, tant en diverses
rencontres où il avoit donné des marques de sa valeur que dans ce
gouvernement où sa bonne conduite le faisoit mesme estimer de ses
ennemis. »

laquelle M^r de la Meilleraye eust le baston de
mareclial que le Roy lui donna sur la brèche, fit
que le S^r de la Rivière (1), qui en est lieutenant
du Roy, envoya ici le S^r de la Fargues, son beau-
frère, qui est maior, pour en demander le gouvernement et representer ses services.

La Fargues n'oublia rien de tout ce qui estoit
des interests de son beau-frère et des siens,
adioustant qu'au cas qu'on le voulust vendre, ils
en donneroient cent mille escus, et que si l'on
n'acceptoit cette offre et qu'on les voulust priver
de l'honneur d'y servir aussi bien le Roy qu'aucun
autre qu'on y pust mettre, on leur donnast trois
cent mille escus de recompense, tant pour eux
deux et la garnison que pour la vefve du defunt,
qui avoit autrefois acheté cette charge deux cent
mille francs. La cour ne s'estant expliquée sur
aucun des deux partis qu'on proposait, donna le
gouvernement au comte de Moret. La Fargues
en estant adverti, prit la poste et le devant, et
dès qu'il fut dans la place, travailla conionctement
avec son beau-frère à gaigner la garnison(2): s'en

(1) Voir la note au bas de la page 82.

(2) Ils demeurèrent maitres de la place pendant deux années. Ce
fut Olivier d'Ormesson, alors intendant de Picardie, qui fut chargé de
les mettre à la raison, et en mars 1669 il fit rentrer la place sous
l'autorité du roi. Loret en parle en ces termes dans sa *Muze
historique* :

Les sieurs Fargues et la Rivière,　　En ont, dit-on, tiré leurs guestres,
L'un et l'autre gens de rapière,　　Moyennant abolition
Qui commandoient dedans Hesdin　　De cralnte et de punition;
Le soldat et le citadin,　　Et ce magistrat d'importance,
Dont ils s'estoient rendus les maitres;　　Qui du pays a l'Intendance,

estant asseurés, ils ont traitté avec le mareschal
d'Hocquincourt (1), qu'ils sçavoient estre mes-
content, hardy et entreprenant. Il n'estoient qu'à
quelques lieuës de là, et ensuite de leur traitté,
ils l'ont reçeu dans la place où il a porté 200,000
livres, en a distribué une partie à la garnison, a
refusé la porte au comte de Moret, et a escrit à
Mr le Cardinal qu'il se ressouvienne que c'est luy
qui l'a ramené en France, qu'il luy promist alors
un bon gouvernement, qu'il a attendu longtemps
qu'il luy tinst promesse, qu'il s'en presentoit une
belle occasion, puisqu'il estoit dans Hesdin, et
qu'il le prioit de luy en donner le gouvernement,
l'asseurant qu'il le conserveroit pour le service
du Roy. Il est aisé à iuger qu'il importe de
beaucoup à l'auctorité du Roy qu'on ne se pour-
voye ainsi de cette sorte d'employs. Mais on ne
sçait encore quels remedes on y apportera, l'affaire estant delicate et qu'il faut manier doucement, de peur que ce mareschal n'appelle les
Espagnols et Mr le Prince, bien qu'on sçache
qu'il a desia refusé de grandes et belles offres
qu'ils luy ont fait faire. Aussi n'auroit-il iamais

D'Ormesson qui dans maint employ          Y fit samedy son entrée,
A dignement servy le Roy,                 De la part de Sa Majesté.
Et fort prisé dans la contrée,            Avec grande solemnité.

Cf. Mlle de Montpensier. *Mémoires*, éd. Chéruel, T. III, p. 218.

(1) Charles de Mouchy, marquis d'Hocquincourt, maréchal de
France en 1651, mort en 1658. Olivier d'Ormesson rapporte qu'il
avait vendu, en 1643, sa charge de grand-prévôt de France à M. de
Sourches, moyennant 430,000 livres. (*Journal*, I, p. 132, éd. Chéruel).

parmi eux ce qu'il a icy. Sa femme et son fils se sont venus ietter aux pieds du Roy et protester qu'ils ne trempoient point dans cette entreprise : et pour en donner une marque asseurée, ils ont declaré qu'il avoit icy 500,000 livres chez divers particuliers, que la cour a arrestés et fait saisir. Il est pourtant incertain si l'on a treuvé toute cette somme, puisqu'on asseure qu'il en avoit tiré et mis à couvert la meilleure partie.

Le 3e, il arriva icy un courrier du duc de Mantoue, qu'il y envoye pour traitter d'accommodement, mais on ne luy veut pas accorder la neutralité qu'il demande, et puisqu'il a pris les armes contre la France, on veut que pour estre bien avec elle, il tourne tout à fait casaque.

Cependant son païs se ruine de fond en comble, et les troupes françoises y iouïssent d'un riche quartier d'hyver. Ils demandent à la ville de Mantouë mille escus par iour pour permettre qu'on luy porte ses necessités : ce qui fait qu'on a fermé toutes ses portes hors celle par où l'on va à Verone. On asseure que l'on fera passer les Alpes à dix mille hommes de recreuës pour cette armée, et qu'elles commenceront à filer aussitost apres Pasques.

Le 4e. Ayant fait ce iour-là quantité de visites sans avoir rencontré personne, nous fusmes chez Mr le Premier pour le remercier de ce qu'il nous avoit fait entrer au grand ballet. Nous ne l'entretinsmes pas longtemps, parce que, outre qu'il est extraordinairement froid, il est dans un employ qui ne luy donne guere de loisir et qui ne lui permet pas de recevoir de longues visites de ses amis.

L'apres-soupée nous courusmes les bals, et fusmes à celuy de madame des Reaux, qu'on n'avoit pas encore commencé, et nous nous y treuvasmes pour y danser au bransle. Nous ne nous amuserons pas icy à descrire la beauté de madame des Reaux, mais nous dirons seulement qu'il n'y en avoit pas une qui luy fust comparable et qui eust plus d'esclat. Nous nous y divertismes assez bien, et apres nous en estre retirez, nous fusmes voir celuy du baron de Langlure. N'y ayant aucune connoissance, nous n'y dansasmes point, mais nous y vismes danser à des masques une entrée de ballet qui s'en acquittèrent si bien et avec tant d'adresse et de iustesse, qu'on peut asseurer qu'il n'y en avoit point au ballet royal qui la valust.

Le 5ᵉ, qui estoit le mardy-gras, nous fusmes, de mesme que l'année passée, nous pourmener au cours Saint-Antoine pour voir finir les folies du carnaval; mais il y avoit une si horrible confusion de carrosses, et de plus de trois mille, que nous ne pusmes iamais gaigner la porte. Nous vismes pourtant quantité de masques tant à pied qu'en carrosse et à cheval, qui estoient assez gentiment aiustés. L'apres-soupée nous voulusmes courir les bals, mais comme nous estions sur le Pont-Neuf, une soupante se cassa au carrosse et nous em-pescha d'executer le dessein que nous avions pris.

Ce soir-là toute la Cour se partagea par bandes, et la Reine, le Roy, Monsieur, Mademoiselle et nostre reyne Christine furent chacun à part courre les bals (1). Son Eminence, qui a les gouttes et qui de l'autre costé n'a guere l'esprit libre depuis que le mareschal d'Hocquincourt s'est ietté dans Hesdin, garda le Louvre. On ne sçait pourtant s'il est veritablement malade : il y a bien de monde qui dit qu'il feint de l'estre pour obliger la reyne de Suede à lui quitter au plus tost son appartement, (2) le voyant ainsi réduict à l'estroict et incommodé. Mais elle ne s'en esmeust guere, et on ne croit pas qu'elle parte sitost. Cependant elle desole la Cour par ses façons de faire : quand l'envie l'en prend, elle descend à la chambre du Roy, va à celle de la Reyne et à celles de Monsieur et de Son Eminence sans les en faire advertir et à des heures si incommodes qu'ils en sont à la gesne. Elle les fait veiller toute la nuict, et comme elle dort peu ou point, elle se leve de si bon matin qu'elle ne leur donne point le temps de dormir.

Le 6e, on nous dit qu'au bal de la Reyne, qui se dansa lundy dernier, il y avoit eu quelque

---

(1) On lit dans la Gazette no 27, p. 199: Le 5, le Roy, la Reyne de Suede, Monsieur, Mademoiselle et tout le reste de cette royale troupe, terminèrent ces allégresses par une mascarade des plus pompeuses qui se fussent encore vues, tant par la qualité d'un si grand nombre d'augustes personnes que par l'éclatante richesse et l'admirable variété de leurs habits, estant allez chez le Grand Maistre de l'Artillerie, où ils furent très splendidement traités.

(2) Cf. Mlle de Montpensier, *Mémoires*, ed. Chéruel, T. III, p. 208.

picque sur ce que Mademoiselle ne rendit point
la courante à Monsieur. Il en tesmoigna du
ressentiment et dit tout haut qu'il ne danseroit
plus avec elle. On tient que Mademoiselle le fit
pour se vanger de ce qu'au bransle Monsieur fit
que mademoiselle de Gourdon fut menée par le
marquis de Frontenac (1), qui estant mal avec
Mademoiselle à cause de sa femme, avoit tousiours eu ce respect pour elle de ne paroistre qu'à
demy là où elle estoit, bien loin d'y danser. La
reyne de Suede n'y voulut point danser, bien que
la Reyne eut grande envie de la voir en cet
exercice, sur ce qu'on luy avoit dit de la façon
dont elle s'estoit acquittée chez le Sr de la Basiniere (2) : mais elle ne vint que tard au bal et se
mist à table au moment qu'on luy fit sçavoir qu'on
alloit commencer, et dit qu'elle y viendroit mais
qu'elle ne danseroit point, ce qui desplut fort à la
Reyne qui avoit esperé de s'en pouvoir divertir.
Tout le monde y estoit paré assez bigarrement,
et le marquis de Bellefond portoit un habit de ve-

(1) Mlle de Montpensier. *Mémoires*, T. III, p. 212.

(2) Trésorier de l'Espargne, dont il a été parlé plus haut, pp. 61 et 302 —
On lit dans la Gazette nº 24, p. 176 : Le 27 février, le Roy, la Reyne de
Suede, Monsieur et Mademoiselle, furent traitez à souper par le Sieur
de la Bazinière, Trésorier de l'Espargne, avec une magnificence
extraordinaire, où se trouvèrent la comtesse de Soissons et plusieurs
autres personnes de qualité : ce superbe festin ayant esté suivi du bal,
dont l'entrée fut d'autant plus charmante qu'elle se fit par ces deux
majestés avec des grâces toutes royales : la Reyne de Suede ayant
aussi d'autant plus surpris cette célèbre compagnie, qu'elle surpassa
les mieux instruites de nos Dames en toutes sortes de danses. Cf.
Mlle de Montpensier. *Mémoires*, T. III, p. 210-211.

loux plein, avec des boutons à ferluche bleus,
blancs et noirs.

Le 7ᵉ, nous fusmes chez madame de Lorme,
où on nous dit que le Chartreux dont nous avons
parlé ci-devant, qui avoit escroqué quantité de
marchandises à divers artisans de cette ville,
avoit esté fait prisonnier à Geneve ou il s'estoit
sauvé avec tout ce qu'il avoit volé sous pretexte
de s'y convertir; et qu'à la requeste de ceux de
cet Ordre, qui avoient instamment prié messieurs
de la religion de le leur mettre entre mains, il
leur avoit esté livré. Ensuite de quoy ils l'ont enfermé entre quatre murailles, condamné au pain
et à l'eau, et à ne voir d'autre clarté que celle du
feu et de la chandelle. Il finira ainsi sa vie,
estant une coustume parmy ceux de cet Ordre
de punir de la sorte ceux qui ont violé leurs loix,
et de cacher pour iamais le criminel aux yeux
du monde, affin que le crime s'oublie plus
aisément.

Le 8ᵉ, nous fusmes voir le Sʳ de Longschamps,
qui apres nous avoir entretenu de plusieurs dro-
leries et plaisantes rencontres qui se passoient à
la Cour, nous raconta deux pieces que la reyne de
Suede avoit iouées à deux demoiselles de la Reyne,
et dont la derniere la paya fort bien. La premiere
fut qu'en regardant fixement mademoiselle de la
Motte-Argencourt, elle luy dit : Je vous tiens malheureuse avec tous vos attraits puisqu'une
absence de huit iours vous a pû derober la plus
belle et la plus grande conqueste que vous

puissiez iamais faire. Ce discours defit et deconte-
nança tout à fait cette pauvre fille, qui n'eust
point de bouche pour luy respondre au moment
que tout le monde comprenant la poincte, rioit de
la voir si interdite. Il n'est pas besoin que nous
repetions icy que lorsque le Roy en estoit amoureux, on l'amena à Vincennes d'où il revint
tout à fait gueri de sa flamme, car nous en avons
parlé cy-dessus. La seconde fust pour mademoiselle de Riviere Bonœil, à laquelle elle dit que si
elle estoit monarque, elle luy sousmettroit son
diadème et la prendroit pour l'obiect de ses premières amours, et qu'elle seroit son inclination et
sa bien-aimée. Mais cette petite rusée, sans se
troubler, luy respondit tout haut qu'elle seroit
fort malheureuse, parce qu'elle lui feroit bien
voir du païs et la meneroit battant insques au
bout sans qu'elle se pust iamais vanter de
rien.

Le 9e, on accorda un regiment au comte Frederic, aisné de M. le Rhingrave, et le Cardinal
representa au comte Charles, son frère, les raisons
pour lesquelles il ne luy en pouvoit pas aussi
donner un, et dit qu'il y avoit tant de troupes
cassées et tant d'officiers qui sollicitoient leur
restablissement, que si on leur donnoit à chacun
un regiment, cela feroit crier le monde ; ce qui
fait qu'il servira encore cette campagne en qualité
de capitaine de cavalerie, pour pouvoir à celle
d'apres pretendre à plus iuste titre un regiment.

Le 10e, nous fusmes au Louvre pour voir la

reyne de Suede, mais parce qu'elle s'estoit fait
saigner et qu'elle s'estoit mise au lict, nous ne
pusmes iouïr de sa veuë. Il y eust quantité de
femmes qui y vinrent aussi pour la mesme curiosité, mais le duc de Castelnovo, son grand-escuyer,
leur dit aussi bien qu'à nous qu'elle ne voyoit
personne.

Le 11e, nous retournasmes au Louvre pour tascher de voir la reyne de Suede avant son depart.
Nous fusmes plus heureux que le iour auparavant,
car elle estoit visible et nous eusmes tout loisir
de la bien considerer. Elle n'avoit plus son habit
de femme auquel elle s'estoit accommodée pendant son seiour en cette cour. Elle avoit repris
un iustaucorps de veloux noir garni partout de
rubans, avec un drosle (qui est une espece de
cravate à la moresque), qui estoit lié d'un ruban
de couleur de feu. Elle portoit une toque de
veloux avec des plumes noires; elle estoit coiffée
de ses propres cheveux qui sont fort blonds,
mais assez courts et couppés comme ceux des
hommes; sa iuppe estoit d'une moire bleue avec
une belle et grande broderie de soye guippée
blanche et aurore. Elle est de petite taille assez
ramassée; elle a le visage parsemé de quelques
grains de petite verole, mais qui ne paroissent
que de fort pres; son teint est fort frais, sur
lequel on voit un peu de rouge meslé, qui semble
en vouloir relever l'esclat; elle a le front large et
les yeux grands et estincelants; elle a un nez
aquilin, qui estant proportionné au visage ne luy

sied pas mal, elle a la bouche assez bien faite,
les levres vermeilles et les dents toutes gastées.
Le menton luy descend un peu en poincte et
acheve de luy former le visage en ovale. Nous ne
pusmes remarquer qu'elle ait le corps si mal basti
qu'on le dit. Il est bien vrai qu'elle a l'espaule
droite un peu plus haute que la gauche, mais si
on ne le sçavoit pas, on auroit de la peine à s'en
apercevoir : aussi tasche-t-elle de couvrir ce
defaut le mieux qu'elle peut ; car pour treuver
l'esgalité de ses espaules, elle advance tousiours
le pied droit, mest la main gauche au costé, et la
droite sur son derrière.

Quand elle parle à quelqu'un, elle le regarde
fixement et d'un œil si ouvert qu'il faut estre bien
hardy pour soustenir longtemps sa veuë. Elle ne
tint point de longs discours et parut ce iour-là
tout à fait inquïete. Elle ne faisoit que courre
d'un costé et d'autre dans sa chambre ; et dans
un moment on la voyoit au delà du balustre de
son lict, aupres de sa cheminée, au coin du pa-
ravent, et aux vitres d'une fenestre, dire un mot
à l'un, tirer l'autre à part, et faire paroistre une
humeur dereiglée. Elle parle fort bon françois, en
possede tout à fait l'accent, et dit parfois de
belles choses, mais d'un ton de voix qui approche
plus de celuy d'un homme que d'une femme.
Quand quelqu'un luy vient faire la reverence elle
luy en rend une de sa façon, qui est de moitié
homme, moitié femme ; et quand elle marche,
elle fait de certains pas en tournant qu'on peut

nommer des passades en demi-volte, ou des coupés de maistre à danser.

Le lendemain 12<sup>e</sup>, elle partit (1), et rendit *libertatem aulæ et lucem Cardinali* (2), qui dès le lendemain se leva, ne se plaignit plus de la goutte, et s'en alla treuver le Roy à Vincennes, qui y estoit allé le matin. Pour *ayuda de costa* (3), ou plus tost pour affranchir le Louvre de la gesne à laquelle elle tenoit tout le monde, on luy a donné 62,000 escus. Elle ne sera que quelques jours à Fontainebleau et s'en ira avec le plus de diligence qu'elle pourra, en Provence où elle se doit embarquer pour de grands desseins (4).

Le 13<sup>e</sup>, nous eusmes une pourmenade au Luxembourg la plus belle du monde. La iournée estoit merveilleusement agreable, et de celles que

(1) On lit dans *la Gazette* n<sup>o</sup> 30, p. 224 : « Le 12, Sa Majesté suédoise partit d'ici pour retourner à Fontainebleau, après avoir ainsi pris les plus agréables divertissements du Carnaval, et receu en cette Cour tous les honneurs imaginables, notamment de Leurs Majestez, qui n'ont rien oublié pour lui donner des marques singulières de leur estime et de leur affection : le Roy l'ayant accompagnée avec grand nombre de Seigneurs jusqu'auprès de Juvisy : d'où cette Princesse, des plus satisfaites, continua sa route dans les carrosses de Leursdites Majestez. »

(2) *La liberté à la cour et la lumière au Cardinal.*

(3) *Pour l'aider dans ses dépenses.*

(4) On lit dans la correspondance de l'ambassadeur de Hollande, Paris, 22 mars 1658 : « La reyne Christine de Suede changea d'avis peu de temps avant son départ pour n'aller en Italie mais en Allemagne. Mais cette Cour ayant ordonné tous les préparatifs de son transport et lettres de change pour l'Italie, elle en a encore pris la route pour ces raisons, contre son intention, comme la Cour le souhaittoit. » (*Arch. Aff. Etrang. Hollande.* Vol. 58, fol. 285).

les dames demandent pour y estaler la magnificence de leurs iuppes. Nous y rencontrasmes
M' l'abbé de la Vieuville, qui est tout autre qu'il
n'est ou qu'il a esté, tant il a pris l'air et l'en-
tregent de la profession qu'il a embrassée. Ses
petits cheveux, son petit collet et sa mine devote
le deguisent plus qu'on ne le sçauroit croire.
Il nous dit qu'il s'en alloit estre evesque de
Rennes. Cet evesché est le premier de toute la
Bretagne, preside aux Estats de la province, de
mesme que M' de Narbonne à ceux de Languedoc,
et vaut 25 ou 30 mille livres de rente. Il l'a eu
par accommodement avec le frere du mareschal
de la Motte-Houdancourt, qui s'en est defait,
c'est à dire qui l'a vendu ou troqué, n'ayant pu
le remettre à aucun de ses proches qui sont tous
trop ieunes pour en estre pourveus. Le voila en
un beau poste et il ne peut manquer de se faire
considerer à la Cour à cause du credit qu'il s'ac-
querra en cette province là, estant homme d'esprit et d'intrigue. Afin qu'il fust à la teste de ce
corps avec plus de maiesté, il luy faudroit un
peu plus de barbe qu'il n'en a, mais elle ne luy
veut pas venir. Bien qu'il ne soit pas bigot, il le
veut paroistre estant avec ceux de son caractere
ou avec ceux qu'il sçait estre fort attachez au
romanisme. Il y a quelque temps que le S' de
Saint-Ravy le rencontrant chez monsieur de Metz,
luy tint un discours qui lui depleut extrememe nt ;
car en parlant du caresme, il luy demanda s'il le
faisoit icy, luy qui en Hollande mangeoit de la

chair le vendredi sainct; il le nia fortement et
dit en raillant à Saint-Ravy qu'il n'estoit pas seulement huguenot, mais de plus calomniateur.

Le 14e, nous apprismes par des lettres du Sr de
Reede qu'il avoit escrites au Sr de Brunel, qu'il
avoit fait un si horrible froid à Madrid, qu'il en
estoit mort du monde dans les ruës, et que tous
les pauvres d'un certain hospital en estoient peris,
et que du costé du Prado, on avoit treuvé des
moines tous gelés qu'on n'a iamais pu faire revenir; tellement qu'il semble que le froid ait esté
egalement grand par tout.

Le 16e, nous fusmes voir Mr l'abbé de la Vieuville pour le feliciter de sa nouvelle dignité
d'evesque de Rennes, et luy tesmoigner la ioye
que nous en avions, et que nous esperions qu'elle
ne luy serviroit que d'un degré pour monter à
celle du chappeau cardinal (dont, pour vous dire
la verité, il se flatte fort). Il nous remercia de la
part que nous prenions à ses interests; et ensuite
nous changeasmes de discours, et nous le mismes
sur le degast que le debordement des eaux avoit
causé tout le long de cette rivière, qu'on fait
monter à près de 50 millions. Il nous dit qu'elle
avoit creuë icy de 17 pieds, qu'elle avoit esté de
2 pieds plus haute que l'an du grand deluge, qui
fut celuy de 1652, et que tout le bas de sa maison avoit esté tellement inondé qu'on avoit esté
contraint de faire la cuisine au premier estage.
En nous retirant, nous passasmes à costé du
Pont-Marie: il faut avoüer que c'est un triste

spectacle que de voir tant de bien et tant de
monde de peris ; et nous n'eussions iamais pû
nous imaginer que le debris fust si grand, et
la misere si extreme qu'est celle de tous ces
artisants qui y habitoient et outre leur petit a-
voir et leurs marchandises, y ayant perdu,
qui son pere, qui sa mere, qui ses freres, qui sa
femme, qui ses enfans, et tous l'espoir de se relever iamais d'un si grand malheur, n'ont à present pour retraite et pour refuge que l'hospital
general (1).

(1) Le débordement de la Seine avait causé de grands dommages,
et notamment occasionné la chute d'une partie du Pont-Marie. Le
Parlement de Paris, remplissant dans cette circonstance des fonctions
qui aujourd'hui n'appartiendraient qu'à l'autorité administrative, rendit deux arrêts, les 2 et 19 mars 1658, pour prescrire les mesures
que réclamaient les circonstances. On voit dans les considérents de
ces arrêts que plusieurs personnes qui habitaient des maisons cons-
truites sur le Pont-Marie furent victimes de cette catastrophe ; parmi
eux était un des deux notaires qui habitaient dans ces maisons. « La
Cour (porte l'arrêt du 4 mars) a ordonné et ordonne que par les
lieutenant civil et officiers du Chastelet procès-verbal sera fait des
minutes qui restent de celles qui estoyent ès-maisons des dits notaires ;
et que les prevots des marchands et eschevins feront faire la visite de
ce qui reste du Pont-Marie et des autres ponts et quays de cette ville
par experts et gens à ce connaissant, dont seront dressés procès-ver-
baux... — Enjoint la dite Cour au dit lieutenant-civil et officiers du
Chastelet et aux prevots des marchands et eschevins, de veiller à la
conservation des dits ponts et quays, et de prendre les dits avis et
mémoires qui leur seront baillés pour empescher à l'avenir les acci-
dents qui pourroient arriver et d'iceux faire rapport à la dite Cour
pour y estre pourveu ainsi qu'il appartiendra, et ce qui sera par eux
fait et ordonné sera exécuté nonobstant oppositions ou appellations
quelconques.... »
Le prevot des marchands et les eschevins ayant demandé à rendre
compte au Parlement de ce qu'ils avaient fait en exécution de l'arrêt
du 4 mars, la Cour rendit le 19 un second arrêt ordonnant qu'une
assemblée générale, à laquelle deux de ses membres assisteraient,

Le 17ᵉ, Mʳ le Cardinal donna audience aux deputez de la religion à Vincennes, et le fils du Sʳ de Langle, ministre à Roüan, qui portait la parole, fut favorablement escouté, Son Eminence luy tesmoignant que le Roy estoit fort satisfait de ses suiets de la Religion, que luy Cardinal avait tousiours representé à Sa Majesté leur fidelité, et qu'il voudroit leur faire connoistre qu'il les aime *ab imo corde*. Ce furent les mesmes mots, qui sont forts beaux, s'ils sont veritables.

Le 18ᵉ, l'on continuoit à s'entretenir si diversement de l'affaire de Hesdin, qu'on n'en peut rien escrire de certain. La pluspart du monde asseuroit pourtant que pour empescher le mareschal de Hocquincourt de faire une folie qui rompist les mesures de la campagne prochaine, on luy promettoit une bonne somme d'argent, et que pour retenir la Riviere et la Fargues dans la fidelité, on leur avoit envoyé coniointement à tous deux les provisions du gouvernement. Carlier y est retourné, et y porte des conditions advantageuses pour ces deux derniers, et asseurence de cent mille francs pour le dedommagement de la vefve de fù Bellebrune. Il y en a qui disent qu'on tasche d'exclure le mareschal du traitté ; et il faut bien qu'il y ait quelque esperance d'accommodement puisque les troupes n'ont plus ordre d'y avancer, et qu'on ne parle plus d'investir la

aurait lieu « pour aviser aux remèdes les plus convenables « pour empêcher les débordements de la rivière. »

place avec les 50 cornettes de cavalerie qui estoient commandées pour cet effet.

Le 19e, nostre ambassadeur eut audience de
Son Eminence, et devoit encore le lendemain l'a-
voir du Roy. Les uns disent que c'est touchant
les affaires de Portugal, les autres que c'est pour
quelques vaisseaux que l'admirauté a declarez de
bonne prise ; mais ce pourroit bien estre pour
tous les deux ensemble. C'est, à ce que nous
croyons, la premiere audience qu'il a euë depuis
celle où il parla avec tant de chaleur, et par laquelle il se mit si mal en Cour.

Le 20e, le duc de Mercœur arriva icy en poste,
ayant rencontré à la Charité la reyne de Suede (1),
où elle luy avoit fait mille caresses, comme à
celuy qui doit estre le Iason de l'entreprise de
Naples. Il est icy pour en conferer et en prendre
les ordres.

Le 21e, on nous dit une chose assez plaisante
de cette reyne. C'est que le jour avant son départ, elle voulut assister à l'assemblée de l'Académie française, et voir tous ces beaux esprits
dont elle avoit tant ouy parler. Ils s'assemblerent
chez Mr le chancelier (2); elle y fut; on l'y haran-
gua et on y traitta quelque matiere selon l'ordre
accoustumé. Ensuite de quoy quelqu'un de ses

(1) Elle se rendait de Fontainebleau à Lyon, et de là en Italie.
Elle s'embarqua à Toulon le 14 avril.

(2) L'Académie française, dont le chancelier Séguier fut protecteur
après la mort du cardinal de Richelieu, siégea dans l'hôtel Séguier
de 1642 à 1673, époque de la mort du chancelier.

plus confidents voulut sçavoir quel estoit son
sentiment ; d'abord elle s'en excusa, disant qu'elle
estoit si esclairée de tous costez qu'elle ne pouvoit pas dire un mot qui ne fust aussitost rapporté. Mais estant encore plus pressée d'en dire
sa pensée, elle la declara, en asseurant que cette
Académie estoit un beau lustre de cristal qui
imitant par les lumieres de ses bougies les rayons
du soleil, et par son brillant celuy du diamant,
n'en avoit ni la force, ni la solidité, et que parmi
ces Messieurs elle ne voyoit que l'apparence et
que l'escorce du sçavoir, sans y remarquer rien
de la mouëlle et du vray suc : qu'il la falloit
traitter comme les mystères des dieux anciens,
où le secret estoit si necessaire pour leur conserver de la veneration, et comme le palladium de
Troye, et les anciles des Romains, dont les
charmes et le pouvoir cessoient à mesme temps
qu'ils estoient connus : qu'enfin c'estoit un ... de
verre, dont l'esclat estoit grand et l'effet fort
petit ; et cita là dessus quelques vers de Juvenal,
où il est parlé de *vitreo Priapo* (1). Imaginez-
vous apres cela en quelle categorie elle va estre
parmy ces Messieurs. On dit qu'il n'y en a pas
un qui ne voulust passer une esponge pardessus
tout ce qu'il a dit à son advantage, et demander

(1) Voici le passage de Juvénal :

    Ille supercilium madida fuligine tactum
    Oblica producit acu, pingitque trementes
    Attolens oculos ; *vitreo* bibit ille *Priapo*,
    Reticulumque comis auratum ingentibus implet.

            (SATIRE II, vers 93-95).

pardon à la posterité et aux lettres d'avoir voulu abuser de la credulité de l'une, et de l'excellence des autres pour la reyne des folles et la folle des roys.

Le 22ᵉ, il nous arriva un monstre en copie, dont nous aurons bientost l'original. C'est un vray visage Chevremougne, qui n'est pas pourtant si laid, ni si affreux, qu'il ne se soit treuvé des femmes à Nantes, qui l'ont demandé en mariage à M. de la Milleraye auquel il est venu de Madagascar. L'avarice est en son dernier comble, et triomphe de l'amour et de tout ce qu'il y a de plus invincible. Celles qui le demandent ne le veulent avoir que pour courre le païs et le montrer pour de l'argent. Ce sera Sa Maiesté qui en disposera, puisqu'on dit que Mʳ de la Milleraye le luy envoye. Ne diroit-on pas, à le voir homme des espaules en bas et à considerer son col en trompe d'elephant, sa teste de chameau, composée de deux oreilles de renard, couverte d'un poil de barbet, et qui se finit par un menton fait en bec de perroquet, que les fables des anciens n'ont pas esté tout à fait fables, et qu'il y a eu de veritables centaures qui ont pu donner occasion à ce que nous en ont dit les poëtes. Enfin l'esprit humain ne se peut rien forger de si grotesque, que la nature ne puisse produire en un endroict ou en un autre, quand elle se veut iouër et quitter son vray but pour suivre son caprice.

Le 23ᵉ, nous sçeusmes par les lettres d'Italie qu'il y avoit quelque temps que deux vieillards

ayant debarqué à Reggio, au royaume de Naples,
et marchants pieds et teste nuds, y preschoient
la repentance, advertissant que le iour du iugement était proche, que Dieu avait la main levée
pour exterminer les hommes, qu'il falloit le
mieux honorer qu'on ne le faisoit ; et crioient
contre la corruption des mœurs et du service
divin. On les laissa d'abord faire comme des
personnes qu'on croyoit visionnaires ; mais
voyant que par leur bonne vie et solide raisonnement ils attiroient le peuple, le magistrat les
avoit fait prendre et interroger, et quand il leur
avoit demandé d'où ils estoient, ils luy avoient
dit de Galatie ; quel aage ils avoient, ils avoient
respondu mille ans. On marque de plus que les
Jésuites leur ont parlé en latin, en grec, en he-
breu et en chaldeen, et qu'ils ont respondu en
toutes ces langues ; qu'on les a voulu lier, et ce
qui a estonné le monde est qu'en disant qu'ils
n'estoient pas des mechants pour estre ainsi
traittez, ils ont rompu leurs cordes, comme si
elles eussent esté de papier, et brisé les chaisnes
dont ont voulu se servir ensuite, comme si elles
eussent esté de verre. Le peuple voyant ces merveilles se mit à crier que c'estoient de veritables
prophetes, et on n'osa les maltraiter ; on leur dit
qu'on vouloit les mener à Rome, et ils respon-
dirent qu'ils estoient contents d'y aller, et qu'ils
n'estoient venus que pour cela.

Quelques-uns asseurent que ce sent des trem-
bleurs ou quackers qui ont tant travaillé l'Angle-

terre. On montre douze propheties qu'ils ont pro-
noncées sur les douze années qu'ils disent que
doit encore durer le monde : en l'an 1661 il y
doit avoir grande guerre ; en 1663, il n'y doit
avoir qu'une foy et qu'une religion; et en 1670,
le dernier jour de l'an doit estre le dernier du
monde. Si cela est nous verrons les belles fune-
railles de l'univers, et Dieu veuille que nous
soyons reservés pour en faire l'epitaphe.

Le 24e, sur les advis qu'on eut à la Cour que
les ennemis commençoient à se montrer à l'entour de Bourbourg et de Mardick, le Roy commanda à cinquante de ses mousquetaires et à
cinquante gardes de Mr le cardinal de monter à
cheval, et de se rendre à la grande escurie, et
les autres à celle de Son Eminence pour aller dès
le soir mesme coucher à Saint-Denis. Cet ordre
précipité fait croire qu'on apprehende que l'une
de ces deux places soit attaquée ; mais on vient
de sçavoir que les ennemis ne se sont assemblés
que pour ietter un convoy dans Gravelines.

Le 25e, on parloit icy aussi hautement du traitté
de Mr le Prince (1), que si l'on eust eu quelque
certitude de son accommodement. On vouloit que
le Protecteur se portast pour mediateur et offrist
d'estre caution de sa fidelité. On adioustoit, mais

_____

(1) Le prince de Condé qui avait alors, comme on sait, le malheur
de servir dans les Pays-Bas espagnols, ne fut admis à rentrer en
France 'qu'en 1659, en conséquence du traité des Pyrénées. Il
avait été condamné à la peine de mort, comme coupable du crime de
haute trahison, par arrêt du Parlement de Paris du 28 mars 1654.
Tous les parlements de France rendirent un arrêt semblable.

avec peu d'apparence, que c'estoit avec la participation des Espagnols, et que, soit pour la ia-
lousie qu'ils voyent naistre entre Don Juan et luy,
soit pour le grand empeschement qu'ils voyent
qu'il apporte à la paix, ils consentoient à ce qu'il
traittast à part; à condition pourtant de ne porter
de trois ans les armes contre eux.

Le 26ᵉ, on nous dit qu'il se proposoit icy deux
mariages, dont peut estre il ne se fera pas un.
L'arrivée du comte de Verruë de la part de Madame de Savoye en donna occasion. Le premier
est du Roy avec la princesse Marguerite, dont il
a fait quelque ouverture par la princesse de Ca-
rignan. Le second est du duc de Savoye avec
l'aisnée du second lict de Mʳ le duc d'Orleans. Il
a esté à Blois pour voir la demoiselle, sous pretexte d'y aller complimenter Leurs Altesses de la
part de Madame de Savoye; mais sur la proposition que Mʳ le cardinal en a faite par lettre,
Mʳ d'Orléans s'en excuse, disant que sa fille est
trop ieune, et que quand elle sera en aage il sera
assez temps d'en parler.

Le 27ᵉ, le placart que Messieurs les Estats ont
fait publier contre le Portugal fut porté au chancellier, et on iugea qu'il interessoit fort la France
en cette clause qui porte que nos vaisseaux visi-
teront tous ceux qui iront à Lisbonne, et les
arresteront et prendront s'ils les treuvent chargés
de marchandises appartenantes aux Portugais.
Le conseil de l'admirauté a été assemblé pour ce
suiet, et pour voir quel remede on pourroit ap-

porter au dommage qu'on en craint. L'on y a
dressé quelques memoires que l'on doit envoyer
au S' de Thou, sur lesquels il doit agir pour empescher l'execution du dit placart. On croit qu'il
a esté fait et dressé sur les advis du S' Boreel,
qu'on dit avoir autrefois tenu des discours qui le
preuvent assez, puisque le comte de Brienne a
declaré que souvent il luy a dit que si la France
se servoit de la loy qui porte que la robbe d'ennemy fait saisir celle d'ami, on pourroit lui rendre
le change en la guerre qu'on alloit commencer
contre le Portugal. Cela n'aidera guere à le bien
remettre en Cour : car bien que nous apprenions
que Mr le cardinal l'entretint fort lorsqu'il y fut
en conference, et que nous sçachions qu'il a dit
qu'il luy a fait beaucoup de caresses, il ne laisse
pas d'en estre fort haï.

Deux heures apres qu'il en fut sorti, celuy du
Protecteur y entra, par où l'on iuge qu'il estoit
mandé à cette heure là, afin que Son Eminence
luy communiquast tout ce dont il avoit traitté avec
le S' Boreel. On asseure que la semaine passée on
luy donna cent mille escus qu'il doit envoyer au
Protecteur, et que c'est une somme qu'on lui
preste ou qu'on luy advance sur ce que, ayant
dissous le Parlement, il n'a pas moyen de lever
tant d'argent qu'il luy en faut de besoin pour le
commencement de la campagne.

Le 28e, il nous vint une grande nouvelle, et
qui avoit fort surpris nostre Estat. Elle contenoit
l'accommodement des roys de Suede et de Dane-

mark, à des conditions honteuses pour celuy cy
et desavantageuses à nos Provinces (1). Elles
portent que le roy de Danemark cede à perpe-
tuité à la couronne de Suede les Provinces de
Schoonen, de Bleycke, de Halland et l'isle de
Bornholm, et quelques balliages dans la Norvege;
promet de plus de ne faire aucune aucune alliance
que coniointement avec le roy de Suede ; que les
ennemis de l'un seront les ennemis de l'autre,
luy donne une forteresse sur le Sondt, et une
portion de l'impost avec cette clause que tous les
vaisseaux suedois passeront et repasseront le
Sondt et le grand Belt sans rien payer et sans
estre visités ; que les deux roys defendront le
passage à toutes autres nations qui ne pourront
avoir commerce que par leur permission. Le
roy de Danemark s'oblige de plus à donner
10 vaisseaux au roy de Suede, 2,000 chevaux,
2,000 fantassins, et un million de rixdaelers. Il
est vray que pour l'infanterie, le roy de Suede
ayant sçeu qu'elle estoit composée la pluspart de
milice danoise, a relasché cet article et a diminué quelque chose du million; mais en recom-

(1) La paix entre la Suède et le Danemark avait été signée le
27 février 1658. Le gouvernement de Louis XIV avait employé ses
bons offices en faveur du roi de Suède. « Quoique cette paix, écrivait M. de Thou au cardinal Mazarin, paroisse être faite à des conditions bien rudes pour le Danemark, je vous diray neantmoins que
nous n'avons pas subjet de nous affliger, puisqu'il est certain que
cette cour-là a esté entièrement dans les interetz d'Espaigne. »
(Dépèche du 21 mars 1658). (*Arch. Aff. Etrang. Hollande.* Vol. 58,
fol. 277 v°).

pense il s'est fait donner deux villes dans le païs
de Holstein pour son beau-père, à sçavoir celles
de Dortheim et de Sleysvelt, dont les Danois luy
cedent la souveraineté, et les luy laissent en pro-
prieté pour luy et les siens.

A ces conditions on en adiouste deux d'un effet
moins durable et passager, qui portent que le roy
de Suede pourra demeurer dans le Danemark
iusques au 12 du mois de may, durant lequel
temps Sa Majesté danoise sera obligée de le
defrayer, luy et toute son armée; et de plus, que
ce roy pourra emporter toute l'artillerie qui est
dans les places qu'il a prises, et que les Danois
seront obligés de luy fournir des chevaux et atti-
rail pour les emmener.

Le 20ᵉ. Ceux qui raisonnoient sur ce qui a pû
obliger nostre Republique à pousser le roy de
Danemark à declarer la guerre à celuy de Suede,
disoient qu'ils ne pouvoient comprendre quelle a
esté sa visée, puisqu'il leur semble que de quel
costé fust la victoire, il n'y avoit rien de bon à
attendre pour son commerce. Car, posons le cas,
disoient-ils, que le Danois eust esté le victorieux,
croit-on qu'il n'en fust pas devenu plus fier, et
que n'ayant plus rien qui le contraignist dans la
mer Baltique, il n'eust pas augmenté l'impost du
Sondt, et n'eust pas voulu en profiter de plus
qu'il ne fait, depuis qu'il l'a affermé aux Hollandois à un prix commode et mediocre pour se
fortifier de leur alliance, et s'asseurer de leurs
vaisseaux qui lui avoient fait tant de mal en

l'invasion que Torstenson (1) fit en son païs.
D'autre costé faisons le Suedois victorieux, comme
en effet il l'est, qu'en pouvoient-ils attendre que
ce qu'ils craignent à present qu'il l'est, à sçavoir
qu'il se vengera et entreprendra de ruïner et
incommoder leur commerce en ces mers, où sa
victoire luy donne tant de pouvoir puisqu'elle le
rend maistre d'une partie du Sondt. Aussi a-t-il
desia fait remarquer qu'il n'en veut pas user
moderemment en leur endroit, puisqu'il refusa
l'entremise de leur ambassadeur, au moment
qu'il se servoit de celle de l'Anglois, et qu'il a
obligé le roy de Danemark de se liguer avec luy
pour defendre l'entrée du Sondt à toute flotte
estrangere, qui est un article directement contre
eux. Disons la chose, concluoient-ils, comme elle
est, et pour excuser la prudence des Estats en
cette rencontre, confessons que l'interest particulier l'a emporté par dessus le public, et que le
Sʳ de Benninghe, qui s'est malheureusement pour
eux treuvé leur ambassadeur en ces quartiers là,
a creu qu'il ne devoit pas laisser eschapper une
si belle occasion de se venger des Suedois, dont
il croit avoir esté maltraité, et que Messieurs les
Estats, n'ayant pas consideré que tout ce qu'il
leur escrivoit sur ce suiet venoit d'un passionné,
ont donné dans le piege où ils se treuvent pris.
Le 30ᵉ, Monsieur le Rhingrave ayant reçeu une

_____

(1) Né en 1595, mort en 1651, le général Torstenson est une des
grandes célébrités militaires de la Suède. Le roi Gustave III a écrit
son Éloge.

lettre de M͏ᵣ le mareschal de la Ferté, par laquelle
il luy faisoit sçavoir qu'il eust à se rendre au
plustost en son quartier d'hyver, qui est en
Lorraine, pour mettre ordre à ses affaires et à
tout son equipage, nous vint dire adieu, et eut
mesme la bonté de disner avec nous, bien que
nous luy dissions qu'il feroit fort mauvaise chere:
aussi ne la peut on faire guere bonne en des
villes où l'on observe le caresme: on n'y peut
point avoir recours aux traitteurs, pour augmenter un peu l'ordinaire; mais comme nous sçavons
qu'il a beaucoup d'amitié pour nous, nous vivons
avec luy avec toutes sortes de franchise. Aussi
n'est-ce plus la mode de traitter le monde en
ceremonie, et nous la treuvons fort bonne et
commode, et plûst à Dieu qu'on l'observast
partout; on en vivroit avec beaucoup plus de
familiarité et en meilleure intelligence.

Le lendemain 31ᵉ, nous rendismes sa visite à
M͏ᵣ le Rhingrave, et comme nous le vismes assez
occupé à faire quelques emplettes pour son
voyage, nous ne la fismes pas longue et lui
dismes adieu. De là nous retournasmes au logis
faire noste devotion, ne pouvants aller à Charenton parce qu'il estoit trop tard et qu'il faisoit un
effroyable temps.

Le 1 d'Avril, le temps s'estant mis au beau,
nous fusmes au Luxembourg, où il y avoit bon
nombre de dames qui venoient y estaler leurs
belles juppes. Nous y en vismes de bien riches
et de bien magnifiques selon la mode qui court:

et comme d'ordinaire les femmes se picquent de
paroistre plus les unes que les autres et d'avoir
quelque chose de particulier, il y en avoit de
diverses manières : les unes estoient brodées, les
autres estoient chamarrées de dentelles, et il y
en avoit dont l'enrichissement consistoit en la
seule façon de l'estoffe; mais il n'y en avoit point
qui n'eust sa beauté et sa magnificence qui,
estalée avec pompe en une allée comme celle
du palais d'Orléans, y faisoit voir un si grand
melange de couleurs que la veuë en estoit
agreablement partagée, n'en reconnoissant souvent aucune parmi une si grande confusion.

Les hommes y piaffent aussi à leur mode, et
l'estravaguance des canons devient plus insuppor-
table que iamais : on les porte d'une certaine
toile blanche rayée, et on les fait d'une si horrible et si monstrueuse largeur qu'on en est tout
à fait contraint et contrefait en sa demarche.
Cet embarras des iambes ioinct à celuy de la teste
par la quantité de plumes que l'on porte sur le
chappeau, est tres fascheux à qui n'y est pas
accoustumé, car on en porte des bouquets à trois
rangs; et afin que tout aille avec excez (qui est
l'humeur des François), on chamarre les habits
de dentelles de guipure qui coustent fort cherement.

Le 2ᵉ, on sçeust icy que le 27ᵉ du mois passé,
900 Valons, commandés par le Sʳ d'Harenthal,
s'estoient advancés du costé de Hesdin, d'où on
concluoit que c'estoit une place perduë pour la

France. Mais s'il faut en parler selon le sentiment de ceux de la Cour, on n'en est pas à cette extremité, et on attend le retour de Carlier, qui doit estre definitif, ayant porté à la Riviere et à la Fargues tout ce que l'on veut faire pour eux. Enfin il y a autant d'incertitude en une negotiation qui est à la porte de cette ville, que si elle se faisoit en Canada, et l'on peut asseurer que cette place se treuve mal au matin, agonyse sur le midy, et n'est plus en danger sur le soir: c'est à dire que c'est une affaire en laquelle on ne voit pas encore bien clair, et dont la pluspart du monde ne parle que selon les coniectures qu'il en a, ou qu'il en forge.

Le 3e, on sçeust par les lettres de l'Isle, que le 20e du passé, le marechal d'Hocquincourt avoit passé par la dite ville, et qu'il s'en alloit à Bruxelles, et devoit ensuite aller prendre possession du grand balliage de Gand. Elles marquoient aussi que le regiment du chevalier d'Hocquincourt estoit arrivé en Flandres, et que les ennemis luy avoient donné de bons quartiers d'hyver et que de Aire il estoit passé à Hesdin quatre chariots de munitions de guerre, et soixante de bouche. S'il en va ainsi, l'autre bruict qui court pourroit bien estre vray, qui porte que Castelnau-Mauvissiere fait le degast autour de Hesdin, pendant que le comte de Moret assemble des trouppes à Abbeville, et que la Cour partira un iour de la semaine prochaine, pour prendre les resolutions qu'elle iugera à propos sur ces occurences, puisqu'on craint pour Peronne : car bien que le marquis d'Hocquincourt fils du mareschal, escrive qu'on ne doit point douter de sa fidelité, il fait entendre d'autre costé, que pour le mettre à l'espreuve le Roy ne doit point advancer de son costé, ni le visiter. La mareschalle, sa mere, veut aussi respondre de sa fidelité pourveu qu'on n'aille point à Peronne. Tout cecy embarrasse fort la Cour, et tout le mal ne vient que de ce que le premier ministre ne sçait ou ne veut ni bien punir, ni bien recompenser. Les autres desseins de la campagne prochaine sont tous deconcertés par cet accident, et nous voyons que nostre Italien ne sçait où il en est pour ses affaires de Naples : ce n'est pas que l'Anglois ne soit prest d'accomplir ce qu'il a promis, et que l'ambassadeur du Protecteur n'ait fait sçavoir à la Cour que son maistre avoit soixante vaisseaux equipés pour ses diverses entreprises.

Le 4e, on fut asseuré de Peronne par un deputé de la bourgeoisie de cette ville là, qui en est maistresse, puisque c'est elle qui en fait les principales gardes. Le marquis de Hocquincourt, qui en est gouverneur, a aussi envoyé protester de sa fidelité ; et comme Mr le cardinal estoit plus en peine de cette place que de Hesdin, on dit qu'il en eust tant de ioie qu'il traitta splendidement le lendemain le Roy, la Reyne, Monsieur, la reyne d'Angleterre et quinze ou seize femmes de la Cour, et parust extremement gay.

Le 6e, bien qu'on parlast icy assez diversement

de l'affaire de Hesdin et que par la ville on veuille que tout ce qu'on en dit à la Cour, n'est pas veritable, nous receusmes une lettre d'Abbeville, d'un gentilhomme fort de nos amis qui s'y est rendu avec M<sup>r</sup> de Castelnau, qui nous asseuroit que des le 3<sup>e</sup> les neuf cents Espagnols, qui estoient dans les fauxbourgs, s'estoient retirés. Sa lettre est du 5<sup>e</sup> et il adiouste que le courrier, qui passoit sur le moment, portoit icy le traitté à peu pres conclu, et qu'il ne restoit qu'à donner les 500,000 livres que les commandants et la garnison pretendent.

Le 7<sup>e</sup>, M<sup>r</sup> le cardinal, soit pour la bonne nouvelle que nous venons de dire, que les ennemis s'estoient retirez de Hesdin, soit pour la ioye qu'il eust d'estre asseuré de la fidelité de Peronne, soit pour quelque autre raison secrete, fit une lotterie de 60,000 escus en bijoux. On a parlé fort diversement de cette liberalité, et les uns disoient qu'elle avoit esté semblable à celle de ceux qui estants saouls donnent les viandes qu'ils ne veulent plus, et que ne se souciant plus de toutes ces nippes, il les donnoit pour en acheter d'autres; les autres disoient qu'en sa lotterie il avoit faict son testament et faict quantité de legs à ses amis, dont il les mettoit en possession pendant sa vie. Quoy qu'il en soit, il fit faire une liste de tous ceux et de toutes celles qu'il a voulu gratifier de sa largesse, et fit mettre chaque lot dans une boëte de satin couleur de rose, bordée d'un petit passement d'argent et cachetée de son cachet, puis il fit venir un petit garçon, aagé de quatre à cinq ans, à qui il fit tirer ces boëtes, et selon les noms des personnes couchées sur la dite liste, il les leur a envoyées. Le Roy ayant eu deux lots, n'a eu qu'un esventail et qu'une paire de gans; mademoiselle de Mombazon un chapelet d'agathe, dont elle a fait present au Sᵉ de Viquefort; madame la chancellière deux marmites d'argent; madame la mareschalle d'Hocquincourt un vase de vermeil doré à l'antique et de mesme que ceux dont se sert en Espagne, ce qui donne occasion à mille belles rencontres qui se sont faites sur ce que son mari vient d'embrasser le parti espagnol et a eu la charge de grand baillif de Gand; mesdemoiselles d'Haucourt, l'aisnée un tableau de 700 livres et la cadette les douze Apostres en or, estimés à 5 ou 6,000 livres.

Le 8ᵉ, il y eust une grande brouillerie au Louvre sur ce que Monsieur (1) qui fait gras, mangeant de la boulie, en présenta au Roy avec sa cuiller, lorsque Sa Majesté le reprenoit de ce qu'il

(1) Le duc d'Anjou, frère de Louis XIV, qui fut plus tard duc d'Orléans et père du régent. — « Monsieur (frère de Louis XIV) vint un jour dans la chambre de la reine comme elle allait dîner avec le roi. Il trouva un poëlon de bouillie, il en prit sur une assiette et l'alla montrer au roi qui lui dit de n'en point manger. Monsieur dit qu'il en mangerait, le roi répondit : *gage que non*. La dispute s'émut. Le roi voulut lui arracher l'assiette, la poussa et jeta quelques gouttes de bouillie sur Monsieur qui a la tête fort belle et aime extrêmement sa chevelure. Cela le dépita; il ne fut pas maître du premier mouvement et jeta l'assiette au nez du roi. » (Mˡˡᵉ de Montpensier. *Mémoires*, T. III, p. 220, éd. Chéruel.)

mangeoit maigre et gras tout à la fois. Le Roy
fasché de son indiscretion qui le traitoit de petit
enfant, le repoussa assez rudement: sur quoy
Monsieur despité, luy donna de sa cuillier par
le nez. Le Roy sans s'emporter se leva et luy dit:
« Petit garçon, n'estoit le respect que ie porte à
la Reyne ma mere, ie vous apprendrois celuy que
vous me devez; » et le fit en mesme temps
arrester dans une chambre. Cet accident embar-
rassa fort la Reyne et Son Eminence; mais par
leurs soins et leurs adresses, la paix se fit le
lendemain à deux heures après la minuict, que
Monsieur demanda pardon au Roy. Cependant il
est aisé à iuger de ces petits commencements
que ce prince taillera un de ces iours de la
besogne à son frere et à l'estat: tant il est vray
pour tout temps, pour tout aage et pour toutes
sortes de conditions, et surtout pour celle des
grands, que *fratrum quoque gratia rara est* (1).

Le 9e, nous apprismes qu'enfin le comte de
Bethune avoit réüssi pour l'accomodement de
Mr le duc de Beaufort (2), dont il s'estoit meslé.
Il coucha hier à Chaillot avec le duc de Mercœur (3)
dans la maison de la reyne d'Angleterre, et doit

(1) *Même entre frères les bons procédés sont rares.*

(2) Second fils du duc de Vendôme, il prit une part très active aux
troubles de la Fronde, et acquit une sorte de popularité qui le fit
surnommer le *roi des Halles*. Il avait été emprisonné à Vincennes
comme accusé d'avoir pris part à un complot contre la vie de Mazarin. Né en 1616, il fut tué à la défense de Candie en 1669.

(3) Frère du duc de Beaufort.

estre reçeu à la Cour à bras ouverts, nonobstant qu'il ait esté le chef de la rebellion de Paris
dans la première guerre, et que dans la seconde
il se soit ietté à corps perdu du costé de Mr le
Prince. Il est vray que l'iniure est vieille, et qu'il
ne faut pas tant de temps à cette Cour pour
qu'elle oublie le mal qu'on luy a fait, puis qu'elle
vient de recevoir en grace Mr de la Beaume-
Clairait, l'homme de France qui entend le mieux
l'infanterie, et qui ayant quitté Mr le Prince, se
rendit il y a quinze iours à Sedan où on luy a
envoyé son pardon et des lettres d'abolition.

Le 10e, le Roy fut au Cours pour la premiere
fois de cette année, et les comtes de Rochefort
et de Monrevert y furent volés d'une nouvelle
façon. C'est qu'en retournant d'Auteuil, où ils
estoient allés voir le duc de Beaufort, ils furent
attaqués à la porte du Cours, qui est du costé de
Chaillot, par dix-huit mousquetaires : ayant arresté
leur carrosse, et faisant grand bruict, ils ne leur
demanderent pas la bourse selon la coustume,
mais les chausses qu'ils les obligerent de mettre
bas sur le champ; disant que d'ordinaire quand
on leur demande la bourse, ils ne donnent que
quelques pistoles et en conservent iousiours une
bonne partie, et des montres et autres bijoux, et
que par ce moyen ils auroient tout. C'est un
raffinage de volerie, auquel la largeur des chausses
que l'on porte à present donne occasion, car on
les peut quitter aisement. Il est vray que le comte
de Monrevert leur donna un peu de peine, car

n'ayant point de caleçons, et ses bas estant attachés à la doubleure de ses chausses, par impatience ils la luy couperent avec leurs espées, faute de cousteaux.

Le 11e, nous sçeumes que la princesse Louyse de Boheme estoit arrivée à Chaillot, et qu'elle y avoit esté visitée de la Reyne et de quelques personnes de la Cour. On asseure qu'elle n'est point grosse, et que tout ce que l'on en a dit n'a esté qu'une pure calomnie de la princesse d'Oxolder, qui pour se recouvrer et maintenir son droict dans la ville de Bergue, en avoit fait courre le bruict. Cependant on ne la fait voir qu'à ceux que le prince Edoñard son frere y mene. La Reyne luy a fait de grandes caresses, s'il en faut croire la voix publique, et luy a promis une bonne pension sur les premieres abbayes vacantes. (1)

Le 12e, à la grande munificence de Mr le cardinal en fait de lotterie, on en adiouste une de plus grand esclat et de plus grande utilité. C'est que sur ce que le college des cardinaux s'est cottisé chacun à mille escus, pour assister la

(1) On lit dans la *Gazette de France*, n° 42, p. 320 : « Le 9, Monsieur alla visiter la Princesse Palatine, en sa maison de Belle-Isle proche de cette ville, où Elle lui donna une très belle Collation, et aux filles de la Reyne, qui s'y trouvèrent aussi.

La Princesse Louise Palatine, qui avoit esté receue avec tous les honneurs possibles et splendidement traitée à Roüen par le duc et la duchesse de Longueville en partit le 8 accompagnée du Prince Palatin son frère, qui estoit allé au devant d'elle : ayant esté pareillement fort bien accueillie de la Princesse Palatine, qui l'amena le 10, en l'appartement de la Reyne d'Angleterre à Chaliot. »

Republique de Venise en cette dure guerre qu'elle soustient depuis si longtemps contre l'ennemi du nom chrestien, il a d'abord offert de donner plus que tous ensemble et d'entretenir six vaisseaux au service de la Seigneurie, mais sur ce que l'ambassadeur de Venise a representé qu'on ne manquoit pas de vaisseaux, mais d'argent, il luy fist compter avant-hier cent mille escus. Ils n'empescheront pas que ce sage Senat ne prenne ombrage des grands advantages que les François peuvent avoir dans le Milanois, où il est certain que les Espagnols sont en tres mauvais estat, puisqu'ils n'y ont ni monde ni argent. L'armée françoise au contraire est lestée et s'est si fort augmentée en ses quartiers d'hyver dans le Mantuan, qu'on la croit capable de tout entreprendre. On a envoyé cent et cinq mille pistoles au duc de Modene, pour commencer la campagne ; et pendant qu'il attaquera les Cresmonois, on croit que le duc de Navailles (1), qui va en Italie, entrera dans le Milanois d'un autre costé avec les troupes de Piemont.

Nous vismes hier la copie d'une lettre, qu'on escrit de cette Cour au comte Bichi en response de celle par laquelle il avoit representé à Son Eminence combien il estoit necessaire que la France envoyast un ambassadeur à Rome. On luy fait sçavoir qu'on n'est pas de dessein d'y en envoyer un, et que le pape n'y oblige guere

(1) Montault-Benac, duc de Navailles, maréchal de France.

la France, puisque pendant qu'il souffre et caresse à Rome un envoyé du prince de Condé (1), il ne veut pas admettre l'ambassadeur de Portugal, ni accommoder l'affaire de Parme par l'entremiso du Roy; mais que Sa Maiesté mettoit une assez grande difference entre la dignité temporelle du pape et la spirituelle, et que n'ayant rien a deferer à celle là, s'il en use de la sorte qu'il a fait iusques icy, elle sçait bien de quelle façon elle devra vivre avec luy. Par là il est aisé à iuger que la France n'est guere bien avec Rome.

Le 13e, on respondit aux cahiers des desputez de la religion par un vray galimatias qui porte que l'edict de Nantes sera observé et les declarations données en consequence, et que pour cet effet on nommera des commissaires de part et d'autre pour se transporter sur les lieux, et

(1) Rome, 19 février 1658.
*Le P. Duneau à Mazarin.*

« Le Pce de Condé est fort las des Espagnolz et désire plus que jamais un accommodement pourveu qu'il ne soit pas à son desbonneur. Salaria son agent qui me vient voir quelquefois et que je souffre pour en tirer quelque chose, me tenant fort sur mes gardes, m'apporta hier une remonstrance au Roy sur les affaires de Mardik, imprimée à Paris qu'on a envoyée icy de Bruxelles, à l'agent d'Espagne. Telles pièces sont des satyres colorées soubz un spécieux prétexte de religion... — Le Sr Salarie s'expliqua bien au long sur ce désir de son maistre de s'accommoder, disant que le roy et V. E. en avoient usé avec tant de générosité durant sa maladie, qu'il détestoit cette malheureuse nécessité qui le tient attaché à l'Espagne et esloigné des bonnes grâces de S. M.....
— Salarie m'a dit qu'il ne faut plus considérer M. le Prince de l'humeur qu'il a esté autrefois, que ses disgrâces l'ont changé, et que s'il se réconcilioit une fois avec V. E. ce seroit tout de bon et pour se lier avec elle d'une éternelle amitié... » *Arch. Aff. Etrang. Rome, Corresp.* T. 131, f° 323.

quand ils ne pourront s'accorder ils dresseront
un verbal, dont le conseil jugera. C'est leur former autant de procez qu'ils auront de difficultés;
car il est asseuré que les commissaires papistes
recourront tousiours aux declarations données
au preiudice de ceux de la religion, et les autres
au contraire à celles qui sont données en leur
faveur, par où l'on se separera sans rien faire
que verbaliser.

Le 14ᵉ, on commença à croire que Hesdin
estoit perdu, et l'on sceut que Mʳ le Prince y
avoit ietté du monde: mesme on publie que
Mʳ d'Hocquincourt y a fait entrer un convoy, et
que Mʳ de Castelnau s'y estant voulu opposer y
a reçeu quelque eschec. On assemble les troupes
de toutes parts pour reduire cette place dont on
veut faire un exemple quoy qu'il en couste; et
on croit qu'on l'assiegera le 15 du mois prochain.

Le 16ᵉ, le Sʳ d'Ossenberg (1) arriva en cette
ville et nous fut voir tout aussitost. Il nous confirma ce que nous avons dit de la princesse
Louyse, et nous asseura qu'on ne la pouvoit voir
sans y aller avec le prince palatin, ou au moins
sans estre cognu de l'abbesse. Il nous dit qu'on
fait cela afin que le monde ne s'y rende en foule,
tant par curiosité que pour la feliciter de son
noviciat. Il l'avoit esté voir avec le prince
Edouard son frere qui l'y avoit mené.

(1) Allié des voyageurs. — Voir la généalogie, n° 1, de l'*Appendice.*

Le 17e, le Sr de Schomberg attaqua quelques
redoutes sous le canon de Gravelines, et les emporta à la barbe des ennemis, et y fit quelques
prisonniers. Comme il marchoit vers celle qu'on
restablissoit du costé de la mer, la garnison de
Gravelines voulut luy couper chemin, mais il s'en
desembarassa si bien qu'il prit la redoute et
empescha de la secourir.

Le 18e, nous ayant esté dit qu'à Nostre-Dame
il y auroit une belle musique, nous y allasmes
pour l'ouïr. On ne voulut point d'abord nous
laisser entrer au chœur, mais nous priasmes un
prestre de nous en ouvrir la porte, ce qu'il fit
fort civilement, et nous y ouïsmes chanter à
nostre aise. De là nous fumes aux Grands Augustins, où un prestre, croyant que nous avions
envie de monter à la galerie pour mieux ouïr
leur musique, nous en ouvrit la porte. Comme
nous y fusmes, nous eussions bien donné quelque chose pour estre en bas, car nous nous
treuvions seuls parmi tous ces prestres, qui par
leur plein chant nous estourdissoient fort. Comme
ils eurent achevé leur musique, on eut dit qu'ils
entroient en furie, car ils battirent des pieds et
des mains pour dire que tout estoit fini.

Le 19e, les grands efforts du clergé contre nos
eglises, la corruption de nos mœurs, et le peu
de zele qui regne parmi nous, faisant apprehender à ceux de nostre religion qui sont en cette
ville, que Dieu ne voulust nous chastier de
nostre impiété et irreligion en nous ostant la

predication de sa parolle et nous punissant de la
façon que le furent les eglises d'Asie dont parle
saint Jean, leur firent choisir ce iour pour l'employer au ieusne et à des prieres extraordinaires.
Nous fusmes à Charenton depuis les huit heures
du matin iusques aux six de l'apres disnée. Nous
y ouïsmes trois beaux presches et fort tou-
chants, et Dieu veuille que nous en ayons bien
fait nostre profit.

Le 20e, qui fut le vendredy sainct, le Pere
Morlaye (1), capucin, qui a presché tout le quaresme au Louvre, y finit cette devotion par en
traict bien hardi. Comme il vist que la Reyne et
le Cardinal n'estoient point à son sermon, il prit
occasion de dire au Roy sur ce qu'il expliquoit
la passion et parloit de Pilate qui par crainte de
Cæsar faisoit ou laissoit crucifier Nostre Seigneur, que c'est là une mauvaise crainte et de la
nature de celle qui fait que le droict est opprimé
par des respects humains ; qu'il seroit coulpable
de cette crainte s'il ne disoit au Roy l'estat auquel se trouvoit son royaume, le mescontente-
ment et le desplaisir qu'avoient ses peuples de
voir la façon d'agir de ses ministres ; qu'il y en

(1) Il en est question dans le Journal d'Olivier d'Ormesson : « Le
dimanche 6 décembre (1643), je fus l'apresdisnée à Saint-Paul, au
sermon du père Joseph Morlaye qui faisoit merveilles (I, p. 127). » —
« Le dimanche 25 aoust (1647), je fus l'apresdisnée aux Jésuites où la
reyne vint. Le Père Joseph de Morlaye, capucin, y prescha. Son
texte fut : *Cor regis in manu Domini.* Son commencement fut fort
beau, mais la fin ne satisfit pas. Il dit que la reyne devoit prendre
parmi les Jésuites un confesseur pour le roy : dont chacun fut mal
édifié, ce discours estant trop affecté (I, p. 392). »

avoit de plus riches que luy ; que c'estoit une
honte que les peuples qui se saignoient pour le bien
de ses affaires, pour sa gloire et pour le soustien
de sa couronne, vissent avec des soupirs et des
larmes que tout leur bien, tout leur avoir et
toute leur substance passast en des mains estrangeres. « En des mains estrangeres, Sire,
adiousta-t-il, qui exercent des liberalités qui ne
devroient partir que de Vostre Maiesté ; qui
donnent toutes les recompenses et prennent pour
elles et pour leurs creatures toutes les finances
de vostre Estat ! » Et afin qu'on ne creust pas
qu'il eut tenu ce discours par hazard, à sa conclusion il en repeta une partie, protesta qu'il
avoit parlé de la sorte pour descharger sa conscience, et qu'il estoit preparé à toute sorte d'e-
venement, et mesme à souffrir le martyre et la
mort, si on luy vouloit trancher la teste au partir
de la chaire ; mais qu'il esperoit un autre traictement de la clemence de son Roy qu'il sçavoit
estre, ou devoit estre comme le grand Theodose,
qui remercia les deux evesques qui l'avoient
adverti par leurs lettres du malheur de son gouvernement. On ne sçait ce que l'on ordonna sur
la temerité de ce Pere, dont quelques-uns blas-
ment le procédé et la pluspart le louënt.

Le 21e, nous fusmes à Charenton y celebrer la
sainte Cene, et y fusmes aussi longtemps que le
vendredy, sans boire ni manger : et il faut advouër que le ieusne est une grande aide pour la
pieté et pour la devotion.

Le reste du temps que nous fusmes à Paris,
nous l'employasmes à nous preparer pour nostre
voyage de Bourbon, à faire empacqueter nos
hardes, tant celles que nous laissions à Paris,
que celles que nous prenions avec nous, et à dire
nos adieux : et ainsy la continuation et la suite
de nos remarques ne se prendra que du iour de
nostre depart. Aussy en ferons nous un volume
à part à cause de cette petite interruption, ayant
compris en celuy-cy tout ce que nous avons veu
et apris de plus considerable pendant une année
et demy de seiour à Paris.

# APPENDICE

*Généalogie de MM. de Sommelsdÿk et de Villers.*

Messire Corneille *van Aerssen*, Sʳ de Sommelsdÿk, Spÿk, Bommel et Plaat, marquis de Chatillon, chevalier de Saint-Michel, colonel de cavalerie au service des Provinces-Unies et gouverneur de Nimegue, né en 1600, mort le 9 novembre 1662. — Fils de messire François van Aerssen, Sʳ de Sommelsdÿk et Spÿk, chevalier de Saint-Michel, ambassadeur des Provinces-Unies à Paris, à Londres et à Venise, qui mourut à la Haye, le 27 décembre 1641, et de Petronille van Borre.

Il fut admis après la mort de son père comme membre du corps équestre de la province de Hollande.

Il épousa le 27 janvier 1630, Lucie *van Waltha*, fille de Pierre, député aux Etats-Généraux, et de Donia *van Harinxma*.

Dont :

1° *François*, Sʳ de Plaat, né le 29 octobre 1630; il périt en mer le 8 novembre 1658.
2° *Pétronille*, née le 27 octobre 1631, qui épousa Jean de Wevoort, Sʳ d'Ossenberg.
3° *Véronique*, née le 3 décembre 1633, qui épousa Bruce, comte de Kincardin.
4° *Cornélie*, née le 20 décembre 1634.
5° *Pierre*, né le 2 mai 1636, mort le 28 décembre 1651.

6° *Corneille*, S<sup>r</sup> de Sommelsdÿk et Spÿk, Bommel et Plaat, marquis de Chatillon et de la Noele, baron de Bernières en Basois, né le 20 août 1637 ; il fut nommé en 1682 gouverneur de Surinam et massacré par des soldats en révolte à Paramaribo, le 19 juillet 1688. — Il épousa, le 1<sup>er</sup> juin 1664, Marguerite *du Puy*, marquise de Saint-André Montbrun, fille d'Alexandre et de Louise-Madeleine de la Fin-Salin, marquise de la Noele. Il en eut 4 enfants. Son fils François, amiral de Hollande, laissa un fils unique qui mourut sans postérité, et avec lequel s'éteignit la branche des van Aerssen van Sommelsdÿk.

7° *Jacques*, né le 17 novembre 1638. Mort très jeune.

8° *Lucie*, née le 20 novembre 1639, morte très jeune.

9° *Anne*, née le 1<sup>er</sup> décembre 1640, morte célibataire à Surinam.

10° *Françoise*, née le 16 janvier 1642, qui épousa Henri, comte de Nassau, S<sup>r</sup> d'Ouwerkerk, feldmaréchal au service des Provinces-Unies, fils de Louis, bâtard de Maurice et de Marguerite de Mechelen, et d'Elizabeth, comtesse *de Hornes*.

11° *Marie*, née le 1<sup>er</sup> octobre 1645, morte célibataire.

12° *Henri*, né le 10 septembre 1646.

13° *Henriette*, née le 27 octobre 1647, qui épousa François Zoete de Laeke de Villers, S<sup>r</sup> de Posthoek, son cousin, morte le 6 novembre 1687, *sine prole*.

14° *Lucie*, née le 16 février 1649, morte célibataire.

15° *Une fille*, née le 17 juin 1652, morte le 22 du même mois.

16° *Justine*, née et morte le 9 août 1653 (1).

La sœur utérine de messire Corneille, nommée *Adrienne* van Aerssen, née à Paris le 20 septembre 1606, morte le 15 novembre 1677, fut mariée à Alexandre *Zoete de Laeke* S<sup>r</sup> de Villers, Zevender et Potshoek (né le 1<sup>er</sup> août 1603, mort à la Haye, le 30 août 1678), fils de Philippe S<sup>r</sup> de Villers, Bosque, etc., gouverneur du Willemstad et du

(1) Anne, Marie et Lucie van Aerssen ont embrassé la religion de Jean de Labadie et vécu avec les sectaires soit en Frise, soit à Surinam.

Klundert, et de Béatrice *van Eÿckelenberg* dite *Hooftman*, très riche Anversoise. La famille Zoete de Laeke, qui portait de sable au chevron d'argent, était originaire du Brabant.

Enfants d'Alexandre Zoete de Laeke et d'Adrienne van Aerssen :

1° *Philippe*, S' de Villers, Zevender et Potshoek, député au Conseil d'Etat des Provinces-Unies, membre du Corps équestre de la province de Hollande, né le 29 janvier 1636, † le 21 mars 1689. Ep. 28 déc. 1666, Anne *van der Does*, fille du S' de Noordwyk.

2° *François*, S' de Potshoek, né le 24 avril 1637, † *sine prole*. Ep. le 6 nov. 1678, Henriette *van Aerssen*, née le 27 oct. 1647.

3° *Alexandre*, né le 4 août 1638, major de Maastricht, tué à la bataille de Seneffe, 11 août 1674.

4° *Guillaume-Corneille*, né le 15 déc. 1640, capitaine tué à Seneffe.

5° *Béatrice-Maximilienne*, née le 25 mai 1644, † 1er mai 1659.

———————

## II

*Lettre de M. Chanut au Cardinal (1).*

De Paris, ce 20 septembre 1653.

Je supplie Votre Éminence de me permettre de lui dire que la presence de M. Brasset est absolument necessaire, au moins pour quelque temps, à quiconque servira en Hollande ; et qu'estant incommodé et affligé par le deffaut de payement de ses appointements depuis plusieurs années, il assistera sans courage celuy qui sera envoyé et luy refusera peut estre les addresses et les lumières que ses longs services luy ont acquis, s'il ne luy porte la bonne nouvelle du payement de ses appointements pour une année. Je ne parle point de son mérite ; mais je manquerois fort de prevoyance si je m'imaginois de pouvoir réussir en un lieu, où il y a tant de testes à gouverner et tant de particularitez à sçavoir, sans le secours de

(1) *Arch. Aff. Etrang. Hollande. Vol. 52, fol. 11.*

l'ancien ministre qui a toutes les habitudes, ou si je me
promettois qu'il prist grand soin de m'ayder de ses
conseils et de m'empescher de faillir estant outré de mes-
contentement et delaissé sans assistance.

*Lettre de M. Brasset, ministre de France à la Haye, à*

*M. Servien, surintendant des finances (1).*

La Haye, 9 octobre 1653.

MONSEIGNEUR,

C'est dans la derniere extremité que j'adjouste cette
lettre aux continuelles et importunes sollicitations de
mon fils. Les considérations du service du Roy et celles
du deffaut de ma veüe par un long et penible travail,
joinctes à la misère où je me trouve reduict sans plus
avoir aucun moyen ny credit pour subsister, m'ont obligé
de remonstrer à la Cour qu'un ambassadeur y seroit desormais tres necessaire. J'ay appris des lettres de
Mr Chanut que cet employ luy est commis, et qu'en
l'acceptant il a usé de cette justice et d'un office d'un
homme d'honneur et vray amy, de joindre mes interestz
avec les siens: et de plus, Monseigneur, que vous avez
favorablement escouté ce qu'il vous en a dit, jusques à
luy promettre quelque secours present et de pourvoir aux
asseurances du surplus de ce qui m'est deu; mais quand
il s'est expliqué avec moy du payement d'une seule
année, permettez s'il vous plait que je vous represente
cela n'estre non plus pour un soulagement, qu'un verre
d'eau dans la mer pour en addoucir la salure, veu l'acca-
blement où je suis de debtes, apres avoir consumé le peu
que j'avois d'effectif, par où cette famille se trouve sur
le bord de sa derniere ruine, si vous n'estendez vostre
main charitable pour son secours, surtout dans l'occasion
de la prochaine et, s'il m'est permis de la nommer ainsy,
precipitée venüe de mon dit Sr Chanut : car ayant à faire
tost apres ma retraicte, ce ne sçauroit estre sans honte
et scandale contre la dignité du Roy, et s'il continüe de

(1) *Arch. Aff. Etrang. Holl. Vol. 53, fol. 71.*

prétendre que pour respect du mesme service de Sa
Maiesté je reste encores icy quelque temps, ainsy que
par sa lettre du troisieme il m'en conjure, j'aurois peine
d'y satisfaire faute de quoy y subsister.

Ce sera de vous, Monseigneur, que dependra principalement le moyen de me garentir de passer pour un de-
serteur de la cause publique, pour laquelle je voudrois
employer jusques à ma propre vie, et de manquer à un
amy que j'honore parfaitement. Je vous supplie doncques
en toute humilité de redoubler au moins vostre grâce
par un comptant de deux années, et une bonne assignation pour le surplus sans qu'elle soit sujecte à diversion
comme desia par quatre fois je m'y suis trouvé esludé.
Je me tiendrois fort redevable à Mʳ l'ambassadeur Boreel
de l'intercession qu'il vous a faite pour moy si je n'estois
honteux et confus de le voir se rendre tesmoing de ma
misere, et de celle dont je suis menacé par les gens de
son pays dont il cognoist le naturel. Ce que vous avez eu
la bonté de luy repartir là dessus pour ma consolation
estant peu par deça, engage, si vous me permettez de le
dire, en quelque sorte votre reputation, si mes creanciers
n'en voyent quelque suite; ou bien ils croiront qu'estant
satisfaict je les entretiens d'amusemens. Mais, Monseigneur, pour ne pas vous offenser comme si j'entrois en
doute de votre bonne volonté, je reduiray mes tres
humbles instances dans l'espoir et l'attente d'un effect
qui augmenteroit si elle n'estoit desia infinie la passion
que j'ay tousiours eüe de meriter dans l'execution de
vos commandemens la qualité,

Monseigneur,

De Vostre tres humble, tres obeissant et
tres obligé serviteur.

*Lettre de M. Servien, surintendant des finances, à
M. Brasset (1).*

21 novembre 1653.

Monsieur,

Je viens de recevoir présentement la lettre que vous
m'avez escrite du 13ᵉ de ce mois, pour response à laquelle

(1) *Arch. Aff. Etrang. Holl.* Vol. 53, fol. 95.

je suis obligé de vous dire qu'il n'estoit point necessaire
que Mᵉ Chanut me sollicitast de vous rendre justice, sachant qu'il n'y a personne dans le service à qui elle soit
plus legitimement deüe; et, quoyque sa recommandation
pour ses interestz et pour ceux de ses amis me soit en
une consideration particuliere, qu'elle sera tousjours inutile pour vous qui n'avez besoing que de vostre merite et
vostre propre vertu pour vous faire considerer. Quand il
en fauldra rendre tesmoignage public, je vous declare
que je le feray plus sincerement que personne et que j'ay
un regret indicible de n'avoir pas esté jusques icy en
estat de donner meilleur ordre à vos affaires. Sitost que
je le pourray et que l'ordre que nous taschons de retablir
dans les finances nous le permettra, je vous asseure que
je m'employray avec toute l'affection que vous sçauriez
desirer pour vous tirer de peine et que je mettray tous
mes soings pour vous procurer la satisfaction que vous
avez tout sujet d'attendre d'une personne qui connoist
vos services et qui est veritablement,

Monsieur,

Vostre bien humble et tres affectionné serviteur,

Signé : SERVIEN.

*(De la main du ministre) :* Si j'avois un peu plus de loy-
sir, je trouverois une particuliere satisfaction à vous entretenir par mes lettres. Il a fallu prendre un jour de medecine pour en avoir aujourd'huy le temps, et pour vous
donner cette nouvelle asseurance que je n'auray point de
repos jusqu'à ce que vous ayez esté satisfait. Cependant
je salue de tout mon cœur madame Brasset et toute
vostre chere famille.

*Extrait d'une lettre de M. Brasset au Cardinal* (1).

A la Haye, 1ᵉʳ janvier 1654.

. . . . . . . . . . . . . . . . . . . . . . . . . . .
Je tiens à bonheur dans la miserable condition où je
me trouve reduit, Monseigneur, d'avoir à passer quelque

(1) *Arch. Aff. Etrang. Hollande.* Vol. 52, fol. 253 vᵒ.

peu de temps pres mon dit sieur l'ambassadeur, qui faisant profession d'un tres particulier attachement au service de Vostre Eminence, pourra juger s'il y a rien en moi qui soit esloigné de ma premiere conduite, que par tant de fois et depuis si longtemps Vostre Eminence m'a fait l'honneur d'aggréer. Je me haste de luy donner tous les eclaircissements que j'ai pu acquerir dans la pratique des affaires de ce pays, afin que tant plustost je puisse faire ma retraicte et faire voir à Vostre Eminence, si elle me le permet, un homme tout blanchi et aveuglé dans un continuel travail depuis quarante ans, et qui n'en aura recueilly autre fruict que celuy d'une satisfaction interieure d'y avoir agi avec honneur et probité, si la grace de Leurs Maiestez, esmeüe par cette humeur bienfaisante et charitable qui vous est naturelle, ne s'estend sur une famille pour laquelle je ne demande que du pain.

*Extrait d'une lettre de M. Brasset à M. Servien* (1).

La Haye, 26 février 1651.

. . . . . . Monseigneur, mes langueurs et souffrances passées me font voir la face de l'advenir si hideuse, que je ne sçaurois la regarder sans trembler de peur; car de qui desormais sçaurois-je esperer du soulagement, puisque dans la confiance que vous m'avez depuis un si long temps donné suject de prendre en l'honneur de vostre bienveillance et protection, je considere mon malheur si acharné contre moy qu'au milieu de la pleine puissance et autorité où vous estes dans les finances, vous n'ayez pas encores trouvé l'occasion de faire pour cette famille une partie du bien que vous luy avez toujours promis. J'en accuse ma seule mauvaise fortune qui me fera paroistre devant vous incontinent apres Pasques (ayant par le dernier ordinaire receu de la Cour toutes les expeditions requises pour ma retraicte), en l'estat le plus miserable où sçauroit tomber un homme de bien et d'honneur d'estre reduict à faire pitié.

(1) Arch. Aff. Etrang. Holl. Vol. 53. fol. 296 v°.

## III

*Lettre de M. le comte Servien à M. Chanut (1).*

1651.

MONSIEUR,

Je n'auray point le bien de vous entretenir par cette depesche des affaires publiques ; je prendray seulement la liberté de vous dire que j'ay achepté la terre de Meudon où l'on peult aller par eau, et que pour perdre moins de temps lorsque je seray obligé d'y aller prendre l'air, je désire de faire venir un batteau de Hollande, de ceux dont on se sert dans le pays pour faire voyage sur les canaux. Je souhaite s'il est possible qu'il y ayt deux chambres où l'on puisse estre commodement et y marcher debout, affin qu'en travaillant dans l'une, mes amis qui viendront avec moy puissent jouer et se divertir dans l'autre. Il fault qu'il soit bien couvert, peinct et doré à la mode des plus beaux du pays. Je me promets de vostre amitié que vous vouldrez bien commander à quelqu'un des vostres de m'en achepter un, et le choisir de la forme qu'il vous plaira le prescrire pour me l'envoyer avec les premiers vaisseaux qui viendront pour entrer dans la riviere de Seine et aller à Rouen d'où je le feray venir icy. S'il ne s'en treuve pas de faict comme je le demande, il faudra en faire faire un promptement, car pour ne vous rien deguiser j'ay grande impatience d'en avoir bientost un. Il n'est pas que vous n'ayez espreuvé la challeur que l'on a dans les nouvelles acquisitions. Pardonnez s'il vous plaist à la liberté que je prens ; cognoissant vostre humeur obligeante, je suis asseuré que vous ne le treuverez pas mauvais. J'ai joint à cette depesche une lettre de credit pour payer le prix qui en aura esté faict, suivant les ordres qu'il vous plaira d'en donner. Je crois que vous me ferez la faveur de disposer de moy en toutes occasions avec la mesme liberté et de croire que je seray

(1) *Arch. Aff. Etrang. Hollande.* Vol. 53, fol. 128.

toujours avec toute l'affection qu'on peult avoir pour vos
intérêts,

Monsieur,

Vostre tres humble et tres affectionné
serviteur.

Monsieur, pardonnez à mon effronterie et à la passion
d'un homme qui est dans les premiers empressements
d'une acquisition qu'il vient de faire à la campagne.

*Lettre de M. Servien à M. Chanut (1).*

Je suis si honteux de la peine que vous donne le soin
que vous prenez de mon bateau que je n'ose presque
vous en parler ni vous remercier du voyage que vous
avez fait à Amsterdam pour cela. Je n'ay garde de vous
dire mon advis touchant la forme dont il doit estre composé, estant asseuré que je ne vous sçaurois rien proposer
de si bien que ce que vous en aurez ordonné. Je vous
supplie seulement d'avoir agréable que je remercie
M. Gentillot de la peine qu'il a prise de vous accompagner
et de vous assister de son conseil.

J'attendray désormais avec impatience l'arrivée de cette
maison flottante, qui sera souvent la communication de
Paris et de Meudon et qui me donnera moyen de travailler
en chemin faisant. Il ne me soucie pas fort qu'elle aille à
la voille parce que mon dessein est de la faire tousjours
tirer par un petit bateau où serent les rameurs, ou s'il
est nécessaire par des chevaux en remontant.

*Lettre de M. Chanut à M. Servien (2).*

A Anvers, le 2ᵉ octobre 1651.

MONSIEUR,

J'ay donné à Mr de Gentillot la part qu'il vous a plu
de luy faire au remerciement pour le soin que nous avons
pris ensemble de vous servir d'une petite barque. Il l'a

(1) *Ibid.*, vol. 53, fol. 429.

(2) *Ibid.*, vol. 53, fol. 391.

receu avec joye et respect: mais s'il vous avoit autant
d'obligations que je vous en ay et s'il sçavoit combien
vous meritez d'estre servi par ceux mesme qui n'y sont
point engagez par bienfaits, il se seroit retiré bien loing
comme je fais d'un compliment qui est au dessus de
nous. Recevez, s'il vous plaist, Monsieur, mon obéissance
en ces choses legeres comme une marque de ma soub-
mission et de la recognoissance que je fais que je vous
la dois et que je vous la rendray en homme de bien en
toutes celles dont je seray capable. Depuis que j'ai envoyé
le blason de vos armes à Amsterdam, il m'est venu en
la pensée que nous ferions mieux de laisser vuides les
places où elles doivent estre taillées de sculpture, pour
ce que ce bateau ne portant aucune marque de son
maistre sera moings exposé aux risques des ennemis.
J'estimerois pour plus grande seureté que nous ferions
bien de prier le fils de M. l'ambassadeur Borcel qui est à
la Haye de l'avouer comme l'envoyant à monsieur son
pere, car je crains qu'une telle forme de bastiment ne
passe pas aisement pour l'envoy d'un marchand à un
autre. Je vous supplie, Monsieur, de me donner vos ordres
sur cela.

### *Lettre de M. Chanut à M. Servien* (1).

La Haye, le 19 novembre 1651.

Dans le temps que je puis avoir response à cette lettre
nostre petit vaisseau sera prest; mais il reste à régler la
peinture, ce que je n'ose faire sans vous demander vos
ordres. Nostre bateau bien qu'assez plat de fonds, en
sorte que tout chargé il ne tire pas plus d'un pied et demi
d'eauë, garde pourtant la forme d'un navire par sa pouppe,
sa proue et sa construction sur une quille non point
couppée à plat comme les bateaux de la Seine. De la
mesure d'Amsterdam, qui est plus petite que la nostre

(1) *Ibid.*, vol. 53, fol. 105.

d'environ un septieme, il a dix toises de long et deux
toises et demie de large : dans le milieu deux chambres
de deux toises en quarré chacune et un espace de trois
pieds entre deux dans lequel est menagée une cheminée
enfoncée pour chaque chambre, une commodité, et un
passage d'une chambre à l'autre. Sur la poupe il y a
une autre chambre plus elevée d'environ trois à quatre
pieds, d'environ dix pieds quarrez. Le dehors de la poupe
est paré de sculptures belles pour le païs comme tous les
fenestrages des chambres au dehors. Le long du bord il
y a une ceinture de feuillages et la proue a une poulaine
comme les navires aveq les façons ordinaires et un cheval marin sur le bout.

Nous avons icy un jeune homme brabançon qui a travaillé pour quelques autres personnes qui se louent de
sa fidelité au travail. Ses ouvrages que j'ay veus sont
beaux. Je l'ay envoyé voir nostre barque et luy ay dit
que j'estois d'avis de n'en peindre les dehors que d'une
belle grisaille bien menagée par le fort et le faible en
couleur aveq de l'or où il en faudra, et quant aux trois
platfonds des trois chambres, qu'il nous falloit une autre
grisaille et bien melée d'or pour ce qu'estant fort proche
de l'œil s'il y avoit quelque chose de grossier, il parois-
troit fort rude. Il a veu l'ouvrage à loisir et après avoir
faict son calcul au plus juste, il me demande pour le
temps six semaines, et pour l'argent, au dernier mot,
quatorze cent livres; prétendant qu'il luy coutera plus
de huit cent livres en or qu'il faut mettre à double feuil-
le, autrement il ne dureroit point en ouvrage à decouvert.
Il m'a donné deux dessins pour les platfonds des deux
chambres; il en a un troisième pour la poupe. Le prix
qu'il demande me semble un peu haut; et tant pour cela
comme pour n'en retarder pas tant l'envoy et pour ce que
je ne scay s'il seroit expedient que nostre barque soit si
belle qu'elle fasse trop envie à ceux qui la rencontreront
en mer, j'ay voulu attendre votre commandement. Cependant afin que l'eau ne gaste rien nous ferons donner deux
couches de blanc à la sculpture, ce qui est toujours
necessaire, et une couche de grisaille sur le tout.

32

*Lettre de M. Chanut à M. Servien* (1).

De la Haye, le 4 mars 1655.

Depuis huit ou dix jours que le grand froid est relasché et que nos canaux sont ouverts, nostre iacht est entre les mains du peintre qui l'a faict griser à Amsterdam afin qu'en le conduisant à la maison de M⟨r⟩ Boreel, où il le doit peindre et dorer, il ne reçoive point de dommage par la pluye. J'espere que la longueur du temps sera recompensée par la beauté de l'ouvrage. Pendant que l'on le peindra, nous aviserons à la seureté de son passage en France. La saison et les ouvriers ne m'ont pas permis de vous servir en cela aussi promptement que je le desirois.

*Lettre de M. Chanut à M. Servien* (2).

A la Haye, 8 juillet 1655.

Lorsque nous l'aurons, je vous envoyeray le iacht sous la conduite du capitaine de celuy de M⟨r⟩ de Bevrevert, qui est un fort bon homme, françois habitué de longue main en ce païs et fort capable de cette commission, au juge-ment de M⟨r⟩ Jean Eversen, vice admiral de Zélande, dont j'ay pris l'advis. Il n'y avoit aucune seureté pour le petit bastiment de le mettre au derriere d'un navire de guerre attaché avec un cable. Il auroit esté brisé en choquant le grand vaisseau, au lieu que descendant d'icy en Zélande entre les terres, il ira de là le long de la coste jusques au Havre d'où le mesme capitaine vous le conduira jusques soubz Meudon. M⟨r⟩ Bevrevert m'a tellement deconseillé d'y mettre du cuir doré à cause de la mauvaise odeur en un lieu si exposé à la chaleur, que je n'y en ay point encore fait mettre; mais s'il vous plaist qu'il y en ait, pour le peu qu'il en faut cela sera prest en un jour. Nous le choisirons bien assortissant en cette ville où le meilleur de Hollande s'y faict maintenant, s'il vous plaist de m'en donner l'ordre promptement, et nous attendrons la res-ponse à cette lettre auparavant que de le faire partir.

(1) *Ibid.*, vol. 56, fol. 31.

(2) *Ibid.*, vol. 56, fol. 60.

## IV

*Dépêches de M. de Thou au comte de Brienne* (1).

De la Haye, ce 13 août 1657.

..... Il ne me reste plus qu'à vous donner advis du rencontre que j'eus hier avec Monsieur l'ambassadeur d'Espagne, duquel vous trouverez une relation dans cette depesche à laquelle je n'ay rien à adjouster, sinon que le dit ambassadeur a tesmoigné en estre tres marri, et a fort protesté qu'il n'y avoit eu rien de premedité de sa part, et j'estime qu'il n'en cherchera pas l'occasion à l'advenir. Je ne puis aussi oublier de vous dire que Mr le resident de Suède envoya toute sa famille en estat autour de mon carrosse et depuis m'est venu faire compliment la dessuz comme aussi le resident de Brandebourg. Tout le monde est demeuré d'accord que si les gens de l'ambassadeur d'Espagne eussent dit la moindre chose ou branslé, que nonobstant la garde de l'Estat, on eust fait main basse sur eux. Je pense que la chose s'est passée pour le mieux, pour ce que la violence ne pouvoit arriver sans la perte de plusieurs honnestes gens dont un seul seroit à regretter. Le baron de Langracht, fils de celuy qui a esté ambassadeur en France, merite, outre le général, que je m'asseure que vous me donnerez ordre de faire à tous les officiers françois et à nos amis, un compliment particulier de la façon et manière dont il s'est comporté, car il ne se peut rien adjouster ny à sa chaleur, ny à son zèle, et c'est une personne qui vaut beaucoup.

Pour l'advenir, j'ay déclaré hautement que dans la promenade je prendrois toujours la main droitte de la

(1) *Arch. Aff. Etrang. Hollande.* Vol. 97, fol. 232 v°.

barrière, c'est-à-dire que le cocher la mettroit toujours à
main droitte. Je pense que Monsieur l'ambassadeur d'Espagne fera la mesme chose et ainsi nous ne nous rencon-
trerons jamais. Que s'il prend le chemin de se rencontrer,
je luy feray quitter le pavé comme j'ai desia fait. C'est
sur quoy j'attendray vos ordres, auxquelz je me confor-
merai comme je doibs. Il n'y a rien dans la relation que
de vray et je l'ay faitte la plus modeste qu'il s'est peu; et
l'on ne peut icy assez estimer la retenüe et l'obéissance
des François, et Messieurs les Estatz s'en sentent obligés.
Les quatre personnes qui estoient dans mon carrosse sont
le bon homme Mr de Douchant, le sieur de La Vallée, un
nepveu de Mr de la Cour-Groullair, et le consul Janot.

  Je suis,

   Monsieur, etc.

De la Haye, ce dimanche 12 aoust 1657 (1).

Il est arrivé ce soir un differend entre l'ambassadeur
de France et celuy d'Espagne, qui a esté de grand esclat
pour ce que, outre la qualité et dignité des personnes, il
s'est rencontré en un jour de dimanche et sur les 6 heures,
qui est l'heure que tous les carrosses et une grande partie
des honnestes gens et du peuple sont à la promenade en
un lieu qui s'appelle le Voor-hout. Ce lieu est une grande
rue au plus bel endroit de la Haye, de la largeur de celle
de Saint-Anthoine vers la Bastille à Paris, au milieu de
laquelle il y a une grande allée d'arbres, environnée de
barrières autour desquelles il se faict un cours de carrosses, et au dedans de l'allée on se promène à pied, et
ordinairement plusieurs membres de l'Estat s'y trouvent,
qui a esté cause que la chose s'est passée sans effusion
de sang, comme il y en avoit grande apparence. Jusques
icy lesdits Srs ambassadeurs avoient vescu assez civilement, et l'ambassadeur de France, dernier arrivé, ayant
appris que celuy d'Espagne avoit donné ordre à ses gens
de saluer ceux du dict Sr ambassadeur, il donna aussitost

(1) Arch. Aff. Etrang. Hollande. Vol. 57, fol. 230.

le mesme ordre aux siens, et leurs personnes s'entresa-
luèrent aux rencontres avec beaucoup de civilité, et jusques
alors l'ambassadeur d'Espagne, ou par bonheur ou par
prudence, avoit évité la rencontre de noise, qui est arrivée
ce soir, comme vous allez apprendre.

L'ambassadeur de France s'estoit allé promener à la
maison de plaisance de madame la princesse douairière
d'Orange qui est dans le bois, et à son retour, passant
devant le Voor-hout estant encore haute heure, il fit
commander à son postillon, pour ce qu'il estoit à six
chevaux, de faire un tour du dict Voor-hout, et comme
il fut advancé environ cent pas proche d'un tournant, il
rencontra le carrosse de l'ambassadeur d'Espagne, à deux
chevaux, dont le cocher affecta de se serrer et approcher
contre la barrière, qui est le dessus et la place d'honneur
de ce lieu là, ce qui ayant esté apperceu par les cochers
de l'ambassadeur de France, ils se serrèrent aussi contre
la dicte barrière et les carrosses demeurèrent ainsi arres-
tez l'un devant l'autre. L'ambassadeur de France n'avoit
en son carrosse que quatre personnes, touts sans armes,
et seulement cinq valets de pied, et deux petits pages qui
estoient sur le derrière de son carrosse; l'ambassadeur
d'Espagne avoit autour du sien une nombreuse livrée,
qu'il avoit arborée depuis quelques jours, augmentée de
la moitié de ce qu'il avoit accoustumé, ayant six grands
pages au lieu de trois qu'il avoit d'ordinaire, ce qui fait
croire qu'il pouvoit y avoir quelque dessein premedité.
L'ambassadeur de France ayant veu son carrosse arresté,
et le subject, feit commander à ses cochers, à peine de
la vie, de tenir ferme et de ne s'escarter pas de la barrière,
et envoya à son logis donner ordre à sa maison de se
rendre en diligence auprès de sa personne, avec des
armes; et incontinent les deux carrosses furent environnez
de mille personnes de toute sorte de conditions, qui
accoururent à la nouveauté d'un accident qui n'estoit pas
encore arrivé, et dans ce nombre se trouvèrent quelques-
uns des membres de M⁰ˢ les Estats generaux et de ceux
de Hollande, qui ne furent pas peu surpris et en inquiétude de ce qui pouvoit arriver. Ils proposèrent plusieurs
expédients que l'ambassadeur d'Espagne acceptoit touts,

pour ce qu'ils alloient à conserver en quelque façon l'egalité, mais l'ambassadeur de France leur respondit qu'il ne s'agissoit point de conserver l'égalité entre deux personnes dont l'une estoit en possession de la preseance qu'il sçauroit bien maintenir; qu'il n'avoit point affecté ce rencontre, mais que l'ambassadeur d'Espagne l'ayant recherché, ou estant né par hazard, il falloit qu'il cedast ou de gré ou de force. Sur ce discours arrivèrent en grande diligence deux escouades de la garde qui entre tous les jours en la Cour de Hollande, qui en est assez proche, et se rangèrent en haye des deux costez.

Mr de Bevrevert, de Withe, de Barendreck et de Beverning vindrent ensuitte, et dirent à l'ambassadeur de France qu'ilz avoient faict venir ces gens pour la dignité de l'Estat, et pour empescher le tumulte, mais qu'il ne leur estoit pas permis de decider un pareil differend entre deux grands roys. L'ambassadeur de France leur dist qu'il n'y avoit point de differend en une chose jugée, qu'à Rome, à Constantinople, à Venise, en Suisse, en Dennemarck, Suede et Pologne et generallement partout, les ambassadeurs de France avoient la preseance qu'on ne leur avoit jamais osé contester; que l'ambassadeur d'Espagne n'avoit point d'ordre de la disputer, mais de rechercher seullement avec addresse l'egalité, et que ses ordres de luy estoient de maintenir la preseance au peril de sa vie, comme il le feroit; et qu'au reste cette preseance estoit une chose de justice, estant fondée sur le droit, sur la possession, et sur les exemples que le temps et le lieu ne permettoient pas d'expliquer. Pendant touts ces discours la maison de l'ambassadeur de France arriva et touts les officiers François de la Haye, avec mesme quelques officiers Suedois, Anglois, Escossois, et du pays, et toutte la suitte des amys, qui environnèrent le carrosse de l'ambassadeur de France, et il parut bien alors que le party de France n'estoit pas le plus foible ni le moins brave, touts les François n'estans armés que de leurs espées, et tres gais, et tres resoluz, et tout ce qui estoit autour du carrosse de l'ambassadeur d'Espagne, estant fort estonnés avec tous leurs mousquetons et toutes leurs armes à feu; enfin l'ambassadeur de France,

ennuyé de la longueur de ce procedé, dict à M<sup>rs</sup> des
Estats qui estoient là qu'il falloit que l'ambassadeur
d'Espagne prist parti, et que jusques icy, par le respect
qu'il leur avoit porté, il avoit empesché la violence, mais
qu'il falloit que la chose finist. Sur cela le S<sup>r</sup> de Beverning
dist qu'il fallait trouver quelque trou pour faire passer
l'ambassadeur d'Espagne ; que de la façon que l'ambassadeur de France parloit, il y avoit apparence qu'il ne se
relascheroit pas et proposa de faire une ouverture à la
barrière, par où l'ambassadeur d'Espagne entreroit dans
l'allée et sortiroit par un autre passage, ce qui fut executé,
l'ambassadeur de France ayant dit qu'il ne luy importoit
par où il se retirast, pourveu qu'il luy cedast le chemin
qu'il luy avoit voulu contester.

Ainsy se termina ce differend que l'on a esté bien aise
de particulariser, affin qu'il n'y soit rien adjousté ni
diminué. L'ambassadeur d'Espagne s'estant retiré par
derrière le Viureberg à son logis avec quelque solitude
et au trot, et l'ambassadeur de France ayant faict encore
un tour de Voor-hout, se retira au petit pas accompagné
de plus de mille personnes qui le suivirent jusques à son
logis. Et il y avoit quelque justice et quelque fatalité que
le mesme jour qu'on avoit receu le premier advis de la
prise de Montmedy, l'Espagne receust encore cette morti-
fication dans son injuste prétention. Et il estoit encore
bien juste qu'en un lieu où les François ont si bien
merité de l'Estat par le long et fidel service qu'ilz lui ont
rendu, le peuple se declarast comme il a faict en faveur
de leur ambassadeur dans une occasion d'honneur comme
celle-cy, quoique dans ce pays là, leur esprit fust encore
combattu de violents soupçons de rupture à cause des
derniers placards qui deffendoient le commerce de
France.

La Haye, ce 30 aoust 1657 (1).

. . . . . Depuis ma precedente, il ne s'est rien passé
que de civil entre nous l'ayant (l'ambassadeur d'Espagne)

(1) *Ibid.*, vol. 57, fol. 257.

rencontré deux fois par les rues et ses gens ayant salué les miens, le salut leur a esté rendu, et les maistres en ont usé de mesme. Et comme il a sçu que mes cochers avoient ordre par les rues et chemins de prendre toujours à droicte, il a je pense donné le mesme ordre et ainsy il ne me rencontrera jamais, et j'ay aussi sceu qu'il avoit renvoyé au plustot des officiers de sa garnison de Gand qui l'estoient venu trouver sur la nouvelle du differend, lequel je pense n'ira pas plus avant. Mais neantmoins je ne laisseray pas d'estre toujours sur mes gardes afin que rien ne puisse corrompre le fruict de nostre advantage.

*Dépéche de M. de Thou au Cardinal (extrait) (1).*

De la Haye, ce 21 aoust 1637.

Je sers icy le resident de Suede autant que je puis, pour ce que c'est un honeste homme et qui a beaucoup d'affection pour la France, et dans ce differend dernier avec l'ambassadeur d'Espagne on ne sçauroit dire quelle chaleur touts ses domestiques ont tesmoignée et avec quelle diligence ils se rangerent autour de mon carrosse. Et sur ce subjet je suis obligé de dire à Vostre Eminence que ce qu'on a manqué à mettre dans la relation qui a esté envoyée est que le dict ambassadeur s'en retourna en son logis au grand trot ; et passant par le marché, ses gens distribuerent des chelins aux enfants à condition de crier : Vive l'ambassadeur d'Espagne et la maison d'O- range ! De quoy Messieurs les Estats et les serviteurs et les amis de cette maison sont demeurez piquez et offensez ; et pour moy, je m'en revins au petit pas et puis asseurer Vostre Eminence n'avoir faict aucune despense ny pour m'accompagner ny pour faire crier ; et si je retournay au logis avec grande suite et grand bruit ; et quoy que depuis j'aye esté adverti de plusieurs endroits qu'il avoit envoyé quérir des soldats à Gand dont il est gouverneur et

(1) *Ibid.*, vol. 57, fol. 260.

qu'il avoit fait provision de pistolets et de mousquetons
pour armer tous ses gens, j'ay dit à ceux qui me donnoient
cet avis que je n'en croyois rien, mais que si cela estoit,
c'est une marque qu'ils avoient grande peur, et que je ne
les en pouvois pas guerir ; mais que j'estois si asseuré
que l'on n'oseroit rien entreprendre contre moy dans la
place que j'avois l'honneur de tenir, d'ambassadeur de Sa
Majesté, que j'irois avec ma suite ordinaire, et que ceux
qui m'accompagneroient ne seroient armés que de leurs
espées, et que ma personne ne se devoit pas conserver
par force mais par le respect que l'on devoit à la justice
de la cause du Roy. Et de fait je fus hier faire une visite
chez une dame qui demeure à quatre maisons au dessus
de celle du dit ambassadeur, et je le rencontrai dans la
ruë, qui sortoit, et aussitost que son cocher apperceut le
mien il prit l'autre costé de la ruë, et ses gens commencerent à saluer les miens qui leur rendirent le salut, et
luy me salua aussy et je luy rendis sa civilité : et ainsi
je pense que la chose en demeurera là, et qu'il ne cherchera
plus la noise. L'on m'avoit aussy donné avis qu'il avoit
faict plainte à Messieurs les Estats de ce que les officiers
françois qui estoient à leur service et à leur serment
s'estoient rangez aupres de mon carrosse et ainsy declarez et pris party, ce qui ne se devoit pas ; mais il a nié
la chose jusques à donner un dementy à quiconque
diroit cela : ce qui a esté cause que j'ay creu ne la debvoir pas relever. Et ce qui en est, c'est que veritablement
il n'a presenté de memoire là dessus, ny parlé à l'audience mais je pense qu'il en parla au Pensionnaire aupres duquel il n'a pas trouvé son compte. Il desadvoue
ce dessein et à dire le vray à Vostre Eminence nous ne
pouvons pas avoir icy une personne qui soit moins dangereuse et c'est pourquoy je souhaitte qu'il demeure.

*Dépêche du Cardinal à M. de Thou* (1).

De Péronne, le 2 septembre 1657.

L'on m'a escrit de Bruscelles que Gamarra avoit chanté

(1) *Arch. Aff. Etrang. France. Mém. et Doc.* Vol. 272, fol. 211.
(*Lettres de Mazarin*. T. VIII, p. 113).

victoire de la rencontre qu'il avoit eue avec l'ambassadeur
de France, contant la chose tout differemment de ce qui
estoit arrivé ; et marque entre autres choses que non seulement il avoit eu advantage dans l'affaire mais que Dieu
avoit permis que cela arrivast pour faire voir la haine
que tout ce peuple a contre les François ; mais comme ce
n'est pas d'aujourd'huy qu'il commence à mentir, et qu'il
n'y a pas apparence qu'il veuille estre plus veritable
dans l'employ des ambassades qu'il a esté dans ceux de
la guerre, je ne suis nullement surpris de ses suppo-
sitions.

Je croy seulement d'estre obligé de vous dire en cette
rencontre que Messieurs les Estats n'ont pas raison de ne
se point vouloir declarer pour la prééminence de cette
Couronne sur celle d'Espagne, veu que dans la Cour de
Rome qui a tousjours servy d'exemple aux autres, à
Venise et en Savoye, les ambassadeurs du Roy jouissent
en tout et partout de cette prerogative laquelle ne leur
pourroit estre disputée sans que le Pape, la Republique
et le Duc leur donnassent toute assistance pour la maintenir.

*Extrait d'une dépêche de M. de Thou à M. le comte*

*de Brienne* (1).

De la Haye, le 2 octobre 1657.

. . . . . Pour faire voir en moindre chose à Mr l'ambassadeur d'Espagne que nostre preseance n'est pas doub-
teuse, mais bien establie, la bande des comediens françois qui jouent l'hyver à Bruscelles, ayant eu permission
icy de jouer et un theatre se preparant pour ce subjet,
j'ay fait marquer ma loge proche de celle de la reine de
Boheme, qui est à main droitte, vis à vis de laquelle sera
celle de madame la Princesse Royale, aupres de laquelle
Mr l'ambassadeur d'Espagne pourra prendre la sienne, si
bon luy semble, et aura la quatrieme loge : et ainsi les

(1) *Arch. Aff. Etrang. Hollande.* Vol. 58, fol. 12.

petits enfants seront sçavants comme partout nous
sommes en possession de la main droite, et que nous la
sçavons prendre et maintenir.

# V

*Note sur les fonctions du Cardinal-Protecteur à Rome.*

La France et quelques autres États catholiques étaient
autrefois dans l'usage de confier la suite de leurs affaires
ecclésiastiques à un cardinal résidant à Rome. Ces attri-
butions n'avaient rien de commun avec les fonctions diplomatiques; mais il arrivait parfois que lorsque l'ambassadeur de France était cardinal, il était en même temps
*protecteur* pour les affaires ecclésiastiques du royaume.
Le cardinal de Bernis, par exemple, réunissait les deux
fonctions.

Le *cardinal-protecteur* présentait au consistoire les
évêques nommés par le roi, il sollicitait leur institution
et il suivait auprès de la daterie l'expédition de leurs
bulles. Il soumettait aussi au consistoire toutes les affaires
relatives aux ordres monastiques et il coopérait à la ré-
daction des nouveaux statuts et règlements religieux. Le
*cardinal-protecteur* était considéré en quelque sorte
comme le défenseur naturel des libertés et des privilèges
du royaume.

Les émoluments de ces fonctions s'élevaient environ à
23,000 francs; ils étaient le produit d'un droit appelé
*propines,* qui se percevait sur l'expédition des bulles.

Quant à la nomination du *cardinal-protecteur* pour la
France, elle avait lieu directement par le gouvernement
du roi.

## VI

*Lettre de Fouquet au Cardinal Mazarin (1).*

Paris, 30 may 1657.

La prise du $S^r$ Girardin qui fut enlevé hier par huit cavaliers de Rocroy, estant allé prendre l'air à Charonne ou Baignolet avec sa famille, excite une grande clameur dans Paris. $M^r$ de Nesmond qui a sa maison de ce costé là vers Lagny, dans la France, me parla de ces courses avant cet accident comme d'une chose où il falloit apporter remède estant estrange que la ville capitale du Royaume soit exposée de la sorte et qu'il n'y ait pas de seureté. V. E. y avoit donné les ordres nécessaires en laissant un corps à $M^r$ de Grandpré pour cet effet, mais il a esté inutile en cette occasion.

*Lettre de Fouquet (extrait) (2).*

Paris, 31 may 1657.

Comme mon frère attendoit le sejour fixe de V. E. dans quelque lieu pour se rendre auprès d'Elle, j'ay aussy différé jusques à ce temps à luy escrire, et à luy rendre compte de tout ce qui a esté fait contre les $S^{rs}$ de Chemeraut et Tabouret, au subject de l'enlevement de Girardin, ayant esté jugé d'une très grande importance pour le seruice du Roy d'intimider ceux qui pourroyent à l'advenir fauoriser pareilles entreprises.

(1) *Arch. Aff. Etrang. France.* Vol. 902, fol. 85 $v^o$.

(2) *Ibid.*, vol. 902, fol. 103 $v^o$.

*Lettre de M. de la Bazinière à Mazarin (1).*

13 juin 1657.

MONSEIGNEUR,

Ça été auecque toute la resignation et tout le respect que je doibs à tout ce qui vient de V. Eminence que j'ay veu sans me rescrier la grâce que le Roy a accordée au Sr de Barbesières, qui est une chose sans exemple en de pareils crimes; mais présentement qu'il en commet de nouveaux et qu'il s'en est rendu indigne, j'ose Monseigneur supplier très humblement V. E. de vouloir faire reuoquer l'abolition qui a esté accordée à un homme capable de tout ce qu'il y a de meschant et de hardy dans le monde, de qui la vie ne peut estre que funeste. Il y auoit aparence qu'après auoir impunement rauagé ma maison et violé toute sorte de droitz, il me laisseroit en repos et me sçauroit peut estre quelque gré de mon silence, au lieu de cela ils font de nouuelles conspirations contre moy et n'ont pris Girardin qu'après m'auoir manqué. C'est icy une nature d'affaire, Monseigneur, où le Publieq a tant d'interest qu'il n'y a pas un homme qui fust en seureté dans Paris s'il estoit permis de choisir qui on voudroit pour passer en l'enlevant dans le parti des ennemis. J'attends auecque soumission ce qu'il vous aura pleu de résoudre la dessus. Cependant, je serai toute la vie, etc.

*Lettre du Procureur général à S. E. le Cardinal Mazarin (2).*

Paris, 4 août 1657.

Vineuil a dit aux amys de Girardin avoir veu une lettre de M. le Prince entre les mains de Mr de Roquelaure ou de ses frères. On n'a pas bien expliqué si elle s'adresso... à Barbezière ou autres, en laquelle Mr le Prince tes... moigne estre bien ayse d'aprendre que led. Barbezière ne s'ennuye pas en prison, et quo c'est un moyen de

(1) *Ibid.*, vol. 902, fol. 107.

(2) *Ibid.*, vol. 902, fol. 188.

tirer une plus aduantageuse composition de Girardin.
Cela donne beaucoup de frayeur pour ce pauvre homme
et fait connoistre qu'il y a de la mauvaise foy en ces gens
là.

### Lettre de Colbert (1).

Paris, 12 sept. 1657.

La famille du Sr Girardin est encore reduitte à auoir
recours à la bonté de V. E. Après en auoir déjà receu
des marques si extraordinaires, elle se contente d'exposer
à V. E. la nécessité où elle est réduitte dans l'espérance
que son extrême bonté ira mesme au delà de ce que cette
famille ne croit pas mesme luy pouvoir estre accordé ;
M. le Prince s'est déclaré ne pouuoir consentir à l'exécution du traité fait pour l'eschange du Sr de Barbezières
avec led. S. Girardin qu'en accordant la liberté aux deux
caualliers pris à St Quentin et en faisant un second eschange due S. de Londj prisonnier dans la Bastille avec
quelqu'autre officier de pareille qualité ; cette famille sait
assez combien ces propositions sont dures et combien il
est peu raisonnable de les faire à V. E. ; mais l'extrême
maladie dont led. S. Girardin a été attaqué et les rechutes
dont il est menacé par les médecins luy serviront d'excuse auprès de V. E. et en mesme temps ces mesmes
raisons exciteront sa bonté pour leur accorder ce qu'ils
n'oseroient luy demander.

Je suis, etc.                    COLBERT.


### Lettre de M. de la Bazinière à M. le Cardinal Mazarin (2).

Paris, 16 septembre 1657.

MONSEIGNEUR,

V. E. m'a fait l'honneur de me mander pour response
qu'elle ne vouloit rien résoudre sur l'affaire de Barbesières qu'elle ne sceult la dessus les sentimentz de Mon-

(1) *Ibid.*, vol. 902, fol. 211.

(2) *Ibid.*, vol. 902, fol. 252.

sieur le Chancelier et de Messieurs les Surintendants qui
tous des ce temps là furent du mesme advis de la reuo-
cation de sa grâce; la seule difficulté qui arrestat V. E.
en est dehors par la mort du S⁻ Girardin; il semble
mesme que Dieu n'ait permis ce malheur que pour qu'on
peut vous demander avec plus d'instance et plus d'effet
la punition de cet homme. J'oserois dire, Monseigneur,
qu'il est assez malaisé de réussir dans les ordres qu'il
plaist à V. E. de donner pour la seureté publique, si on
establit par l'impunité de celuicy qu'un coupable se
justifie par de nouveaux crimes, puis qu'un homme qui
n'a rien à perdre au hazard seulement d'estre prisonnier
de guerre peut tout entreprendre. V. E. sçaura de quelque autre les horribles choses qu'il dit dans la Bastille
contre les personnes sacrées et qu'on ne sçauroit penser
sans horreur. Ce seul chastiment donnera le repos à tout
Paris et vraisemblablement personne ne fera plus de
pareilles entreprises. J'attendré avec résignation ce qu'il
aura pleu à V. E. d'ordonner la dessus.

------------

# VII

7 octobre 1657 (1).

Le soubz signé ambassadeur de France se treuve obligé
par un ordre du Roy son maistre porté par sa lettre en
date de 27ᵉ septembre, de Metz, de presenter une plainte
à Leurs Seigneuries contre Mʳ Boreel, leur ambassadeur,
lequel au prejudice de ce qui a tousjours esté pratiqué
par les ambassadeurs qui l'ont precedé, et de ce qui est
accoustumé et permis, faict prescher journellement dans
son logis en langue françoise, et y fait celebrer des
mariages avec un concours de peuple si grand et si

(1) *Arch. Aff. Etrang. Holl.* Vol. 58, fol. 48.

affecté que cela a pensé causer plus d'une fois l'esmotion du menu peuple dont on peut juger quelles peuvent estre les suittes et consequences. Et quoiqu'il ayt esté cy devant adverty par Monsieur le comte de Brienne, et depuis peu de la part de Monsieur le chancellier, que telle chose se faisoit de sa part au prejudice et mespris de l'authorité du Roy, il s'est neanmoins declaré qu'il continueroit, ce qui a obligé Sa Majesté d'envoyer ses ordres au soubz signé ambassadeur pour en faire la plainte à Leurs Seigneuries, et leur faire instance d'envoyer des ordres precis à leur ambassadeur de remettre les choses dans l'ancien ordre, en faisant prescher, et les prieres en sa langue, et d'user de la retenue et du respect que les ambassadeurs des souverains ont accoustumé de rendre à la dignité de l'Estat dans lequel ils font leur residence. Et comme Leurs Seigneuries voyent la ponctualité avec laquelle Sa Majesté a fait executer les choses qui ont esté convenues et promises et que ses ministres n'oublient rien de leur part pour y satisfaire, Elle se promet aussy, que non seulement en cette occasion, mais en toutes choses qu'Elle désirera d'eux avec justice et avec raison, ils s'efforceront de luy donner le contentement et la satisfaction qui puisse produire le parfaict restablissement de l'ancienne amitié et correspondance qui sera si utile et si advantageuse à la France, et à cet estat.

Faict à la Haye, ce 7e octobre 1657.

Signé :

DE THOU.

*Extrait des instructions au Sr de Thou* (1).

9 mars 1657.

« On se sert d'un autre moyen pour l'alienner de la France luy faisant croire que nous avons la derniere

(1) *Arch. Aff. Etrang. Hollande.* Vol. 56, fol. 270.

aversion contre tous ceux qui professent la religion P.
R., et que nous entretenons d'esperance de protection
leurs catholiques pour faire un jour quelque soulevement
dans leur Republique; il sera aysé au dit S<sup>r</sup> de Thou de
les desabuser de cette opinion que les reformez soient
mal traittez; et sans tesmoigner affectation il prendra
occasion de dire en plusieurs endroits (afin que cela se
respande) avec combien de douceur et de liberté ils vivent
parmi nous sans distinction des autres sujets du Roy.

» Et quant aux catholiques des Provinces-Unies il les
recevra seulement au service divin dans sa maison à
l'ordinaire sans passer publiquement aucune office en
leur recommandation sans un ordre expres de Sa Majesté,
non qu'elle ne soit dès à present entierement portée à
leur procurer plus de liberté en l'exercice de la religion,
mais pour ce qu'Elle sçait par l'epreuve de semblables
offices hasardés hors de saison qu'ils seroient nuisibles
aux catholiques et donneroient prises à nos ennemis pour
nous exposer à la malveillance du peuple. »

En juin 1655, un ordre des États-Généraux renouvela
« la défense aux catholiques d'aller au service divin chez
les ministres des princes; » et l'on envoya notamment
en la maison de l'ambassadeur d'Espagne deux conseillers
de la cour de justice de Hollande pour lui déclarer cette
interdiction. « Ce qui me semble fort injurieux, dit
M<sup>r</sup> Chanut, et je m'estonne que don Estruan de Gamarra
ait entendu de tels comissaires et raisonné avec eux
comme avec des desputez des Estats-Généraux. Ny l'Estat
ny la province de Hollande ne m'a envoyé personne sur
ce subject. » (Dépêche du 17 juin 1655.)

# VIII

*Démélé avec l'ambassade d'Angleterre, au sujet du jeune d'Inchiquin.*

### M. le Houx, principal du Collège des Grassins au Cardinal Mazarin (1).

23 juillet 1657.

MONSEIGNEUR,

La place que tient Vostre Éminence en ce Royaume m'oblige de me jetter à ses pieds et de luy demander très humblement sa protection contre Madame la Comtesse d'Inchiquin qui a fait enlever son fils de mon Collège contre la volonté de Monsieur son mary. Le fait est que Monsieur le Comte d'Inchiquin a fait abjuration de la Religion Protestante : que son fils qui est pensionnaire dans mon Collège depuis deux ans a suivy son exemple et a abjuré la mesme religion entre les mains de Monseigneur le Nonce dans l'Eglise de Saint Germain des Prèz. Et comme ce Seigneur a esté obligé de s'en aller servir le Roy en Catalogne en qualité de Lieutenant Général, il m'a laissé procuration pour disposer en sa place de son fils et pour le retirer des mains de tous ceux qui me le voudraient enlever, de crainte que Madame sa femme ne voulut le débaucher de sa Religion et de ses études. Le Roy mesme, Monseigneur, informé du danger qu'il y avoit que cette Dame n'entreprit ce rapt, m'a enjoint par une lettre de cachet de ne souffrir pas que cet enfant la vit, de peur qu'elle ne le corrompist par ses tendresses ou par ses violences. Cependant, Monseigneur, ce que le Roy et ce Père appréhendoient tant, est arrivé. Ce jeune enfant advoüe que Madame sa Mère l'a corrompu, l'a

(1) Arch. Aff. Etrang. Angleterre. Vol. 69, fol. 125.

forcé par ses tendresses, par son authorité, et par les promesses qu'elle luy faisoit de le retirer des estudes et luy
faire bien passer son tems, de se laisser prendre par le
nommé Brond, Maitre d'hôtel de l'Ambassadeur d'Angleterre, accompagné de son Suisse, qui le sont venus enlever
aux portes de mon Collège, lorsque son Excellence estoit
à la Cour. Je me suis plaint à la Justice de ce rapt.
Monsieur le Lieutenant Criminel a respondu ma requeste,
et m'a permis de saisir l'enfant, puisque la procuration
m'en rendoit responsable au père. Je l'ay fait prendre
dans les rues de Paris où il alloit tous les jours. Je le
garde dans mon collège pour le remettre entre les mains
de Monsieur son Père quand il sera de retour de la
Catalogne. C'est une affaire de conscience, de religion et
d'honneur qui regarde la liberté publique. Je supplie
avec larmes Vostre Eminence, Monseigneur, d'avoir pitié
d'un pauvre père affligé, qui est présentement dans le
service, dont le fils aisné a esté amené en Angleterre par
l'addresse de la mère, et qui mourra de douleur, s'il fault
qu'on arrache d'entre mes bras, c'est-à-dire d'entre les
siens, ce jeune enfant catholique qui lui reste seul de
toute sa nombreuse famille. J'espère, Monseigneur, de la
justice de Vostre Eminence, qu'elle ne souffrira pas que
nos collèges qui doivent être des aziles pour les enfans
qui nous sont confiés, soient ainsy violés, pour pervertir
leurs mœurs et leur religion, et qu'elle me fera la grâce
de me croire comme je le suis avec le profond respect
que je dois,

Monseigneur,
de Votre Éminence,
le très-humble et très obéissant serviteur,
Le Houx, Principal du Collège des Grassins.

### Colbert au Cardinal Mazarin (1).

Paris, ce 25 juillet 1657.

M. le Chancelier m'a faict le recit de ce qui s'estoit
passé à l'égard de l'Ambassadeur d'Angleterre à cause de

(1) Arch. Aff. Etrang. France. Vol. 902, fol. 165.

l'enlevement faict proche de chez luy du fils du Comte
d'Insequin qui est que ce jeune gentilhomme ayant esté
mis par son pere entre les mains du principal du college
des Grassins pour l'instruire en nostre religion, sa mere
qui est demeurée dans la religion d'Angleterre a trouvé
moyen de le soustraire et l'auoit mis en protection dans
la maison du dit Ambassadeur, d'où souvent il s'alloit
promener sur le bord de la riviere. La Forest, Lieutenant
du prevost de l'Isle, ayant demandé à M. le Chancelier
permission de le prendre et luy ayant esté deffendu, il
n'a pas laissé deux jours après sur une permission
accordée par le Lieutenant civil soubz un faux pretexte
de l'enlever a cinq ou six pas de la porte de l'Ambassadeur qui en a faict de grandes pleintes sur lesquelles et
pour le satisfaire M. le Chancelier a faict mettre dans
la bastille le dit La Forest et s'est assuré de ce jeune
gentilhomme pour le remettre entre les mains du dit Sr
Ambassadeur au cas que le Roy l'ordonne.

### M. de Bordeaux à M. de Brienne (1).

Londres, ce 16 aoust 1657.

. . . . . J'eus au commencement de cette sepmaine
occasion d'entretenir le secrétaire d'Estat dans une visite
que je luy rendis, sur le contenu des deux dernières
lettres du 2e qu'il vous a pleu de m'escrire. Ce ne fust
qu'après avoir traicté fort au long le droit d'azile, qu'ont
les Ambassadeurs dans leur maison, m'ayant mis d'abbord
sur cette matière, en raportant les plaintes qu'a escrittes
M. Lockhart de l'enlèvement du Sr Inchiquin. J'en avois
receu une relation que M. le Chancelier avoit donnée à
mon père. Elle me servit pour luy faire voir que la
capture s'estoit faicte hors la maison de l'Ambassadeur
et que néantmoins il luy avoit esté donné toutte satisfaction; il ne laissa pas de me dire qu'il seroit à souhaitter
pour la bienséance que le dit Sr Inchiquin feust remis

(1) *Arch. Aff. Etrang. Angleterre.* Vol. 68, fol. 10.

entre les mains de l'Ambassadeur qui luy donneroit aussytost liberté de se retirer où bon luy sembleroit, sans néantmoins en faire une demande expresse ny tesmoigner grande chaleur pour cette affaire, seullement me pria de luy laisser ma relation pour la communiquer à M. le Protecteur, ce que je luy accordé avec forces asseurances qu'il en seroit usé de la mesme façon qu'en semblable rencontre il jugeroit à propos d'en user en mon endroit.

### Lettre de Mazarin à M. l'abbé Fouquet (1).

Le 16 aoust 1657.

Vous n'avez pas esté bien informé de ce qui s'est passé touchant le fils de M. Inchequin; vous sçaurez que l'Ambassadeur d'Angleterre ne l'a point envoyé prendre au Collège des Grassins, mais qu'il est allé chez luy de son mouvement et qu'estant sur le pas de la porte, il en fut enlevé de force par des gens qui frappèrent mesme un laquais du dit Ambassadeur qui estoit avec luy. Et comme c'est une injure que l'on a faicte à un Ministre d'un Prince estranger où la religion n'a point de part et dont Monsr le Protecteur a tesmoigné mesme du ressentiment d'en faire quelque préuention au dit Sr Ambassadeur, il s'est ce semble mis à la raison en se contentant que l'on renvoye chez luy pour un jour ou deux et que dans cet intervalle on mettra auprès de luy telle personne que l'on désirera pour empescher que sa mère ou d'autres n'essayent de le corrompre sur le faict de sa religion. Après quoy s'il veut retourner au Collège et qu'il persiste dans les sentimens où l'on dict qu'il est, le dict Sieur Ambassadeur a déclaré qu'il ne s'y opposeroit point et il ne prétend cette démonstration que pour une satisfaction à l'affront qu'il a receu.

(1) Arch. Aff. Etrang. France. Mém. et Doc., vol. 274, fol. 153 v°. (Lettres de Mazarin, T. VIII, p. 107).

*Le Cardinal Mazarin à M. Colbert* (1).

A Sedan, le 21e aoust 1657.

. . . Je vous prie d'aller voir de ma part le principal
du collège des Grassins et le fils du milord Inchequin,
qui m'ont escrit, et de leur dire que le Roy donnera au
dit Inchequin toute la protection que la justice permettra,
mais que l'ambassadeur d'Angleterre se plaignant d'avoir
receu un affront par la violence qu'on a faicte en enlevant
cet enfant sur la porte de son logis où il s'estoit venu
réfugier de son mouvement, et en excédant même un de
ses domestiques qui vouloit s'y opposer, on ne peut pas
refuser de luy en faire quelque réparation. M. le Protecteur ayant desjà tesmoigné beaucoup de ressentiment de
cette injure, on tasche d'accommoder l'affaire, et si l'on
renvoye cet enfant chez l'ambassadeur comme on ne
sçauroit s'en deffendre, ce ne sera que pour un jour ou
deux, et à condition que pendant cet intervalle il y aura
tousjours une personne qu'on choisira pour demeurer
auprès de luy et l'obséder en sorte que sa mère ny aucun
autre ne puissent tenter de le corrompre sur le fait de la
religion ; de sorte que s'il demande après cela de retourner
dans son collège, l'ambassadeur ne s'y opposera point,
souhaitant seulement que l'on répare l'offense qu'il a
receue, et ne traictant point cecy d'une affaire de religion,
et pourveu que l'on dispose l'enfant à demeurer ferme
dans les sentimens où il tesmoigne estre à présent, il
n'y a nul sujet de s'allarmer du reste.

Signé :

Le Cardinal Mazarini.

(1) Ibid., fol. 361. *Lettres de Mazarin.* T. VIII, p. 118.

*Lettre du Chancelier Séguier à Monsieur le Comte de Brienne, pour l'affaire de l'Ambassadeur d'Angleterre (1).*

21 septembre 1657.

Monsieur, suivant l'ordre que j'ay receu du Roy touchant le fils du Milord Inchinquin, j'envoyé mon Secrétaire visiter Mons. l'Ambassadeur d'Angleterre qui a traitté aveq une civilité extraordinaire pour la reception de celuy que j'avois envoyé, tesmoignant néantmoins qu'il ne pouvoit remettre rien de ce qu'il avoit désiré pour la satisfaction de l'injure qu'il prétend avoir esté fait à l'Ambassade par l'enlèvement de ce jeune Seigneur. Il a pris la peine de me veoir avant son dernier voyage de la Cour, nous avons eu une longue conférence sur ce sujet, et j'ay jugé que ce n'estoit pas seulement la satisfaction deüe à l'Ambassade qui le rendoit si ferme à désirer que l'on luy remit le fils de ce Mylord, mais que l'aversion du Protecteur pour ce Mylord en estoit la cause principale. La proposition ce me semble que l'on luy fait, que deux Conseillers d'Estat mèneront chès luy ce jeune Seigneur pour y demeurer une après disnée et ensuite le remettre au colege ou il est à présent est une suffisante satisfaction pour réparer l'injure que l'on prétend avoir esté faite à l'Ambassade, lorsque l'on verra que deux Conseillers d'Estat l'ont remis entre ses mains et que la Forest luy fera ses excuses. Néantmoins l'on n'a pas voulu se rendre à cet expédient, ainsi c'est à nous à pourveoir que l'on nous remette cet escolier, pour en disposer ainsi que le Roi l'ordonne. L'on croit qu'il est encore dans le colege, l'on dit qu'il n'y est pas, que l'on l'a envoyé à la campagne pour prendre l'air, le Principal est chargé par escrit de me le représenter tellement que s'il fait refus, il est à propos de sçavoir si l'on trouvera bon que

(1) *Arch. Aff. Etrangères, Angleterre.* Vol. 69. fol. 198.

l'on le mette à la Bastille, jusqu'à ce qu'il ait obey, il mérite ce traittement. Ce qui peut retenir d'en user ainsi, est le bruit que cette affaire a fait dans Paris; le clergé, les dévòts, les Jansénistes par divers principes faisants tout leur possible afin d'exciter quelque mouvement, ce qui nous a obligé de traitter cette affaire avec beaucoup de retenue, de crainte qu'en l'absence du Roy elle n'excitât quelque mouvement que nous aurions peine d'arrester; nous avons un peu de temps pour y penser en l'absence de M. l'Ambassadeur d'Angleterre, et peut estre que dans la Conférence qu'il aura aveq son Eminence sur ce subject, il pourra donner les mains à l'expédient qui a esté proposé, sinon à son retour, il faudra faire tout le possible pour exécuter la volonté du Roy.

*Lettre de Mazarin à Monsieur d'Insequin* (1).

Le 19 septembre 1657, à Metz.

Monsieur, je vois bien par vostre lettre que vous n'estes pas informé de ce qui s'est passé en l'affaire de M. vostre fils; non seulement c'est luy qui de son propre mouvement et sans violence estoit allé trouver Monsieur l'Ambassadeur d'Angleterre, mais de plus, on l'a repris devant la porte dudict sieur Ambassadeur et remmené par force dans le collége. Sur quoy le dict Ambassadeur s'est rescrié au point que vous pouvez juger, disant qu'il ne s'agit pas de religion mais de la reconnaissance du gouvernement présent et de la sujettion sur laquelle l'authorité paternelle ne s'estend pas. Neantmoins vous pouvez faire estat que je m'employerez autant qu'il me sera possible afin qu'il ne se passe rien dont vous ayez lieu de vous plaindre, vous considérant fort et estant avec une estime particulière, etc., etc.

(1) *Arch. Aff. Etrangères, France.* Vol. 275, fol. 40.

*Lettre du Chancelier Séguier au Cardinal Mazarin (1).*

(Extrait) 21 septembre 1657.

MONSEIGNEUR,

Je croy que Vostre Eminence a esté plainement informée par Mr Colbert de l'estat de l'affaire que l'on a traictée avecq Mr l'Ambassadeur d'Angleterre, des conférences que l'on a eues avecq luy sur ce suiect, il seroit inutille de représenter ce qui s'est passé. Je diray seulement qu'il semble que la satisfaction que l'on propose pour réparer l'injure prétendue faicte à l'Ambassadeur est plus que suffisante, lorsqu'à la veüe du publicq, ce jeune Seigneur sera conduit en sa maison de la part du Roy par deux Conseillers d'Estat ; Que si l'on veut passer plus avant, Je m'offre d'y aller, affin de rendre ceste action plus honnorable ; Je considère bien que l'on pourroit trouver à redire en ceste action, mais en vérité lorsqu'il est question de prévenir des accidentz fascheux, l'on peust dire que l'on ne scauroit trouver mauvois les expedientz d'honneur qui les peuvent finir ; La prudence de Vostre Eminence scaura bien choisir ce qu'elle estimera le plus à propos, et rendre capable l'Ambassadeur des raisons de l'expédient que l'on luy a proposé ; nous attendrons sa résollution.

----

## IX

*Lettre de M. Chanut au Cardinal (2).*

A la Haye, 11 décembre 1653.

MONSEIGNEUR,

Le vaisseau que la reine de Suede envoye en France ayant esté plusieurs jours travaillé de tourmentes entre

(1) *Arch. Aff. Etrang. Angleterre.* Vol. 69, p. 199.

(2) *Arch. Aff. Etrang. Hollande.* Vol. 52, fol. 60.

Gottembourg et les costes de ces provinces, le S' du
Fresne, bibliothecaire de Sa Majesté, à qui elle a confié
toutes les choses qui y sont embarquées, rencontrant un
navire pescheur vers l'embouchure de Vlie, s'est fait
porter à terre, ne pouvant plus souffrir le travail de
la mer. Il s'en va au Havre en diligence pour y faire descharger le navire qui y doit arriver; et me sachant icy il
y a passé pour me dire plusieurs choses qu'il avoit ordre
de me communiquer. La reine de Suede jugeant qu'elle
ne pouvoit executer son projet sans prendre confiance en
luy pour le transport des choses qu'elle vouloit tirer de
Suede, luy a descouvert le dessein dont elle a donné part
à Vostre Eminence, dans lequel elle persiste aveq une
resolution tellement ferme que ce seroit en vain que l'on
essayeroit desormais de l'en dissuader. Les raisons que
je luy representay de la part de Vostre Eminence, pour
luy en faire aprehender les perilleuses suites, n'ont servy
qu'a luy faire conoistre l'affection de Vostre Eminence, et ne
l'en ont pu demouvoir. Elle a secretement fait embarquer
les plus belles tapisseries de sa maison, le meilleur de
sa bibliotheque et le plus pretieux de son cabinet dans ce
navire, où sont aussy les manuscrits de la bibliotheque
de Vostre Eminence que le dit S' du Fresne a commandement de luy presenter. Le tout peut monter, à ce
que m'a dit le dit sieur, à la valeur de cinq cent mille
livres.

La reine de Suede vouloit faire mettre aussy dans ce
vaisseau un Hercule de brontze, dont elle veut faire present à Vostre Eminence, et les marbres qu'elle destinoit
pour le Roy; mais s'appercevant que l'on commençoit à
murmurer de ce qu'elle faisoit transporter tant de choses
en France, elle a pensé qu'elle devoit differer et laisser
partir le navire sans exciter plus de bruit. La statüe
qu'elle donne à M' de Servient y estoit embarquée des
premieres.

L'ordre qu'elle veut tenir en l'execution est de se descharger du gouvernement aux prochains Estats qu'elle
fait convoquer cet hyver où elle se fera assigner un
revenu certain sur quelques provinces dont elle retiendra
le gouvernement, et elle les prendra en situation com-

mode pour estre libre de sortir quand il luy plaira.
Mʳ Pimentel est participant de tout ce dessein et j'ap-
prens que c'est le seul homme aupres d'elle qui soit capable de le conduire. Il luy promet que le roi d'Espaigne
luy donnera quelques seigneuries d'un revenu considerable dans le royaume de Naples, et jusques icy c'est le
plus solide de sa subsistance au lieu où elle destine sa
demeure, car pour la vente des vaisseaux que Mʳ Bourdelot luy avoit mise dans l'esprit aveq la pretention de
cette debte imaginaire, elle n'y pense plus à ce que m'a
dit le Sᵣ du Fresne. De son revenu de Suede et de la re-
connoisssance de Mʳ le Prince de Suede, son successeur,
elle n'en veut pas faire estat, et elle pense en effect
qu'elle n'en aura aucun secours ; mais sans le vouloir demander ny permettre qu'on le propose pour elle, la generosité de la Reine et de Vostre Eminence luy donne opinion qu'elle en pourra estre secourue de quelque revenu
considerable en pensions sur des benefices, croyant que
pour une occasion si extraordinaire à l'honneur de la
religion, il n'y aura point d'inconvenient de l'assister de
biens d'Eglise.

Mʳ Pimentel est en Suede, et a eu ordre du roy d'Espagne d'y demeurer pour servir à l'execution de ce grand
changement d'un esclat extraordinaire, d'où il pretend
tirer un grand merite envers le Saint-Siege. Mais aussy
en portera-t-il toute l'envie à l'egard de la Couronne de
Suede, et comme l'on sçait publiquement que desja une
fois nous avons destourné cette princesse du dessein de
quitter l'administration de son Estat, et que si l'on trouve
de mes lettres il se verra que Vostre Eminence n'a jamais
approuvé le conseil d'abandonner le timon des affaires,
toute la colere des peuples se tournera contre l'Espagne
et Mʳ Pimentel, qui est desja extremement malvoulu et
qui n'a d'habitude aveq aucun des ministres, sera seul
accusé. Dez maintenant il est fort en peine du succez de
l'affaire, ne trouvant pas que la reine de Suede y apporte
les precautions qu'il desiroit.

Tout cecy est du rapport du Sᵣ du Fresne et si conforme
aux apparences et à ce que la reine de Suede m'a fait
l'honneur de m'escrire que je le prens pour verité, et en

suis soulagé des craintes que me donnoit le sejour de M<sup>r</sup> Pimentel pour les interests d'Espagne. Mais à l'esgard de la reine de Suede, je ne puis penser sans deplaisir et sans frayeur aux terribles inconvenients où sa sortie de Suede et sa subsistance ailleurs seront exposées. Si le zele et la bonté de la Reine la porte à vouloir assister de quelque revenu cette princesse dans l'estat où elle se jette, et mesme si Vostre Eminence y vouloit contribuer dans une occasion si specieuse, il seroit peut-estre plus honpeste et sans doute plus obligeant de luy promettre et luy faire sçavoir par avance, que d'attendre lorsque la compassion l'extorquera.

En cette conjoncture M<sup>r</sup> d'Avaugour aimé de M<sup>r</sup> le Prince de Suede et de tous les generaux sera tres-propre et tres-necessaire. Le dit S<sup>r</sup> du Fresne m'a dit que le S<sup>r</sup> Bourdelot est maintenant en tres grand mespris et aversion à la reine de Suede. Il n'y auroit pas de quoy s'estonner si elle ne luy avoit pas confié son secret. Je pense qu'il vaudroit mieux entretenir cet homme en l'opinion que sa maitresse feint de l'avoir oublié pour satisfaire le comte Magnus, afin qu'il espere toujours et ne s'emporte point jusques à descouvrir ce qu'il sçait.

---

# X

*Lettre de M. de Thou au Cardinal (1).*

De la Haye, ce 7 mars 1658.

Monseigneur, je me trouve bienheureux d'avoir eslevé une personne dans notre maison, que Vostre Eminence aye jugé capable d'avoir la conduitte et gouvernement de la plus nombreuse bibliothèque de l'Europe en toutes sortes de langues et de sciences, et que M<sup>r</sup> Boulliau soit

(1) *Arch. Aff. Etrang. Hollande.* Vol. 58, fol. 251.

celuy que Vostre Eminence a honoré d'un choix si glorieux et advantageux, et j'ose bien dire à Vostre Eminence
qu'il n'y a qu'elle seule qui eust esté capable de luy pouvoir faire quitter le recueil de livres qui est dans la maison de son tres obeissant serviteur. Pour la cognoissance
des livres et des langues, il en a certainement beaucoup,
mais ce dont je pretends repondre à Vostre Eminence,
c'est d'une tres constante et tres asseurée fidelité. Je ne
puis aussi que je ne me resjouisse non seulement avec
Vostre Eminence mais aussi avec le public de la belle
pensée qu'elle a de faire bastir un college public pour y
deposer cette fameuse bibliotheque, puisqu'elle ne peut
rien faire qui contribue davantage à la gloire de son
nom et de sa maison et je ne doubte pas que dans ce
glorieux project elle ne songe à toutes les choses qui le
peuvent rendre parfaict et accomply, en quoy je m'estimerois bien heureux de pouvoir contribuer de mes soins
et de mes advis si j'en estois capable.

## XI

*Lettres de l'ambassadeur des Pays-Bas* (1).

A Paris, ce 17 janvier 1658.

Depuis le malheureux accident arrivé à M' Becq,
M' de la Croix est mort et fust hyer enterré et deux
autres sont encore en grand danger. J'attends la grâce du
Roy que le corps de M' Becq ne soit pas mis en publicq
comme c'est la coustume; et ceux qui ont reçeu le don
de la confiscation par l'arrest de condemnation, préten-
dent qu'il est de droict. Mais auparavant que de rien
faire, il faut que j'obtienne la dite grâce que son corps

(1) *Arch. Aff. Etrangères, Hollande.* Vol. 58, fol. 147.

ne recoipve point la honte du publicq, affin que cela ne
soit point prejudiciable à sa reputation; et il seroit à
propos de songer au reste, si Messieurs de la ville de
Nimmeghen ont quelque privilege ou droict pour empescher cette ditte confiscation; ou bien si L. H. P. veulent
escrire au Roy en faveur de cette affaire, je supplie que
cela soit faict au plus tost et que j'en puisse recevoir
advis avec une diligence extraordinaire en cas qu'on
estime cette affaire de mérite. Le corps de M<sup>r</sup> Becq est
encore dans la prison, quelques-uns disent et soutiennent
contre la notoire vérité que le dict M<sup>r</sup> Becq a esté massacré, et qu'il n'a point massacré, ce qui a besoin de temps
pour s'en informer, cela est cause de la perte de la réputation d'un si grand homme. C'est le chevalier de Gramont qui a obtenu la confiscation.

A Paris, ce 25 janvier 1658 (1).

Aujourd'hui a esté prononcé sentence que le corps de
M<sup>r</sup> Becq soit traisné par la ville, et après estre pendu à la
jambe, ou d'estre payé aux parties civilles environ
30 mille florins; pour le bastiment du chastelet, 10 mille
florins, et payé les debtes, et les autres biens confisqués
au proffit du Roy. De cette sentence du Chastelet on en
a appellé au Parlement chambre de l'Edict, et je fais
instance auprès du Roy affin que le corps du dict de
Becq par grâce me soit donné, ce que j'espère d'obtenir,
affin de prévenir ce publicq scandale qu'on fera autrement
au corps. Il y a huit jours qu'on a mis en terre M<sup>r</sup> David
de la Croix et aujourd'huy M. Godefroy d'Heylensberg,
advocat, et le troisième est en danger, qui ont tout trois
tellement esté traictez par le dict de Becq.

A Paris, ce 6 febvrier 1658 (2).

MESSEIGNEURS,

M<sup>r</sup> le Cardinal m'a envoyé un de ses secretaires qui
m'a dict de la part de Son Éminence que le Roy avoit

(1) *Arch. Aff. Etrang. Holl.* Vol. 58, fol. 170.

(2) *Ibid.*, vol. 58, fol. 192.

favorablement accordé sur ma demande et pièces qu'il
avoit representées à Sa Majesté; qu'il avoit obtenu que
par grâce me soit donné le corps de M<sup>r</sup> Becq. Mais le
Roy voulant que cette grâce soit donnée sans aucun préjudice du droit de la confiscation des biens que Becq a
laissés dont Sa Majesté n'a point voulu ouyr parler, la
Cour a dressé presentement un acte pour cet effect qu'on
a ordonné qu'il me seroit communiqué pour prendre ensuite le dict corps mort. Je n'ai point encore veu le dict
acte. Le dict corps mort demeure tousjours entre les
mains de la justice. Recevant les lettres du 23 janvier
dernier portant recommandation, j'ay treuvé nécessaire
d'adresser cecy immédiatement à V. H. P. et de demander ordre, si j'accepteray la dicte grâce sans faire mention de la confiscation encores que le Roy fist mettre
dans le dict acte que je ne parlerois plus de la dicte confiscation. J'ay ce jourd'huy receu les lettres de Messieurs
les bourguemaistres de la ville de Nimmeghen, et quelques pieces pour eviter la dicte confiscation tant au re-
gard des coustumes de la Duché de Gueldres que du
testament du dict deffunct S<sup>r</sup> Hœuft, qui pourront servir
aux parents et successeurs du dict Becq, lesquels pourront soustenir qu'en cet accident il n'y a point de confiscation à décréter à leur préjudice, puisqu'ils sont héritiers
*fidéicommissaires*. Je me soubmets en tout aux ordres de
Vos Hautes Puissances.

# INDEX

## A

# F

# H

# L

# N

# O

# W

# ERRATUM

Page 8, note 1, ligne 2, au lieu de 'embouchure, lire l'embouchure.

p. 9, n. 3, l. 1, au lieu de Lacke, lire Laeke.

p. 10, l. 11, au lieu de le gouverneur, lire gouverneur.

p. 51, l. 21, au lieu de laquel, lire lequel.

p. 61, n. 3, l. 3, au lieu de flis, lire fils.

p. 82, n. 1, l. 6, au lieu de Monsieur de Prince, lire Monsieur le Prince.

p. 88, n. 3, l. 7, au lieu de cardinal de Mazarin, lire cardinal Mazarin.

p. 99, l. 12, au lieu de ces, lire ses.

p. 301, l. 11, au lieu de Stoupa, lire Stuppa.

p. 393, note, l. 3, au lieu de T. VIII, p. 314, lire T. VIII, p. 247.

p. 421, l. 3, au lieu de 'une, lire l'une.

www.ingramcontent.com/pod-product-compliance
Lightning Source LLC
Chambersburg PA
CBHW062002220326
41599CB00018BA/2475